Science and History
# 科學與歷史

李怡嚴——著

三民書局

國家圖書館出版品預行編目資料

科學與歷史 / 李怡嚴著.－－初版一刷.－－臺北
市：三民，2015
　面；　公分
ISBN 978－957－14－6081－9　（平裝）

1.科學 2.歷史 3.文集

307                                               104019580

© 科學與歷史

| 著 作 人 | 李怡嚴 |
| 責任編輯 | 吳俊逸 |
| 美術設計 | 黃宥慈 |
| 發 行 人 | 劉振強 |
| 著作財產權人 | 三民書局股份有限公司 |
| 發 行 所 | 三民書局股份有限公司 |
| | 地址　臺北市復興北路386號 |
| | 電話　(02)25006600 |
| | 郵撥帳號　0009998-5 |
| 門 市 部 | (復北店)臺北市復興北路386號 |
| | (重南店)臺北市重慶南路一段61號 |
| 出 版 日 期 | 初版一刷　2015年11月 |
| 編 號 | S 600320 |

行政院新聞局登記證局版臺業字第〇二〇〇號

ISBN　978－957－14－6081－9　（平裝）

http://www.sanmin.com.tw　三民網路書店

# 序 文

　　這本書所收集的文章，代表近四十年來我在各種場合，所寫文章的結集，我現在已經退休了超過二十年。在退休以前，我在教學與研究的餘暇，所寫的文章多屬科學教育的範圍，尤其是當我參與《科學月刊》的一段時日，所寫及所譯的文章多刊載於《科學月刊》上。然而一方面以往《科學月刊》出過好一些集刊，我的那些文章亦被收入，再拿出來炒冷飯沒有意義；另一方面，即使有漏網之魚，時間久了，也很難去收集。現在我能找到的幾篇，多為接近退休時所寫，只有一篇短文〈悼憶謝瀛春教授〉，是最近應舊友邀約的應酬文章，藉以追憶當年與謝教授共事時的點滴。

　　到退休以後，較有時間去看各方面的書籍，也較有時間去思考，並獲得一些心得，但很少下筆。我一度對認知科學感到興趣，看過不少書，可是只寫過一篇〈隱喻——心智的得力工具〉，那還是一篇演講稿。我對中國古史的涉獵與研究，主要是得到三位教授的鼓勵，他們是黃慶萱教授、賴建誠教授與劉廣定教授。

　　我與黃慶萱教授的交往，始於三十餘年以前學生胡進錕先生的婚禮上，黃教授是胡夫人的業師，專精於《易經》象數之學。在婚宴中，他談起他的《周易》研究，我則抱懷疑的態度，結果導致日後的數次通信，對《周易》經傳問題展開辯論，後來黃教授將五次通信整理，刊載於第 48–49 卷的《幼獅雜誌》上 (1978–1979)，為了回信，我臨時抱佛腳地翻閱了《論語》、《孟子》與《左傳》，引起我對中國古代歷史的興趣（以前我這方面的智識，主要得自顧頡剛的《古史辨》），但由於我當時尚未退休，所以我與黃教授的討論也沒有繼續下去。

　　到退休以後，我回想起與黃教授的辯論，覺得很有一些問題需要進一步的推敲，例如他反對我用《論語》上的默證來否定孔子對《易經》的貢

獻，而提出《論語》完全沒有涉及《春秋》作對比，來強調「默證」的不足信，對這個論題，我當時的駁議相當勉強。到了退休以後，我再想起這個問題，重新詳讀《論語》與《春秋》經傳，才發現孔子在《論語》中對魯國臧文仲與臧武仲的評論，與《春秋經》中出現的褒貶辭語並不合拍。這樣至少可以打破傳統上強調孔子「一字褒貶」的迷思。我又重讀《公羊傳》，對漢代學者何休解釋「伯于陽」的問題（一般人以此支援「孔子作《春秋》之說」）有了進一步的瞭解。我將這問題的處理寫成一篇論文，投到《清華學報》而刊出，受到了鼓勵，我又回想起黃教授所提《左傳》上有支援漢人對於《周易》「互體」學說的疑例（莊公二十二年）。這引起我對《左傳》處理當時占卜問題的興趣，重新詳讀《左傳》，我這才發現《左傳》真是古史的一座寶庫。有很多舊有的疑惑，例如鄭國伯有不恰當賦詩的問題、衛國宣姜與昭伯通淫的問題等等，都是由於細讀《左傳》，而得到較合理的解釋。

　　賴建誠教授是我在清華的老同事，不過他在經濟系，我在物理系，平日沒有多少往來。到我退休以後，偶然看到他一篇有關《鹽鐵論》的文章，他認為後一部分是杜撰的，沒有事實的根據，但我認為他所提出的幾個論點都可以另有解釋，因此「杜撰」說應不成立，所以我連絡上他，討論過幾次，終於說服了他，從此有一段合作的時間，完成了幾篇文章。其中我最得意的，是發現了《孟子》書中一般認為有關「井田制」的敘述，其實是一種「井地方案」，是孟子特別為滕文公策劃的「正經界」計劃，而不是什麼周代普遍實施的「井田制」。這種對古代懸案的「攻堅」研究，的確帶給我不少滿足感。

　　我與臺大劉廣定教授的交往，始於多年前在《科學月刊》的合作。後來我沒有再參與《科學月刊》，與劉教授的來往就減少，不過偶然還會通信，討論一些問題。大約四、五年前，他寄給我有關大陸整理《清華大學藏戰國竹簡》（簡稱《清華簡》）的資料，引起我的興趣，由其中一篇〈祭公之顧命〉的討論，使我再度與劉教授密集通信，這促使我詳讀《穆天子

傳》與相關的金文資料。研究的結果，讓我寫出〈論《穆天子傳》的西王母〉一文，考證了周穆王西征可能的路線，與「西王母之邦」的可能地望。這篇論文寫作的每一階段，都參入了劉教授的評判，沒有他的鼓勵，我是堅持不下去的，而其他給我鼓勵的同事還很多，就此一筆帶過。

　　我本來沒有將舊文結集成書的打算，巧的是，促成這件事的人，也就是當年促使我研究古史的黃慶萱教授。在一次中研院的學術研討會中，我又重新遇到胡夫人（我們已經很多年沒有連絡了），並且重新聯繫上黃慶萱教授，退休後的他還是那麼健談。我乘此機會，將幾篇論文送請他指教，卻不料他會主動向三民書局推薦，他的好意當然不能辜負，而後我說服自己去尋找舊文，就這樣，這本書才以目前的形式面世，我必需感謝編輯所耗的心血。

　　本書所收的文章，性質差異很大，有普及性的介紹文，也有專門的學術論文，所以本書的體例，顯得很不整齊，有些在文前有「摘要」，有些有長的腳註，這些都照樣保存下來。因為我的目標，本來只為保存那些文章原有的資訊，本來無意勉強求全書體例的統一，因此，雖然明知會構成編輯的困擾，我還是作此堅持。

　　我要再次感謝三民書局的編輯團隊，他們花費不少精力，將我原來散亂的文字整理成書，並且校正其中的錯字，我也感謝他們尊重我的堅持，當然，任何不如人意之處，我這個著者是應負全責的。

李恕嚴

2015 年 10 月

# 科學與歷史

## Contents

# 歷史篇

科學史篇

# 第一章
## 再現天文學革命的年代

## 一、《星際信使》簡介

　　很高興看到《星際信使》的中譯本出版，這是一本介乎科學史與科普之間的好書。中譯本的底本是范鯂惇 (A. Van Helden) 注釋的英譯本，范氏在這方面素有研究。注釋本中除了伽利略《星際信使》原文的英譯外，再加入三篇文章：〈序〉解釋重現這本促使天文學革命作品的價值；〈簡介〉提供了這項革命的背景資料，強調望遠鏡的啟用使傳統的托勒密體系曝露出致命的缺陷；〈結論〉則敘述當時羅馬學院的學者們對伽利略貢獻所給予的肯定與支持。除此之外，范氏又加入了不少注解，可彌補不熟悉者的時空障礙。所有這些，徐光台教授都詳為譯出。因為我手頭沒有范氏的英文本，故不能一一比對。然而縱觀之，可以看出徐教授在翻譯時相當用心❶，有時他還加上「譯注」。中譯本還冠以清大徐遐生校長用英文寫的〈中文版序〉，和徐光台教授的譯文一齊印出，然後徐教授又自己加上一篇〈導讀〉。所有這些增加的資料，使這本書的價值超越一般科學史的文獻，而成為頭尾完整的優良科普讀物。

　　書中各部分對伽利略的觀測結果及思考推論，已有詳細的評斷，讀者自能欣賞，故下文不再重複。唯有數處，似稍可發揮與補充，就我一時所想到的，寫在下面，最後並談一談伽利略獲罪的原因。

　　〈簡介〉中強調伽利略研製的望遠鏡，其視野與放大率皆不理想❷。其目鏡為凹透鏡（焦距較短），物鏡為凸透鏡（焦距較長）。物鏡的第二焦點與目鏡的第二焦點重合，以得最好之放大率（二焦距之比），此安排可得正立之成像，故伽利略可向威尼斯當局演示其海防功能，另一優點為鏡筒較短，方便攜帶。然目鏡只利用到物鏡視野的一部分，結果降低整個望遠鏡的視野，

---

❶　有些似太拘於直譯，如徐校長寫的 "it makes no more sense to..." 譯「……更增添什麼意義」有些刺目。

❷　見書中 pp. 64–65 與 p. 160 之注 34。其實現代的觀劇鏡的構造就與伽利略望遠鏡類似。

後來的折射型天文望遠鏡採用了克卜勒的建議，令目鏡亦用凸透鏡，其第一焦點與物鏡的第二焦點重合，如此可充分利用物鏡的視野，唯成像倒立❸。

　　在〈結論〉中，范穌惇告訴我們：羅馬學院的學人認同伽利略的結果，而暫時鬆弛教會的反對，現代人往往會以為當時天主教為反科學的，其實這對當時的耶穌會並不公平。耶穌會的創始目標，固然在反對新教，然亦未嘗不注重教會水準的提升，尤其重視學術人才的培養，羅馬學院就是為此目標而設立的。而丁先生❹的數學及天文學的素養，在當時尤為各方景仰的對象，他固然不接受哥白尼的日心說❺，那是由於望遠鏡問世之前日心說缺乏實驗的支持。當伽利略的消息傳開後，丁先生支持其後輩❻迅速研製自己的望遠鏡，得到與伽利略類似的結果。當伽利略於 1611 年 3 月赴羅馬拜訪他時，雖然他既老且病（他逝世於 1612 年 2 月），卻仍表示鼓勵的立場❼。因此他本著學術良心，出面回貝勒明樞機主教的信，肯定伽利略的結果，毋寧是一件很自然的事，當然當時教會中的確有一些頑固者視伽利略為眼中釘，他們日後勢力的膨脹，當為丁先生始料未及的。

## 二、伽利略的貢獻

　　徐校長已提到中國傳統文化太重實用，缺乏像伽利略那樣能集理論與實驗於一身的人，也開展不出近代科學。〈導讀〉也說明望遠鏡及許多天文資料，傳入中國其實並不晚，遺憾的是「奇器」與「天象」背後的理論精華——日心說卻沒有同時傳入。僅《幾何原本》因與句股共通才能在中國生根，然

---

❸　倒像其實可用第三片透鏡矯正，然而會損失光的強度，對天文望遠鏡而言不宜。
❹　「丁先生」為利瑪竇對他老師的譯名；其拉丁名為 Christoph Clavius，其德國姓原為 Schlüssel 或 Klaue，原義應為「鑰匙」或「爪子」，「丁先生」譯名原由按一般講法是由 "Clavius" 溯源演變為相近的 "Clavus" 再意譯為「釘」或「丁」，似乎太曲折，且利氏也沒有意譯 "Ricci"，我認為值得再研究。
❺　他也不接受第谷的體系，只稱讚第谷的天文觀測成果。
❻　主要是 Grienberger 與 Haeltore；他們用羅馬學院的望遠鏡觀測了差不多一年之久。
❼　丁先生在他的名著 Sphaera 最後一版（1611 年出版）中對伽利略的多數結果表示讚賞以及認同，並且認為由於這些新發現的現象，天文學界有必要重新考慮如何安排天體軌道的問題。他寫這些話時大約是伽利略拜訪他的前後，顯出他的最後正式見解。

所譯僅一小半，學者也不普及，可惜得很。其實〈導讀〉中所說的鄧玉函❽
與湯若望，都是見過伽利略的，鄧玉函還是羅馬學院的高班學生。1611 年伽
利略赴羅馬除了拜訪前輩丁先生外，也與當地豪傑之士聯繫。4 月 14 日晚
上，他在一個葡萄園中對八個人演示望遠鏡操作，其中就有鄧玉函。而且不
久繼伽利略之後，鄧玉函也加入崔西王子的山貓學會，可知他已有學術聲望。
湯若望的輩分較後，1611 年初他即將畢業於德意志學院而尚未加入耶穌會，
可是已漸露頭角，5 月 18 日他也參加學生們在羅馬學院為伽利略舉辦的歡迎
會。他是 1613 年進羅馬學院的，其後湯若望與鄧玉函同船來華，同行的還有
羅雅谷、金尼閣等人，以及募集的七千冊書❾。在漫長的旅程中，天算程度
最高的鄧玉函常為其他人講習，因此鄧玉函、羅雅谷與湯若望來華所講伽利
略的事跡可算同一來源。

　　教宗保祿五世當金尼閣出發前，曾特准宗教禮儀在中國可以有彈性，可
見他並非食古不化。當然聖經上某些段落常成為保守份子接受科學的障礙，
身為教徒的伽利略需要在這些地方突破。例如一般人總是引約書亞為爭取戰
爭的時間，曾禱告使日頭停頓❿來作日動的依據。伽利略的解釋是，影響一
日長度的是地球自轉，或全部天球的轉動，總之與公轉無涉⓫。就算要停也
是停止地球的自轉自然一些！當時教會中較開通者還聽得進這類話。伽利略
還企圖用潮汐為自轉作證。至於哲學體系的爭執，當時並不嚴重。阿奎那的
影響力正在衰退，天主教內部一群有思想的人物中，希臘的柏拉圖哲學又有
復起之勢，而德模克里特或亞里士達克的學說也能與亞里斯多德的自然哲學
爭一日之長。至於頑固的守舊派，其留戀的恐不是哲學的本身，而是往日的
政治勢力與既得利益。同樣，托勒密的天文學⓬也不見得與亞里斯多德的自

---

❽　鄧玉函字涵璞，拉丁名為 Johann Terrentius（本姓 Schreck），書中的「涵」字可能涉
　　其字而誤。

❾　1614 年金尼閣回羅馬延攬人才並收購書籍運回中國，七千冊書有許多科學書籍。

❿　見舊約約書亞記第 10 章 12 節：「日頭啊，你要停在基遍！月亮啊，你要止在亞雅
　　崙谷！」

⓫　公轉只會影響季節的長短，而約書亞只要求多一日。俄國防衛拿破崙的戰爭，倒有
　　可能用上這一招！一笑！

⓬　托勒密在亞氏後五百年，多了不少觀測記錄，用了不少周轉圓，哪裡會與亞氏合拍？

然哲學合拍，伽利略很清楚他是在與政治威權對抗。

　　伽利略本來是有足夠智慧與這些政治威權周旋的。1616 年哥白尼的書雖被禁，伽利略僅被警告而未受迫害。他始料未及的是，老朋友巴貝里尼於 1623 年接任教宗（烏爾班八世）後，很快就被政治權力腐化了，這位教廷新貴在追逐權勢中介入三十年戰爭並站在波旁王朝一邊，這使他飽受守舊勢力的攻擊。正好伽利略的《對話錄》送到他的面前，使烏爾班八世有表達虔誠的機會，犧牲一位朋友而興起大獄打擊「異端份子」，以挽回舊派的支持，這位教宗是不會手軟的。

# 第二章
## 秦漢間算數傳統的分化與發展

### 摘 要

在先秦，算數的技藝起初分掌在各種專門人才：如巫史、司曆、工匠等的手中。因為家族或師徒相傳，各有各的傳統與術語，排他性很強。到戰國，這種壟斷開始被打破，諸子紛紛從工藝界汲取養分，大放異采。齊國威宣時期，諸家在稷下爭鳴，算數與天象有機會互相激盪進展。同時，由於人口的增加、經濟的發展與土地的兼併，掌管戶籍與稅收的技術官吏形成另一類型的算數專門人才。戰國時，這類人士與諸子間仍有相當的交流。到秦始皇統一中國，後者被鼓勵而前者受到壓制。秦始皇焚書，諸子書最為所嫉。到漢初，除一部分由卜筮者保存外，諸子書籍僅靠民間的違禁私藏。「挾書律」取消後，殘餘的篇章漸漸出現，為漢人輯存作為繼續發展的基礎。然而漢代人口激增，技術官吏的需求更甚。這使算數兩類型的傳統，分化加深。《算數書》是漢初培養技術官吏人才書籍的代表，後來又從諸子系統吸收「方程」與「句股」的技巧，發展成為《九章算術》，其「重算則」的「行規」，被推展到極端。屬於諸子系統的《周髀》則保存「句股」與部分曆法精華，其書原為漢人所輯存之秦廷焚餘，來源非一，故內容雜湊；也含有漢人繼續發展成分。之後其曆法成為漢代治曆的基礎，其蓋天宇宙論為渾天論收攝取代；其「句股」則由漢魏諸大家演進成中國算數最有價值的遺產之一。

## 一、導 論

張家山漢簡《算數書》的發現❶，以及其《釋文》的公布❷，讓我們以新的眼光去看秦漢間算數學問的傳承。在此之前，現存最古有系統的算數書籍，

---

❶ 張家山漢簡整理小組，《張家山漢簡概述》，《文物》1985 年第 1 期，pp. 9–15。

❷ 張家山漢簡整理小組，《張家山漢簡《算數書》釋文》，《文物》2000 年第 9 期，pp. 78–84。

是漢人傳下的《周髀》與《九章算術》，這兩部書成為現有的形式，離秦漢之際，已有好幾百年。《周髀》有趙爽的注，其時間最早在東漢後期❸；《九章算術》有劉徽的注，時間在曹魏的末葉。在趙爽的注或其序中，並未談到秦漢間算數學問的傳承問題，劉徽在他的《九章算術注》的序中，頗提供一些資料：

> 昔在包犧氏始畫八卦。……記稱隸首作數，其詳未之聞也。按周公制禮而有九數。九數之流，則九章是矣。往者暴秦焚書，經術散壞。自時厥後，漢北平侯張蒼、大司農中丞耿壽昌皆以善算命世。蒼等因舊文之遺殘，各稱刪補。故校其目則與古或異；而所論者多近語也。

這多少可以代表當時知識分子的算數史觀。有關隸首作數的傳說顯得渺茫❹，在劉徽的時代已說是「未聞其詳」，姑且不論。這段話內有兩點最為重要：其一，他根據一般古文學者所承認的經典──《周官》（或《周禮》）的記載，認為在周朝的開國之初，政府已經規定了標準的算數教材──九數，那是《九章算術》的前身。這個有問題的敘述，我們留到下一節再討論。其二，先秦的先進算數教育制度被秦始皇的焚書所破壞，以至漢代無法繼承！這一點，以往的學者在原則上都是接受的。自從《算數書》出現後，學者們有了新的看法。

彭浩著《張家山漢簡《算數書》註釋》有這樣一段記載❺：

> 與《算數書》共存有一份曆譜，所記最後一年是西漢呂后二年（公元前186年），墓主人極可能於此後不久去世。因此，我們認定《算數書》成書年代的下限，是西漢呂后二年，即公元前186年。

---

❸ 本文作者另有〈趙爽注《周髀》的時間考證〉一文，舉出相當強的理由，證明趙爽注《周髀》的時間，大致在東漢後期的靈帝初年。

❹ 有關「隸首作數」的傳說記載，見於梁劉昭補注之《後漢書·律曆志上》。他的根據，似為《世本》（現已逸），可能並不太古。我們無需將數字的產生，歸到某一個特定的「發明者」身上，畢竟在半坡陶器上，就有零碎的數字刻畫，甲骨文數字出現的頻率更不低。

❺ 彭浩在他所著的《張家山漢簡《算數書》註釋》（科學出版社，2001年）中，有價值很高的討論與考證。本段見該書 p. 4。

這本出土的古書，有很多內容，被其後的《九章算術》所繼承，因此可以幫助我們填補《九章算術》前面歷史的空缺，價值非常高。《算數書》的內容帶有濃厚的秦國色彩。由隨伴出土的古曆判斷，此書的抄輯，不會遲過呂后初期，它的原始資料存在的時間當更早。由於呂后二年離惠帝四年 (191 BC) 除「挾書律」時僅有五年，而原始資料的出現，不太可能遲到此年以後，強烈暗示這一類算術書，不會在秦始皇「焚書」的範圍之內。彭浩在《註釋》中❻，也得到同樣的結論：

> 劉徽所說「暴秦焚書」是包括數學著作在內，但此說似乎不可靠。《算數書》的存在就是證明。共存的《脈書》、《引書》等著作的成書年代，下限亦是西漢初年。很可能在秦代已經成書，至少是應用類書籍並未全部被焚。

目前發掘到的漢初古墓文物，其中的算數書籍，固不止《算數書》一種，然都沒有像《算數書》那樣完整。最值得一提的是，由阜陽雙古堆所發掘出來的漢簡，這些也屬於漢初的遺物，其中包含了不少數術一類的書籍，可惜保存狀況不佳，無法對漢代的算數發展史發揮充分的印證功能。裡面有《算術書》一種❼，似乎與張家山漢簡中的《算數書》同類。然僅輯得三十餘個殘片，其中最長的一片約七公分，存十四字；一般的斷簡片，只有幾個字，資料有限。然有數片文字可以和《九章算術》卷六〈均輸〉、卷四〈少廣〉等的例題對應。如第二十八號簡為：「□萬一千二百戶行二旬各到輸所」，第二十號簡殘存「千六百」三字，這可能相當於〈均輸〉第一題：

> 今有均輸粟。……丁縣一萬二千二百戶，行道二十日，各到輸所。凡四縣賦，當輸二十五萬斛，……問粟、車各幾何？答曰：……丁縣粟四萬五百五十斛，車一千六百二十二乘。

---

❻　前注❺所引書 p. 30。

❼　請參閱胡平生的〈阜陽雙古堆漢簡數術書簡論〉（收入《出土文獻研究》第 4 集，中華書局，1998 年，pp. 12-30。）中對《算術書》的描述。多謝黃一農教授提醒我這個例子。

雖然不是百分之百吻合，至少可以確定漢初有這一型的練習題。又如第二十四號簡殘存「四步有七千」五個字，這似乎太少。然而如果將第二十五號簡殘存「□百廿九分步」的六個字合併考慮，似乎也可能相當於〈少廣〉第八例題中的答案部分：

> 答曰：八十四步七千一百二十九分步之五千九百六十四。

以上兩例，雖然是斷簡殘篇，可是至少顯示《九章算術》的源頭不止《算數書》一種。

這些新發現的文物，令我們有必要重新檢討劉徽的講法，以建立較可信的秦漢間算數學問的傳承歷史。

## 二、《周官》「九數」問題的澄清

劉徽根據《周官》的記載，認為在周朝的開國之初，周公制禮，已經規定了標準的算數教材——《九章算術》的前身，這是一般傳統學者常犯的錯誤。一般談算數史的人，總會提及《周官‧地官》所載的「六藝」，其實那是大有問題的。先秦「六藝」之說僅見於《周官‧地官‧保氏》的一段：

> 掌諫王惡，而養國子以道。乃教之六藝：一曰五禮、二曰六樂、三曰五射、四曰五馭、五曰六書、六曰九數。

以及，在《周官‧地官‧大司徒》類似的列舉：

> ……十有二曰服事，以鄉三物教萬民而賓興之。……三曰六藝：禮、樂、射、御、書、數。

兩段話中的「六藝」，內容都是一致的，只是《周官‧地官‧保氏》中的記載稍詳。其中的「九數」，鄭玄的注，引先鄭（鄭眾）云：

> 方田、粟米、差分、少廣、商功、均輸、方程、盈不足、旁要❽。

---

❽　「旁要」幾乎可確定是「句股」的別名。「要」字同「腰」（先秦時此兩字經常通用）；「旁」則指「邊」，皆為描述三角形的術語。

這些都是《九章算術》的內容，僅「旁要」作「句股」。好像周公時就有《九章算術》！然而目前所發現的金文資料，沒有一點這種跡象。而且《周官》說這種教育的對象，既有貴族及國子，又有萬民！周初的封建制度，為了鞏固王權而著重對貴族的教育，不可能管到平民，怎容得下這種做法？其實，「以鄉三物教萬民」云云只是《周官》作者的空頭理想，也只是戰國思想家瞭解到民眾教育的重要性後的結果，距「周公制禮」十萬八千里。漢儒何休就認為《周官》是六國陰謀之書，而不相信是周公制禮之作。目前，大致已有定論：《周官》作於戰國後期的秦晉地區❾。

考據家破滅了《周官》一書固有「周公制禮」的形象，使「六藝」失其根據。然而保守的傳統，往往不肯放棄漢人廣為宣揚的「六藝」，還希望後出的《周官》保存著古代政制的遺跡，因此還需要進一步的分疏。

孔子在《論語・述而》說：「志於道，據於德，依於仁，游於藝。」其中「藝」字指的是「技藝」，可是當時大概沒有「六藝」的統括名稱。孔子與其弟子，都很注重「禮、樂、射、御」❿，可是「書、數」則未必⓫。否則在《論語》內，不會完全沒有痕跡。孔子固然承認「少也賤，故多能鄙事」，可是並不以此為榮，也沒有要弟子以此為模範的傾向。孔子在與門人對話時，往往會臨時拼集一些統括的名稱，當然，他需要在後面解釋其內涵。姑舉兩個例子：

《論語・陽貨》載：

> 子曰：「由也！女聞六言、六蔽矣乎？」對曰：「未也」。「居！吾語女。好仁不好學，其蔽也愚。……好剛不好學，其蔽也狂。」

❾ 有關《周官》產生時間地點的討論及考證，雖然眾說紛紜，目前各家已有大致的定論。請參閱錢穆，《兩漢經學今古文平議》（東大圖書，1978 年），及金春峰，《周官之成書及其反映的文化與時代新考》（東大圖書，1993 年）。賈公彥的《周禮疏・序周禮興廢》亦收集了部分漢儒的意見。

❿ 孔門重禮樂，不需要再強調。至於射與御，《論語》中也經常提及，尤其是在《論語・子罕》中有：「吾何執？執御乎？執射乎？吾執御矣！」更無疑義，然而這一章並沒有像漢儒建議那樣，暗示射與御為「六藝之卑」。

⓫ 「書、數」的名目，恐由《禮記・內則》的「出就外傳，居宿於外，學書計」變化而得，我懷疑整個「六藝」的講法都受此篇的影響。

《論語‧堯曰》載:

> 子張問於孔子,曰:「何如斯可以從政矣?」子曰:「尊五美、屏四惡,斯
> 可以從政矣。」子張曰:「何謂五美?」子曰:「君子惠而不費,……威而
> 不猛。」……子張曰:「何謂四惡?」子曰:「不教而殺……,謂之有司。」

姑不論詳細內涵,至少孔子在《論語》中沒有躲避統括語,然而就是不提「六
藝」。那時連「五經」或「六經」的名目也沒有❷,更何論「六藝」? 後來的
儒家大師如孟子與荀子,也沒有提「六藝」。事實上,孔子時的技藝,也絕不
止那六種。樊遲欲學稼、學圃,被澆冷水(見《論語‧子路》),那也是技藝。
《考工記》內各種匠人的分工(詳見下一節),每一種都是一項技藝,只是正
統儒家與他們不相近而已。

　　瞭解了「六藝」只是戰國後期《周官》作者的理想,則其中的「九數」
就更不會是周初算數教育的必修科。就《周官》作者的理想而言,「九數」也
不可能像鄭眾所講的:「方田、粟米、差分、少廣、商功、均輸、方程、盈不
足、旁要。」《九章算術》在漢朝還只有少數學者才能通曉❸,戰國末期要用
它來「教萬民而賓興之」,即使是理想,也未免太不切合實際! 更何況,《九
章算術》內有太多的內涵是漢人發展出來的。我們現在知道《九章算術》沿
襲了《算數書》的輪廓,可是「方程、旁要」兩項,卻不存在於《算數書》。
漢人也許用先秦其他著作來補充(「旁要」幾乎可確定來自《周髀》),可是組
成的工作,還是漢人完成的。鄭眾的注顯然只反映了漢人的算數水準;而對
《周官》「九數」的瞭解,幫助不大。目前固然沒有直接的證據判讀《周官》
作者心目中的「九數」到底是什麼,可是如果一定要猜的話,我覺得《周髀》

---

❷　「六經」之統稱的最早出處,似乎為《莊子‧天運》的:「孔子謂老聃曰:『丘治
　　詩、書、禮、樂、易、春秋六經。』老子曰:『夫六經,先王之陳跡也。』」這很顯然
　　是戰國末期託古改制風氣下的產物。至於《禮記‧經解》起首的「六教」之說,其
　　中「詩之失愚、書之失誣」的批評,顯然與孔子的思想相鑿枘,更不可信。

❸　有一個故事可以反映這一點。《後漢書‧鄭玄傳》記載:「鄭玄……通京氏易、公羊
　　春秋、三統歷、九章算術。……融素驕貴;玄在門下三年不得見。……會融集諸
　　生,考論圖緯;聞玄善算,乃召見於樓上。玄因從質諸疑義。……」鄭玄因「善
　　算」而得馬融賞識,可見那時通算數者的稀少。

中託商高所講的「矩出於九九八十一」還更能抓到癢處一些。換言之,「九數」代表對由一到九的九個數值之運算。戰國時期,《管子》與其他諸子,都零碎記載有「九九表」;而《漢書・梅福傳》引齊桓公不逆九九的故事❶,顏師古注曰:「九九算術。若今《九章》、《五曹》之輩。」唐時顏師古猶將「九九」與《九章》相混,可見那時有將「九九」代表一般算術的想法,反襯漢人將「九數」與《九章》相混也不奇怪。

由《算數書》可以找到這樣講的憑據,下面我們會建立:《算數書》的祖本為秦國官方的算數教科書。前面也引了時人的結論,認為《周官》作於戰國後期的秦晉地區。《周官》作者的理想,很可能受當時現狀的影響。《算數書》由整數與分數的最簡單的加、減與乘三種運算開始,其中「相乘」與「乘」兩個標題下的內容都窮舉結果,不像舉例,倒像口訣!「增減分」、「分半者」列出一般運算法則,而「分當半者」也有一些「窮舉」的意味。「分乘」下雖有「術皆曰」的字眼,其實還是在講述運算法規,與上面「增減分」一段類似。「約分」引進「術曰」與「其一術曰」,可是其目標,還是很像「分當半者」的「窮舉」結果。到「合分」才用「其術如右方」,舉出實例,為前面的「窮舉」作說明。「徑分」的「故曰」,型式也相近,要到「出金」以後,才大量用「例題取向」的敘述。這種從頭開始講起的傾向,顯示漢初學此術的人,很可能完全不會,要從最基礎的題材入門。《周官》作者的時代,與《算數書》祖本的編者相近,但他的理想,受時代限制,不太可能很深入。

## 三、先秦算數傳承的問題

既然《周官》的「九數」記載不足以描述先秦算數技藝的起源,就得另找較靠得住的資料,目前我們所能掌握到的資料比較零碎,不過也不難做一些揣測。起初,算數的技藝似乎並不普及,大致分掌於各種專門人才,如巫史、司曆、工匠等的手中。我們從較後的史料,還可以得到一些蛛絲馬跡。

---

❶ 《漢書・梅福傳》:「臣聞齊桓之時,有以九九見者,桓公不逆,若以致大也。」這個故事可能源自《韓詩外傳》。今傳本的《韓詩外傳》卷三:「……於是東野有以九九見者,桓公使戲之曰:『九九足以見乎?』鄙人曰:『……夫九九,薄能耳!而君猶禮之;況賢於九九者乎?……』」可見所呈「九九」為薄技,應即為「九九表」。此故事傳述之時期,可能在戰國後葉,那時九九表已經不稀奇。

在《國語・齊語》中有這樣一段記載：

> 四民者，勿使雜處；雜處則其言咙，其事易。……聖王之處士也，使就
> 閒燕，處工就官府，處商就市井，處農就田野。……令夫工群萃而州處。
> 審其四時，辨其功苦，權節其用；論比協材，旦暮從事。施于四方，以
> 飭其子弟。相語以事，相示以巧，相陳以功。少而習焉，其心安焉，不
> 見異物而遷焉！是故其父兄之教，不肅而成；其子弟之學，不勞而能。
> 夫是，故工之子恆為工。……

差不多的話，亦見於《管子・小匡》。《國語》的資料，應該較古。至少
在戰國初期以前，其中所說「四民者，勿使雜處」的話，應該反映封建社會
的情況，周初所謂「士」，應代表各級貴族。西周時的王室施政，當然需要記
數目，例如戰爭中俘獲的人數，或賞賜的數目，這可能是各種「史」的職務。
金文中經常記錄年月干支，這最初可能也由「史」負責，不過至少到春秋時
就已有獨立的「司曆」；遇有大事，需要占卜，會用到象數，這是「巫史」的
職務。初期的「巫」與「史」關係也很密切，貴族對所涉及算數的學習，自
有貴族本身的教育系統，不會與平民相混。

至於工匠，貴族政府當然有管理他們的官吏，傳說中夏有「車正」；春秋
諸侯國有「工正」、「工尹」、「工師」等，就是這類低層官吏，《國語》所謂
「處工就官府」，就是此意。至於工匠本身，則按分工各有傳授。我們目前所
能看到有關他們的早期資料，要數《考工記》，這大概成於戰國初期的齊
國❶，保留有三十種分工：

> 攻木之工七，攻金之工六，攻皮之工五，設色之工五，刮摩之工五，搏
> 埴之工二。攻木之工：輪、輿、弓、廬、匠、車、梓。攻金之工：築、
> ……一器而工聚焉者，車為多。……

---

❶　見聞人軍，〈《考工記》成書年代新考〉，《文史》，第二十三輯 1984 年 11 月，pp.
　　31–39。亦收入：聞人軍譯註，《《考工記》譯註》（上海古籍出版社，1993 年），附
　　錄十一，pp. 144–153。《考工記》出於戰國的最強證據，在於《南齊書・文惠太子
　　傳》的一段記載：「時襄陽有盜發古塚者，相傳云是楚王塚。……有得十餘簡，以示
　　撫軍王僧虔，僧虔云是科斗書《考工記》。」這顯示《考工記》至少出於楚亡以前。

這裡所記載的分工，已經夠細了，可能還有《考工記》沒有提到的。每種工匠，其傳授必定是透過家族或師徒相傳，各有各的傳統與術語，排他性很強。其中頗有用到數或形的地方，姑舉數例：

> 車有六等之數，車軫四尺，謂之一等。
> 冶氏為殺矢。……戈廣二寸，內倍之，胡三之，援四之。……
> 鳧氏為鍾。……十分其銑，去二以為鉦，以其鉦為之銑間，去二分以為之鼓間。以其鼓間為之舞脩，去二分以為舞廣。……
> 車人之事：半矩謂之宣，一宣有半謂之欘，一欘有半謂之柯，一柯有半謂之磬折。車人為耒，庛長尺有一寸，中直者三尺有三寸，……

這些規格，可能已經被《考工記》的作者統一了，因為《考工記》究竟是戰國的著作。其他職業所用到的算數也應該各有源流，可惜沒有能留存下來。

《考工記》收集三十種工匠的傳授於一部書，目的是讓治國的人，有所參考，此書一開始就講得很明白：

> 國有六職，百工與居一焉。……審曲面埶，以飭五材，以辨民器，謂之百工。

把百工的學問納入治國的方針，這是由戰國開始的。春秋末葉，私人講學的風氣漸盛，教育漸對各種身分的人開放。到戰國時，諸子的思想家紛紛從工藝界汲取養分，以充實其學說，各家的互動，更使學術大放異采，連帶也打破技藝的專業壟斷。開風氣之先的，是墨子，他與公輸般間的比試與辯論，顯示他對好幾種工藝都相當內行。他利用這些知識，去推行他的兼愛與非攻的主張。他的言論中，也有用這種知識設喻的，例如在〈所染〉篇，對染絲的瞭解，使人想到《考工記》中「設色之工」的記載。墨家對部分工藝知識的掌握，應該也包含所涉及的算數與天象學問，不過這些在墨家學說內所佔成分還不大。當時墨家是顯學，後來受儒法的夾攻，才衰退下去。可是別家或多或少會受他的影響，如將其後由墨家衍生的名家也考慮在內，則影響尤大。墨家後期別派就有些較重視思辯，他們的學說附在《墨子》書內的〈經〉、〈經說〉、〈大取〉、〈小取〉諸篇內，其中算數的成分就較多。如：

圜：一中同長也。

圓：規寫交也。

倍：為二也。

窮：或有前不容尺也。

一少於二、而多於五。說在建（進）。

這裡僅舉幾個例子，略顯這些書的深入程度。其中最後一條，需要配合〈經說〉：

一：五有一焉，一有五焉。十：二（五）焉。

顯然這是在講記數的進位⓰。

其他諸子書中，也透露出不少算數與天象思考的痕跡。例如，在《管子‧幼官》篇中可以體認到初期的陰陽學說，其一部分會合原來的《周易》而流為方士之術數；其他與民生關係較近的算數題材可在《管子》的〈地員〉篇與〈海王〉篇中找到。《管子》一書其實是戰國齊稷下學者們討論的結集，內容很雜。當威王與宣王時期，諸家在稷下爭鳴，各種學問因有機會互相激盪而進展快速，算數與天象亦不在話下。另外，天文有甘氏與石氏的《星經》⓱，陰陽家的鄒衍有「大九州說」，曆法表現在《周髀》。除了《周髀》後面用專節討論外，因為篇幅之故，不再一一舉例⓲。有一件事要特別說明的，當時由於封建制度的崩潰，人口增加，手工業漸發達，土地兼併等許多經濟因素的影響，國君在治國與戶籍稅收方面，都遇到了新的挑戰，要靠知

---

⓰ 俞樾對此條的注釋為：「數至於十，則復為一，故多於五。……五有一者：一二三四之一也。一有五者：一十一百之一也。」孫詒讓以為〈經〉之「建」為「進」之誤，而〈經說〉「二焉」二字之間脫「五」字。《墨子》書以往頗多脫誤，經清代學者整理之後才可讀通。

⓱ 戰國時的兵家對天文的關係尤深，《史記》已有論列。

⓲ 由中國古代史料中扒梳出算數發展的歷程，並非本文的主要目標，這方面的工作已經有人做，請參考吳文俊主編之《中國數學史大系》（北京師範大學出版社，1998年）第一卷第二篇。

識分子提出新的治國方案，許多算數技術與專門人才，就這樣被用上了。我們現在，只看得到一些零碎的記述，如《漢書‧食貨志》就有如下的記載：

> 李悝為魏文侯作盡地利之教。……今一夫挾五口，治田百畝，歲收畝一石半，為粟百五十石；除十一之稅十五石，餘百三十五石。食人月一石半，五人終歲為粟九十石，餘有四十五石，石三十，為錢千三百五十。除社閭嘗新，春秋之祠，用錢三百，餘千五十。衣，人率用錢三百，五人終歲用千五百，不足四百五十。……

可見一斑。其他白圭為梁國治水，公輸般為楚國造攻城器具等應用的需求，當然也會促成學問的進步。可以判斷，在戰國時，政府人士與諸子間有相當的交流。

當戰國中後期，齊、梁、趙、楚等國都比較富裕，手工業與商業支撐了部分經濟。可是西方的秦國卻走上另外一條路，本來秦國的民情就相當淳樸，自從商鞅變法以後，努力開阡陌，增加農民耕種的面積，農業受了鼓勵。相對來說，工商業不如東方國家，也沒有太積極培養這方面的人才。惠文與昭襄兩朝，努力以農業經濟擴充兵力，工商建設多靠外客，然而其旺盛的兵力也使外客不敢不效勞，始皇元年，鄭國渠的開闢❶⓿，就是一個好例子。這使秦國的國力集中，可用以併吞六國。另一方面，農業的注重使「方田」、「程禾」之類的計算，也考驗著「有司」的能力。當先秦早期，這些算數技藝在被諸子看重以前，當然操在師徒相傳的專門人員的手中，他們特別重視實用，而不屑談虛無漂渺的理論。現在政府官吏接下了傳承的工作，也繼承了原來傳統重視實用的「行規」，這是下一節要繼續討論的。

---

❶⓿ 《史記‧河渠書》記載這件事：「韓聞秦之好興事，欲罷之毋令東伐，乃使水工鄭國間說秦。令鑿涇水，自中山西邸瓠口為渠，並北山東注洛。三百餘里，欲以溉田。中作而覺，秦欲殺鄭國。鄭國曰：『始臣為間，然渠成，亦秦之利也。』秦以為然，卒使就渠。渠就，用注填閼之水溉澤鹵之地四萬餘頃，收皆畝一鐘。於是關中為沃野，無凶年。秦以富強，卒并諸侯。因命曰鄭國渠。」

## 四、《算數書》與秦漢官方算數教育

在第一節，我們談到《算數書》的價值。此書的抄輯，不會遲過呂后初期，它的原始資料存在的時間當更早，它不會在秦始皇「焚書」的範圍之內，很可能當秦併吞六國以前就已經存在。彭浩曾對《算數書》作過考證[20]，認為其中帶有濃厚的秦國色彩，尤其是「程禾」算題中有關糧食互換比率的規定，與《睡虎地秦墓竹簡・倉律》相符。進一步探討歸納，可以發現《算數書》中很多題目的背景資料，多涉及地方政府對土地租稅、倉儲物資與工程勞役的管理；很多計算所依附的條件，都可由已知的秦朝的律令或制度中找到根據。事實上，漢初很多這方面的律例也沿襲秦朝。由於墓主將《算數書》的竹簡，作為他殉葬書籍的一部分，可以猜想他對此書的重視。隨同殉葬的書籍，還有像《二年律令》、《奏讞書》、《均輸律》、《曆譜》等政令文件，顯示墓主是一個漢初的官吏。事實上，彭浩根據墓葬的規模與《曆譜》上「新降為漢」的記載[21]，推斷他是由秦過渡到漢的地方小吏，他顯然將《算數書》與其他律令視為當吏的必要工具。我們很可以再進一步，把這一點與秦相李斯「若欲有學法令，以吏為師」的奏章聯想到一起[22]，而猜想《算數書》的祖本為秦國官方的算數教科書，到漢初仍擔負起同樣的任務。

由《算數書》的內容來看，前面一小部分談的是算法，然後是各類型的應用題。在第二節已討論過，算法的處理由整數最簡單的加、減與乘三種運算開始，逐漸進入分數的「分乘」、「增減分」、「約分」、「合分」、「徑分」等。開始時很有窮舉與口訣的意味，似乎假定了讀者只有非常薄弱的算法根底，這是一種「入門教科書」的寫法。考慮秦漢之交一般人沒有多少受算數教育的機會，這種處理方式是必要的。後面應用例題的部分，很多有明顯標題，如「出金」、「負米」、「并租」、「舂粟」、「銅耗」、「息錢」、「稅田」、「賈鹽」、「程禾」等，無一不與人民生活及官民之間的交道有關，這些顯然是實用的

---

[20]　彭浩，注❺所引書，pp. 4-10。

[21]　彭浩，注❺所引書，p. 12。

[22]　見《史記・秦始皇本紀》。《史記集解》引徐廣謂：「一無法令二字」，這可能牽涉到「法令」一辭的範圍，若將它統稱所有行政的技術知識，則包含此二字亦可以解得通。

教材，用實例來訓練將來地方小吏的日用技術。書中最後介紹各種形狀的面積與體積計算，如「旋粟」、「困蓋」、「圜亭」、「井材」、「啟廣」、「少廣」、「方田」等比較複雜一點的應用題，它們或涉及田地，或涉及倉儲的堆疊，或涉及建築物的用材。這些題材對一個地方官吏還是有用的，可是，所需的運算過程較長，故僅適合於作為進階的教材。由這些觀察，我們可以確定《算數書》作為官方訓練基層官吏算數技術的功能。

仔細考察《算數書》的內涵，與漢朝後期流行的《九章算術》相比較，一個無可避免的結論是：《算數書》為《九章算術》的前身，《算數書》內很多標題與部分例題內容，都被《九章算術》所承襲，當然《九章算術》並不是一本「入門教科書」，它的深度也遠較《算數書》為大。就繼承秦國算數學術而言，部分《九章算術》自有的例題，就很富秦國的背景，例如在其卷三「衰分」部分，就出現「大夫、不更、簪裊、上造、公士」五種秦爵。顯然《算數書》以外，還有別的秦國官方算數書籍傳入漢朝，本文第一節所提阜陽雙古堆《算術書》的殘簡，就強烈顯示出這種可能性。這些官方書籍，可能也包括在蕭何由咸陽秦政府所收括到的簿籍內，或經由像張蒼一類投降的秦官流傳下來，無論如何，這條傳承路線代表官方技術官吏系統。漢朝在文帝景帝以後，人口激增，經濟日漸富裕，日益繁複的農工商界的從業人員，無可避免與政府有不少的互動，再加上民眾之間發生的爭端，都使得技術官吏的需求更甚。為求績效，這條傳承路線將其「重算則」的「行規」，推展到了極致。

還有一點可以講的，《算數書》與《九章算術》用到一些專有名詞，還帶有原來農工業的痕跡，例如「旋粟」、「困蓋」，顯然是由農作物的倉儲來的。工藝界的名詞，尤其是多面體的形狀，也往往被算數人員所借用。例如「塹堵」源自板築；「芻甍」可能源自蓋屋頂的茅草；「陽馬」源自建築木工，本為一種角樑❷，後世一直在用。至於「鱉臑」，一般的講法是象徵鱉的腳或臂，我懷疑它源自建築石工構建房屋基礎時所用三角錐形的領夯石（錐尖向

❷ 請參考羅哲文主編，《中國古代建築》（臺北南天書局，1994 年）p. 574 所附表。至於後人的描述，可以《文選》何晏〈景福殿賦〉中的「承以陽馬，接以圜方」為例，據注：「向曰：陽馬，屋四角引出，以承短椽者」。

下，刺入夯實之土中），用以承重。可能以前習慣在基礎下埋石雕的鼇，取其能承重，後來象徵地在數塊領夯石上砌數層疊石，疊石作鼇背狀❷。由於低層粗人顯然不會瞭解「鼇能承重」的典故，而鼇與鼈的樣子又很類似，故領夯石就被象徵為「鼈臑」❷。這些名稱，顯示秦漢時，政府的算數人員也偶有向工藝界獲取養料的情況。

在這些專有名辭中，始於《算數書》的顯然多與農業有關，甚至建築中的「囷蓋」也出自《算數書》中指草堆的「囷童」，僅「羨除」為墓道，表示在農業文化中對「身後事」的重視。相反的，由《九章算術》始用的諸名辭多與建築有關，顯示當時經濟已較前為富裕，在「養生」方面已有餘力講究屋舍的變化。

## 五、《周髀》與諸子的算數傳承

因為「挾書律」指明「天下敢有藏詩書百家語者，悉詣守尉雜燒之」，故諸子書的傳承，受了很大的打擊。部分書籍，為有心人冒「黥為城旦」之險隱藏起來，然而經過楚漢的兵亂之後，為漢人發掘到的不會很完整，而且必定非常不均勻。運氣好的，例如《呂氏春秋》與《周官》，整部被找出來。（然而〈冬官司空〉還是丟了！）有關算數與曆法的部分，經過漢人整理，匯為《周髀》一書。據近代的研究❷，這部書包含了許多不相聯繫的部分，而且其中有關計算二十四氣，每一氣的晷長部分，原文內容與《周髀》其他部

---

❷　有關「鼇能承重」神話典故很多，姑引屈原〈天問〉「鼇戴山抃，何以安之」，王逸引《列仙傳》：「有巨靈之鼇，背負蓬萊之山，而抃舞戲滄海之中。」又唐閻伯嶼〈河橋賦〉：「石臺中聳，若鼇力之負山。」關於本文將「鼈臑」一辭猜想為建築物基礎所用三角錐形的領夯石，圖形請參考《中國古代建築》（前注所引書）p. 170「圖一乙」的示意圖。

❷　此處作「臂」解的「臑」字，一般的讀音有「ㄖㄨˊ」、「ㄋㄠˋ」兩種。然而根據《說文》第四篇下的記載為：「從肉需聲，讀若儒」，《段注》釋此讀音為「人于反」，應該比較可靠。

❷　關於這方面較詳盡的討論，請參閱：C. Cullen, *Astronomy and Mathematics in Ancient China: the Zhou bi suan jing* (Cambridge University Press, 1996), pp. 138–157，他對資料的處理非常詳盡，雖然對他的部分結論，我持保留的態度。

分相違，以致寫注的趙爽需要越俎代庖加以修改，這顯示漢人原輯集的文本是相當駁雜的，也有人認為現有的下卷部分為漢人所加。然而《隋書‧經籍志》明言《周髀》原來並不分卷，因此雖然不能排除《周髀》中有漢人的成分，卻無法確定是哪些部分。而《周髀》必有先秦的成分，其中的「啟蟄八尺五寸四分。」未避景帝之諱，而且也與《考工記‧韗人》的：「凡冒鼓，必以啟蟄之日。」相符。這強力暗示，《周髀》的部分祖本出自漢初以前，而文本的另一段內可找到更明顯的證據。

　　《周髀》一書在周公與商高問答內，商高最後強調「是故知地者智，知天者聖。」在「七衡圖」快終結的地方，也忽然來上一段：「過此而往者，未之或知；或知者，或疑其可知，或疑其難知，此言上聖不學而知之。」兩個地方都用上了一個「聖」字。這個字在原始儒家，固然是一種最理想的境地，其他諸子（例如莊子）也賦予它甚高的地位，學術圈外的人也往往抱著一種超人似的崇敬。然而當戰國中後期，「聖」字在「聖人」之外，又多了一種用法，它與「智」字連在一起，代表一種高超的知識能力，此用法雖然可能有其原始的源流，可是當戰國中後期，這種用法特別顯眼。近來出土的《楚簡五行篇》有：「見而知之，智也；聞而知之，聖也。」、「智之思也長。長則得，得則不忘，不忘則明。……聖之思也輕，輕則形。……」❷。後一句在附解說的《帛書五行篇》中解釋為：「聖之思也輕。思也者，思天也。輕者尚矣！」用「聖」字描述與「智」同類且較「智」的更上一層的境界，是戰國中後期特有的。尤其是思孟五行中將「仁、義、禮、智、聖」五種德行匯合為「五行」（「行」字音「衡」），到漢初，賈誼的著作內還保有這個用法❷。其後，因為避漢文帝的嫌名，思孟「五行」被改為「五常」，然後很快「聖」字被董仲舒用「信」字替代了。在《周髀》中，周公與商高對話的那一段，顯然有戰國中後期常見的「託古改制」味道。用神祕的「數」來襯托由工藝界借來的測量的道具「矩」，在結尾用「是故知地者智，知天者聖。」的行文來呼應當日最時興的「聖之思也輕。思也者，思天也。」信念，不足為奇。後面「七

---

❷　有關思孟《五行》，請參考龐樸著，《竹帛《五行》篇校注及研究》，萬卷樓圖書有限公司，2000 年。

❷　《賈子新書‧道術》：「人有仁義禮智聖之行」。見文淵閣四庫全書本。

衡圖」部分，本來完全是技術性的敘述，卻也加上一段「上聖」云云的陳腔濫調，就愈加顯出其時代的背景。

還有，陳子與榮方師徒間的問答，沒有太多實用的傾向，不但不像《算數書》中的培訓意味，也不出現齊國稷下那種官學的氣氛，官學是王家所支持的，其內涵多少要牽涉到治術。陳子與榮方間的私人傳授，很著重啟發，陳子在詳為傳述以前，逼榮方自行思考數天，與強聒灌輸很不同（這種教育方式在《莊子》中也有跡象）。榮方在發問以前，應該已涉獵了很多算數之術的例題，陳子所提醒的「患其不博」與「患其不習」是初步的工夫，下一步則需要「習知」，需要訓練「同術相學，同事相觀」，並且培養「能類以合類」的能力，這一種境界之能否達成，固然與學習者個人的天分有關，榮方就始終沒有做到。然而陳子在說明中，還是竭力強調「用智」，強調「道術」。由陳子的一段話：

> 夫道術，言約而用博者，智類之明。……夫道術所以難通者，既學矣，患其不博。既博矣，患其不習；既習矣，患其不能知。……

可以看出他的著重之處。在戰國中後期，「道術」本來用來指學問。如《莊子・天下》：「古之所謂道術者，果惡乎在？曰：無乎不在。」；《荀子・哀公》：「不能盡道術。」，可是到了戰國末期以至漢代，這個名詞卻漸成為「方術」的同義語。《論衡・道虛》透露：

> 淮南王學道，招會天下有道之人，傾一國之尊，下道術之士。是以道術之士，並會淮南；奇方異術，莫不爭出！

陳子所強調的「道術」，顯然是指學問，這也反映出戰國的時代背景。

另外，在《周髀》中疑亦有鄒衍學術的遺跡。傅大為教授在他的〈論《周髀》研究傳統的歷史發展與轉折〉一文中㉙，提出《周髀》所涉及的「周天里數」——一百七萬一千里——直接源自緯書，而間接與陰陽家的鄒衍所倡

---

㉙　傅教授的文章見《清華學報》新 18 卷第 1 期 (1988)。此文亦被收入他的書：《異時空裡的知識追逐》，東大圖書，1992 年，pp. 1–62。本文所引部分在其第一節與第六節。

「大九州」學說相關聯。我覺得傅教授的推斷是合理的,《史記》記載:鄒衍被當時的人稱為「談天衍」,然而在《史記》中記述當時所流傳他的學說,卻都集中在「五德始終」與地理的「大九州」,而不見有「談天」的跡象,似乎不能落實當時人所推崇的「談天」,可見太史公的時候這些學說已不完整,也許類似《周髀》中的「蓋天」理論,就是鄒衍當日所談的「天」。如果此假設為真,則在現存的《周髀》內,也傳承了戰國諸子的陰陽家部分學說,雖然在《周髀》本身,並沒有陰陽五行的內涵。

## 六、小結——重算則傳統的完成

在《算數書》發現之前,比較漢代兩部算數書籍——《周髀》與《九章算術》,我們可以發現兩條絕異的學術路線。《周髀》非常著重說理,雖然也不乏需要交代計算方法之處,照慣例出現「術曰」與「法曰」,然到處充斥著說明與推理的段落,以「故」或「故曰」為標誌。而《九章算術》則完全不同,簡直看不見什麼論證的文字!完全採取「例題取向」的敘述,例題的型式與編排,也顯得非常標準化。每一類型,前面往往用「今有術曰」(劉徽注謂之「都術」)列出一貫的算則,後面再多舉代入數目字的計算例題。例題的內涵用簡潔的文字寫出,大凡冠之以「今有……」,終之以「問……」;答案用「答曰」標示,計算過程則以「術曰」字眼來帶頭,任何人一見,就可以發現這兩部書的相異點。

上一節我們討論過《周髀》的諸子源流,因此對於它說理的傾向,應該不會感到奇怪,畢竟戰國諸子為了宣傳理想、遊說諸侯,多慣用口語化的推理說詞。顯著的例子是:《墨子》中的「是故子墨子曰……」、《孟子》中的「故推恩,足以保四海……」,連李斯的文章中,都充斥著「故」字。然而《九章算術》的另一極端傾向,卻是不尋常的現象,值得我們去探討與分析。《九章算術》乾枯到一個程度,如果不是劉徽以絕頂天才寫出《九章算術注》,一般人很難受用《九章算術》!

從《算數書》出現以後,我們開始瞭解《九章算術》這種傾向的來源。《算數書》代表了秦國的實用傳統,與東方諸國很不同,屬於不同的學術系統。在《算數書》中,「故曰」雖一見,可是推理的味道不濃,很像用來解釋「徑分」這個名詞,也有點像是由日常生活語言中漏出來的。另外有數處用

「因」或「因而」的字眼，有些用「從而」可以解通，也有一些可作推理詞，洪萬生教授有專文討論❸⓿，不再重複，這可以看做是由先秦傳統到《九章算術》的過渡。在第四節已經討論過，《算數書》的祖本是秦國政府用來訓練基層技術官吏的，目標很單純，官吏需要作大量的運算（可能靠算籌一類的工具幫助），需要答案正確，卻不需要對運算的原理有所瞭解。在這種需求下，把運算過程化為程序性的歌訣，讓從事者練習得滾瓜爛熟，自然會熟能生巧。我們多數已經忘記小學時背乘法歌訣時的苦惱，而對自己能夠快速將數字相乘，視作理所當然。其實近代的神經科學告訴我們，大腦處理程序性記憶，往往不走理解的路線，而可以將程序學習化為無意識能力的一部分❸①。秦國政府設計了這樣一套教材，憑的當然只是經驗，而不是什麼認知理論，因此雖然不重視推理，仍有一些推理的用語，會由日常生活語言中漏出來。甚至，在「狐出關」標題下的一條例題中，還混入一些有趣的童話性用語❸②！可見《算數書》雖然在不自覺中已開「重算則」的風氣，還沒有推到極致，對敘述的形態還沒有做到絕對的標準化。

漢承秦制，當然也繼承了秦政府的那一套官吏訓練方法。事實上，劉氏剛拿到政權，對民眾租稅與戶籍的處理，幾乎束手無策，完全要靠張蒼那一批由秦政府投靠過來熟手支應，漢政府理所當然地接收了秦的那套教材，以訓練新手。為因應快速變動的社會與日進的工商業，教材需要不斷更新，例題的深度也需要增加，《九章算術》就逐漸演變成形了。《算數書》由基本算法入門，到西漢後期，商業漸發達，一般老百姓多少會一些基本的算法，因此《九章算術》沒有必要從頭開始教，唯漢代對運算效率的需求較以前更迫切，因此「重算則」的傳統，由原來非正式的制式「行規」，被推展到極端。

---

❸⓿　見洪萬生，〈《算數書》的幾則論證〉，《臺灣歷史學會會訊》，第 11 期，2000 年。

❸①　這方面的發展非常快，有關文獻資料汗牛充棟。本文只引一本教科書以見一斑：M. F. Bear, B. W. Connors, M. A. Paradiso, *Neuroscience, Exploring The Brain*, 2nd ed. (Lippincott Williams & Wilkins 2001) 其中 Chapter 23、Chapter 24 專介紹近代有關記憶與程序學習的腦神經機制理論。

❸②　「狐出關」中的例題值得欣賞：狐、貍、犬出關；租百一十一錢。犬謂貍、貍謂狐：「而皮倍我，出租當倍哉！」問出各幾何？請注意裡面的戲語，很可能這一題是針對童齡的生徒出的。

《算數書》內原從日常生活中帶出來的少量推理性字句，在《九章算術》內，也被清除得乾乾淨淨。這個傳統影響中國日後算數書籍撰寫的型態，始終未能擺脫《九章算術》示範的僵硬格局，好在劉徽的《注》也提供了一個絕佳的推理模範，多少產生了一些補救的效果。

屬於諸子系統的《周髀》，對漢代算數學問的貢獻，除了一份精緻的曆法及其所根據的蓋天宇宙論外，主要是傳承了「句股」的觀念。這些初期曆法，成為漢代的治曆根基，而蓋天論則被漢代新出的渾天論收攝與取代，影響比較小，其最不朽的「句股」部分，則匯入了漢代算數發展主流，繼續發揚光大。《九章算術》比《算數書》增加的門類，主要在「方程」與「句股」，而「句股」實建基於對《周髀》的傳承。這條線索相當清楚，若非《周髀》，很難想像「句股」會有魏晉的高度發展。雖然在《算數書》的後面，有一些疑似談句股的題材（以圓材方、以方材圓），然處理皆不深入且有錯。漢代算數大家在《周髀》的基礎上，為「句股」的內涵極盡變化，補入《九章算術》，日後再經漢魏諸大家注釋，演進成中國算數最有價值的遺產之一。

# 第三章

## 正多邊形求圓周率捷法與《綴述》猜測

### 一、圓周率

在中國較早的數學書中，包括《周髀》、《九章算術》與新發現的《算數書》❶圓周率皆為「徑一周三」，這種情形到三國後開始改變，孫吳的王蕃與曹魏的劉徽，分別提出較準確的數字，尤其是劉徽，他在注《九章算術·方田》時，提出「割圓術」❷，利用「句股」❸，計算正多邊形的邊長，有系統地求得圓周率的近似值。然而他的方法收斂得相當慢，計算的負擔不輕，他計算正九十六邊形，所得的圓周率才準確到小數點後的第二位。

到了南朝宋齊之際，忽然有了重要的突破。唐朝李淳風的《隋書·律曆志上》記載，祖沖之求得「密率」，其文曰：

> 宋末，南徐州從事祖沖之更開密法，以圓徑一億為一丈，圓周盈數三丈一尺四寸一分五釐九毫二秒七忽，朒數三丈一尺四寸一分五釐九毫二秒六忽，正數在盈朒二限之間。

這已經準確到小數點後的第七位，進展驚人，可是李淳風在《隋書·律曆志》中，並未解釋祖沖之如何求得此數。李儼、杜石然❹以為：「除開劉徽割圓術的方法以外，祖沖之還不見得能有什麼新的方法。」照他們的講法，要得此「密率」，需要計算正 24576 邊形，還包含很多位小數的開方的運算，這實在是一個很勉強的猜測。

本來我沒有注意這個問題，半年多以前，在《數學傳播季刊》上看到石

---

❶ 見彭浩著，《張家山漢簡《算數書》註釋》（科學出版社，2001 年）。

❷ 見李儼、杜石然著之《中國古代數學簡史》，pp. 76-80（九章出版社，1997 年）。

❸ 在《算數書》中，等腰直角三角形的腰與底之比為五比七，似無正確「句股」的觀念。「句股」由《周髀》傳下，經過漢代的發展，編入《九章算術》內，被劉徽利用，成為求圓周率的利器。

❹ 注❷所引書，p. 99。

厚高先生所寫的〈祖沖之計算圓周率之謎〉❺一文也提到需要計算數萬邊的圓內接正多邊形，而一部分開方根需要準確到數萬位小數點。石先生的猜想是由正四邊形開始算會有點幫助，但其實幫助很有限。我看了以後，覺得似乎把圓內接正多邊形的邊長與圓外切正多邊形的邊長作適當的組合，可能有助於快速收斂，我把我的想法寫出來，投給「數播信箱」刊出❻，建議大致為：令 $s(n)$ 與 $t(n)$ 分別為單位圓的內接正 $n$ 邊形的每邊長與外切正 $n$ 邊形的每邊長，則求內接正 $2n$ 邊形之邊長時之遞迴公式顯然為❼：

$$s(2n)^2 = 2 - [4 - s(n)^2]^{0.5}。 \tag{1}$$

而 $t(n)$ 與 $s(n)$ 間的關係為❽：

$$[4 - s(n)^2][4 + t(n)^2] = 16。 \tag{2}$$

可以定義：

$$\pi_1(n) = [\frac{n}{2}]s(n), \tag{3}$$

$$\pi_2(n) = [\frac{n}{2}]t(n)。 \tag{4}$$

當 $n$ 趨近無限大時，$\pi_1(n)$、$\pi_2(n)$ 都趨近於圓周率 $\pi$，不過當然都收斂得相當慢，其中 $\pi_2(n)$ 要比 $\pi_1(n)$ 更慢一些，可是取恰當的組合，令：

$$\pi_3(n) = \frac{[2\pi_1(n) + \pi_2(n)]}{3} = [\frac{n}{6}][2s(n) + t(n)]。 \tag{5}$$

則收斂快了很多，其實這就相當於消去正弦函數與正切函數指數級數的三次方項，由一次項直接跳到五次項，故收斂得快。由正六邊形開始，經五次遞迴，得 $n = 192$，計算的結果是：

❺　刊於《數學傳播季刊》第 25 卷第 1 期，2001 年 3 月出版，pp. 82–86。
❻　刊於《數學傳播季刊》第 25 卷第 3 期，2001 年 9 月出版，pp. 89–90。
❼　注❺所引文有推導。
❽　這其實是正弦函數與正割函數關係的變形。

$$\pi_3(192) = 3.141592664850249 。 \tag{6}$$

這已準到小數點後第七位，足夠與祖沖之的結果相比了，但我當然不能就此推斷祖沖之就是這樣做的。在我的「數播信箱」投書中，用了較保守的字眼：「祖沖之是否發現了？我沒有可供判斷的資料。可是如果他真的發現了，我也不會很驚訝。」

　　「數播信箱」投書刊出以後，我又想到原來的方法還可以變通。由面積去著想，令 $a(n)$ 與 $A(n)$ 分別為單位圓內接正 $n$ 邊形與單位圓外切正 $n$ 邊形每邊與圓心所組成三角形的面積，則容易證得：

$$a(n) = [\frac{1}{4}]s(\frac{n}{2}), \tag{7}$$

$$A(n) = [\frac{1}{2}]t(n) 。 \tag{8}$$

同樣可以定義：

$$\pi_4(n) = na(n) = [\frac{n}{4}]s(\frac{n}{2}), \tag{9}$$

$$\pi_5(n) = nA(n) = [\frac{n}{2}]t(n) 。 \tag{10}$$

這些都不是新的東西，因為顯然：

$$\pi_4(n) = \pi_1(\frac{n}{2}), \ \pi_5(n) = \pi_2(n) 。 \tag{11}$$

因為當 $n$ 趨近無限大時，這些正 $n$ 邊形的面積趨近單位圓的面積，故 $\pi_4(n)$、$\pi_5(n)$ 都緩慢地收斂至圓周率 $\pi$，這不是新的結果。然而因為 $\pi_4(n) = \pi_1(\frac{n}{2})$ 與前不完全相同，為了要消去 $\frac{\pi_5(n)}{n}$、$\frac{\pi_4(n)}{n}$ 對小角度 $[\frac{\pi}{n}]$ 的展開的三次方項，可得：

$$\pi_6(n) = \frac{[2\pi_5(n) + \pi_4(n)]}{3} = [\frac{n}{12}][4t(n) + s(\frac{n}{2})] 。 \tag{12}$$

$\frac{\pi_6(n)}{n}$ 也是由一次項直接跳到五次項，故收斂得也快，只是五次方項的係數，

$\pi_6(n)$ 較 $\pi_3(n)$ 稍大，故 $\pi_6(n)$ 收斂得較 $\pi_3(n)$ 稍慢，經計算：

$$\pi_6(192) = 3.141592683616719。 \tag{13}$$

還是準到小數點後第七位，$\pi_3(n)$、$\pi_6(n)$ 都可想成是單位圓內接正 $n$ 邊形與外切正 $n$ 邊形結果的適當組合，只是前者是邊長的組合，而後者是面積的組合。其相對比例也不同，前者之中內接部分佔優勢，而後者之中外切部分佔優勢。然而其相對成分都是三分之一與三分之二，在直覺上顯得簡單，較易被接受。這一類的組合計算，所用到的數量，都是前面已算過的，現成的數目不用白不用，在計算上也沒有使用到深奧的數學，我們似可稱之為「正多邊形求圓周率捷法」。

其實，類似的做法還可以再繼續下去，可以由此再消去 $\dfrac{\pi_3(n)}{n}$、$\dfrac{\pi_6(n)}{n}$ 對小角度 $[\dfrac{\pi}{n}]$ 展開的五次方項，可使收斂更快。令：

$$\pi_7(n) = \frac{[8\pi_3(n) - 3\pi_6(n)]}{5}$$
$$= [\frac{n}{60}][32s(n) + 4t(n) - 3s(\frac{n}{2})]。 \tag{14}$$

我們也可以嘗試用 $t(\dfrac{n}{2})$ 而不用 $s(\dfrac{n}{2})$ 以求消去五次方項，所得係數當然也會不同。就 $\pi_7(n)$ 而言，經五次遞迴，計算 $n = 192$ 的情形，得：

$$\pi_7(192) = 3.141592653590368。 \tag{15}$$

準到小數點後第十至十一位。類此的建構，原則上還可繼續，然而這些組合，若先不知級數展開式，不大可能由嘗試得到。$\pi_3(n)$、$\pi_6(n)$ 則不同，即使不知其展開式，三分之一與三分之二的係數不難由試誤得到，嘗試的動機可以是想求各種平均值，而且比較 $n$ 邊形與 $2n$ 邊形的結果，看看收斂是否夠快，就可知道嘗試是否成功。

用單位圓內外的面積來拼湊，使我聯想到祖沖之用以計算較複雜的面積或體積的一個原則：「以盈補虛」，我再回去翻閱《宋書》、《南齊書》、《隋書》、《南史》，希望找到一些蛛絲馬跡。首先，我很懷疑祖沖之有此時間與耐

性去做這些複雜計算，祖沖之生於劉宋元嘉六年 (AD 429)，歷史記載他造大明曆時，為孝武帝大明六年 (AD 462)，那時他剛三十四歲，職位已經是「南徐州從事」❾，那也是他算出密率時的官位。他的大明曆有革命性的一面，除了歲差更準之外，還打破了以往不敢碰的章法，即十九年七閏的規定。他定下歲實為 365.24281481 天、朔策為 29.53059152 天，三百九十一年有一百四十四閏，這些創制都不是隨便做得到的。他希望取代何承天的「元嘉曆」，結果沒有如願，顯然他創曆的工作不是緣自朝命，需要用自己的時間，他歷任中央與地方官員，也需時間推行政令；他提倡新曆法，而且與朝臣（尤其是戴法興）屢次辯論，抓緊對方論點的疏漏處，都需要時間準備。當時他的兒子暅之年齡還小，不可能得到幫助，最主要的是，他的涉獵與興趣相當廣，當時的籌算不容易複查，要耐心開方到數萬位，對他不會構成挑戰！《南齊書‧文學傳》記載他解鍾律。在宋、齊兩朝，他製造敧器、指南車、千里船等等機械或器具；他著《易老莊義》，釋《論語》、《孝經》，注《九章》，還造《綴述》數十篇，他怎麼會有膽餘的興趣與精力去做死計算？而且如果「密率」是真的由死計算得出來的，那一點也不神祕，李淳風何以講不清楚？我懷疑他是發現了一些巧妙的方法，而並不瞭解方法背後的機制；除了給出正確的答案外，還用了含糊甚至神祕性的辭句去解釋，以致後人看不懂。

　　《隋書‧律曆志上》形容祖沖之：

> 又設開差冪、開差立，兼以正圓參之，指要精密，算氏之最也。所著之書，名為《綴術》，學官莫能究其深奧，是故廢而不理。

《綴術》因此失傳了，真是可惜！好在我們現在可由《九章算術現行本》李淳風引祖注，領略到他的部分數學造詣，李淳風對祖沖之的注釋很欣賞，有些地方還特別加以解釋，可是李淳風既說學官莫能究《綴術》的深奧，故廢而不理，怎麼不也加以解釋呢？還有，李淳風說祖沖之著《綴術》，然據《南齊書‧文學傳》卻記載，他造了《綴述》數十篇。「述」字與「術」字有時固

---

❾　《南齊書‧文學傳》記載：「宋孝武帝使直華林學省，……解褐南徐州從事，公府參事。」孝武帝在位的時間為 AD 454–464，十年之內祖沖之歷任諸官，也夠他忙的；何況還要創制曆法呢！

然相通，然而《南齊書》著者蕭子顯仕梁，年代與祖沖之相差不遠。《南齊書》別的地方也有「術」字，例如《南齊書‧天文志》就有：

> 史臣曰：……交會舊術，日蝕不從東始。……

而祖沖之自己，在他向朝廷奏上的新曆中，也寫有「推朔術」、「推閏術」等字眼。然而《南齊書》說他的著作，是《綴述》。唐朝李延壽的《南史》對《南齊書》頗有更動，然而對《綴述》的記載卻不改。很可能祖沖之原書的標題就是《綴述》，他不認為書中的內容是「方術」，而是一些理論性的「敘述」。再看「綴」字，本義是「聯繫」，然很早就被引申為「補綴」，例如《禮記‧內則》有「衣裳綻裂，紉箴請補綴」、《新論‧託附》有「燕之巢幕，銜泥補綴，爛若綾紋」、《後漢書‧儒林列傳》也有「採求闕文，補綴漏逸」。身在宋、齊兩朝的祖沖之，當然可能用此意義為其著述命名。他寫了《綴述》數十篇，所包含之內容一定相當多，可能包含了他的算數理論精華。他注《九章算術》時，繼承劉徽，充分發展了「以盈補虛」、「出入相補」的方法，而且其「出入相補」可以是間接的❿。他把此方法用在面積與體積的計算上，這有助於他的機械與特殊器具的製造，尤其像「攲器」那樣重心偏斜而形狀古怪的容器，其中裝水要達到「虛則攲、中則正、滿則覆。」⓫的目標。對形狀與容積的關聯需要有較準確的估計方法，「出入相補」是很有用的，我猜想他一定會在《綴述》內記下心得。在錐體的情況，需要用到「三分之一」的因數；在球體的情況，需要用到「三分之二」的因數。祖沖之又精於鍾率，在音階的比例上，「三分之一」與「三分之二」也是常出現的因數。基於這些蛛絲馬跡，我提出下述的大膽假設：

我猜想他在仿效劉徽的割圓術時，曾經嘗試過取圓內接正多邊形面積與外切正多邊形面積的平均值，希望改善準確度，發現用簡單的平均值時，改

---

❿ 參見傅大為 (Daiwie Fu) 教授的英文著作：*Why Did Liu Hui Fail to Derive the Volume of a Sphere*?, Historia Mathematica 18, 1991, p. 228。

⓫ 那是通常陳列在孔廟中的一種彎曲瓶狀禮器。當不裝水時，因瓶本身重心的偏離而傾斜；裝一半水時，水的重心與瓶的重心平衡而擺正；水裝滿時，因為瓶頸部的水偏向一邊而使瓶傾覆。

善有限，然後又去嘗試替兩個面積乘上各種偏重的因數。受前述那些應用的啟發，用了「三分之一」與「三分之二」的關鍵數目，發現在計算圓率時，要用三分之二的外切面積去補三分之一的內接面積，如上述的 $\pi_6(n)$ 那樣。他可能以這也是「出入相補」的一種應用，為了要說服別人，必須找到一套有說服力的理由，寫在他的《綴述》內，由於結論合理，引誘他把嘗試中所受的啟發當成推斷的前提寫下來。這樣形成的「理由」當然會很牽強，又可能加上傳抄的錯誤，使後來的學官無法逐步瞭解。可是因為結果正確，再加上祖沖之在專業圈內豎立的權威，後人也不敢批評它錯了，只好說莫能究其深奧，結果是廢而不理，造成此書的失傳，連李淳風也無能為力，只好把圓周率的正確答案記下來，而不加解釋。

《隋書‧經籍志》有《綴術六卷》，已無作者之名，到趙宋沈括時，《綴述》只賸下二卷。《夢溪筆談‧卷十八》甚至誤以其作者為「北齊」的「祖亙」，又替《綴述》的名稱望文生義：「謂不可以形察，但以算數綴之而已！」可以體會其失傳的嚴重。六朝時「渾天」的宇宙觀正時興，正要用渾儀去察其形，怎能說不可以形察？

一千多年的懸案不是短時間破解得了的，我絕不敢說上述的猜想有多少正確性，我只是估計當時思想家的習性與局限，提出可能的解答，希望替以後的學者開一條路。

## 二、正多邊形求圓周率捷法

| | 十二邊形 | 二十四邊形 | 四十八邊形 | 九十六邊形 | 一百九十二邊形 |
|---|---|---|---|---|---|
| $\pi_1$ | 3.10582854123025 | 3.13262861328124 | 3.13935020304687 | 3.14103195089051 | 3.14145247228546 |
| $\pi_2$ | 3.21539030917347 | 3.15965994209750 | 3.14608621513144 | 3.14271459964537 | 3.14187304997982 |
| $\pi_3$ | 3.14234913054466 | 3.14163905621999 | 3.14159554040839 | 3.14159283380880 | 3.14159266485025 |
| $\pi_4$ | 3.00000000000000 | 3.10582854123025 | 3.13262861328124 | 3.13935020304687 | 3.14103195089051 |
| $\pi_5$ | 3.21539030917347 | 3.15965994209750 | 3.14608621513144 | 3.14271459964537 | 3.14187304997982 |
| $\pi_6$ | 3.14359353944898 | 3.14171614180842 | 3.14160034784804 | 3.14159313411254 | 3.14159268361672 |
| $\pi_7$ | 3.14160248520206 | 3.14159280486694 | 3.14159265594460 | 3.14159265362655 | 3.14159265359037 |

$$\pi_4(n)=\pi_1(\frac{n}{2});\ \pi_5(n)=\pi_2(n);\ \pi_3=\frac{(2\pi_1+\pi_2)}{3};\ \pi_6=\frac{(\pi_4+2\pi_5)}{3};\ \pi_7=\frac{(8\pi_3-3\pi_6)}{5}$$

$\pi_1(n)=$ 單位圓的內接正 $n$ 邊形的周長之半，$\pi_4(n)=$ 單位圓的內接正 $n$ 邊形

的面積，$\pi_2(n) =$ 單位圓的外切正 $n$ 邊形的周長之半，$\pi_5(n) =$ 單位圓的外切正 $n$ 邊形的面積。

試比較各型組合的收斂快慢，顯然 $\pi_4$ 最差，其次序為 $\pi_4$ 慢於 $\pi_2$、$\pi_5$ 慢於 $\pi_1$ 慢於 $\pi_6$ 慢於 $\pi_3$ 慢於 $\pi_7$。收斂最快的 $\pi_7$ 不太會為古人發現，基於面積考量，$\pi_6$ 較有可能。

## 三、附錄：數播信箱

李怡嚴來函

編者先生：

　　剛收到 90 年 3 月出版的《數學傳播季刊》，看到 pp. 82–86 有石厚高先生所寫的〈祖沖之計算圓周率之謎〉一文，提到需要計算數萬邊的圓內接正多邊形；而一部分開方根需要準確到數萬位小數點。現代有電腦，以及能夠處理許多位小數的 Mathematica 軟體工具，當然沒有問題。可是我想也許不需要這樣麻煩，石先生的大文內給出由單位圓內接正 $n$ 邊形的邊長 $s(n)$ 求內接正 $2n$ 邊形之邊長時之遞迴公式：

$$s(2n)^2 = 2 - [4 - s(n)^2]^{0.5}。 \tag{1}$$

如果用 $t(n)$ 來代表單位圓外切正 $n$ 邊形的邊長，則容易看出：

$$[4 - s(n)^2][4 + t(n)^2] = 16。 \tag{2}$$

$t(n)$ 可以用來求 $\pi$ 的上限。可是我想，總有人會嘗試去取 $s(n)$ 與 $t(n)$ 的平均，看是否可得較好的結果。在嘗試多次以後，也許會發現，取較偏重 $s(n)$ 的平均會更好，其實最好是取 $\dfrac{[2 \times s(n) + t(n)]}{3}$。本來這就相當於消去 sin 與 tan 三角函數指數級數的三次方項，我不敢期望古人會發現這一點，可是只要有人想到嘗試各種平均值，則比較 $n$ 邊形與 $2n$ 邊形的結果，不難由試誤得出上述的組合（即使不瞭解原因）。用了這樣的組合，不難將多邊形的邊數，與小數點的位數需求大量減少。我用老式的 Turbo-Basic 軟體的 Double Precision 程式試了一下，由正四邊形開始，程式是：

```
10 DEFDBL A–C: DIM A(5), B(5), C(5)
20 A(1)=2–2^.5
30 A(2)=2–(2+2^.5)^.5
40 A(3)=2–(2+(2+2^.5)^.5)^.5
50 A(4)=2–(2+(2+(2+2^.5)^.5)^.5)^.5
60 A(5)=2–(2+(2+(2+(2+2^.5)^.5)^.5)^.5)^.5
70 FOR N=1 TO 5:
   B(N)=(16/(4–A(N)))–4:
   C(N)=2^(N+1)*(2*A(N)^.5+B(N)^.5)/3
80 M=2^(N+2):
   LPRINT M; "Sides – pi=";
   C(N):NEXT N:END
```

結果是：

```
  8   Sides – pi= 3.145547805608732
 16   Sides – pi= 3.141829394196878
 32   Sides – pi= 3.141607296173712
 64   Sides – pi= 3.141593566385137
128   Sides – pi= 3.141592710602667
```

在上面的程式中，我沒有用遞迴式去算 A(N)，如此我可以利用 Turbo-Basic 計算時較 Double Precision 多兩個小數點位的特點。不過無論如何，所有開方的準確度不會超過十八位，可以看到結果有多好！由正六邊形開始程式是：

```
10 DEFDBL A–C: DIM A(5), B(5), C(5)
20 A(1)=2–3^.5
30 A(2)=2–(2+3^.5)^.5
40 A(3)=2–(2+(2+3^.5)^.5)^.5
50 A(4)=2–(2+(2+(2+3^.5)^.5)^.5)^.5
60 A(5)=2–(2+(2+(2+(2+3^.5)^.5)^.5)^.5)^.5
70 FOR N=1 TO 5:
```

```
        B(N)=(16/(4−A(N)))−4:
        C(N)=2^N*(2*A(N)^.5+B(N)^.5)
   80   M=3*2^(N+1):
        LPRINT M; "Sides − pi=";
        C(N):NEXT N:END
```

結果是：

    12    Sides − pi= 3.142349130544657

    24    Sides − pi= 3.141639056219992

    48    Sides − pi= 3.14159554040839

    96    Sides − pi= 3.141592833808796

    192 Sides − pi= 3.141592664850249

阿基米得其實已經算過正九十六邊形的周長。可惜他沒有發現上述這種三分之二與三分之一的組合方式，不然，他的結果會準很多。祖沖之是否發現了？我沒有可供判斷的資料，可是如果他真的發現了，我也不會很驚訝。

    我希望提出這個可能性供石先生參考。最後，我想引一段書來表達我的感想，在錢大昕《十駕齋養新錄》卷第十七，竹汀先生有一段筆記：「古之九數，圓周率三，圓徑率一。……祖沖之更開密率；……指要精密，算氏之最者也。……用以步天，宜若確乎不可易矣。予族子江寧教授唐（號溵亭）獨疑之：謂『圓周曲線也，圓徑直線；以各等邊線用句股法取其弦遞析之，愈析愈細，終無合為一線之理。則所謂密率者，猶未密也！今試以木製大圓輪，其徑一丈，以長竹篾刻尺寸分秒度之，得實周三丈一尺六寸有奇；乃知沖之密率猶失之弱。蓋以直求曲，勢必不能密合；非算之不精，於理有未盡也。』昨元和李生銳（字尚之）告予云：『秦九韶《數學九章》卷三，環田三積問術：以圓徑自乘進位為實，開平方得周。設徑一億，依術推之，得周三億一千六百二十二萬七千七百六十六奇。』與溵亭之說合。則古人已有先覺者。」錢大昕並非算學專家（雖然在考據中常插入步算過程），他的誤解可以瞭解，可是乾嘉時「談天三友」之一的李銳應該知道得更清楚，不可能用十的

開方根表示圓周率。否則用一個句一股三的直角三角形，取其弦長就得圓周率！照理李銳應已有足夠的極限知識了，除非他引秦九韶是為了迎合錢大昕。

石厚高覆函

敬啟者：

　　謝謝編輯部轉來李怡嚴教授看了拙著《祖沖之計算圓周率之謎》的回應。作者是得不到掌聲的，李教授把拙文看得這麼仔細，又設計電腦程式作驗證，實感榮幸。有興趣的讀者可以對照拙文與李教授來函，當然可以感受到後者的作法非常高明，至於祖沖之有沒有想到，那就不是芸芸眾生能知道的了。

# 第四章
## 林白的先天優勢

　　《科學月刊》1999年12月號，pp. 1009-1012，有景鴻鑫的〈實現飛行的夢想〉，描述大西洋兩岸的人投入一項飛行記錄的競爭——在紐約與巴黎之間的不著陸飛行。法國的參與者，好幾組人馬都出師不利，尤其是5月8日由歐戰空軍英雄 Charles Nungesser 與他的副手駕複翼機由巴黎出發，雖然已經到達加拿大的海岸，卻失蹤了。（事實上他們已經到達加拿大的 Labrador 海岸附近，很顯然已偏離大圈航線。）而美國的無名小卒林白 (Charles A. Lindbergh) 單槍匹馬駕著一架單引擎單翼飛機，在1927年5月20日由紐約出發，經過三十三又半個小時的不著陸航行，順利在巴黎降落。

　　其實整個比賽是不公平的，雖然同在一條大圈航路上，可是由西向東要比由東向西容易太多。所謂「大圈」(Great Circle)，就是用一個通過地球球心的平面，與地球表面相交的軌跡。由紐約到巴黎的大圈，則用紐約、巴黎以及地心三點，來決定上述的那個平面；在它與地球表面相交的圓上，截取紐約與巴黎作端點較短的那個弧線。如此得出的大圈，顯然就是由紐約到巴黎的最短路徑。歷史顯示，東向的航行較易：當林白駕著新出廠的 Ryan 單翼機，由加州聖地牙哥經聖路易抵達紐約時，他發現有兩位競爭者也等在紐約。一位是張伯林 (Clarence Chamberlin)，他與 Charles Levine 準備駕 Bellanca 單翼機參加角逐。另一位是名探險家白爾德 (Cmdr. Richard Byrd) 與他的三位助手，他們的飛機是三引擎 Fokker 機。在氣候剛轉好時，林白冒險出航，拔得頭籌。在林白成功後，接著張伯林於6月5日順利到達歐洲，因巴黎已被人搶先，故降落在德國的 Eisleben 機場，算是另一項記錄。白爾德也於6月29至30日飛到了巴黎。後面兩組人馬的成功，顯見這條航線並不是很難走。相形之下，反向的飛行要等到1930年9月1至2日，才由 Costes 達成；耗時共計三十七小時又十八分，航行距離多達四千一百哩，很顯然已經偏離標準的大圈航線，比最短距離（三千六百十哩）多飛了相當可觀的冤枉路。事實上，就是同一個 Costes 在1927年10月14至15日曾成功地由非洲 Senegal 飛到南美的 Rio de Janeiro，耗時二十一小時又十八分，航

程大致有三千哩出頭，他的飛機固然較林白的小飛機速度要快，又受到信風帶強勁東風的幫助，顯得更快速些。有關記錄，可參閱 *The New Encyclopaedia Britannica (Macropaedia)* "FLIGHT, HISTORY OF" 一欄。

　　林白的記錄之所以出色，主要是單人飛行，無人幫忙導航；僅憑兩個羅盤指示方向，以及飛機上的標準配備如高度表、速度表等，用時鐘計時，以計算里程。當然他事先把大圈航線所經過的地方，都查出來畫在地圖上，也計畫每航行一百哩就依順時針方向轉一兩度，以符合大圈路線。他策劃的時候，並沒有考慮風。其實航線在西風帶上，不能忽略風的因素。由附圖可以看到航線附近的風向。西風帶的範圍，冬天與夏天有些微的變動，主要的變化是冬天因北方冰島低壓的影響加大，故風速更強。林白的航行在 5 月，風速已經減弱，可是還是很可觀。據林白的自述，他由海浪的大小推測大約有每小時四五十哩；這也許是有些誇大。根據各種資料顯示，每小時二十哩大概是有的。風力使林白到達巴黎的時間較預計早兩個半小時，途中繞道所花的時間還不算。林白的自述主要有兩本書，一本名為 *WE*，1927 年出版，其大部分譯文被收入梁實秋主編之《名人偉人傳記全集之 41・林白》（名人出版事業公司，1982 年）。另一本為 *The Spirit of St. Louis*，1953 年出版，有今日世界社的譯本。有關西風帶的描述，可參閱 *The New Encyclopaedia Britannica (Macropaedia)* "WINDS AND STORMS" 一欄。

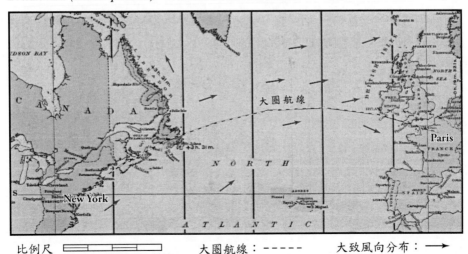

林白自紐約到巴黎首航示意圖

　　東向航行佔便宜的另一項因素為：開始三分之一的路途（從紐約起至紐芳蘭島），需要不斷調整方向，不然就會偏離航線很多。由紐芳蘭島起到巴黎為止，雖然航行方向還是不斷改變（大致由東東北轉到東東南），可是緯度的變化只有三度左右。由紐芳蘭出發，即使方向維持向東，沿緯線航行，簡單的球面幾何計算顯示，較大圈航線亦只不過多飛六十哩左右，不會有嚴酷的後果。林白在第一天精神好的時候，把開始三分之一的路徑飛過。這一部分的大圈，大致與從長島至紐芳蘭島的海岸線相差不遠；在有日光的時候，可以將此海岸線視為一種天然地標，而且即使因故脫離原定的大圈航線，也很容易回到原路，不會迷航。事實上林白在 Nova Scotia，就曾為躲避風暴而向南偏航；在紐芳蘭島上，也曾偏南大約九十哩飛過 St. John's 城，目的是要讓地面的人知道他的蹤跡。那時已將天黑，也將進入大西洋無地標的區域。其後他精神不濟，很多原定的方向轉變並沒有實行，結果到達愛爾蘭的時候，正在航線上。

　　C. Nungesser 的倒霉處在於：他由巴黎出發，飛過了愛爾蘭後，就需要憑羅盤的方向來保持航線。他們可能有帶無線電與六分儀，可是過了愛爾蘭後，並沒有指示地點的無線電臺；而日間無星象可看，六分儀亦無用武之地。要命的是，在這一段路上如果稍偏航一些，到加拿大海岸邊就會造成相當大的偏差！有證據顯示 C. Nungesser 已到達了 Labrador 海岸附近。那裡地方荒僻，地面缺少好的地標，他們就是在那裡失蹤的。迷航再加上沿途與西風對抗而耗盡汽油，顯然是他們失敗的主因。

# 第五章
## 古印度之世界傳說

　　此文受嚴耕望先生〈佛藏所見之大地球形說〉（《大陸雜誌》第 72 卷第 4 期）的啟發。嚴文以為佛經中之《大樓炭經》以及以後之《長阿含經》等所描述須彌山周圍四洲的說法，已經包含有「地圓說」。為達此一推論，他需要將「須彌山」解釋為地球的北極。此一假說，絕無文獻（或甚至傳說）上的證據。因此他的結論不能成立，固不待言。然而佛經中的這些神話（或傳說）是否含有現實的影子，則是一個極有趣且值得思索的問題。

　　佛經中的「須彌山」，事實上因襲了印度婆羅門教的神話。「須彌山」（Sumeru）亦譯為「妙高山」；神話中極力描述其高與大，且謂山頂為帝釋天（即婆羅門教的主神因陀羅 INDRA）所居，可以想像此山在古印度及神話中的神聖地位與希臘的奧林匹斯山相仿。而古印度民族（此指婆羅門與剎帝利之北方侵入者）與希臘民族皆屬印歐系統，其語言文化有其共源。因此仿希臘情形探索「須彌山」的神話源流，尋找其現實中的原型，應非無意義。而嚴文對此山及其四周四大洲的引介，正好取來應用。

　　首先考慮「須彌山」有沒有現實的山脈與其對應，印度傳說中將此山說得又高又大！在剝除其誇大的因素後，應該還有一極高極大之山為其原型。答案其實很顯明，容易猜想印度民族在入主印度半島以前，曾在其北方滯留一段時日。當時當地，最能引起這些原始民眾敬畏的山應該是蔥嶺（即帕米爾高原）以及與其相連的喜馬拉雅山，對印度人民來說，甚至還可能包含山後的西藏高原。

　　《大樓炭經》所描述的四個外緣「天下」，其南方與西方兩項最容易找到其原型。先說南面的，按《大樓炭經》，南方之「天下」名「閻浮利」，北廣而南狹（呈倒三角形）。《長阿含經》記其名稱為「閻浮提」（顯然為同名之異譯），形狀則無異說，倒三角形正像是印度半島，「閻」字上古之聲類屬「喻四」，又與印度古名 Hindu 的首音「h」相近。「利」字古音屬流音，極易與「d」音相混，而其異譯「提」字則更近「d」音。有關音韻學的根據請參閱竺家寧著《聲韻學》第十六講（五南出版社，1992 年）。此地為印度民族立國之地，當然最熟悉。

西方為印度民族的發源地，當然也熟悉。按佛經所述，西方之「天下」名「俱耶尼」，如半月形，這很容易使人聯想到兩河流域的新月形盆地。此地自古與印度就有交流，而當時最強大的國家就是亞述 (Assyr)。此字當時就加上語尾而成為 Assyria，而字首之母音漸失去，成為 Syria。後來羅馬在此所建立之屬省就取 Syria 為名，此亦現代「敘利亞」的來源。注意此字與「俱耶尼」讀音很接近，舌尖音「s」經過顎化就與舌根音「r」（俱）很接近。（至於母音遺失，則由於閃族語言之不重母音。）

北方與東方兩地，雖不如南方與西方顯明，然而亦彷彿有跡象可尋。北方按佛經名「鬱單」，形狀為方形。我認為此即指涉北方的大草原地區，其廣闊給人方形的印象。古代此大草原主要由游牧民族佔據，而較有名望的國家，應為「月氏」，其音與「鬱單」亦近。（「單」字古音近「de」，容易與「支」字之音相混。）此國後為匈奴所逼，西遷為「大月氏」。貴霜王朝拓地佔領部分印度北方之地。在《大樓炭經》寫成時，印人應熟悉此一民族。

東方圓形的「弗于逮」比較麻煩。幾經考慮，我認為最可能的地域為青海盆地。此地魏晉後為羌族所據，可是上古時似無專屬，就地形而言，柴達木地區勉強可稱圓形，此地古時因山而得名「白蘭」或「巴顏」。而「弗于逮」的首字「弗」古音與「白」或「巴」相近（因古無輕唇音）；「逮」即「隶」，據《廣韻》古音為「羊至切」，近音似非偶然，上古印度向東之交通為群山所阻，此地恐為其訊息所達之極限。稍後之中印交通多取道雲南之滇國，且遲至戰國時始大通，故古印度人民對其東方最不熟悉。

稍後現世的《長阿含經》的類似記載，顯然沿襲《大樓炭經》，卻加上不少神話上的踵益，例如地圓人面亦圓之類。特別標出「某某洲品」，其「洲」字很可能是譯經者受中國大九州說影響的結果。值得注意的是至此經始出現「太陽在上面兜圈子的說法，似乎有中國《周髀》「蓋天說」的影響。」然而「蓋天說」的精華在於利用「七衡圖」以解釋四時的成因，此部分卻為佛經所遺。一個可能的解釋是《長阿含經》在流傳中吸收中國《周髀》的說法而棄其四時之說（可能因四時在印度較不顯著）。《長阿含經》遲至姚秦時始傳入中國，相當遲了，上述之變化不無可能。至於再後之《起世經》，寫得更細緻，更顯出後人增益的跡象。

結論：《大樓炭經》等佛經對須彌山四周的記載，雖不包含「地圓說」，然足以表現印度初民的地理智識。

# 第六章
## 趙爽注《周髀》的時間考證

### ⊕ 摘 要

　　本文首先批判將寫《周髀注》的趙爽定為魏晉間人的主要依據。本文認為：由於㈠《周髀注》所引《乾象》非指《乾象曆》，而是一本書；㈡趙爽所需要的背景數學，已現成存在於《九章算術》內，無須依賴劉徽。因此那些依據不成立。本文接著討論《周髀注》產生於東漢桓靈之際的內證：㈠趙爽以「渾天」與「蓋天」兩學說勢均力敵，㈡將師徒問答比作「章句」，㈢誤認「旁」為「邪」的古體，㈣用傳統「徑一周三」作圓周率。本文繼續討論《周髀注》不產生於魏晉的反面論點：㈠未提「宣夜」，㈡無魏晉思想解放之痕跡，㈢趙爽對《周官》的不夠熟悉，㈣未懷疑「寸影千里」舊說。此四點可補強前述之內證。本文推測《周髀注》很可能在建寧年間寫定，並猜測趙爽的身分可能是太學的博士。

## 一、導 論

　　《周髀注》的作者趙爽，除了注了這一部書外，沒有留下其他歷史痕跡。似乎在他生活的當時，就不是知名人物。他的《周髀注》，最初未必與《周髀》同傳，恐怕只靠少數人的抄錄延其生機。六朝時的史料，有幾次提到《周髀》，都只有一卷，而且多與北朝有關❶。《宋書・氐胡傳》甚至記載沮渠北涼國向劉宋進貢一卷《周髀》；若非知道南朝欠缺此書，何以將它包括在貢禮之內❷？現傳《周髀》注文的文字不少，在傳抄的過程中，是否始終都與《周

---

❶　C. Cullen, *Astronomy and Mathematics in Ancient China: The Zhou bi suan jing* (Cambridge University Press, 1996), pp. 162–163 對此有所探討。

❷　進貢的書籍，總共有一百五十四卷。除了《周髀》一卷外，還有《周生子》十三卷、《時務論》十二卷、《三國總略》二十卷、《俗問》十一卷、《十三州志》十卷、《文檢》六卷、《四科傳》四卷、《燉煌實錄》十卷、《漢皇德傳》二十五卷、《涼書》十卷、《王典》七卷、《魏駮》九卷、《謝艾集》八卷、《古今字》二卷、《乘丘先生》三卷、《皇帝王歷三合紀》一卷、《趙歐傳并甲寅元歷》一卷、《孔子傳》一卷。皆偏僻的書，有些還有北方的背景，顯示書目的選擇，是以南朝之所缺為主。本文所引的各正史，皆引自開明書店（1934 年鑄版）根據殿版影印之《二十五史》。

髀》本文攝在同一卷內，不易判斷。

《隋書‧經籍志》記載《周髀》的版本有兩種，其一題為「趙嬰注」，另一則題為「甄鸞重述」，此外還有一卷《周髀圖》，似乎在開始時，圖文分傳。宇文周時的甄鸞對《周髀注》加以「重述」，一定是經過一番整理。若非當時他見到的傳世文本漫漶不清，有不易瞭解處，何須「重述」？似乎此本《周髀注》全靠甄鸞的努力才得以傳下，隋時又發現另一抄本，故分化為兩種版本，到唐代李淳風始合併。可惜甄鸞沒有留下序言，交代趙爽的生平。在現今所傳《算經十書》版本的《周髀算經》，只題有「趙君卿注、甄鸞重述」的字眼，連甄鸞自己的籍貫與職位也沒有寫下。故知毛氏汲古閣所藏的宋元豐京監本❸已是如此。唐人的《隋書‧經籍志》已將趙爽之名誤為「趙嬰」❹。到趙宋李籍著《周髀算經音義》，就已無從知曉趙爽是何代人，這是很可惜的。後來宋寧宗時鮑澣之在〈周髀算經跋〉中猜測他是魏晉之間的人，可是卻講不出根據，不能算是定論。到近代，才有學者補充這種看法的論據，一時似有很多人附和。

其實清阮元所見到的一本《周髀算經》，就題為「漢趙君卿注」❺。同時代的嚴可均《全後漢文》❻卷六十二寫：「案趙爽相承以為漢人」，顯示清代一般人不認同鮑澣之的猜測。阮元所見到的版本，大概是四庫全書本。據其提要，那是用「舊本」與《永樂大典》所載校訂而成，相信此「舊本」一定

---

❸ 有關《周髀》的各種版本傳承的問題，請參閱靖玉樹編勘《中國歷代算學集成》（山東人民出版社，1994 年）的《算經十書》簡述。

❹ 明朱載堉《古周髀算經圖方句股圖解》（收入《續修四庫全書‧天文算法類》）說：「齊有晏嬰，漢有灌嬰，皆大臣也；故趙嬰字君卿，蓋取此也。以此證之，爽字誤無疑矣。」朱載堉以「嬰」字為正，理由殊不充分。以「嬰」字為名的人很多，出了幾個大臣何足為奇？春秋晉欒嬰為出亡之臣（《左傳‧成公五年》），齊梁嬰為被殺之家宰（《左傳‧昭公八年》），秦子嬰為亡國之君，那些又怎麼講呢？《周髀注》的作者好幾次自稱為「爽」，不可能都錯。且《左傳‧昭公十七年》有「爽鳩氏，司寇也。」亦可當「爽」與「卿」有聯繫的根據。

❺ 清阮元的《疇人傳初編》（世界書局，1962 年，《疇人傳彙編》）卷四說：「今本《周髀算經》題云：『漢趙君卿注』。故系于漢代云。」

❻ 《全後漢文》收入清嚴可均編《全上古三代秦漢三國六朝文》（世界書局，1969 年）。

是明刻本。現在可以看到的趙宋嘉定六年版本，卷前已無「漢」字，則《四庫全書》所據之本非常可能是據另一系的古本刊刻的❼。而且明朱載堉所著《古周髀算經圓方句股圖解》❽已題：「後漢趙君卿注」。因此把趙爽的時代定在後漢，不能算沒有文獻根據。

其實趙爽當時雖然不求聞達，亦非隱逸。他在〈序〉上說❾：

……渾天有《靈憲》之文，蓋天有《周髀》之法，累代存之，官司是掌，所以欽若昊天，恭授民時。爽以暗蔽，才學淺昧，鄰高山之仰止，慕景行之軌轍，負薪餘日，聊觀《周髀》。……

可見他對曆法的造詣與嚮往。他有機會看到各種相關文獻，他看過，並在《周髀注》內引述張衡的《靈憲》。此文大致著成於安帝期間（估計約在 AD 116前後）❿，這是趙爽注《周髀》時間的絕對上限。他將他所從事的職業比喻為「負薪」，固不以之為榮，卻有餘暇研究《周髀》。他顯然處於學術圈內，當然會受那時學術氣氛的影響。由他的《周髀》注文，多少可以從中發現一些表現時代背景的蛛絲馬跡。近人接受鮑澣之的意見，其理由並不強，也可以透過史料的分析去解惑。這是本文的目的。

本文第二節批判近人認為趙爽為魏晉間人的看法。第三節透過《周髀注》

---

❼　還有一個可能：就是阮元所看到的是乾隆三十八年孔繼涵刊刻《算經十書》時所寫的序（現收入《中國歷代算學集成》）的夾注。不過這又將問題轉嫁到：孔繼涵所根據的是什麼？

❽　朱載堉，注❹所引書。

❾　本書所引之《周髀算經》與《注》，以及《九章算術》，除另有說明外，皆臺灣商務印書館，1974 年，重印之《算經十書》版。

❿　《後漢書・張衡傳》載：「安帝雅聞衡善術學，公車特徵拜郎中，再遷為太史令。遂乃研覈陰陽，妙盡璇機之正。作渾天儀，著《靈憲》、《算罔論》，言甚詳明」。他由郎中至太史令，為時似不久。遷太史令後始著《靈憲》，故估計其時大約在 AD 116 前後。《周髀注》所引，在「星辰乃得行列」後：「靈憲曰『眾星被曜，因水火轉光』，故能成其行列。」與《後漢書・天文志》所載：劉昭補注引靈憲的「眾星被耀，因水轉光」稍異。「因水轉光」應與前面「日譬猶火，月譬猶水」呼應。《周髀注》欠正確。考慮到趙爽與張衡時代之近（不管他是漢人或魏晉人），可以猜測此異文是由《周髀注》本身的傳抄所造成的。

的內證，建立我的看法：即趙爽注《周髀》的時間，可能在桓靈之間，大約完成於建寧期間。第四節討論《周髀注》所不處理的問題，用作支援性的論證。第五節則根據目前所把握的蛛絲馬跡，去猜想趙爽在當時的身分。

## 二、魏晉說的探討與批判

魏晉說創自鮑澣之，可是沒有提證據，近代持此論者多根據趙爽引述《乾象》這件事。在李儼、杜石然所著之《中國古代數學簡史》的一個腳注中說❶：

> ……但由《周髀算經注》中曾引用張衡（公元 78–139 年）《靈憲》以及劉洪《乾象曆》（約公元 178–187 年），特別是《乾象曆》曾於三國時被東吳所採用（公元 223–280 年），可以斷定趙爽大約是公元三、四世紀時的人。

李儼與杜石然還沒有猜趙爽是何地人。C. Cullen 有類似的主張❷：

> As a minimum hypothesis, we can therefore move the lower bound for Zhao's work to around AD 200, and if we assume he is using the official calendrical system of his time and place, he can be taken as a resident of Wu working sometime in the third century AD.

他甚至進一步主張趙爽是吳國人。讓我們探討一下這條證據。《周髀注》兩引《乾象》，其一在「十九歲為一章」之下，其全文為：

> 「章」：條也。言閏餘盡，為曆法章條也。《乾象》曰：「辰為歲中，以御朔之月而納焉；朔為章中，除朔為章月，月差為閏。」

趙爽企圖用此解釋「章」與「閏」的關係，所引之文卻不在《晉書·律曆志中》所載《乾象曆》全文內。《乾象曆》只有「歲中十二」，而無「章中」之名。甄鸞補充謂：「歲中除章中為章歲」。「章歲」為十九，然則「章中」為二

---

❶ 李儼、杜石然所著之《中國古代數學簡史》，九章出版社，1997 年，p. 70。
❷ C. Cullen，注❶所引書，p. 148。

百二十八，亦等於章月減章閏。姑且不論趙爽的這條注澄清了哪些觀念，單由《乾象曆》全文找不到這段話來看，《乾象》不應指《乾象曆》。再說他稱「《乾象》曰」，與他所稱「《乾鑿度》曰」類型相同，應皆為引書。這必定是劉洪所作的一本書：《乾象》。《周髀注》對《乾象》的另一處引文在「……則月一日行天之度」後面：

> 以日度行率除月行率，一日得月度幾何？置月行率一千一十六為實，日行率七十六為法，實如法而一；法及餘分，皆四約之。與《乾象》同歸而殊塗，義等而法異也。

這裡也不稱為《乾象曆》。而且「與《乾象》同歸而殊塗」的，只是算法的結果，趙爽強調的是：由《周髀》算出月一日行天之度為十三度十九分度之七，與《乾象》所得的結果相同。案劉洪所創之「乾象術」是一個統稱，前後費時二十餘年才得完成。在開始時，他的名氣就很大，他向朝廷上「七曜術」，定在桓帝延熹七年之前❸，那時他還是常山長史。到靈帝光和二年，眾臣在朝廷上為曆法發生激烈辯論，劉洪已為穀城門候，而且所講的話已有分量。在《晉書‧律曆志中》中記載：

> 太史令許芝云：「劉洪月行術用以來，且四十餘年；以復覺失一辰有奇。」

「月行術」之始用，定指靈帝光和二年之事，應已考慮到月行之遲疾。其後劉洪被遷為會稽東部（都）尉❹，已在他的晚歲。《晉書‧律曆志中》回溯其改曆之源流：

> 漢靈帝時，會稽東部尉劉洪，考史官自古迄今曆注，原其進退之行，察其出入之驗，規其往來，度其終始。始悟四分於天疏闊，皆斗分太多故

---

❸ 據《後漢書‧律曆志中》：「常山長史劉洪上作『七曜術』。甲辰，詔屬太史部郎中劉固、舍人馮恂等課效。後作『八元術』。」甲辰即桓帝延熹七年。

❹ 「會稽東部都尉」是劉洪最後的正式官銜。因此，徐岳在《數術記遺》中稱他為：「劉會稽」。因為劉洪死在山陽太守任上，故後人懷疑《數術記遺》的真實性。其實歷史記載：「……會稽東部都尉，微還，未至；領山陽太守，卒官。」他領山陽太守之職而已，非正式官銜。

也。更以五百八十九為紀法，百四十五為斗分，作乾象法。冬至日，日在斗二十二度，以術追日月五星之行，推而上，則合於古，引而下，則應於今。其為之也，依易立數，遁行相號，潛處相求，名為「乾象曆」。……

所以「乾象法」是《乾象曆》的基礎，主要內涵就是減斗分。桓帝時，雖離四分曆之採用不太久，因為有了太初以前的四分經驗，並有三統曆為比較，故斗分太多這部分比較容易發現，也比較早發表。開始時當還沒有推五星法與月行術，不成一部完整的曆法。因為受朔策不準確的影響，大家以前並不太留意月行的遲疾，所以劉洪在這方面的改革，要花多一些時間去完成。

現在已經知道《周髀注》引了一本書，名《乾象》。其中包括章法與閏月的推算，以及月一日行天之度。為了需要《周髀》與《乾象》「同歸而殊塗」，只能容忍斗分不同的「殊塗」。如果將月行遲疾算入，則月一日行天之度與《乾象曆》根本不會「同歸」！趙爽不應引以相比。由此可以相當有把握推斷，桓帝後期，劉洪寫過一本書，內容為「考史官自古迄今曆注，原其進退之行，察其出入之驗；規其往來，度其終始。」目標為宣揚他的新斗分。書名就稱《乾象》。這裡「乾象」的「乾」字，應該是「天」的意思。「乾象」之名，亦見於《後漢書・郭太傳》引郭泰之言：「吾夜觀乾象，晝察人事。……」劉洪借此名，強調他是基於對天象的觀測，作出改斗分的結論。至於整個《乾象曆》，前後花了二十多年才發展完成，其內容遠較「四分曆」為豐富，當然可以進一步誇耀為：「依易立數，遁行相號，潛處相求！」到了建安元年，鄭玄加注釋時，《乾象曆》已非常成熟，所以鄭玄稱讚它為「窮幽極微」。當曹魏黃初年間對曆法的辯論中，朝廷特地請《乾象曆》的傳人徐岳說明，以解糾紛。《晉書・律曆志中》記載徐岳的追述的一部分：

熹平之際時洪為郎，欲改四分，先上驗日蝕。日蝕在晏，加時在辰，蝕從下上，三分侵二。事御之，後如洪言。海內識真，莫不聞見。劉歆已來，未有洪比。

故《乾象曆》之出名，不待東吳之正式承認。當時大家已知四分曆疏闊，一般的辯論與後來的改曆，亦多以《乾象曆》為基礎。到此時，醞釀改革初期

所發表的《乾象》，當然就功成身退不再流傳，以致趙爽所引「章中」一段，後世已不知道，甄鸞的解釋相當勉強。

　　趙爽引《乾象》相比的動機，是《乾象》的章法，與《周髀》全同❶，可以相比。《乾象》之斗分既減，「蔀」已失意義，故趙爽在解釋「蔀」的部分，無法與《乾象》相比；僅在解釋「章」的部分才引《乾象》。所以引《乾象》而不引「四分」，一方面《周髀》的曆法太像「四分」，比對並無意義；另一方面，東漢後期一般人對「四分」已經失去了信心。趙爽大概沒有看過《乾象曆》，那部曆法太複雜，與簡陋的《周髀》曆法，很難相比。

　　由上面的分析，可以判斷：《周髀注》二引《乾象》，並不顯示其時間當魏晉之際。至於說他是吳國人，可能性也不大。吳會地區的學術圈很小，從事曆算工作者，人數卻不少。清阮元《疇人傳初編》❶所記載的闞澤、陸績、王蕃、姚信、陳卓、葛衡等，活動能力都不低。歷史對他們（以及同時學者）的記載，都看不到有趙爽這樣一個人的影子，這是很難想像的。另外，上面已經強調過：六朝時《周髀》的傳承多在北方。這也與趙爽是南方人的假設相衝突，因為東吳的文化對日後東晉與南朝的影響甚大，我認為 Cullen 的這個假設可被排除。

　　另外還有一類研究，比較趙爽的《周髀注》與劉徽的《九章算術注》，以為趙爽受了劉徽的影響。陳良佐教授在〈趙爽勾股圓方圖注之研究〉中說❶：

> 吾人若比較劉徽與趙爽二人的注，可以發現無論就其內容、語彙或證明的方法，兩者之間的關係非常密切。劉徽是在注解《九章》題目的時候，引用了那些幾何定理；而趙爽卻是將那些幾何定理有系統的加以整理。無論是命題的敘述或是證明的步驟，趙爽注都比劉徽略勝一籌。……所以作者認為，趙爽與劉徽可能是同時代的人，而略晚於劉徽。至於說，劉徽曾受到趙爽的影響，可能性非常小。

---

❶　《乾象》的章法，與《周髀》全同，即章歲十九，章月二百三十五。

❶　阮元，《疇人傳初編》，注❺所引書，卷五。

❶　陳良佐，〈趙爽勾股圓方圖注之研究〉，《大陸雜誌》第 64 卷第 1 期，1982 年，pp. 33–52。引文為全文最後的結論，在 p. 50。

C. Cullen 也有類似的討論⓲：

> We could avoid the difficulty by supposing that both were drawing on some otherwise unknown sourse, but despite the communication difficulties if Liu and Zhao were approximate contemporaries, mathematical geniuses (like other entities) are perhaps not to be multiplied without good reason.

他卻沒有引陳良佐的文章，不過他後面的討論範圍較陳教授稍廣。這一類型的討論會涉及不少主觀的判斷，但也值得探討。《周髀》涉及句股的地方，較重要的有兩處，一在日高圖之後：陳子向榮方解釋當二至時，日下至周距離，以及周地與四極和天中的相對位置，所涉及的計算。另一處在開頭商高的一段話：

> 數之法出於圓方，圓出於方，方出於矩，矩出於九九八十一。故折矩，以為句廣三，股脩四，徑隅五。既方其外，半其一矩。環而共盤，得成三四五。兩矩共長二十有五，是謂積矩。

前者，在趙爽的注內，把計算的過程補足，沒有太多好講的。後者，《周髀》本文就講得不清不楚，尤其是「環而共盤……是謂積矩。」一段。趙爽只好猜想原文的企圖，是想解釋句股關係。為了使後來的讀者容易瞭解與接受句股關係起見，趙爽補了圖，並把漢時對句股的知識，都補進去。這些知識在《九章算術》內都相當完備，而且演發出各種變化，也有非常成熟的展現。以此為基礎，再輔之以正負術（在〈方程〉章）與開方（在〈少廣〉章），趙爽寫注所需要的背景技術，差不多都已現成存在，不需要依賴趙爽或劉徽任何一人的預先發明與推演。C. Cullen 以為數學天才不會一下子膨漲太快。這是低估了由西漢後期到東漢後期（由耿壽昌到鄭玄）大約二百年間的學術進展。舉一個例來說明，在《九章算術・句股》章第十二題為：

> 今有戶不知高廣，竿不知長短。橫之不出四尺、從之不出二尺、邪之適出。問戶高廣表各幾何？

⓲ C. Cullen，注❶所引書，p. 160。

這一題就不是單純的句股問題，需要列出一條二次方程式，用帶從開方解出答案。所以趙爽在《周髀》的首章所加的注與所補的圖，雖然也表現出他高超的功力，卻還不是絕塵；也不需要有劉徽在他的前面做榜樣。更何況劉徽注《九章算術》真正的創意所在，是「重差法」。趙爽如果真的看過劉徽的注，在涉及日高圖的地方，不應該不引來作比較。

由各種跡象看來，劉徽雖在趙爽之後，因為趙爽太不出名，他的《周髀注》僅在小圈子內流傳，因此劉徽也沒有機會看到。固然，兩人都繼承了前人的精華，而且劉徽的名氣比趙爽大太多了。若劉徽在前，趙爽沒有理由不注意到。

## 三、《周髀注》出於桓靈之間的內證

第一節已經強調過，趙爽雖然不出名，他究竟還在學術圈內盤桓，當然會受當時學術氣氛的影響。由他的《周髀》注文，多少可以發現一些表現時代背景的蛛絲馬跡。我初步發現有四點，提出來供參考：

㈠由趙爽《周髀注·序》看出，當時「渾天」與「蓋天」兩種學說還是勢均力敵：趙爽為《周髀注》寫了一篇序文解釋他注《周髀》的動機，其中有一段是：

> 是以詭異之說出，則兩端之理生，遂有「渾天」、「蓋天」，兼而並之。故能彌綸天地之道，有以見天地之賾，則渾天有《靈憲》之文，蓋天有《周髀》之法，累代存之，官司是掌，所以欽若昊天，恭授民時。……聊觀《周髀》。其旨約而遠，其言曲而中，將恐廢替，濡滯不通，使談天者無所取，則輒依經為圖，誠冀頹毀重仞之墻，披露堂室之奧。

他注《周髀》的時候，有關天體的兩種學說：「渾天」與「蓋天」還算是「兩端之理」，彼此相持，沒有分出高下。因此趙爽覺得可以「兼而並之」，以求得較完整的真理。因為張衡為「渾天說」所寫的《靈憲》，時代較近，說明較詳盡；而屬於「蓋天說」的《周髀》，則傳承較久，表達方式「旨約而遠，言曲而中」，所以他要加注。原書即使有圖，也很少，所以他要依經為圖。希望這些努力能「頹毀重仞之墻，披露堂室之奧」；以免將來「濡滯不通，使談天者無所取則！」案當東漢中葉以前，這兩種學說始終在爭辯與互相影響中❶。

王充的《論衡》力挺「蓋天說」，可是自從張衡的《靈憲》出來以後，「渾天說」稍佔上風。然而張衡並沒有正面攻擊「蓋天說」，因此「蓋天說」還有閃辯的餘地，還沒有到論定勝負之時。可是，到漢靈帝光和元年 (AD 178) 蔡邕所奏〈天文意〉就明顯表示：

> 言天體者有三家：一曰周髀、……周髀數術具存，考驗天狀，多所違失，故史官不用。唯渾天者，近得其情。……

這段話已經宣判「蓋天說」的失敗，至少不是勢均力敵。以蔡邕的名聲，批評「蓋天說」的缺失，應該會對後來研究者產生影響。趙爽的《周髀注》，如果寫在光和元年以後，即使他不贊成蔡邕的話，也應該詳述理由。然而一點這樣的跡象也沒有，故他注《周髀》的時間，顯然在蔡邕奏〈天文意〉之前。

㈡趙爽將陳子與榮方的問答，比為當時的「章句」：在「昔者榮方問於陳子」下面，趙爽寫下這樣的注文：

> ……然此二人，共相解釋；後之學者，謂為「章句」。因從其類，列於事下。又欲尊而遠之，故云昔者。

這段話顯得非常突兀。先秦諸子的書，經常有師徒相問答的記載，看慣的人不會覺得奇怪。只有在兩漢的學術環境下，才會把這種問答與「章句」相提並論。前漢五經博士多以問答方式撰寫「章句」，用意在訓練以辯論破敵[20]。後來「章句」越寫越長，漸漸引起很多學者的反感，才稍加控制。由王莽到後漢中期，此風仍舊興盛，博士用它們來維護「家法」，弟子則用為應試之具。和帝永元十四年 (AD 102)，朝廷更推波助瀾，詔從司空徐防言，太學試博士弟子，務從家法[21]。故在官學之中，問答方式之「章句」仍有需求。可

---

[19]　有關在漢代「渾天」與「蓋天」兩種學說的爭論與互相間的影響，請參閱傅大為教授的〈論《周髀》研究傳統的歷史發展與轉折〉，《清華學報》新 18 卷第 1 期，1988 年，pp. 1–41。

[20]　有關漢代五經博士的「家法」以及用問答方式撰寫「章句」的習氣，請參閱錢穆，《兩漢經學今古文平議》（東大圖書有限公司，1978 年），pp. 200–207。呂思勉的《章句論》（臺灣商務印書館，1977 年）亦論及。唯其對兩漢經學的認識，遠遜於錢穆。

是東漢由於古學興盛，民間（官學之外）學者，多不願守「章句」。在此風氣下，儒者往往寧注書而不屑為章句，有時即使襲「章句」之名，亦不取問答方式。今日所殘存之蔡邕的《月令章句》，僅有少部分為問答。而趙岐的《孟子章句》，則完全不用問答方式。可見當時學風的消長，官學的保守漸不敵私學的通博。趙爽注《周髀》，把陳子與榮方之問答比喻為當日之「章句」，可見他仍受官學之影響。與徐防上疏，把發明「章句」的源頭，歸之於子夏的心態，有共通之處。這與鄭玄以後，師法逐漸崩潰時代的習氣是不同的。

　　㈢趙爽誤認為「旁」字是「邪」字的古體：《周髀》近開頭處，在陳子與榮方問答內有這樣一段：

　　句股各自乘，并而開方除之，得邪至日。從髀所旁至日所十萬里。

下面趙爽特別寫下一條注：

　　「旁」：此古「邪」字。

這條注文，一般人大概就無條件接受了，很少有人去注意其意義。例如 C. Cullen[22] 就將「旁至」直譯為 "oblique distance"。然而，這條注卻是沒有文字學根據的[23]！現代古文字的字典告訴我們：「旁」字與「邪」字，在先秦的形體一點也不像；而且，《周髀》原文之「旁」字，應可訓「側」，本來非

---

[21]　《後漢書·徐防傳》記載：「防以五經久遠，聖意難明，宜為章句，以悟後學。上疏曰：『臣聞詩書禮樂定自孔子，發明章句始於子夏。……伏見太學試博士弟子，皆以意說，不脩家法！……今不依章句，妄生穿鑿；以遵師為非義，意說為得理！……臣以為：博士及甲乙策試，宜從其家章句；開五十難以試之，解釋多者為上第，引文明者為高說。若不依先師，義有相伐，皆正以為非。……』。詔書下公卿，皆從防言。」太學重章句，正與私人傳承之古學成對比。

[22]　C. Cullen，注[1]所引書，p. 178。

[23]　清顧觀光的《周髀算經校勘記》（收入《續修四庫全書·天文算法類》）認為傳本上的「旁」字是「衺」字之誤。錯誤發生於趙爽寫注以後，因此趙爽是針對「衺」字作注。此意見說服力並不強。《周髀》中「邪」字甚多，若原來的文本皆為古體的「衺」字，何以獨此一「衺」字被誤為「旁」字，而所有其他「衺」字皆被改為漢隸的「邪」字？更何況傳本上的「旁」字本來也解得通！

常通順，無須另作它解。而且把前面「邪至」的「邪」字認作是今文，後面又雜用古文，未免太離奇！唯一講得通的可能，似乎是趙爽看到一本民間的字書，把「旁」字與「邪」字聯繫起來。我們現在知道，與「邪」字可以相通的，有一個「衺」字，訓「橫」。「旁」字與「衺」字的漢隸相近，有混同的可能，可是其小篆則相差得甚遠。當東漢初，一般人已看不懂小篆，往往會就隸書望文生義。許慎〈說文解字敘〉描述這種現象：

> 諸生競逐說字，解經誼，稱秦之隸書為倉頡時書，云：「父子相傳，何得改易！」乃猥曰：「馬頭人為長，人持十為斗……若此者甚眾。……俗儒鄙夫，翫其所習，……以其所知為秘妙。

後漢中期，民間的字書，是有可能把「旁」解釋成「邪」之古體的。可是到了許慎所著的《說文解字》行世以後，這種誤解，應該逐漸會被淘汰。許慎著的書成於安帝建光元年 (AD 121)，最初僅上之於朝廷，還不太流行；到桓靈以後，才大行其道。靈帝熹平四年 (AD 175)，蔡邕在太學門外豎立石經以後，知識分子對五經文字的掌握，才逐漸加強。趙爽注《周髀》時，上述那種錯誤解字方式的影響力，似仍未盡消失，估計不會遠後於熹平四年。

　　(四)趙爽用傳統「徑一周三」的圓周率注《周髀》：在陳子向榮方解釋「周髀」意義的一段話：「其周七十一萬四千里」下面，趙爽所寫的注是：

> 周，臣也。謂夫戴日行。其數以三乘徑。

「以三乘」就是用三作為圓周率，這是一個傳統的數值，由先秦直到東漢中期，都用這個數值。《周髀》與《九章算術》的本文皆然。趙爽的注應該是為了要配合《周髀》的原文。可是從東漢中期之後，學者們已開始懷疑，並嘗試用稍大的數值❷❹；可是都沒有把握確信新的數值比較好。到劉徽注《九章算術》，提出了「割圓術」以後，才有把握說 3.14 是一個比較準確的數值。雖然《九章算術》本文都用三作為圓周率，劉徽在他的《注》中，還多處提出「此於徽術」云云，以章顯他的得意之作。「割圓術」當然是靠《九章算術注》流傳到後世的，可是在此之前，應該有一段醞釀期。天算界都知道此問

---

❷❹　請參閱注❶❶所引書，pp. 76–77，所作的引介。

題的重要性；以劉徽的名聲，他的這個大突破一定傳遍了當時的學術界。趙爽如果生當其時，很難想像他會不受其影響，而在《周髀注》中舉以相比。

## 四、《周髀注》不出於魏晉的支援性證據

本節討論一些《周髀注》所欠缺的內容，與其時代背景的意義。當然，從邏輯上來講，《周髀注》不涉及某些題材，並不等同於趙爽不知道這些題材。因此，本節的證據力不如上一節。然而，趙爽對他心有所疑或無法解釋清楚的段落，往往在注文中寫出他的疑點或猜想。例如前面榮方與陳子的問答，以及後面歲實與朔策數值的根據，注文都以為不是《周髀》的本文。在談到中衡左右「冬有不死之草、夏長之類」時，他就注明：「其修廣，爽未之前聞。」對榮方與陳子的時世官號，注文直承未之前聞。然而，對八節二十四氣的晷長，原來的數目與《周髀》其他的部分不相容，趙爽不惜予以更改，並詳述理由。故能體會趙爽寫注的原則，似乎是盡量「知無不言」。一方面他相當忠誠於文本原來傳承的真相❷，另一方面，他總竭力設法讓《周髀》的內涵易為後世瞭解與接受。在可能的範圍內，他總盡量引述他所知道的書籍，以求與《周髀》本文相印證或對比。這個特點，使得由反面去發掘《周髀注》所欠缺的內容，也相當能反映出其時代的背景。下面數點，雖然證據力稍弱，還可以適用為支援性論據，以加強上一節內證的力量。

㈠《周髀注》沒有提「宣夜」：靈帝光和元年 (AD 178) 蔡邕奏〈天文意〉，提到論天體者有三家。除了《周髀》、渾天之外，還有「絕無師法」的宣夜。當時「宣夜」之名雖然已經傳出，然而蔡邕尚不知其內容。其後晉葛洪透露：漢秘書郎郤萌記下他的先師相傳的「宣夜」說的內容❷。郤萌的確是東漢時代的人，他似乎熟習占星術；劉昭注補的《續漢書‧天文志》引其占例甚多。葛洪的時代，離東漢末葉還不太遠，他的話應不至於完全是捕風捉影，總代表東漢末葉有這樣一派系的說法在流傳著。我猜郤萌與他的老師都屬於占星家，而「宣夜」學說本身，開始時僅在占星家間傳承，到漢靈帝時，才漸為外人所知。而「師法」的外洩，又必在其後。《晉書‧天文志上》

---

❷　C. Cullen 也有類似的討論（注❶所引書，p. 71）。

❷　《太平御覽‧卷二》引作《抱朴子》的話，文句與《晉書‧天文志上》稍有不同。

記載其學說之概略為：

> 天了無質。仰而瞻之，高遠無極，眼瞀精絕，故蒼蒼然也。譬之旁望遠
> 道之黃山而皆青，俯察千仞之深谷而窈黑，夫青非真色，而黑非有體也。
> 日月眾星自然浮生虛空之中，其行其止，皆須氣焉。是以七曜或逝或住，
> 或順或逆，伏見無常，進退不同，由乎無所根繫，故各異也。故辰極常
> 居其所，而北斗不與眾星同沒也。攝提、填星皆東行，日行一度，月行
> 十三度。遲疾任情，其無所繫著可知矣。若綴附天體，不得爾也。

由上引的敘述來看，「宣夜」學說雖然也建立在對天象的觀察上，卻沒有提供
可以被驗證的資料與論斷。這種學說當然與《周髀》所描述的「蓋天」很不
同，可是也並非完全不能相比較。《周髀》未談五星的動態，可是安排日月與
眾星皆在同一「蓋笠」形的面上運行，與「宣夜」的「無所根繫，故各異也」
完全不類。趙爽如果聽過類似的說法，而在《注》中引來相比，反可凸顯出
「蓋天」說的特點：由「宣夜」的杳茫無根，顯出「蓋天」說的篤實。可是，
《周髀注》中卻完全沒有提到「宣夜」，不但反襯出趙爽注《周髀》的時間，
不會遲於靈帝光和元年，而且也暗示：趙爽與東漢當時的占星家很少來往，
得不到內幕的訊息。

　　(二)《周髀注》沒有魏晉時思想解放的痕跡：魏晉時，老莊的勢力解放儒
家獨尊的桎梏，對天文與算數都產生了正面的影響。在時代的鼓舞下，出了
不少能發揮想像力的人才。由事後回看，似乎一時眾說紛紜，顯得非常雜亂
無章；其實，這卻是進步的契機❷❼。《隋書‧天文志上》記載：隋仁壽四年，
劉焯上啟於東宮，對這種情勢很不滿，有極嚴厲的批評：

> ……亦既由理不明，致使異家間出！蓋及宣夜，三說並驅，平、昕、安、
> 穹，四天騰沸。至當不二，理唯一揆。豈容天體，七種殊說？

在劉焯所批評的學說中，「平天」不傳。虞喜的「安天論」與虞聳的「穹天

---

❷❼　傅大為教授（注❾所引文之第三節）以此為「前典範時期」的徵狀，其實正是學術
　　能否突破的關鍵時刻。中國的天文學在此關鍵時刻產生的進步，相當有限，是很可
　　惜的事。

論」，都是晉人根據舊有學說（宣夜與渾天），加以發揮的。獨「昕天」說由東吳太常姚信所倡，用人體來對天體作比喻，極想像力之能事。這些論說都是魏晉時代思想解放的表現。可是《周髀注》卻沒有涉及到這些講法的邊緣。而且它的學風也顯得拘謹，其中被後世認作稍有想像力的部分，其實大都是沿襲著西漢讖緯書籍的餘緒。很容易看出，趙爽未蒙受魏晉思想解放的洗禮。

　　㈢趙爽對《周官》的不夠熟悉：在《周髀》近開頭處有一句：

　　周髀長八尺。夏至之日，晷一尺六寸。

趙爽的《注》中引用了《周官》❷⓼：

　　……而《周官》測景，尺有五寸，蓋出周城南千里也。……

此注的本身，不過複述後面的「正南千里，句一尺五寸」，沒有太多創意。重要的是他引了《周官》作對比。《周官》可能出自戰國末期的秦晉地區❷⓽，它本身可能是一種理想性的「建國方略」，可是當然有繼承自當地的制度或事例的成分。豎表以測影，應該是戰國各地通行的定曆方法。八尺之表，在夏至之日，晷影是一尺五寸還是一尺六寸，《周官》與《周髀》所繼承的數據有異。以當時的技術水準而言，本來不足為奇；可是在東漢重視經典的環境下，就需要彌縫。趙爽雖然讀過《周官》，可是他在《注》中，僅述其大意，並未引用原文。而且他對東漢學者關於此段的研究，似乎甚為隔膜。所涉《周官‧地官‧大司徒》之原文為：

　　日至之景，尺有五寸，謂之地中。

鄭玄的《周禮注》作如下之解釋：

　　……鄭司農云：「土圭之長，尺有五寸，以夏至之日，立八尺之表，中景適與土圭等，謂之地中。」今潁川陽城地為然。

---

❷⓼　此注前面有一段是：「晷，影也，此數望之從周城之南千里也。」「之南千里」四字，很顯然是衍文；涉後文「蓋出周城南千里也」而衍。

❷⓽　有關《周官》產生時間與地點的考證，請參閱錢穆，注❷⓾所引書，pp. 285–434。與金春峰，《周官之成書及其反映的文化與時代新考》（東大圖書，1993 年）。

李淳風的《周髀算經注釋》對此有很長的討論。其與本文相關的有兩點，其一為：馬融以其地為洛陽而非陽城；其二為：根據《太康地理志》，陽城去洛陽有一百八十里。趙爽似未讀過鄭玄的《周禮注》，因此不知道鄭玄把《周官》量測之地釋為潁川之陽城。趙爽只是以《周官》的數據作陪襯，彌縫其差異；這與劉徽的《九章算術注·序》中主動引據《周官·地官·大司徒》之文，是很不同的。既然陽城距離洛陽僅有一百八十里（更不要講馬融以其地為洛陽的意見），則趙爽此注與《周官》實相牴觸。趙爽對此牴觸似無察覺❸。案東漢自從白虎觀會議之後，雖已詔高才生受《古文尚書》、《毛詩》、《穀梁》、《左氏春秋》，誘以利祿❸，而《周官》則不在其內。此書在東漢始終由學者（鄭興、鄭眾、賈逵、許慎、馬融、鄭玄）私下傳承，不受朝廷鼓勵。故趙爽對有關《周官》的研究不熟悉，並不奇怪。可是到了建安附近，受鄭玄遍注群經，打破今古文間藩籬的影響，只要趙爽還在學術圈內，不可能不知鄭玄的名聲。而他的《周髀注》內，沒有提到這方面的討論，可見時間在前。

　　㈣趙爽未對「寸影千里」的舊說產生懷疑：日景「寸影千里」，是一條傳承由來甚久的「數據」，非常有權威性，可是似乎從未受過實測的驗證。連提倡「渾天說」的張衡，在他的《靈憲》中也只引述：

---

❸　可是趙爽對「蓋出周城南千里也」與後面「此數望之從周，故曰周髀」間的不協和，是知道的。他彌縫的方法是繼續上段注文：「記云：『神州之土，方五千里。』雖差一寸，不出幾地之分；先四和之實，故建王國。」他訴諸不知名之「記」，實在很勉強。經書只說「邦畿千里」。五千里云云似出緯書。案《事物紀原》卷二謂「神州」為王者所居之地，並引王嬰《古今通論》：「崑崙方五千里，謂之神州。中有和美鄉，帝王之宅。」後面「四和」亦見《周髀》：「凡此四方者，天地四極、四和。」王應麟《困學紀聞》引《三禮義宗》謂：「天有四和，崑崙之四方，其氣和暖，謂之和。」皆指崑崙而言。可見趙爽彌縫差異之煞費苦心。他如讀過鄭玄的《周禮注》，沒有理由不引用。

❸　《後漢書·儒林列傳》載：「建初中，大會諸儒於白虎觀，考詳同異，連月乃罷。……又詔高才生受《古文尚書》、《毛詩》、《穀梁》、《左氏春秋》；雖不立學官，然皆擢高第，為講郎，給事近署。所以網羅遺逸，博存眾家。孝和亦數幸東觀，覽閱書林。」

將覆其數，用重差句股。懸天之景，薄地之儀，皆移千里而差一寸得之。
過此而往者，未之或知也。

而沒有表示他曾實際測量過，顯然他也無條件接受傳統的數字。表面上，這
個「數據」很容易在相隔一千里的兩地，各立一表，用尺或土圭實測日影，
得到證實或否定。實際上，這樣的實驗很難做。洛陽之南為丘陵，其北邊跨
過黃河後不遠，就碰到高山；由洛陽到其他地區的里數，傳統上往往由彎曲
的路徑上量出來，很難準確。如果換到東邊黃河沖積平原上做測量，其地勢
固甚平坦，然那一區域開發較早，城鎮林列，一樣難找夠長的直路。而且當
時中國沒有三角測量術，無法估量兩個高地間的距離。東漢雖已發展出「重
差法」，然當初還在幼稚的嘗試階段。因此，即使是張衡，也只能姑且接受前
人的「經驗」之談。雖然如此，漢末對距離的粗糙估計，已足以開啟對「寸
影千里」權威性的懷疑，甚至進而懷疑讖緯書籍所給出的周天里數。東吳王
蕃在他的〈渾天象說〉中，就批評道❸：

> ……周天里數，無聞焉爾。而《洛書甄曜度》、《春秋考異郵》皆云：「周
> 天一百七萬一千里」，至以日景驗之，違錯甚多，然其流行，布在眾書，
> 通儒達士，未之考正。

顯示當時學者對傳統的日景數據，已不肯無條件相信。而《周髀注》沒有這
一類的懷疑，不像魏晉以後的作品。

## 五、結語——趙爽身分的猜想

在第三節，本文提出四點相當強的內證，說明趙爽注《周髀》的時間，
可能在桓帝與靈帝之際。在第四節，本文由反面去檢討《周髀注》所欠缺的
內涵，以襯托其時代背景。這些反面的檢討，其實還可以做下去，可是一方
面其證據力不夠，另一方面又容易誤入捕風捉影的陷阱。好在本文只將這些
論點，當作支援內證的論據，舉四點最明顯的也足夠了。

---

❸　此文見於嚴可均校輯《全三國文》(收入注❻所引之叢書)，卷七十二。諸史之〈天
文志〉皆有節錄，非其全貌。

　　由上兩節，我們還可以把《周髀注》寫定的時間，範圍在桓帝延熹七年以後，靈帝熹平四年以前；很可能就在建寧 (AD 168–172) 年間。那時上距《靈憲》的出現，已超過五十年，講得上「累代存之」。其下離漢末群雄的割據，還有約二十年，漢廷至少在表面上還平靜，正常的學術工作還可以推行。

　　第一節已經引過《周髀注》的〈序〉。尤其是「鄰高山之仰止，慕景行之軌轍。」兩句，暗示趙爽可能在一個學術機構任職。他所景仰的人，大概是類似蔡邕、劉洪等先輩學者。他自己沒有名聲，大概還是後輩，可是從他的《周髀注》可以看出，他熟悉群經與讖緯，精習《九章算術》，旁及諸子及曆法。當時書籍還要靠手抄，遠不如後世普及，這更證實趙爽一定屬學術圈內的人，才有機會可以博覽群書。他似乎處於章句之學的環境中，以致連先秦時的師徒問答也想成是章句一類！他雖讀過《周官》，卻不太熟悉。這些跡象使我猜想，趙爽可能是太學的博士。然而他將他的職業比喻為「負薪」，其本心恐怕也不以之為榮。這是有歷史背景的，當東漢中期，很多博士倚賴師法，本身並無學問，在學術界已失去往日的名望。《後漢書・儒林列傳》記載：

> 自安帝覽政，薄於藝文，博士倚席不講，朋徒相視怠散，學舍頹敝，鞠為園蔬，牧兒蕘豎，至於薪刈其下。

這種頹勢，大概到順帝時才稍有改善。質帝本初元年，為了籠絡人心，太學生增至三萬餘人，博士數量當然亦會增加。唯量的增加，無助於名望的提升❸。況且其後宦官當權，政治黑暗，太學生時常因學潮而成為朝廷壓迫的對象，博士也很可能因此成為權宦與清流間的夾心餅乾。在黨錮的威嚇與壓制下，當時有學問的人（如郭泰等）多不願意應徵為官。趙爽恐怕是為了生活的關係，才不得不折腰，大有「大隱，隱於朝」的意味！「負薪」之喻，要這樣解釋，才顯得生動。他可能為了明哲保身，避免與當時屬於清流的名家來往，致引不起後代史家的注意；累世以後，遂不知他是何代人。他注《周

---

❸　後漢的博士，常被史家忽視，有時附在他人的傳記內，才留下姓名。謹舉一例以說明。在《後漢書・趙咨傳》中記載：「趙咨，⋯⋯父暢，為博士。咨少孤，有孝行。⋯⋯延熹元年，大司農陳豨舉咨至孝有道，仍遷博士。靈帝初，太傅陳蕃、大將軍竇武為官者所誅，咨乃謝病去。⋯⋯」。趙暢如果沒有一個好兒子，也不會留下姓名。

髀》，一方面由於有閒暇，一方面也基於興趣與使命感。他的《周髀注》完成以後，可能也僅在少數人的圈子內流傳，不絕如縷。

　　《周髀注》是趙爽留給後世的唯一遺產。想對趙爽其人多作瞭解，目前非由這項遺產著手不可。本文希望盡量挖掘傳世的文獻資料中的蛛絲馬跡，雖然得出一些結果，卻不能擺脫猜想的成分。希望以後地不愛寶，在考古上能有新的發現，有助於填補這些歷史空缺。

# 第七章
## 對《周髀・八節二十四氣》的考察

　　《周髀》在用「七衡」解釋了二十八宿的周天歷度後，有一小段討論八節二十四氣的晷長。在現代的傳本中，這一段是經過趙爽修改過的。他在注中說明了更改的理由：

　　舊晷之術，於理未當。謂春秋分者，陰陽晷等，各七尺五寸五分。……按春分之影，七尺五寸七百二十三分；……是為不等！……至令差錯，不通尤甚！……於是爽更為新術，以一氣率之。使言約法易，上下相通，周而復始，除其紕繆。

他的注夠詳細，可以用以恢復原來的內容。C. Cullen 在 *Astronomy and Mathematics in Ancient China*❶做了這項復原的工作。那段《周髀》原文是一個錯誤的嘗試，希望把大部分氣間日數定為十五，而將零頭歸於少數幾個氣間；這個嘗試與《周髀》其他的部分不相容。趙爽的更改是有理由的。然而這也顯示，趙爽所看到的《周髀》文本是一個不協和的混合體，其中包含了對此學說的嘗試應用。

　　然而這一段文字，除了被趙爽改掉的數目字以外，應該反映原來傳承的真相。不然，趙爽應會在注中交代❷，《周髀》在此段之前講的本來是天象，在此段之後卻又進一步描述大歲與小歲、大月與小月當周天度數的算法及其解釋；連同這一小段討論八節二十四氣，所表現的其實是一部傳統的曆法。

---

❶　C. Cullen, *Astronomy and Mathematics in Ancient China: The Zhou bi suan jing* (Cambridge University Press, 1996), pp. 224–226.

❷　趙爽對他無法解釋清楚的段落，往往在《注》中寫出他的疑點。例如前面榮方與陳子的問答，及後面歲實與朔策數值的根據，《注》都以為非《周髀》本文。談到中衡左右「冬有不死之草、夏長之類」，《注》表明「其修廣，爽未之前聞。」故知趙爽相當忠於原文，不太可能擅自更動。C. Cullen 也有類似的討論（注❶所引書，p. 71）。

《周髀》的本身雖不協和❸，這些談曆法的部分卻相對協和，且表現出相近的時代背景。單由這一討論二十四氣的小段，我們就可以發現幾個特點：

首先，《周髀》之文有：「啟蟄八尺五寸四分。」後面的數目雖經趙爽修改過，而「啟蟄」之名，應為原有。由《漢書・律曆志》與《淮南子・天文訓》以下，因為避漢景帝之諱，「啟蟄」已改為「驚蟄」；而民間曆本用辭，更改得更是徹底，一直到現在還保持「驚蟄」之名。因此不能用「漢代避諱並不徹底」之類遁辭，為《周髀》這部分後出的主張辯護。在漢代傳本中，「啟蟄」之名只見於《周髀》；先秦的書籍，最顯著要推《考工記・韗人》的：「凡冒鼓，必以啟蟄之日。」其他，《大戴記・夏小正》開頭也有：「啟蟄，言始發蟄也。」另外《左傳・桓公五年》也有：「凡祀，啟蟄而郊」。這固可能指節氣；可是與後面：「閉蟄而烝」相對應，也可能泛指。然而無論如何，《考工記》的例子應該最強。《南齊書・文惠太子傳》記載：「時襄陽有盜發古塚者，相傳云是楚王塚。……有得十餘簡，以示撫軍王僧虔，僧虔云是科斗書《考工記》。」顯示《考工記》為先秦遺書。用來相比，《周髀》這一部分，至遲傳自漢景帝以前。很可能它與《考工記》兩書皆源自先秦。漢代人將它們改抄為隸書的時間，還在景帝之前。後來，存於中秘的《考工記》與《周官》❹會合；而《周髀》則始終在民間流傳，以致未被載入《漢書・藝文志》。

其次，《周髀》二十四氣的名稱與次序為：「立春、雨水、啟蟄、春分、清明、穀雨、立夏、小滿、芒種、夏至、小暑、大暑、立秋、處暑、白露、秋分、寒露、霜降、立冬、小雪、大雪、冬至、小寒、大寒」。其中除了前面所講的「啟蟄」與「驚蟄」的變動外，與《淮南子・天文訓》及《後漢書・律曆志下》全同。請注意前六氣的次序，在《漢書・律曆志下・歲術》的差別：

諏訾初危十六度立春。中營室十四度驚蟄。……降婁初奎五度雨水。中婁四度春分。……大梁初胃七度穀雨。中昴八度清明。

---

❸　請參閱注❶所引書，pp. 140–145。本文大致同意 Cullen 的段落分隔以及對不協調性的一般討論；可是對每一段落的時間判定，則有相當不同的意見。

❹　據《漢書・景十三王傳》與《漢書・藝文志・顏注》，《周官》原為河間獻王所得，缺冬官。漢人以《考工記》補之。

而在《後漢書・律曆志下・二十四氣》中有對應的敘述：

　　立春……昏中星畢五，旦中星尾七半。
　　雨水……昏中星參六半，旦中星箕大。
　　驚蟄……昏中星井十七，旦中星斗少。
　　春分……昏中星鬼四，旦中星斗十一。
　　清明……昏中星星四，旦中星斗二十一半。
　　穀雨……昏中星張十七，旦中星牛六半。

在漢武帝太初以前，所用顓頊曆的歲實與朔策全同四分；春六氣的次序亦全同四分（見《淮南子》）。顯然，春六氣的次序，在三統曆為：「立春、驚蟄、雨水、春分、穀雨、清明」，在四分曆為：「立春、雨水、驚蟄、春分、清明、穀雨」。故知以「驚蟄」、「清明」為中氣的安排，完全是三統曆❺所改。四分曆始於後漢章帝元和二年 (AD 85)，原則上是一種復古。除了歲首與上元，以及新加入的五星法以外，又回到太初以前。趙爽所見到的《周髀》，很難想像會近到元和二年以後。而在「累代存之，官司是掌」的情形下不透露一點訊息。這也與上面所持由漢初傳下的結論相符。

　　再次，《周髀》此段將二十四氣中特別提出二分、二至、四立為「八節」；而完全沒有提「中氣」。在三統曆與四分曆中，二十四氣分為「十二節」與「十二中」。四立屬於「節」，二分與二至屬於「中」。「中」的規定，與「閏無中氣」的規定配合。在春秋時，閏無定法；很多閏月放在年尾。到漢初，閏月也在年尾，為「後九月」。顯然「閏無中氣」的規定大行於漢代太初以後。《周髀》將二分、二至與四立都稱為「節」，與太初以後的辦法不同❻。

　　不過在《周髀》的另一處，的確有「中氣」兩個字，卻與「閏無中氣」

---

❺　三統曆源於漢武帝太初元年 (104 BC) 鄧平所造之太初曆，到成哀間劉歆繼承之而加上五星法與歲星超辰法，正式有「三統曆」的名稱。請參閱高平子著《高平子天文曆學論著選》（中央研究院數學研究所，1987 年），pp. 30–47。

❻　趙爽在「凡為八節二十四氣」下注曰：「二至者，寒暑之極；二分者，陰陽之和；四立者，生長收藏之始。是為八節，節三氣。三而八之，故為二十四。」與他在後面注「中氣」之言似有矛盾，這是因為「八節」完全沒有涉及「中」字，以致趙爽一時未悟四立非傳統之「中」。另一方面，此安排也最順暢。

所講的規定無關。在接近結尾處，有這樣幾句話：

> 故月與日合為一月，日復日為一日，日復星為一歲；外衡冬至、內衡夏
> 至，六氣復返，皆謂中氣。

後面就引進「章」、「蔀」、「遂」、「首」、「極」幾個曆學單位。整段的重點，像是扣緊一個「復」字，以凸顯曆法的週期性。由前後文看，這裡的「六氣復返」，只與「外衡冬至、內衡夏至」有關，只是二十四氣的一小部分。而且本來全部二十四氣都跟隨著每一歲循環，為什麼單講「六氣復返」，且與內外衡相聯？我認為只有一個辦法可講通，那就是：大雪、冬至、小寒在外衡復返；芒種、夏至、小暑在內衡復返。太陽運轉的圈子當大雪、冬至、小寒的一段時日都在外衡附近，而以冬至的圈子最大；大雪的圈子，過冬至而復返，與小寒的圈子重合。同樣，太陽運轉的圈子當芒種、夏至、小暑的一段時日都在內衡附近，而以夏至的圈子最小；芒種的圈子，過夏至而復返，與小暑的圈子重合。這樣，復返的六氣單指大雪、冬至、小寒、芒種、夏至、小暑，因此統合給予一個稱呼：「皆謂中氣」，強調運行圈由小變大或由大變小的停頓點。之所以並舉二至兩旁之氣作陪襯，是因為二至的本身僅是端點，無法顯出變化，只有這樣解釋，前後文才通順。「中氣」的名稱，也只在此處一提，與「日復日為一日，日復星為一歲」相配合，作為往復週期的一種表徵，顯然不是趙爽的注所認為的「月中」，更與閏月無關。不然不會稍提即止，不作說明。

　　C. Cullen 顯然也沒有看懂「六氣復返，皆謂中氣」的意義。他對這句的翻譯，是「The six qi return in sequence, and are all called medial qi.❼」。在譯文中加了「in sequence」字眼，以減低突兀感。趙爽以漢代的眼光看這句話，在注中加了不少後代的觀念。在「十九歲一章」後，他引《乾象》，硬要把「閏月」拉進來。其實原來《周髀》所強調的，只是「大歲」而已。在「皆謂中氣」後，他又引《左傳》，企圖建立「中」與「閏月」的關係。《左傳·文公元年》的那段話，其實是：

---

❼　注❶所引書 p. 204，#K3。

> 於是閏三月，非禮也。先王之正時也，履端於始，舉正於中，歸餘於終。
> 履端於始，序則不愆。舉正於中，民則不惑；歸餘於終，事則不悖。

由二月癸亥朔日蝕到四月丁巳，顯然中間有一個閏月。《左傳》認為此事非禮，其文所稱的「中」，明顯與「始」和「終」對應，指一歲而言。《左傳》認為合禮的做法，是「歸餘於終」。即將閏餘歸到歲終。在一歲的中間，當然應該按照正規的辦法，安排十二個月與其四時對應。如此，民眾才不會被這些複雜的曆法攪昏了頭。而讓大歲在歲末多一個月，可以兼顧到「年」和「歲」間的差異，不會越積越多，不會把事情搞砸。這也是《左傳》所表現出來，春秋時各國置閏的多數情況。趙爽說：「歸餘於終，謂中氣也」，這是沒有道理的。

順便提一下，在《逸周書‧時訓》內，所載二十四氣的名稱與次序全同三統曆。其前一篇：《逸周書‧周月》有：

> 月有中氣以著時應，春三月中氣，驚蟄、春分、清明。夏三月中氣，小滿、夏至、大暑。秋三月中氣，處暑、秋分、霜降。冬三月中氣，小雪、冬至、大寒。閏無中氣。……亦越我周王，致伐于商，改正異械，以垂三統。

亦與〈時訓〉篇相應，尤其是「閏無中氣」。而後面「以垂三統」的字眼也漏了底！先秦時最多講「三正」，「三統」之名源自公羊學，三統曆借「統」之名，以代原來的「蔀」與「紀」。（三統曆以八十一章為一統，三統為一元；四分曆以四章為一蔀，二十蔀為一紀，三紀為一元。三統曆的「元」較四分曆的「元」稍大。）因此我們可以確定《逸周書》中的〈時訓〉與〈周月〉，皆為受三統曆影響之作品。《漢書‧藝文志》已有《周書》之名，而現存《逸周書》中亦有相當古的材料。然武帝收書，細大不捐。這兩篇可能為太初後的作品，混入中秘所收之《周書》內。

提到以「立春、驚蟄、雨水、春分、穀雨、清明」為三統曆所特有的次序，就不能不提另一個證據。在蔡邕的〈月令問答〉中有這樣一段：

> 問者曰：「既不用三統，以驚蟄為孟春中，雨水為二月節，皆三統法也。獨用之何？」曰：「孟春《月令》曰：『蟄蟲始震』，在正月也，『中春始雨水』，則雨水二月也。以其合，故用之。」

這裡「問者」已經知道,「目驚蟄為孟春中,雨水為二月節」都是三統曆特有的法則。蔡邕也沒有否認這點。只是把〈月令〉當權威,「以其合,故用之。」然而蔡邕真的解釋對了〈月令〉嗎? 值得我們探討。

　　〈月令〉是戰國時陰陽家影響下的重要作品,全篇的主旨在強調政令與時節的配合,其論辯亦有部分合理性,故《呂氏春秋》全襲取它,作為〈十二紀〉之首。然而它對二十四氣的記載,只是一個大概。比較完整的,只有四立,分別在孟春、孟夏、孟秋、孟冬四個月,和「日長至」在仲夏之月、「日短至」在仲冬之月、還有兩個「日夜分」在仲秋之月與仲春之月。後面這三個名稱,起源可能較早,因為它們對人類經驗的描述較為直接。然而它們卻都太長了,不方便作二十四氣之名:適當的名稱,最好只有兩個字;另一方面,重複了兩個「日夜分」,也會產生混淆;而且也沒有將季節上的秋與春點明。故後來它們被改為夏至、冬至、秋分、春分。其後的《大戴記‧夏小正》有一個「日冬至」,就有些不倫不類,顯然是拙劣的模仿。至於〈月令〉中其他節氣的名稱,勉強講來,只有雨水、小暑、白露、霜降。可是「始雨水,桃始華」一句,可能講的是開始下雨後,桃樹開始開花;此句前面有:「孟春行夏令,則雨水不時。」可以對比。「小暑至,螳螂生。」文在「日長至」前,故可能不是節氣名。元陳澔《禮記集說》解為:「小暑,暑氣未盛也。」「涼風至,白露降。」之文在「立秋」以前,可能在強調天氣轉涼,而露才開始凝結。「是月也,霜始降」,「始」字在「霜降」二字之間,已減低作為節氣名之可能。這兩句,可以與《詩經‧秦風‧蒹葭》中的「白露為霜」、「白露未晞」、「白露未已」相比較,那些也未聞作為節氣名來解釋。至於蔡邕所講的:「東風解凍,蟄蟲始振」,根本沒有「啟蟄」之意;就文意而言,還不如後面仲春之月的「蟄蟲咸動,啟戶始出」,單這點就足以暗示「啟蟄」在「雨水」之後。故知蔡邕以〈月令〉來為三統曆的節氣安排辯護,是基於粗心與誤解。

　　由上面的討論,可知《周髀》的二十四氣名稱,還早於《淮南子‧天文訓》。如果是由先秦傳下,則更早了。因為《考工記》中就有「啟蟄」之名,至少部分氣名始自戰國。二十四氣能將與太陽有關的歲細分,與太陰的月配合,對構成一部實用的曆法而言,是不可或缺的。戰國時固然還有其他嘗

試❽，可是《周髀》所描述的曆法，卻代表著一種較完整的安排，而且有理由認為它比漢初六曆都早。

《周髀》曆法之章法與三統及四分同，四章一蔀（七十六歲）與四分同。唯二十蔀一遂（千五百二十歲）、三遂一首（四千五百六十歲），雖同四分，而「遂」、「首」之名與四分之「紀」、「元」不同。「首」可能因同義而由「元」字變化而來，「遂」與「紀」的關係則不能如法泡製。後面又有七首為一極（三萬一千九百二十歲），並強調謂：「生數皆終，萬物復始」。這些都相當奇怪。如果編製《周髀》曆法的人，志在承襲四分曆，則很難想像何以有別創幾個名稱的必要。漢初六曆，其歲實與朔策全同四分，當有來自先秦之成分。如果《周髀》曆法為戰國時諸多嘗試之一，其時間應稍早，野心不太大。上推到三萬一千九百二十歲，就已經覺得：「生數皆終，萬物復始，天以更元，作紀歷。」認為已到達歷史的極限。不似六曆之「積歲」動不動就是二百七十餘萬年，後者所染戰國浮誇之習氣顯然更甚。而「遂」、「首」的名稱與後來通用的不同，無疑是嘗試初期，術語未凝固時的自然現象。

---

❽ 例如《管子·幼官》就有一個將全年分為三十個節氣的嘗試。在胡家聰所著的《管子新探》pp. 232–237（中國社會科學出版社，1995 年）有啟發性的探討。本文無意偏離主題，討論其細節。

# 第八章

## 從焦循《釋橢》看清代乾嘉天算家的學風與局限

### 摘　要

　　焦循是清朝乾嘉天算學界的出色人物。他的《釋橢》，顯然是為因應新傳入克卜勒的行星橢圓軌道的算法而寫。然而他似乎沒有充分把握西法中圓錐曲線的幾何基礎；僅憑一己的領悟，把克卜勒定律中「軌道徑線等時間掃過等面積」描述，當成橢圓幾何特性，大講「橢圓之度」！他的很多結果，僅在小離心率範圍內才成立；他對此似無獨特的認識。由於重要觀念的混淆，加上他因循於傳統「算則」而犧牲說理的嚴謹，使此書成就不如理想。本文對此書內容與焦循處理的手法加以評述，以之反映出清代乾嘉天算家的學風與局限，並討論這些特色的現代意義。

## 一、導　言

　　焦循 (1763–1820) 字理堂，號里堂，是乾嘉時重要的經學家。他也精於天算，與同時的李銳與汪萊合稱：「談天三友」。他本來所受的教育，是預備應科舉的。由乾隆五十三年戊申（1788 年）到嘉慶六年辛酉（1801 年）他參加了四次鄉試，才中舉人❶。次年他又入京嘗試了一次會試，卻落第了。在這段時間內，除了課徒與游幕外，算學吸引了他，花去他很大一部分精力。當 1787 年他二十五歲時，就開始學習《梅氏叢書》，由此逐漸深入。在他考中舉人以前一段時間，是他在天算上創作力最強的時候。他在〈致王引之函札〉中寫出他的感受：

> 足下以鄙作《釋橢》寫錄置之座間，相愛之深，一至於此！叩頭叩頭！
> 循於算術，生平最篤信而深好之，益十數年于茲矣。自謂，學問之道在

---

❶　可能由於家貧，焦循對科舉的興趣似乎不那麼濃厚。他的四次應試分別在他二十六歲、三十二歲、三十六歲、三十九歲；中間有幾次正科或恩科被他跳過。而在三十九歲那年鄉試中舉後，次年入京應會試落第後，即不再參加會試。參見：朱家生、吳裕賓著，〈焦循年譜〉（收於洪萬生主編，《談天三友》，明文書局，1993 年）。

體悟，不在拘執。故不憚耗精損神以思其所以然之故。雖知無用，不能
舍也。

此函❷寫於嘉慶三年（1798年）三月望日。這裡他提到《釋橢》，顯然是回
答王引之當年正月二十日的信❸。王引之也是有名的經學家，可是對天算的
學問只能算是業餘愛好者。當時沈四丈抄錄《釋橢》未畢，故王引之尚未開
始細讀。不久，鄭星北告訴焦循，王引之已將此書寫錄置於座間，當已開始
細讀。焦循一再向王引之的「知音」表示感謝，並在信中趁機宣示自己的為
學原則。十多年來，他對算數之學興趣濃厚；不惜盡力思索，以體悟其所以
然的原故，而不在乎是否有用。這些話頭都是《釋橢》引出來的，可見他自
己對此書的期許。然而後來卻未聞王引之對此書有進一步的反應。

　　《釋橢》一書著於嘉慶元年丙辰（1796年）九月，僅一卷，在《釋弧》
與《釋輪》之後。然似乎沒有太大的修改。在刊本的前面附刻有江藩的序與
好幾位朋友的信，可以考見此書初出時所受的反響。上述王引之的信就包括在
內。另外，還有李銳的信，讚之為不朽之盛業，而「偶有一二獻疑處，已別籤
出」。照焦循與汪萊的交情，汪萊應該看過此書，可是似乎未表示意見。李銳
雖籤出獻疑處，然焦循既已看過籤條而仍有錯誤（見後），則李銳看時可能也
沒有很用心。江藩替焦循寫序，稱讚他：「反復參稽，抉蘊闡奧，為實測推步
之學者，所不可無之書也。」也只有空泛之言。似乎當時一般的天算家，對此
題材不大感興趣，另外他的朋友沈鈁看了以後，回信說他覺得可以：「明圖說
之理」，但是不能從此書瞭解用法。那是由於焦循一反當時習慣，沒有給很多
例子。沈鈁的姓名並不多見，我相信他就是陳康祺《郎潛紀聞》中所說的「沈
方鐘」。在一條以〈談天三友楊州二堂〉為名的筆記中，陳康祺寫下按語❹：

---

❷　參見洪萬生，〈從一封函札看清代儒家研究算術〉（《科學月刊》381期，2001年9月
　　號，pp. 797-802），此文對那封信函的寫作背景有詳細分析。

❸　此信函附刻於：《里堂學算記五種・釋橢》。

❹　此語見於陳康祺，《郎潛紀聞・三筆・卷七》，p. 781。（中華書局，1984年）按語針
　　對阮元《定香亭筆談》（收入《續修四庫全書》中，歸「子部・雜家類」）在卷四揄
　　揚焦循、李銳、凌廷堪三人之語而發。沈鈁不知是否即王引之的信中所述的沈四
　　丈，待考。

康祺按：「其時揚州有沈方鐘者，嘗撰《星球圖說》，……皆與里堂游，不知文達品題，何以不及？」

「方鐘」應該是他的字；根據《說文》，「鈁」字的意義就是「方鐘」，合乎名字相訓的原則。按語中所謂「品題」，是指阮元在《定香亭筆談》中對各人所作的揄揚。其中提及的《星球圖說》，不見於《清史稿‧藝文志》，大概已經失傳。焦循的另一位同里好友楊大壯對金輔之討論過此書的內容。楊大壯字貞吉，號竹廬，曾為徽州營參將，後來病廢回籍。他精於曆算，在武將中頗為難得。焦循曾致書向李銳推薦過他。由書前所附的資料來看，當時人的反應，也只如此而已。《釋橢》在當時固然沒有產生很大的影響，咸豐以後，徐有壬的《橢圜正術》與李善蘭的《橢圜正術解》❺等著作陸續出現，方法更簡便好用，敘述也較確實。一般人更不會注意到焦循此書。那時其實西學已大量輸入，作者與讀者都有較強的西學根底，非焦循所能預料得到。

　　《釋橢》的刊行本，已知僅有一種，就是嘉慶四年己未（1799 年）雕菰樓刻本，包括在《里堂學算記五種》內。後又被收入於《續修四庫全書》中，歸入「子部‧天文算法類」。另外，全書也被收入於《中國歷代算學集成》。這兩種都是影印本，都還保存著原刊本的版本形式。兩本之中，前者印刷較清晰；後者頗有模糊之處。其他偶有收印焦循零碎著作的叢書，可是就很少出現有《釋橢》。連大部頭的《中國科學技術典籍通彙‧數學卷》也未收，而僅列之於「未收書目」❻。

　　不但當時少有人能對此書通曉，後人的討論也不太多。近來對「談天三友」的研究，成為科學史的熱門。洪萬生教授所編的《談天三友》❼後面附

---

❺　徐有壬 (1799–1860) 的《橢圜正術》，見刻於《徐莊愍公算書》，同治十一年刊版。此書相當濃縮，計算要用對數，並且只列下算則，不利於初學者閱讀。幸虧有李善蘭 (1811–1882) 的《橢圜正術解》加以補充說明，其書見《則古昔齋算學》，同治六年刊版。此兩書皆被收入《中國歷代算學集成》（靖玉樹編勘，山東人民出版社，1994 年）。徐有壬之學，已有西學根底，見羅汝懷，〈重刻徐莊愍公算書序〉。李善蘭更不用講。

❻　《中國科學技術典籍通彙》，任繼愈主編，河南教育出版社，1993 年。其中的《數學卷》之主編為郭書春。

❼　洪萬生主編，注❶所引書，pp. 385–388。

有相關論文目錄，可以看出時人對焦循，比較看重他的《加減乘除釋》，而較少談及《釋橢》。可是作為當時天算界學風的反映，此書還是有其代表性。在備受乾嘉漢學影響的整個「復古」學風中，焦循此書一方面顯示他對西學相當重視，闖入一個較陌生的學術領域而仍有相當領悟，這是他比同儕有獨特表現的地方。另一方面，由他在書中所表露的觀念混淆與所犯的錯誤，也襯托出他被大潮流拖著走的一面。這些都是本文希望發掘的。

在第二節，我先探索焦循著《釋橢》時的背景。第三節則進入《釋橢》本文，綜述其內容，並評論他處理這些內容的手法與得失。在第四節我接著將這些評述納入當時背景內，並與同時其他學者的表現作比較，由此反襯出清代乾嘉天算家的學風與局限；並帶出我個人的感想。應「中華文明的廿一世紀新意義」第三次會議主旨的要求，在第五節我特別點出本文的檢討對廿一世紀的新意義。第六節我將一些必要數學推演列為附錄，以保持原文的聯貫性。《釋橢》的刊本上附刻了不少圖，我選擇了一部分與本文有關的圖印在最後面，以與原文的敘述對應。我所依據的版本，就是上述的雕菰樓刻本。新竹清大人社院的豐盛藏書，讓像我這樣一個已退休的他系教授，有可能去研究科學史。據劉鈍教授在會中告知，焦循的《釋橢》手抄本現珍藏於北京大學圖書館。我當然以未能披翫前賢手跡為憾。可是就本文的目標來說，刊印本應已足夠。

## 二、《釋橢》著作的背景

人們對天體運動的瞭解，到 1609 年克卜勒發表了「行星運動三定律」的前兩條以後，才有了顯著的突破。克卜勒確定了行星軌道為橢圓形，太陽位於橢圓的一焦點，行星在軌道上運行的速度有遲速；可是所經時間，與徑線掃過的面積（而非角度），卻呈正比的關係。到了十年以後，克卜勒又發表他的「第三定律」，將各行星（包括地球）的軌道常數，皆聯繫起來。這三條定律日後成為牛頓重力理論的基礎。然而由於天主教本身的反對，這些理論，當時並未傳入中國。因此當康熙編《數理精蘊》與《御製歷象考成》時，所講的還是「地靜天動」以及「本輪」、「均輪」、「次輪」等觀念。橢圓軌道理論的傳入，主要是透過耶穌會教士戴進賢與徐懋德❽，以應付欽天監對日蝕預測的需求，比起歐洲來，要差了一百多年；而且所傳入的還不用哥白尼的

「地動學說」，更談不到當時已經問世的牛頓重力理論。明朝末葉的羅雅谷雖然也曾約略提過地動說，然而他本身並不相信，故也沒有正確的介紹。「地動學說」要等 1744 年蔣友仁來華❾，才被正式傳入。在此之前，由於雍正八年六月的日蝕，用橢圓軌道計算得到較準確的結果，清廷才決定採用。

本來，阮元《疇人傳初編》❿應可提供有關這次政策改變的背景資料，然而相當令人失望。在卷四十六，只有這樣的記載：

自刻白爾以平行為橢圓面積求實行，用意甚精，而推算無術。(噶) 西尼又立借角求角之法，極補湊之妙。……

這段話講得很不清不楚。他所說的「借角求角之法」，正是焦循《釋橢》內容的一部分。然阮元所謂噶西尼，不知是否 Jean-Dominique Cassini？（卡西尼世家四代，對天體與地球的測量，各有貢獻。）阮元又批評克卜勒「推算無術」，顯然很靠不住，可能只是由道聽途說而來。而且老卡西尼的理論，又與克卜勒有別，他所主張的「卵形」(Ovals) 要比橢圓複雜；阮元兼而言之，也許僅得自西洋傳教士的二手資料，真確性恐也有問題。其實，照當時歐洲的天文史實來看，「噶西尼」的貢獻，主要在提供較準確的天文數據、改進測量方法、並對誤差（例如清蒙氣差）作更合理的修正。因為這些疑惑，我判斷阮元的記載，對當時改變算法的背景的說明，價值不大。

目前只能由當時的奏疏⓫判斷：欽天監的耶穌會士，遇到預測日蝕的機

---

❽ 戴進賢 (Ignatius Kögler, 1680–1746) 為德國人，1716 年至華，1717 年任欽天監監正。徐懋德 (Andrew Pereira, 1689–1743) 為英國人，1716 年至華，1727 年任欽天監監副。

❾ 羅雅谷 (Jacques Rho, 1590–1638) 為意大利人，1624 年至華。他的書曾提起過地動學說一事，參見方豪，《中西交通史》（中國文化大學出版部，1983 年），p. 719。蔣友仁 (Michel Benoist, 1715–1774) 為法國人，1744 年至華。他去世時，耶穌會已被教宗勒令解散。

❿ 阮元，《疇人傳初編》（世界書局，1962 年）的實際編纂事務，照記載由李銳和周治平出力較多；不過人物的選擇與〈論贊〉等具褒貶性的部分，應出自阮元自己的手筆。

⓫ 部分有關奏疏附刻於武英殿本之前。

會，為了不尸位素餐，主動將他們新學到的知識貢獻出來。然因天主教本身限制，不敢提「日心說」，連帶也不便提其他行星的橢圓軌道。好在日蝕的計算只涉及地球對太陽以及地球對月球的相對運動，把地球固定不會有問題。而且這種軌道關係屬於運動學 (Kinematics)，完全不去過問星球間的作用力，因此也無須作動力學 (Dynamics) 的考慮。當時雍正皇帝對欽天監的客卿，只要求他們對日蝕推算準確；至於用什麼方法，雍正不會像康熙那樣有興趣。欽天監中的官員與生徒，除了蒙古人明安圖❶❷外，對這些新學說，也缺少真正的瞭解。為了怕新方法日久失傳，後人不會運用，戴進賢與徐懋德將他們傳入學說的主要內容，以及其計算過程與方法，記錄下來，作為欽天監日後的運作的依據。這些記錄，後來被收入《御製歷象考成・後篇》。

　　《御製歷象考成・後篇》算是對康熙時編的《御製歷象考成》的補充。此書為實測運作而寫，內容相當詳細；其中介紹橢圓軌道的部分，主要在卷一的「日躔數理」，與卷二的「月離數理」，尤以前者為主。書中在講理論時，都引入詳細實測數據。後面當然還要記載日月交食的數理，因為這些「新法」的傳入，就是由推算日蝕開端的。「數理」之後，又詳載步法與各種備查用的表，一共十卷，裝訂成為八冊。卷帙繁重，撰寫相當費時。寫完後又須詳細檢查，看其中的說理，是否與「聖祖仁皇帝」的御製「若合符節」，以發揮「聖聖相承，先後同揆」的道理。因此這部書雖題為乾隆二年奉敕撰，到多年以後才能脫稿。此書像《前篇》一樣，由武英殿刊刻，版由禮部儲存。至於後來的四庫全書本，到乾隆四十六年由總纂官紀昀等校畢進呈才收入，當然沒有刻本。武英殿本雖然刻了，而且原則上不禁止翻刻，可是政府也沒有興趣鼓勵。連梅瑴成一度奏請建議對《前篇》：「令學臣摘取數條，發問合適者，與優生一體獎賞。」也遭遇到朝廷用「所奏毋用議！」打壓下來，《後篇》不用說流通量更有限。而一般士大夫憑耳食之言，只把新算法當成另一種技藝，當然不會抓到癢處。阮元把橢圓軌道等天象都看成虛構，不必說了；經學家的門戶之見，還部分抵消掉本來已嫌單薄的學術成果。江藩在替焦循寫

---

❶❷　明安圖是當時一個怪才，他的天分很高，且未受傳統科舉的蹂躪。他獨力推導出三角函數級數展開式。雖當時僅以「割圓密率捷法」稱之，未能領悟其「函數」性質，然已跨出重要的一步。可惜他的遺著受到後人不合理的把持與拖延，沒有及早刊刻，未能發揮應有的影響。

的〈釋橢序〉上，除了空泛之言外，甚至還不忘對皖派的戴震放了一支冷箭：

> 昔秦大司寇蕙田輯五禮通考。觀象授時一門，戴編修震分纂，詳述諸輪
> 之法，而不及太陽地半徑差、清蒙氣差、橢圓之說，不亦俱乎！

這種態度，使中國的學術本可受益之處，大為減少。到第四節，還要回到這
些討論上。

橢圓是圓錐曲線之一種，其幾何在希臘時期已經出現。歐幾里德曾有這
方面的著作，然已失傳，並未被收入於《幾何原本》內。在解析幾何發展以
前，歐洲學者依賴的主要為阿波隆尼斯 (Apollonius) 所著的《圓錐曲線論》
(Conics)。克卜勒於 1609 年出版的《新天文學》(*Astronomia nova*) 就已引過
此書。目前沒有直接證據顯示，此書何時傳入中國；可是 1619 年金尼閣與鄧
玉函等來華時，曾經帶來了約七千部書。其中部分殘本於 1938 年在北平天主
教堂藏書樓被發現❸。有些書甚至蓋有教宗保祿五世璽章與耶穌會徽章，顯
示傳入時期之早。殘本中包括哥白尼著的《天體運行論》(*De revolutionibus
orbium coelestium*) 以及克卜勒所著的《哥白尼天文學概要》(*Epitome
astronomiae copernicanae*)。猜想在這七千部書中應有講述圓錐曲線的。可是
當時的中國士大夫甚少懂拉丁文，因此這些書即使在那裡，在翻譯出來之前，
不會產生影響。然而橢圓的觀念，是很早就被介紹進來的。天算家總需要測
量行星與恆星的位置，也要測量地球的經緯度，因此也用得上橢圓。明徐光
啟督修的《測天約說》與《測量全義》都解釋得相當清楚。謹錄其中《測天
約說》❹卷上第一題以見一斑：

---

❸ 金尼閣 (Nicolas Trigault, 1577–1623) 為比利時人，在 1610 年首度來華；數年後，他
返回歐洲募集書籍並招攬人才來華。鄧玉函 (Jean Terrenz, 1576–1630) 為瑞士人，為
著名的山貓學會 (Accademia dei Lincei) 的社員，與伽利略為社友。他在金尼閣的招
攬下，參與來華的行列。雖然從北平天主教堂藏書樓發現的那些書，不能確定於何
時傳入，不過不會太遲，因為特崙會議定出了「禁書書目」之後，不可能再容許哥
白尼的書流傳。金鄧等人的事績見樊洪業著，《耶穌會士與中國科學》(中國人民大
學出版社，1992 年)。

❹ 《測天約說》本來出自鄧玉函之手筆，後來經過羅雅谷與湯若望修訂。現收入於薄
樹人主編的《中國科學技術典籍通彙·天文卷》(任繼愈主編，河南教育出版社，
1993 年)。

長圓形者，一線作圓而首至尾之徑大於腰間徑，亦名曰「瘦圓界」，亦名「攲圓」。……或問此形何從生？答曰：「如一長圓柱，橫斷之，其斷處為兩面，皆圓形。若斷處稍斜，其兩面必稍長。愈斜愈長，或稱卵形，亦近似，然卵兩端大小不等，非其類也。」

另外清代以康熙皇帝「御製」為名的《數理精蘊》，其中第二到第四卷，雖然也取名為「幾何原本」，但與徐光啟所譯的《幾何原本》前六卷相當不同。有不少是當時進講的傳教士（例如張誠）的補充教材❺，甚至無法排除有梅瑴成的手筆。其中的卷三內對有關橢圓的題材也有補充，由這些書籍，可推想清初學者對橢圓應該不會陌生。

焦循的天算基礎，除了上節所講的《梅氏叢書》外，像當時其他各家一樣，應該也曾學過《數理精蘊》。說不定他所把握的那些橢圓基本性質，就是由《數理精蘊》卷三看來的。他對清初傳入的「新數學」最熟習的部分，是三角（當時稱為「八線」）與解三角形。這些在他的得意著作《釋弧》中已有發揮。在《釋橢》中，這部分也運用純熟。

焦循為了因應雍正時改用新傳入橢圓軌道的算法而寫《釋橢》。重點在於聯繫由焦點到橢圓周邊的徑線所掃過的面積，與角度的關係，並嘗試體悟其所以然之故。因為那時還不用哥白尼的「地動學說」，所以將焦點之一當作「地心」。焦循沒有講他所根據的資料來源，似乎是得自間接的資料。他相當窮，當乾隆四十六年購買《十三經注疏》與乾隆五十一年購買《通志堂經解》這些必要書籍時，都要靠他的夫人當賣首飾；當然不會再有餘錢去獲取不急用的《御製歷象考成‧後篇》。此書的武英殿刻本流通量既少，價格必定昂貴，而四庫全書本當時並無刻本，要獲取更非花大價錢雇人抄寫不可。焦循的《釋橢》，雖有部分內容與之相像，然採徑不同，不知是否透過阮元看過部

❺ 這方面的討論，參見注❻所引書中，第三冊韓琦《數理精蘊》提要〉的考證。《數理精蘊》中的補充題材良莠不齊，其中也有錯誤的部分，例如《幾何原本》十中的「第八」條就用了循環論證。請參見傅大為教授的英文著作：Daiwie Fu, *Why Did Liu Hui Fail to Derive the Volume of a Sphere?*, Historia Mathematica 18, 1991, p. 228.

分資料，還是得自戴徐一類傳教士❶❻？不過他顯然已把握了橢圓的基本性質。對瞭解橢圓問題而言，《釋橢》可算是清代天算家首次認真的嘗試。達不到理想也是可以諒解的。下面進入細節的討論。

## 三、《釋橢》內容的評述

一開始，焦循就從橢圓基本性質講起。例如「大徑、小徑」（即長半徑、短半徑）、「兩心差」（簡稱「心差」，即中心至焦點的距離，亦即長半徑減焦距）等名詞的定義，及第 4 頁右圖❶❼所顯示的：以兩焦點的聯線為底，頂點在橢圓周之三角形，兩腰之和為常數（兩倍大徑）的基本性質。他在第 1 頁「小徑」之後寫下一個注：「或以兩心差為句，半徑為弦，求得股，亦小徑。」正確給出大徑、小徑、與心差間的關係。然而他在注下繼續寫：「倍小徑與全徑交，規而圓之，是為橢圓。」未免太含糊。古時的「規」，固然是一種木工比畫曲線的工具；然到焦循之時，現代意義的「規」應已存在。這種「規」對橢圓並不適用，除非有特製的橢圓規（利用兩腰之和為常數的基本性質）。不然就須逐點定義。這裡可看出他不夠嚴謹的毛病。

在第 2 頁，他很小心分辨：「橢圓之積，橢圓之度也；橢圓之角，平圓之弧也。」然而他又將「橢圓之積」比照「橢圓之度」，以一圈三百六十為單位。這裡我們可以發現，他不把橢圓看成一個基本的數學觀念。他的重點，在突顯由焦點到橢圓周的徑線所掃過的面積與角度的關係。以前處理圓形諸輪，角度是最重要的觀念；現在用到橢圓軌道，均勻變化的是面積而非角度。所以他用「橢圓之積」來比照「橢圓之度」。他對第 2 頁之右圖❶❽已講過：「每度不均於弧，而均於積。」現在將「度」與「積」混同，似乎將克卜勒對行星

---

❶❻　焦循於 1763 年誕生，當時戴徐兩人皆已前死。乾隆朝中熱心學術的耶穌會傳教士，只剩下蔣友仁一人，而且不久以後，耶穌會也被教宗勒令解散。雖然京中還留下了一些以前的傳教士，如高慎思 (Joseph d'Espina)、安國寧 (Andreas Rodrguez)、索德超 (Joseph Bernardus d'Almeida) 等任職於欽天監，後來也有別的教會的傳教士加入。可是就輸入科學一事而言，已經是「強弩之末」了。

❶❼　本文所用到的圖，皆影印附於章末。在「附圖選印」中，此為圖一。

❶❽　在「附圖選印」中，此為圖二。

橢圓軌道的描述，與橢圓本身幾何特性相混；對說理的清晰有妨。焦循在第12頁提醒：化「橢圓之度」為「橢圓之積」之法，是將度數乘圓周率與大徑、小徑，除以三百六十，這成了一個標準的比例常數。上一節已提過，焦循對清初新數學最熟習三角與解三角形。然而他將角與圓弧的關連看得太板，對三角函數看作割圓的八個線段❶❾。現在遇到了橢圓弧，有點不知所措。他在很多地方借助於與橢圓對應的「平圓」，固然是正確的做法；可惜他未曾發展出有用的直覺，往往困於陷阱而不自知。下面還會再提到。

《釋橢》前面超過三分之一的篇幅，在求得第6頁一個命題：

> 自地心設線，與倍差心線之端，遇於橢圓。在象限：無差角之較，內於限：則大一差角，外於限；則小一差角；大則加之，小則減之。

用第7頁的兩個圖❷❷來表示：「斗」為橢圓上一點。要求的是：自焦點「丑」（焦循稱為之「地心」）與「斗」相連的徑線，在橢圓內所掃過的面積（由大徑一端「辰」算起）。由另一焦點「寅」與「斗」相連，從平圓中心「子」作線平行於「寅斗」，交橢圓同一側於「箕」。「子箕」線在橢圓內掃過另一面積。所謂「較」，為「子箕」線掃過的面積減去「丑斗」線所掃過橢圓的面積。所謂「差角」，由第5頁左圖❷❶定義，為「子房角」三角形面積，與「子角（房角）」成標準比例（見第六節）。由他所用的篇幅猜測，焦循顯然企圖用此命題，開展出後面四種計算程序，建立其「所以然」。然而他的努力有得有失。對此命題有兩點需注意：首先，僅在離心率（心差與大徑之比）很小時才會成立；地球與月球軌道都可適用。其次，焦循犯了一個錯：其「差角」應改為「二倍差角」。錯誤之關鍵，在第10頁右圖❷❷：其中的「丑牛」弧交「子箕」線處，應該大致垂直（交角與直角之差與離心率同數量級）。因此若

---

❶❾ 這一點，其實是當時的通病。在三角術初傳入時，就太強調將各函數（正餘弦、正餘矢、正餘切、正餘割）看作割圓的八個線段；「八線」之名就由此而來。中國的天算家無法由此意味到「函數」的正確觀念。

❷❷ 在「附圖選印」中，分別為圖四與圖七。

❷❶ 在「附圖選印」中，此為圖五。

❷❷ 在「附圖選印」中，此為圖六。

以「丑牛」弦代替「丑牛」弧，則「子丑牛」三角形的面積，應與「子坤坎」三角形的面積相等（好到離心率平方），見數學的附錄。在第 10 頁，他說：

> 子丑牛亦子坤坎之半，故子丑牛之積，與差角同也。惟差角與軫房翼心等，股自乘，與軫房翼張等。較之，差一張心房三角形；而子丑牛，視子坤坎之半微大。兩相消息，以意會之，可為比例也！

前面一段「張心房」三角形的面積，固然小於離心率自乘之數量級，可省略；後面一段，要人家「以意會之」，則犯了推理含糊的毛病，故不自知錯誤。前面提過，焦循不善處理橢圓弧。其實弦長若為離心率的數量級，則弦與所張之弧間面積，為離心率三次方的數量級。就面積而言，直可以弦代替弧。可是顯然焦循未看過明安圖的《割圓密率捷法》，也不瞭解級數展開（雖然同時的歐洲已有此法）。有興趣的請看第六節數學的附錄。

　　然而，「子箕」線在橢圓內掃過的面積，並不像「丑斗」線所掃過橢圓內面積那樣有實際的意義。「子箕」線與「子辰」線間的角度（即「設角」）與此面積的關係，並不簡單。焦循引進了這一個面積，卻沒有解釋其動機，沒有告訴我們其「所以然」之故。我懷疑他是誤解了新傳入的計算方法。在《御製歷象考成・後篇》內，用的是「平行積度」，那是有實際意義的。而且它與「丑斗」線所掃過面積之差，剛好是一個差角，而非兩個。細節見附錄。因為邏輯推理上的缺陷，焦循似未發現這項缺失。

　　就橢圓的部分面積來講，本來他已經抓到重點。第 11 頁點出：「大徑、小徑者，比例之根也。」其實，這個命題，應該是處理橢圓問題最好的起始點。焦循雖然知道，可是沒有充分而清晰利用它，這是很可惜的。沿著橢圓小徑的方向，整個橢圓形狀就好像其平圓被壓扁，與長軸垂直的線叢，為橢圓周所截之長度；以及線叢中兩線在橢圓內所截面積❷，與所截平圓對應之長度及面積之比例，分別等於小徑與大徑之比。由此，不難將所有面積計算出來。然而配合的關係，不能含糊跳過。他在第 24 頁寫道：「先用大、小徑比例，自角辰得房辰」，比例其實只成立於「房」與「心」對軸的距離；其餘還需另用三角關係。他在第 18 頁又寫道：「以頤戌與酉戌，例恆鼎與辰恆，

---

❷　根據為卡瓦列里（Cavalieri）原理，雖然希臘的阿基米得與中國的祖暅之早就知道。

而得辰恆弧線。」這個「例」字用得太過含糊。其實，恆鼎既然為辰恆正弦，則辰恆弧線自然可由三角求得。此兩處在乍看之下，前面的「小徑與大徑比例」字眼，很容易誤導後面的函數關係。焦循只寫算則，這些誤導會很難被發現。

在《釋橢》中，由於橢圓曲線本身的定義不夠明確，焦循對「地心角」與「設角」間關係的建立，煞費一番苦心。由第 14 頁至第 16 頁，他用了相當篇幅去討論：「兩要（腰）之和，求角之要也」、「內垂、外垂、兩要之用也」這兩個命題，尤其是後者，必需要用到「句與股弦和求股之法」。焦循也像同時的天算家一樣，慣於用天元的算則去瞭解與處理方程式，因此他對於「等於」的瞭解只限於數值，而並不作為關係看待；故對一連串等式之間的運算，有點力不從心。對他所熟悉的句股關係，也用面積來顯示，往往失去化簡問題的先機。到第六節，我還會回到細節的討論。《御製歷象考成‧後篇》其實也有此病，可是在那裡，是配合一連串數據作解釋的，故還不太刺眼。

焦循對有些基本的幾何與三角關係相當強調：例如第 13 頁談求積需要折半、第 16 頁的「角在地心，則垂於內」、「角在心差，則垂於外」、「內垂之角，例以平行；外垂之角，通以對角」、「外垂以加，內垂以減」、以及第 17 頁的「句通於餘弦、股通於正弦、弦通於半徑」等，這些段落，似乎有點太過囉唆。我猜想，焦循的目的，可能是為了訓練實測人員，而對他們提醒某些關鍵地方。也許當時人的根基不夠，需要多多耳提面命。是否真的這樣，我也不敢確定。

由第 18 頁至第 24 頁，焦循詳細介紹了四種計算程序：「以角求積」、「以積求角」、「借積求積」、「借角求角」。在第 25 頁他給出最後的結論：借角求角「法為尤妙」。他在這裡的所謂「借」，與「借根方」、「借衰」等的「借」字有相同的意義，都是由「假借」引申為「設」。在這些篇幅中，焦循只用文字寫出了計算的程序。乍讀之下，相當不容易消化，反而不如像《御製歷象考成‧後篇》那樣，多舉一些實例還好一些。而他所建議逐度實施的「以積求角」過程，亦難稱理想。在第六節數學的附錄內，我會用較現代的數學語言，解釋類似計算程序的根據。我覺得如果不用函數關係，很難講清文字算

則的基本觀念。學的人最多也只能夠照本宣科！倘若算則的記載有誤（抄寫的或印刷的），讀者也很難憑推理去更正。其實，這也是中國傳統算數書籍的通病。

## 四、對當時學風的反映

我在上一節評述《釋橢》的內容時，似乎總是在挑他的毛病。然而只挑毛病，是不公平的。應該用同時期人的著作來比較。阮元《疇人傳初編‧西洋》（卷四十六）對噶西尼所寫的一段〈論贊〉 **㉔**，相當具有代表性：

> 論曰：「天不必有小輪也！以小輪算均數，加減平行，驗之於天而合，則小輪之法善矣！天亦不必為橢圓也，以橢圓而積算均數，加減平行，驗之於天而更合，則橢圓之法善矣！此與郭若思以垛積招法求盈縮疾遲差數，同為巧算；而今法尤密耳。若以為在天之實象，則為其所愚矣。」

阮元把天象當成虛構，把「加減平行」當成有用的法寶，這很能夠反映當時的學術風氣，特別是像「莫被西學所愚」般自作聰明的論調，在當時經學界內相當盛行。乾嘉經學吳派首領之一的錢大昕，雖然在天算方面的才能實在不怎麼樣，可是他以蘇州紫陽書院主持人，為數學天才李銳的師傅。以此身分，他儼然成為當代天算界的領袖，影響深遠。早年他致書戴震，盛氣批評江永，認為江偏向西學太過 **㉕**：

> 宣城能用西學，江氏則為西人所用而已！……習其術而為所愚弄，不可也！……而獨推江無異辭，豈少習於江，而特為之延譽耶？

他是贊同阮元上述論調的。然而江永的實際主張如何呢？我們可從他所著的《數學翼梅》中的一段話 **㉖**，得到一些概念：

---

**㉔**　阮元，注❿所引書，p. 610。

**㉕**　見錢大昕的〈與戴東原書〉，此信收入於他的《潛研堂文集》，卷三十三。又被收入於徐世昌編，《清儒學案》，卷八十三。

**㉖**　《翼梅》收入於注❺所引之《中國歷代算學集成》，其中所引梅氏原文「離居」作「居離」。

> 梅先生引大戴禮曾子答單離居之問，以證地圓之論，古已有之。極確！
> 愚謂易大傳曰：「坤至靜而德方」、中庸曰：「振海河而不洩」，皆地圓之
> 證也。方言其德，則形體非方可知矣！水附於地而流，地振之而不洩，
> 則地面四周有水，非是水載，可知矣！

這種論調，還算是對西學「習其術而為所愚弄」！則批評者本身的偏見，也就
可想而知了。裡面恐怕還混有經學的門戶之見。在這方面，焦循要比大部分
同時的天算家高明得多。他支持同屬「談天三友」的汪萊探討方程之解是否
可知，他領先探索同儕忽視的橢圓軌道，都顯示他對西學相當重視。

上面所引江永強辯之辭，讓我們注意到當時另一個普遍的意識形態：「西
學中源論」。在《明史‧卷三十一‧曆志》中有一段話足以代表：

> 羲和既失其守，古籍之可見者僅有《周髀》。而西人渾蓋通憲之器，寒熱
> 五帶之說、地圓之理、正方之法，皆不能出《周髀》範圍，亦可知其源
> 流之所自矣。

從方以智、梅文鼎到康熙皇帝，都曾為這種意識形態推波助瀾。江永也是建
構這個大環境的一人。在這種意識形態影響下，也往往將後人的心血附會成
前人作品的必然流衍，最多只承認實測的數據是「古疏今密」。以焦循之賢，
亦不能避免其影響。在《天元一釋》❷中，也有這樣的話頭：

> 其借算，則少廣之遺也。其貫方於從，則商功之流也。其如積相比，則
> 均輸之趨也。其寄分取率，則衰分粟米之變也。其就分，則方田之餘也。
> 其測圓，則句股之精也。

固然總會有辦法建立這些關係，可是很多卻是「後知之明」式的不自然附會。
然而在焦循的《釋橢》一書中，卻沒有這類附會的話，甚至連「西學中源論」
的影子也沒有。可能由於橢圓軌道的想法太新了，在「古法」中，找不到比
附的對象。然而許多與焦循同時的人，在無可奈何的情形下，卻還想要爭面

子，硬把橢圓軌道說成「假象」！前引阮元的話，已經講得很明白；而錢大昕則更是飆悍。不但把橢圓認作假象，而且在上述致戴震的書信中，還以此為「西法」要不得的根據：

> ……新法之本輪、均輪、次輪皆巧算，非真象也！……本無輪也！何有於徑？本無徑也！何有於古大而今小？……本輪、均輪本是假象，今已置之不用，而別刱撱圓之率。撱圓亦假象也！但使躔离交食，推算與測驗相準，則言大小輪可，言撱圓亦可。然立法至今，未及百年，而其根已不可用！近推如此，遠考可知！

然而焦循卻沒有犯這個毛病，他的確努力探索橢圓問題的「所以然」，可是他究竟受時代與天分的限制，對這門新學問的領悟有限，也未能培養出慎密的推理習慣。他對西學的精神也體驗不夠，反而亟亟以「算則」為務。

上節已經提到，焦循習於用天元算則去瞭解數學關係式，而對一連串等式間的運算，卻有點力不從心。他對八線技術的通曉，與當時很多人對訥白爾的對數著迷一樣，都取其有助於數值的計算。這也是當時的一般弊病。當初西洋的「借根方算法」傳入，就只強調「假設未知數」的特點。何夢瑤《算迪》卷六：「借根方算法」對此有解釋：

> 根即線，方即平方立方諸乘方，借如借衰之借。因數有難知者，故借以立算，比例而得真數也。（注：借者，假數；不借者，真數。）

然在運算時，「等於」的關係，還是用各數值的相對位置（雜以解釋文字與簡略符號）凸顯❷❸。無怪中土天算家將「等於」瞭解為數值間的關係。乾嘉諸大師強調宋元「天元術」好過西洋的「借方根」，也與這一點有關。因為既然同為算則，學會了天元術，可以依賴口訣，搬弄算籌去變化數目。口訣純熟的人，可以「運籌如飛」，在速度上大為佔先，如此當然會獲得人心。當時只

---

❷❸　康熙皇帝和他的幾個阿哥曾經嘗試學此「新法」未果，見洪萬生，《孔子與數學》，pp. 192–201（明文出版社，1999 年）。

有汪萊的洞察力，才有能力了悟❷❾：

> 夫天元一相消之後，其數已無；以其無數求其有數，非初學所易會。借
> 根方相等之後，其數相對；以其對數尋厥真數，豈淺人所難解？

其他同時期的人，包括焦循在內，好像還沒有這種覺悟。汪萊在《衡齋算學‧
卷六》中，有一段話記載他的心得❸⓪：

> 西人杜德美有隨度求弦矢捷法。……戊辰冬，效力史館協修，朱君雲路
> 出示所藏，乃睹德美全法。竭旬日，思得其立法之原，歎為至妙。……
> 正如一尺之棰，日取其半，萬世不竭也。夫有數不能竭者，無數竭之。
> 諸分餘，不得不竭。

似乎他已經能夠超越同輩，意味到方程式中「函數」❸⓵的觀念。無怪乎他關
心於解的存在與否的問題。可惜他的卓見不但得不到同道的共鳴，而且還受
舊友的敵視，連重要資料也遭封鎖！在前引文之後，汪萊說明這一段遭遇：

> ……舊刻此冊，誤詆德美之失。古愚張太守非之，蓋得明君（安）圖所
> 解者。太守秘其書不相示。予至都中，求之司博士廷棟，博士購之經歲，
> 不能得。聞之人云：明君所傳者，陳君季（際）新；季（際）新早卒，
> 無傳。然張太守已得之，惜予不獲見爾。

---

❷❾ 此段見汪萊〈張古愚輯古算經細草敘〉。本文轉引自洪萬生，〈清代數學家汪萊的歷
史定位〉(《新史學》十一卷四期，2000 年 12 月，pp. 1-14)。承洪教授告知，此文
只在咸豐四年甲寅（本文初稿誤引為庚申，蒙李兆華教授糾正。）夏燮陽縣署刊本
的《衡齋算學遺書合刻》中才找得到，在臺北中研院史語所傅斯年圖書館藏有此刊
本。最奇怪的一件事卻是：此文在數種版本的《輯古算經細草》中，都找不到，似
沒有被刻入。而在一般記載中，總把張敦仁算作汪萊的朋友。其間原因，很耐人尋
味。相關的討論參見洪萬生，〈談天三友焦循、汪萊和李銳〉（收入注❶所引書，
pp. 43-124）的注 42。

❸⓪ 《衡齋算學》收入於注❺所引之《中國歷代算學集成》。

❸⓵ 這裡所用「函數」一詞，並無現代用作「映射」的意義，而近乎萊布尼茲原始的觀
念。這無礙於成為一個重要的突破。

這使他的直觀洞察能力獲不到進一步的發揮，也使中國的算數學術錯失一次進展的機會。入主出奴之弊，一至於此，奈何！

焦循在《釋橢》中，亟亟以「算則」為務，這是受傳統的影響。中國古代算術一向講究「術」與「法」，結果演變成積重難返的重「算則」習慣❸，其歷史因素，下一節將詳為討論。這裡要強調的是，當算則複雜到一定程度以後，學的人需要花相當多時間去熟悉例題。上節已提過，在校對不高明的時代，一點小的抄寫或印刷的錯誤，就會讓學習的人白花很多力氣。等到熟習以後，往往也只能依樣畫葫蘆，很難倒推出其背後的原理。要想別出心裁變化或推廣，就更難了。一本記載算則例題的書，經過多次傳抄後，往往會錯誤得不可究詰，讓閱讀的人如看天書，原來有多大的興趣，也經不起折磨。

這裡舉一個例子❸，顯示這種錯誤是多麼容易發生：宋沈括《夢溪筆談》談「隙積」術，在講完他的新算則後，在下面寫了一條注，舉了一個數值代入之例。注並不太長，可是從現代的版本來看，簡直錯誤累累！其中同為宋代的趙與時所著《賓退錄》就找出廣陵刻本中的兩個最明顯的錯誤：「又倍下長得十六，當作二十四；併入上長得四十六，當作二十六。」也不知廣陵刻本中有沒有其他錯誤。不過由清代孔繼涵附在《算經十書》後的沈括兩段文章看，前一句卻作「又倍下二長得十六」（元刊本尚無此誤）。可知在宋元以後，又產生了新的錯誤。

清代學者由宋元《測圓海鏡》、《四元玉鑑》之類的殘本，得知祖先的豐功偉業，努力想恢復，這是可瞭解的。然而《測圓海鏡》之類的先進算法，其所以會失傳，固然要怪明代不務實的習氣；而上述「複雜的算則」，恐怕也要負一部分責任。乾嘉時代的學者，努力對這些書進行復原的工作，其所以做得到，我認為主要是依靠從「借根方」得來的判斷能力，用以改正傳世抄

---

❸　我在注❷所引洪教授的文章後面，曾經寫過一小段「讀後感」（在 p. 803），我將其中有關討論「算則」的部分，稍加補充後融入本文。因為我覺得這個因素是中西數學發展消長重要關鍵之一，而以前似未受足夠重視，故不避重複，再在此文中加以強調。

❸　所舉的《夢溪筆談》之例，在其卷十八。趙與時《賓退錄》（被收於《學海類編》內）所引之文，在其卷四。孔繼涵所刻的《算經十書》，將沈括的兩段文章附在《數術記遺》的最後。多謝傅大為教授提供此例。

本的訛奪之處。而且即使將那些書復了原，也不過像作了一項經學考證一樣，只是為人作嫁；對數學本身的進展，有多少貢獻，真是天曉得！

乾嘉學者，即使比前人多了一份判斷能力，對錯誤百出的孤本作校勘，還是事倍功半。戴震為《九章算術》所作的《訂訛》，從現代學者，如錢寶琮等人的觀點來看，當然是太粗疏了些。可是在當時這是篳路藍縷之作，要從「有脫漏」與「說理太深奧」間作判斷，常受先入為主的觀念影響，往往非後人所能諒解。徐有壬在《截球解義》❸中，就抱怨戴震針對李淳風為祖暅之開立圓的注釋，所作脫漏的結論，是「甚矣！索解人之難也！」現在回溯原文，戴震其實是被李淳風注釋中「故曰：丸居立方三分之一也。」所迷惑，覺得與前文沒有照應，才懷疑前後文都有誤脫。李注的算則其實還不太複雜，已難索解人；更何況《測圓海鏡》與《四元玉鑑》呢？與其埋怨「解人難得」，不如檢討重「算則」的傳統是否值得維護。把第一流的頭腦消磨在復古的工作上，是深可惋惜的事。

焦循在嘉慶元年，將《釋橢》的初稿寄給李銳。那時已經接近十八世紀末尾，清代的學界沒有意識到，當時在歐洲各國，數學與天文學已經邁開大步，向前猛進。當阮元還在所編《疇人傳》結語中，倡導「何如……但言其當然，而不言其所以然者之終古無弊哉」的聰明取巧策略時，當大部分乾嘉的學者們還在困惑於：為何「西法」的本身，是如此地「議論紛如，難可合一」（見《疇人傳》凡例），甚至在抱怨：「立法至今，未及百年，而其根已不可用」時，歐洲的數學界已從笛卡爾進展到歐拉，再進展到高斯；天文學界也由克卜勒進展到牛頓，再進展到拉普拉斯。到道咸後李善蘭與華蘅芳他們重新打開了眼界，數十年的光陰，就白白蹉跎掉了。乾嘉天算家們替宋金元學者的開方術、大衍求一、天元一、四元術等「絕學」恢復舊觀，加注與補草，表面上熱鬧異常，其從事者也未嘗沒有滿足感，甚至還可以戴上「增進民族自豪感」的冠冕；其實是自外於世界學術圈。

在此大環境下，焦循所能做的，相當有限。他在《加減乘除釋》中，所念念不忘的，是如何去「執簡馭繁」。在他給李銳的信❸中，對李的殷切寄望

---

❸　徐有壬的《截球解義》見《徐莊愍公算書》，注❺所引書。

❸　洪萬生，〈焦循給李銳的一封信〉（《科學月刊》第廿二卷第十一期，1991 年 11 月）有較詳盡的討論。

是：「通二十四史以言中，通唐九執以來之術以言西」，都印證了他這方面的局限。他在撰寫《釋橢》時，對天算的興趣正濃。他承認那時由西方傳入的方法，是要比「古法」來得高明，可是他終究無法擺脫時人另一毛病。阮元把「加減平行」當成有用的法寶，焦循則對處理「西法」的態度，與「古法」一樣，以為又找到了一件足以解決問題的高明「法寶」，想加以發揮；有不懂的地方，他就憑己意用含渾的話混過去。反正只要「法寶」能發揮功能就行了。以這樣的態度，是無法體驗西學真正精神的。他在晚年，已專心於易學，等於脫離了天算界。

## 五、乾嘉天算歷史給現代人的鑑戒

焦循的時代，離現在差不多有兩百年了。這兩百年的變化，對中國（或任何國家），可能是空前的！乾嘉時的天算學術情況，與目前相比，有很多是時過境遷了。例如，乾嘉學者始終沒有覺悟：「西法」本身的不一致，是後來的「巨人」站在以前「巨人」肩膀上的效果，是科學本身自動糾誤特色的表現。這種瞭解，對今天的學術界，大概不是難題。我們今天回顧當時的天算歷史，目標應該在從中找出可以給現代人作借鏡的地方。我們不難發現，歷史的個別錯誤比較容易改正，可是，前人的毛病，往往不知不覺中會變了一個樣子再出現。上一節已討論過，焦循雖然不像大部分乾嘉學者那樣，以「西法」的根據在於「古法」，可是，他將「西法」與「古法」都當成「法寶」，仍為以五十步笑百步。到二十世紀與二十一世紀交替的時候，比起以前究竟進步了多少呢，這是非常值得大家自我檢討的。有一個例子，也許值得參考。

黃仁宇教授的《資本主義與廿一世紀》㊱一書是近代知名度相當高的經濟理論嘗試，書內對「資本主義」的形成，一直訴諸一個「數目字管理」的觀念不放，就像是抓著一件「法寶」似的！由下面所引的段落，可以明顯反映這種傾向：

> 資本主義在一個國家展開時，人文因素勢必經過一段劇烈的變化，然後
> 過去農業社會管制的方式才能代以新型商業管制方式。換句話說，這也

㊱　黃仁宇，《資本主義與廿一世紀》，聯經出版事業公司，1991 年。

就是全國進入以數目字管理的階段，自此內部各種因素大體受金融操縱❸。

英國的農村經濟已開始與對外貿易併結為一元，全國可以有如一個城市國家樣的以數目字管理❸。

一個國家或一個社會過去愈缺乏中央集權的經驗，愈有以數目字管理的潛力❸。

私人財產權在法律面前曖昧不明，等於水壓或氣壓過低，其流轉必至不暢，於是無從使國家現代化，進入以數目字管理的階段❹。

賴建誠教授對此曾有入骨的批評。我們不妨引述他的話❹：

> 這個概念是全書內使用頻率最高的一項，但有一個缺點，即缺乏論證過程。……他從來沒有證明過：荷英等國是在：⑴哪個年代；⑵用了哪些數字；⑶管理到了哪些項目；⑷管理的效果如何。

我覺得賴教授的反詰充分表露出黃仁宇教授的缺失。黃教授所希望解決的問題當然是現代的，可是所用的手法卻與二百年前的焦循有共通處；都是緊抓著一些觀念性的「法寶」，希望能對某些疑難發揮效用，卻疏忽於論證此觀念在處理所面對問題時的有效性。這個缺失，正顯示二百年來這方面的進步，相當有限！其實，在目前大部分人的思考中，還傾向於將「科技」本身當成萬能「法寶」看待，而不願意過問細節；也犯了相同的毛病。是否能將二百年前的古董事蹟，當作借鏡呢？

還有一點是值得一談的。上一節我們提過乾嘉大師們受傳統上重「算則」習性的影響，而無法做出更多的貢獻。這個習性在今天當然不是那樣有力了。

---

❸ 前注所引書，p. 187。

❸ 前注所引書，pp. 231–232。

❸ 前注所引書，p. 266。

❹ 前注所引書，p. 434。

❹ 評論見賴建誠，〈熱度與亮度——細讀黃仁宇的《資本主義與廿一世紀》〉(《當代》第七十二期，1992 年 4 月)。此文亦收入於賴建誠，《重商主義的窘境》，pp. 179–213。本文所引之段落在 pp. 205–206。

可是在會議的討論中，我卻意味到一段逆流。一方面有人覺得「算則」的練習有助於升學考試，可是更多現代人以中國傳統「算則」與電腦的 Algorithm 相通為榮；以為這是中國數學先進的地方。我深以這種傾向為憂。其實電腦的 Algorithm 是人為了控制電子迴路去做大量計算而設計的；只要達到這個目的就好。Algorithm 的目標是針對電腦，而非針對人腦。我們很多人都有寫電腦程式的經驗。姑不提組合語言，就「高級」語言來說，不論 pascal、basic、C、還是 fortran，每條程式後面如果不詳附說明的 remarks，過了幾個星期後，自己也會忘記當時的想法，也會看不懂自己寫的程式。可是電腦卻始終讀得懂。除非把人腦訓練成機器，否則複雜的「算則」不會對人腦起同樣的作用。我懷疑倡導這種論調的人，下意識中可能把「算則」看成另一項「法寶」，希望如此可以提升國人對「科技」的信心。

其實，中國的傳統算數之走上「重算則」的路，是有它的歷史因素的。其源頭，由於《算數書》的發現❷而更明顯。大致來說，《算數書》的祖本是秦國政府用來訓練基層技術官吏的，目標單純。官吏需要作大量的運算（可能靠算籌一類的工具幫助），需要答案正確，卻不需要對運算的原理有所瞭解。在這種需求下，把運算過程化為程序性的歌訣，讓從事者練習得滾瓜爛熟，自然會熟能生巧。漢承秦制，由於人口與經濟都急速膨脹，政府對實際應用人才的需求，比秦國還要急迫。由《算數書》一類的原始教材過渡到後來的《九章算術》，固然數學水準的本身提升了不少，可是採取例題取向的手法，卻是更變本加屬。到魏晉與南北朝，政治的分裂與思想的解放，導致計算理念的進一步發展；這是突破的契機。我們今天為什麼如此頌揚劉徽？還不是由於他在注《九章算術》時，加入了推理的成分嗎？然而由北朝的宇文周至隋朝，又有大一統的態勢，新的政治制度導致進一步的管理需求。新的《夏侯陽算經》與《張邱建算經》也走上模仿《九章算術》的路。到唐朝統一天下後，將「明算」列為科舉的一科，等於是將科舉的方法用於算數人才的培訓，結果造成天算學術進展的殭化；連《周髀》也改稱《周髀算經》。又由於算籌的工具太好用，無形中排斥其他算法。到宋朝，積重難返之勢已成。

---

❷　張家山漢簡整理小組，《張家山漢簡《算數書》釋文》，《文物》2000 年第 9 期，pp. 78–84。

因此中國雖然天算的學術開始很早，中間又經歷了六朝（出入相補）與宋金元（正負開方與天元）兩次高峰期，最後都因無力突破瓶頸而衰退。前人的心血往往失傳而使後人多走冤枉路。重「算則」的典範使算術與問題相結合，當然有其正面效用；可是一般說來它在宋以前對數學發展還利多於弊，到宋以後則反成為進展的絆腳石。上一節已經討論過一個原因——當文本有錯時，讀者不易用推理發現錯誤。可是還有一個因素：不重視推理使得抽象化困難，影響所及，令數學不能超脫原來程序性規則，而更上一層樓。此次會議中李兆華教授談到《四元玉鑑》將中國的籌算的發展提到最高峰，可是為什麼要受算籌的拘束呢，還不是由於積習難返嗎？

　　一種學問，其基礎部分，往往靠許多程序性知識的堆砌，賴以熟習而成直接反應。上一個演講，洪萬生教授已經對這一點充分發揮了。近代的神經科學告訴我們，大腦處理程序性記憶，往往不走理解的路線，而可以將它們化為無意識能力的一部分。我們多數已經忘記小學時背乘法歌訣時的苦惱；其實多位數的乘法並非大腦本身的本能，正像騎腳踏車並非人體運動的另一項本能一樣。如非小學時背熟九九乘法表，以後就無法做多位乘法計算。這說明程序性知識在建構人類文明時的重要角色，也解釋了何以我們對這一類知識會養成依賴的習性。可是由此以往，需要有觀念性知識來開展每一門學問的領域。如停滯在程序性知識上，當然就無法更上一層樓，甚至阻滯思考的進步。

　　前事不忘，後事之師！唐宋的科舉制度，不但殭化了儒家的經學，還禍延剛有起色的算數學術。人們對程序性知識的依賴，往往是會上癮的。近代的升學考試，造成畸形的補習教育，又以為「算則」的練習有助於升學，無疑又蹈唐宋的覆轍！而將現代有特殊目標的電腦的 Algorithm 與傳統「算則」掛鉤，只不過是自欺式的自我安慰罷了。

## 六、數學的附錄

　　在下面，我由大、小徑比例關係出發，用當時人可瞭解（稍加濃縮）的方式，求橢圓的部分面積。然後得出小離心率的展開式。為方便與明顯起見，在方程式中，我採用現代符號，可是我也會清楚交代其意義。參照「附圖選印」之圖三❹³：令「丑」為地心，它也是橢圓兩個焦點之一；「子」為橢圓中

心，也是平圓的圓心；心差為「子丑」距離。離心率為心差與大徑之比。用符號來表示，則心差為 $c$、大徑為 $a$、小徑為 $b$、離心率為 $\varepsilon$。第三節開頭所講大徑、小徑、心差間的關係以及離心率的定義，皆可用方程式表示：

$$a^2 - b^2 = c^2,\ \varepsilon = c \div a,\ b^2 \div a^2 = 1 - \varepsilon^2 \text{。} \tag{1}$$

### ㈠面積與角度的關係：

用前圖，令「斗」為橢圓上一點，即運行中天體所在位置，「斗鼎」為「斗」至橢圓長軸之垂線。用 $x$ 來表示「丑鼎」間距離，用 $y$ 來表示「斗鼎」間距離，再令地心之角度「丑角（戌酉）」為 $\theta$。則三數有如下之關係（姑將 $\theta$ 限於第一象限）：

$$y = x \times \tan\theta \text{。} \tag{2}$$

$y$ 與 $x$ 皆正值。以「子恆」（長為 $a$）為弦，「子鼎」為句，由句股弦關係求股「恆鼎」。然而「恆鼎」和「斗鼎」與大、小徑成比例，再將(2)式代入，得：

$$y^2 = b^2 - [x+c]^2 \times [1-\varepsilon^2] = [x \times \sec\theta]^2 - x^2 \text{。} \tag{3}$$

將(3)式最後面的 $-x^2$ 移到等號另一邊，則兩邊皆為完全平方：

$$\begin{aligned}
y^2 + x^2 &= \varepsilon^2 \times x^2 - [2 \times x \times c + c^2] \times b^2 \div a^2 + b^2 \\
&= [\varepsilon \times x]^2 - 2 \times [\varepsilon \times x \times b^2 \div a] + [b^2 \div a]^2 \\
&= [b^2 \div a - \varepsilon \times x]^2 = [x \times \sec\theta]^2 \text{。}
\end{aligned} \tag{4}$$

兩邊各自開方（取正號）並將 $x$ 收到一邊，得：

$$x \times [\sec\theta + \varepsilon] = b^2 \div a \tag{5}$$

解得 $x$，再化簡，即得：

$$x = [b^2 \times \cos\theta] \div [a + c \times \cos\theta] \text{。} \tag{6}$$

---

❹❸　在此附錄中，直接引用文末「附圖選印」之圖號。其圖三原為第 18 頁之右圖。

代入(2)，即得：

$$y = [b^2 \times \sin\theta] \div [a + c \times \cos\theta]。 \tag{7}$$

當 $\theta$ 擴展到其他象限時，$x$ 與 $y$ 不再都是正值，可是易證(6)與(7)仍可成立。由此易證橢圓上任一點至兩焦點距離之和為 $a$ 的二倍，這是橢圓的標準性質。下面的推演，目標在希望由 $\theta$ 決定「丑斗」線在橢圓內所掃過的面積 $A$。其關係的獲得，需要另外一個輔助角。參照圖三。令「斗鼎」線向平圓方向延長，交平圓於「恆」點，聯接「子恆」，「子恆」線與橢圓長軸間有一交角「子角（恆辰）」，稱之為 $\alpha$，則：

$$\cos\alpha = [x + c] \div a = [\cos\theta + \varepsilon] \div [1 + \varepsilon \times \cos\theta], \tag{8}$$

$$\sin\alpha = \sin\theta \times [1 - \varepsilon^2]^{\frac{1}{2}} \div [1 + \varepsilon \times \cos\theta]。 \tag{9}$$

考慮「鼎恆辰」所圍面積與「鼎斗辰」所圍面積（「恆辰」為圓弧、「斗辰」為橢圓弧），它們分別為短徑方向的線所截平圓及其對應橢圓之面積，故服從大、小徑比例關係。由於「子恆鼎」三角形面積與「子斗鼎」三角形面積之比，等於「恆鼎」線段與「斗鼎」線段之比，也服從大、小徑比例關係。面積 $A$ 即「子斗鼎」三角形面積加上「鼎斗辰」面積減去「子斗丑」三角形面積。而「子恆鼎」三角形面積加上「鼎恆辰」面積等於張 $\alpha$ 角的徑線在平圓內所掃過的面積。代入(7)與(9)，化簡可得：

$$A = [a \times b \times \alpha] \div 2 - [c \times y] \div 2$$
$$= [a \times b] \times [\alpha - \varepsilon \times \sin\alpha] \div 2。 \tag{10}$$

這裡 $\alpha$ 必須以弧度為單位，若以度為單位，則須用一弧度等於 57.296 度換算之。用(8)式，可由角 $\theta$ 得角 $\alpha$，再用(10)式可得面積 $A$，此即以角求積。當橢圓轉一圈，$\theta$ 增加 $2 \times \pi$ 個弧度，$\alpha$ 亦然。因此整個橢圓內的面積為：$\pi \times a \times b$。焦循在第 3 頁引進的「中率」，其平方就是 $a \times b$。

　　反過來則為以積求角，可利用逆三角函數；也可以對各數值的 $\varepsilon$ 列出 $A$ 對 $\theta$ 的表，然後倒查表。焦循的逐度處理辦法，很難準確運用。

## (二)設角與面積:

令「斗」為橢圓上任一點,令「寅」點為另一焦點 (見圖四與圖七)。焦循利用了另一個角,稱它為「設角」,即:「寅角 (斗辰)」。那是「寅斗」線與「寅辰」線之間的夾角。令此角為 $\psi$,由圖中顯然可得它與 $y$ 及 $x$ 的關係:

$$\tan\psi = y \div [2 \times c + x]。 \tag{11}$$

嘗試一下比焦循更簡截的做法。對(11)式代入(6)、(7)式的 $y$ 與 $x$,得:

$$\tan\psi = b^2 \times \sin\theta \div \{2 \times a \times c + [c^2 + a^2] \times \cos\theta\}。 \tag{12}$$

取(12)式的平方,再加 1,再開方取倒數以求 $\cos\psi$。用離心率定義化簡之,可得:

$$\cos\psi = [\cos\theta + 2 \times \varepsilon + \varepsilon^2 \times \cos\theta] \div [1 + 2 \times \varepsilon \times \cos\theta + \varepsilon^2]。 \tag{13}$$

(13)式給出 $\cos\psi$ 對 $\cos\theta$ 的關係。也可以利用(13)式解 $\cos\theta$ 對 $\cos\psi$ 的關係,結果是將 $\psi$ 與 $\theta$ 對換,並在 $\varepsilon$ 的前面,加上一個負號,即:

$$\cos\theta = [\cos\psi - 2 \times \varepsilon + \varepsilon^2 \times \cos\psi] \div [1 - 2 \times \varepsilon \times \cos\psi + \varepsilon^2]。 \tag{14}$$

這是焦循做「借積求積」所需要的。在圖四與圖七中,從平圓的圓心「子」點作線平行於「寅斗」,交橢圓同一側於「箕」,「子角 (箕辰)」也等於 $\psi$。「子箕」線在橢圓內掃過另一面積,焦循稱之為:「借積」;這裡用 $B$ 表示它。要計算此一面積,還需要另一個輔助角。先設 $\psi$ 不大於一直角,在圖七下面部分重繪並加平圓。由「箕」點向「子辰」作垂線「箕晉」,「晉」為垂足,「箕晉」向「箕」延長交平圓於「豫」。取「子角 (豫辰)」,就是所需要的角,用 $\beta$ 表示它。遵循與獲得面積 $A$ 類似的思路,考慮「晉豫辰」所圍面積與「晉箕辰」所圍面積 (「豫辰」為圓弧、「箕辰」為橢圓弧),它們分別為短徑方向的線所截平圓及其對應橢圓之面積,故服從大、小徑比例關係。因「子豫晉」三角形面積與「子箕晉」三角形面積之比等於「豫晉」線段與「箕晉」線段之比,也服從大、小徑比例關係。注意面積 $B$ 即「子箕晉」三角形面積

加「晉箕辰」面積。而「子豫晉」三角形面積加「晉豫辰」面積等於張 $\beta$ 角的徑線在平圓內所掃過的面積。因此不難得到：

$$B = [a \times b \div 2] \times \beta。 \tag{15}$$

$\beta$ 亦必須以弧度為單位。另一方面，由大、小徑比例關係，顯然可得：

$$\tan \beta = \tan \psi \div [1 - \varepsilon^2]^{\frac{1}{2}}。 \tag{16}$$

用(13)式可由 $\theta$ 得 $\psi$，用(16)式可由 $\psi$ 得 $\beta$，再由(15)式可得 $B$。若 $\psi$ 大於一直角，則對圖四加繪平圓可得同樣結果，不再細述。然如上面所說，$B$ 面積並沒有實際意義，因為「地心」並不在橢圓之中心。「子角（箕辰）」究竟是屬於平圓的圓心角，用它來掃過平圓內的面積，比較順暢。比照(15)式定義另一面積 $C$，且令 $\psi$ 以弧度為單位，定義：

$$C = [a \times b \div 2] \times \psi = a^2 \times \psi \times [1 - \varepsilon^2]^{\frac{1}{2}} \div 2。 \tag{17}$$

$C$ 與以 $\psi$ 為角的平圓徑線在平圓內掃過的面積，只差一個 $b$ 與 $a$ 的比例數值。此面積比 $B$ 有實際意義。應注意 $C$ 與 $B$ 間的差異，將它們等同是易犯的錯誤。還要再提醒：$\theta$、$\psi$、$\alpha$、$\beta$ 等角，都以弧度為單位。當用角查表來求三角函數時，表通常會照顧到正確的單位；當這些角單獨出現時，單位的正確就顯得重要。

焦循進一步比較兩個面積 $B$ 與 $A$，最終目的是要求得角 $\theta$。用下面的近似值來做，較為方便。同樣的考慮也可應用於 $C$ 與 $A$ 的關係。

㈢近似關係：

當離心率 $\varepsilon$ 遠小於 1 時❹，好到 $\varepsilon^2$ 的數量級，由(1)式可得：

$$b \approx a - a \times \varepsilon^2 \div 2。 \tag{18}$$

---

❹ 各行星軌道離心率約為：地球：0.0167、水星：0.2056、金星：0.0068、火星：0.0934、月球繞地球：0.055。地球相對於太陽的運動當然適用小離心率的條件。月球繞地球的離心率亦不大。唯月球受太陽的強力攝動，軌道遠較橢圓為複雜。清初計算日蝕當然沒有顧到這一點。

在計算面積時，短弧（其弦長是 $\varepsilon$ 的數量級）可用其弦替代。理由如下：首先，設想單位圓的一條弦，其長度是 $\varepsilon$ 的數量級，這條弦所對應的圓弧張角 $\gamma$（以弧度為單位）也應該是 $\varepsilon$ 的數量級。顯然弧與弦間所包面積會很小，為 $[\gamma - \sin\gamma] \div 2$，這是 $\varepsilon^3$ 的數量級。若將圓弧改成離心率為 $\varepsilon$ 的橢圓弧，所涉及弦弧間的面積會更小，將它忽略後，曲線的弧可代以直線的弦，方便很多。另外，上面的公式都可化簡。(9)與(10)式成為：

$$\alpha \approx \theta - [\varepsilon \times \sin\theta] + [\varepsilon^2 \times \cos\theta \times \sin\theta \div 2], \tag{19}$$

$$A \approx [a \times b \div 2] \times \{\theta - [2 \times \varepsilon \times \sin\theta] + [3 \times \varepsilon^2 \times \cos\theta \times \sin\theta \div 2]\}。 \tag{20}$$

這裡已經用了三角函數的複角公式。同樣可由(13)式求出 $\psi$ 對 $\theta$ 的近似關係：

$$\psi \approx \theta - [2 \times \varepsilon \times \sin\theta] + [2 \times \varepsilon^2 \times \cos\theta \times \sin\theta]。 \tag{21}$$

再由(15)、(16)、(21)諸式，$\beta$ 與 $B$ 對 $\theta$ 的近似關係亦可表示為：

$$\beta \approx \psi + [\varepsilon^2 \times \cos\psi \times \sin\psi \div 2]$$
$$\approx \theta - [2 \times \varepsilon \times \sin\theta] + [5 \times \varepsilon^2 \times \cos\theta \times \sin\theta \div 2], \tag{22}$$

$$B \approx [a \times b \div 2] \times \{\theta - [2 \times \varepsilon \times \sin\theta] + [5 \times \varepsilon^2 \times \cos\theta \times \sin\theta \div 2]\}。 \tag{23}$$

「子箕」線掃過橢圓的面積減「丑斗」線掃過橢圓的面積，為 $B$ 與 $A$ 相較：

$$B - A \approx [a \times b \div 2] \times [\varepsilon^2 \times \cos\theta \times \sin\theta]$$
$$= [a \times b] \times \delta \approx a^2 \times \delta。 \tag{24}$$

此處 $\delta$ 也是以弧度為單位。它就是圖五的「子角（房心）」。並且：

$$\delta \approx \varepsilon^2 \times \cos\theta \times \sin\theta \div 2。 \tag{25}$$

至於焦循所謂「差角」，在圖中為「子房角」三角形面積，即 $\delta$ 乘以第三節的標準比例常數（用弧度表示）：$[a \times b \div 2]$。因此，(24)式所給的面積差為「差角」的兩倍。然而若用(12)式所定義的 $C$ 來與(20)所給的 $A$ 相較，則顯然：

$$C \approx [a \times b \div 2] \times \{\theta - [2 \times \varepsilon \times \sin\theta] + [2 \times \varepsilon^2 \times \cos\theta \times \sin\theta]\}。 \tag{26}$$

$$C - A \approx [a \times b \div 2] \times [\varepsilon^2 \times \cos\theta \times \sin\theta \div 2]$$
$$= [a \times b \div 2] \times \delta \approx a^2 \times \delta \div 2 \text{。} \qquad (27)$$

$\psi$ 的幾何意義明顯,那是另一焦點「寅」至「斗」聯線的張角。$C$ 與 $A$ 只差 $\varepsilon^2$ 數量級,故 $\psi$ 變化均勻到 $\varepsilon$ 的數量級,凸顯「差角」地位。我相信這是焦循心目中的關係式。利用(25)式而以 $2 \times A \div [a \times b]$ 代替其中的 $\theta$(當然需要查表以得三角函數的數值),可由 $A$ 求得 $\delta$。再將(17)式代回(27)式,可以用 $A$ 與 $\delta$ 來反求 $\psi$:

$$\psi \approx \{[2 \times A] \div [a \times b]\} + \delta \text{。} \qquad (28)$$

這樣由 $A$ 得 $\psi$,然後可以變化(21)式,也很容易求得 $\theta$ 的近似值:

$$\theta \approx \psi + [2 \times \varepsilon \times \sin\psi] + [2 \times \varepsilon^2 \times \cos\psi \times \sin\psi] \text{。} \qquad (29)$$

這就是「借角求角」的原理。因為均勻變化的 $A$ 與時間成正比,容易計算。由 $A$ 借角 $\psi$ 以求角 $\theta$,這是天體實行的角度,是可以與實際觀察相印證的。

(四)證明:

證明(好到離心率平方)「子丑牛」三角形面積,與「子坤坎」三角形面積相等(以凸顯《釋橢》第 10 頁的一個錯誤):

在圖六中,聯接「子斗」。令「子斗」長度為 $s$,「子箕」長度為 $t$。用 (6)、(7)、(23)等關係式代入計算,可以得出這兩個數值的近似值(好到離心率平方),結果是:

$$s^2 = [c + x]^2 + y^2 \approx a^2 \times \{1 - [\varepsilon \times \sin\theta]^2\}, \qquad (30)$$
$$t^2 = [a \times \cos\beta]^2 + \{[a \times \sin\beta]^2 \times [1 - \varepsilon^2]\}$$
$$\approx a^2 \times \{1 - [\varepsilon \times \sin\theta]^2\} \text{。} \qquad (31)$$

故好到 $\varepsilon^2$,「子斗箕」三角形等腰;「斗箕」弦長是 $\varepsilon$ 的數量級,其頂角應也是 $\varepsilon$ 的數量級(以弧度為單位)。故「斗箕」弦與「子箕」線的交角與直角之差,最多是 $\varepsilon$ 的數量級。且「女」為「丑斗」線中點,「箕斗女」與「丑牛女」兩三角形全等,「丑牛」弦與「子箕」線的交角與直角之差,也是 $\varepsilon$ 的數

量級。再則「子丑」與「子坎」長度皆為心差,「子丑」線與「坤坎」線垂直。「子角（丑坎）」對「子丑牛」三角形（「丑牛」為弦）與「子坤坎」三角形為公共角。因為「子坤坎」三角形的面積已經小到 $\varepsilon^2$ 的數量級,故「子丑牛」三角形面積與「子坤坎」三角形面積之差,最多是 $\varepsilon^3$ 的數量級。得證。

後記: 多謝喜瑪拉雅基金會邀請我參加「中華文明的廿一世紀新意義」第三次會議,給我這個發表意見的機會。我的初稿承蒙洪萬生、傅大為兩位教授閱讀與多次討論,又承蒙與會多位學者(尤其是劉鈍教授與李兆華教授)寶貴的指教,讓我能在定稿中改善,謹一併致萬分謝忱。因初稿印刷未註通訊地址與已退休的事實,造成轉信的困難,謹致歉意。

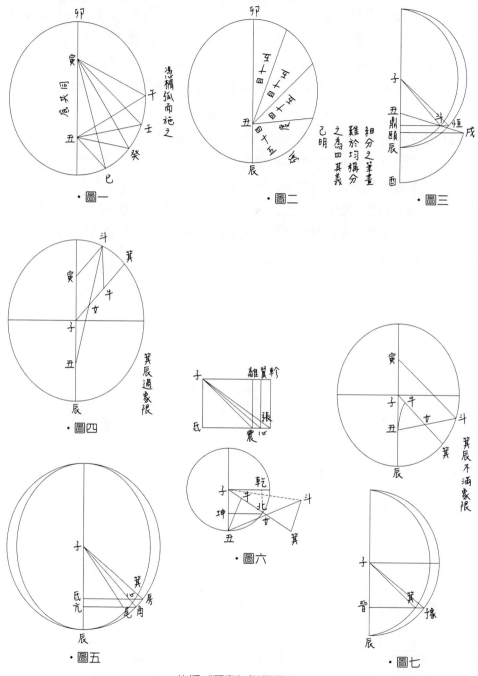

焦循《釋橢》附圖選印

科學教育篇

# 第九章
## 悼憶謝瀛春教授

　　得劉廣定兄的信，驚聞謝瀛春教授去世，謹在此向謝教授的家人致唁。廣定兄要我寫一篇追憶文章，由於時日久遠，很多記憶都模糊了，數日來極力回想之下，只記得兩件事，寫下來留作紀錄。

　　其一，謝教授留美時的博士論文，涉及科學新聞的報導問題。她曾採訪我此事的想法，在訪談中，我們曾就報導的新聞性與科學的確實性有一些辯論。當時她似乎認為，很多理工從事人員往往拙於表達，以致為文枯燥。為此她立志以後盡量教育理工學生加強其表達的技巧。對這個遠大志向，我當然沒有反對的理由，只是提了些現實問題。謝教授回國後一直在大學任教，應該是桃李滿天下，當然能夠達成此一志願，很為她高興。可惜我沒有機會聆聽她這方面的經驗。

　　其二，民國76年新聞界正在炒作有關大學入學不分系，以及必修通識教育學分的問題。作為《科學月刊》總編輯，她電邀我參與此一論談。我寫了一篇〈教育沒有萬靈丹〉，刊在3月號上。她在「編輯室報告」中特加呼應，並將我的意見濃縮為：「彈性的、少管的教育政策才是當前教育的治本之道。」現在我已經退休多年，對教育的熱情早已衰退。遙想往事，徒增惆悵。謹以這兩段回憶，表達我的悼念。

# 第十章
## 我對國建會第三分組議題的意見

　　目前，我國教育上（尤其是高等教育上）最大的危機，在於社會上「反智」的風氣瀰漫，而教育本身往往局束於行政的限制，未能發揮出其應有的功能。社會上一般人對涉及公眾利益的事務與政策，往往對其複雜的細節不感興趣，只祈求一個簡單的「是」與「否」的決定，以及推行後一定會有利的保證。民眾既然偷懶，決策與推行的擔子，就不得不落在政府的肩膀上。政府在作決策的時候，往往發現人才不足，又不得不對教育施加壓力，作出種種要求，例如增加必修科目。可是，政府能管得到的，往往只限於型式，教育工作者在種種型式化的限制下，越來越無法發揮其所長；而教育本身，也只會越來越僵化，越來越無法達到替社會造就優秀人才的功能。

　　在第三分組的議題中，提到「如何發展人文與科學兩種教育互相融合與貫注的策略與方法」。我覺得這也是前述背景下經常被提出來的話題；有時，還連帶引出 C. P. Snow「兩種文化」的論調。我認為「策略與方法」這一類的字眼有其危險性，不能解釋成一套公式或方案，可以憑一紙命令來促行。目前的教育已經夠僵化了。在這種僵化系統中培養出來的學生，日益受到教育行政人員反面「身教」的影響，很容易對學問本身喪失興趣，而只追求速成的「成就」。這樣環境下造就出來的典型心態，是急功近利的貪圖心以及意欲不勞而獲的僥倖心。看一看目前社會上年輕人的風氣，就知道我並非在無的放矢了。依照我二十餘年的教學經驗看來，目前一般大學生在科學與人文的修養上普遍顯得不足（與先進國家來比較）。這種弊病根深柢固，不是套幾句洋人的標語就可以解決得了的。「兩種文化」的講法高唱入雲，我認為連一種「文化」也談不上，那裡來的兩種文化？這個標語的提出，正足以顯出國人貪圖「萬靈丹」的不勞而獲的心態。

　　然而教育是沒有萬靈丹的。認為用行政的方法可以解決教育問題，只會使教育日益失去其應變的能力，而成為官僚體系的一部分。（請參閱我在《科學月刊》76 年 3 月號的文章。）麻煩的是，政府官員的這種急功近利的心態，本身也是僵化教育的產品。政府官員來自社會，在他們掌權以後，面對社會

大眾期望教育能夠發揮「淨化人心」功能的要求，不免手足無措，胡亂抓出「兩種文化」的論題來充數；以為「道德淪喪」是「科技發展」的惡果。在另一方面，社會上一般民眾一切都要政府「拿出辦法」的心態，也是僵化教育下的產品，聽到「兩種文化」的回應，以為有了理論的根據，問題會迎刃而解，似乎只需責成學校融合兩種教育就行了！僵化教育的壞影響，一旦成為自相支援的循環體系，就不容易動搖了。

為今之計，只有從問題本源上來著想，讓教育回歸教育。政府必須放鬆對學校不必要的管制，而社會大眾也必須放棄「教育萬能」的幻想，不要對教育有不合理的期望。留出一片空間，讓對教育真正有理想的人有發揮其才能的餘地，讓教育逐漸培養出其「自療」的功能而逐漸恢復其活力。到那時候，大學中的師生們自然會發現科技與人文都是人類文明的產物，本身有其共通的地方，用不著特別去強調「互相融合與貫注的策略與方法」。而一旦學校中求學問的活力恢復，自然會反過來抑制社會上原有「反智」的風氣，使大家瞭解到，文化問題不是幾條公式所能夠解決得了的；不去逼政府「拿出」立竿見影的辦法，政府所受的壓力也會減輕，不會整天去想如何用行政規範來管束學校。這樣也會形成一個好的循環。

在沒有不正當干預的環境下，我們的科學教育與人文教育一定會更蓬勃發展而不虞揠苗助長，一定會互相影響而融合。只要每個人都能就其潛力得到應有的培養，在社會上自然會截長補短，得到互相貫注的效果。

按：這是二十多年前我在某次國建會的發言稿，多少代表我對教育政策的感想。

# 第十一章
## 教育沒有萬靈丹

《科學月刊》的編輯要我寫一篇有關大學入學不分系的評論文章。對此，我並沒有太多話可說，而且，在電話中，我也不太瞭解本期《科學月刊》有哪些文章相配合。只是當時受到囑咐：「任何意見都可以寫」，而我也的確想趁春節的假期將這個問題好好想一想，因此就答應下來。

我猜想近來所以有人提倡大學入學不分系，可能與前些時高唱入雲的「通識教育」有關。記得 1986 年 8 月間，在清大舉行了一次「大學通識教育研討會」，有人鑑於現今的大學生往往知識太狹窄，眼光太短小，而提出這項建議，認為是解決問題的靈丹。言下並責備教育主管當局：明知有此好辦法，何以不立即付諸實施。我當時就曾對這種講法提出異議。我認為不能一方面埋怨政府管制得太多，一方面又怪罪政府不多推行一些「好」的政令來限制別人。當時我的異議並沒有獲得與會大眾的共鳴，倒反被主講人譏為不懂得「辯證的統一」。我想，也許我自己的「通識教育」根柢太差，這輩子大概無法與學文史的人溝通，因此有一段時間也沒有再去想這個論點。

這次，科學月刊社又將這個老問題提出來，逼我多思考一下。我想，大學的分系，不過是為了達到因材施教的目的，方便安排教學內容的一種行政措施。有些學校可以分得寬，也有些學校可以分得窄。如果有一個大學感到有需要對剛入學的學生施以一般性教育而暫不分系，當然他們該有權那樣做；如果有另一家大學感到必須提早傳授專門知識，提早發掘學生的專才，他們同樣也該有實施的權利才對。

如何分系，本來是大學內務的問題，頂多透過「教授治校」的原則由校務會議來表決也就是了。可是目前國內的大學有這種權力嗎？可見整個問題的關鍵，並不在於那一種做法是優是劣，而在於整個教育政策的僵化與強求統一。就大學入學分系的問題來說，目前聯考的統一分發，早將入學的途徑限制得非常狹小。每一系的人數也受了限制，學校所能發揮的餘地實在很有限（最多不過是放寬日後轉系的規定罷了，然而仍得有名額的限制）。在重重的法令限制之下，各種教育理想都會受到牽制，而無法達到其本有的功能。

　　當然我也知道政府基於種種考慮（例如維護教育的水準）而對學校不得不有所管制，如果管制的確可以達成原有的目的，則犧牲一些自由還算得上有代價。問題是目前政府所管得到的不過是表面的形式罷了；對實質內容，憑著目前官制中的科長、科員以及雜湊的委員會，恐怕很難用得上力。形式上的管制，徒然造成教育的僵化，豈非得不償失？！

　　然而問題並不如此單純，政府官員也不見得不明白上述的道理。而且，有種種跡象顯示，他們也試圖減少管制。近來解除對中學生頭髮形式的管制，就是一個顯著的例子。只是一般民眾，總是習慣於依賴政府，總是希望政府更為「萬能」一些；一遇到不如意的事，總是埋怨政府「不拿出辦法來」。在這種督促之下，政府也往往被逼不得不勉為其難，訂出很多管制的辦法來——即使是表面的，以顯示他們不是不做事。

　　教育所牽涉的問題本來就是異常複雜。教育所處理的對象是各式各樣的人，其意願、智力及能力都千變萬化，對教育從事人員的智慧，往往是不斷的考驗，很難有萬靈的丹方。通常，在一個健全的社會中，總會有一部分人願意獻身於教育工作，各以自認為適當的方法，來培養各類型的下一代，以適應社會多樣性的需要。當社會日益進步，教育所需要的投資也往往會越來越多，公權力介入教育的可能性也就會越來越大。這時，對教育多樣性的維持，就產生了危機。除非，民眾與政府都有這樣一種自覺：在作教育投資的同時，對教育從事人員儘可以責求長期的功效，而其細節措施不宜作太多限制，應有充分的授權；而民眾對政府也不應有過高的期望。

　　不幸我國目前的情況正相反：民眾對政府的仰賴既深，而政府的施政，也就不得不處處以防弊為目標。這樣，雖然在短期內可以少出毛病，長期一定會造成僵化。別的方面的僵化也還罷了，教育方面的僵化使下一代的民眾越來越習慣於仰賴權威，凡事總希望有丹方式的「標準答案」。這樣就更形成了惡性循環。

　　以聯考為例，聯考對教育的不利影響已漸漸顯露了，可是大部分家長與學生還是接受它。理由是：「不容易找到其他方法來替代。」實則大家所恐懼的是，一旦失去了這個具公信力的聯考，就無法避免因特權介入而產生的不公平。聯考影響學生思考方式的僵化，久而久之，對所有問題的解答也「標準化」起來，覺得即使要改革聯考，也必須拿出「一個」更好的辦法！

　　這一類型的民眾心理，已經根深柢固，恐怕很難一下子改變。對此，我實在想不出什麼好的解決辦法。唯一值得一試的是：逐漸打破各項管制辦法的絕對性，使教育的管道多樣化。例如，針對聯考的狹窄入學管道，可以讓每個大學收一定百分比的其他新生（不管用什麼辦法）；針對各系學生名額的限制，可以授權各大學在各系間流動名額；所有其他的管制皆然。不必刻意去廢止原有的制度，只要多開新的孔道就行了。對不公平以及特權的顧忌也許免不了，因此一定程度的作業公開以及小心的行政技巧也許是必須的，可是這些都應該是技術上細節的問題。透過管制的逐步鬆弛，民眾也許會漸漸放棄依賴政府的習性，漸漸瞭解「道並行不悖」的道理；對問題的看法才不會那樣標準化。這個變化過程也許是緩慢的，可是，只要有些鬆動，總可以減低一些僵化的趨勢。

　　回到大學入學不分系的問題，我贊成作這方面的嘗試，因為那可以增加教育管道的多樣性。可是，實施的關鍵應在於政府對大學的「少管」，而不是以一種管制辦法來替代另一種。

按：這是二十餘年前的舊稿，刊於《科學月刊》207 期（1987 年 3 月），可與下一章節作比對。

# 第十二章
## 三十年後的省思——紀念《科學月刊》三十週年

　　《科學月刊》在困苦經營中挺立下來，即將度過三十週年，這是一件非常值得慶幸的事。作為當日參預者的一份子，雖然我目前已只是訂戶與讀者的身分，也不減其快慰感。廣定兄為紀念文字向我邀稿。本來我有一些遲疑，因為大凡一項事業，既已創立，就已有了它自己的生命；過去的參預者，除了祝福它諸事順遂以外，原也已無需再贅為辭。後來再想一想，覺得也許可以借此機會，檢討一下當日做法的得失，供後人參考，亦未為無益。我的確有一點模糊的感想，始終在揣摩之中，而未十分具體化：似乎當日我們的目標，是盡量吸引年輕學子去投身於科學事業；而且認定如果從事者愈多，則日後之收益也愈大。然而這些年下來，似乎效果並未能如所期。也許我們當初是太注重於對科學的「包裝」，因而起了反作用。我想就這個問題發揮一下，商之廣定兄，獲得贊同，遂嘗試將我的感想整理成這篇文章。

　　記得當初，我聽到澳洲有人做實驗找到夸克，以為這是推介高能物理的好機會。興奮之餘，也不管那個實驗還沒有被證實，就趕快寫文章，想嘗試一下自己「包裝」的功力❶。結果，實驗被證實是錯的，首次嘗試，雖然達不到期望的目的；可是還深信「包裝」是吸引科學人才的不二法門。只是這麼些年下來，開始覺得有些不對勁。

　　日前閱讀了道金斯所著之 *UNWEAVING THE RAINBOW* ❷，有一句話似乎替我把意思講出來了：「提倡科學，如果過份強調其好玩與容易，我耽心這只會將麻煩留給日後而已。」❸細思之下，為提倡「科普」而採用廣告手腕，其苦果已經顯現了。

---

❶　《科學月刊》第 1 卷第 2 期，pp. 56–59。

❷　Richard Dawkins, *UNWEAVING THE RAINBOW*, Houghton Mifflin Co. 1998，這本書的書名，似乎應該譯為「解構彩虹」；雖然所出典：濟慈的原詩，馬文通譯為「拆散了彩虹」、而屠岸譯為「拆開彩虹」。

❸　I worry that to promote science as all fun and larky and easy is to store up trouble for the future. (p. 22)

　　表面上看來，目前臺灣的科學界似乎很蓬勃，實則科學發展的隱憂不少，尤以科學教育為最。已有很多先見者討論過❹，不再重複。這裡只談我自己在大學中的教學經驗。

　　我現在已經從大學退休了。記得當我剛進入的時候，大眾對大學教授的典型批評與抱怨，是學不到東西，甚至「一本講義用一輩子」。因此我立意使所教的每一門課程有足夠與跟得上時代的內容，並且盡我所能，講得正確與清楚；為學生發揮解惑的功能。三十年下來，似乎收穫不如理想。我的感覺是，大部分的同學不肯多花時間去學習。我在同學間收集到他們普遍的想法是：他們被吸引入科學的學系是「被騙的」；進入之後，發現不是原以為那樣的好玩與容易，他們不甘願「感性的青春」被浪費在「枯燥」的功課上，因此他們不能夠為成績不好負責。其實按照我的判斷，大部分的同學的天資還是足夠的，只要他們願意多投資一些精力在學習上面。可是同學們的學習情緒，是互相感染的；當大部分人以「不讀書」為「高尚」時，想讀書的人反而會有罪惡感。

　　科學的課程，當然不會容易到看一下就會；可是只要能按部就班，把握其中的邏輯關係，則也不會特別難。在對科學內容有了充分瞭解以後，當可由其中發現到趣味。通常，總有一些人的性格，與科學相近。如果這些人有充分學習的機會，則科學的發展，自會由他們延續下去。反之，如果在大學中勉強收進了一批性格不相近的學生，他們的反感，反而會影響到旁邊那些本來對科學有興趣的人，結果當然是得不償失。

　　與上面所引道金斯的話相印證，可能我們太積極於用「包裝」來引誘學生投入到科學界，以至起了反作用。對「科普」的經營，似乎應該著重於介紹對科學的學習門道，而不在硬將本來對科學沒有興趣的人，用廣告術吸引到科學的園地來，表面上，這固然可以壯大科學的聲勢，實際上只會如道金斯所講那樣，將麻煩留給日後的大學。

　　對當日的心態，還可以再進一步分析。當《科學月刊》開始創辦時，心理學上的「行為主義」正當行，我也受了影響，未免太相信「教育」的功效。

---

❹　例如劉廣定教授的〈不重教育品質，何有學術卓越〉，《科學月刊》350 期，pp. 96-98。

記得行為主義的大師華生 (John Broadus Watson, 1878–1958) 有一段名言❺：

> 給我一打完好而健康的幼兒，再給我用以扶養他們的特定環境。我可以保證，隨意取一人，我能將他訓練成預訂為任一型的專家——醫生、律師、藝術家、商業主管，甚且乞丐、竊賊。這種選訂跟他的天分、愛好、性向、能力、他祖先的職業與種族無關。

當時年輕氣粗，看到這句話，對「教育萬能」的雄心，油然而生。包裝科學以吸引人才的信念，就是這樣形成的。現在回想，未免啞然失笑。幸而現在大概很少人這樣想，不然如果華生的話會實現，則「教育」豈不是成了「洗腦」的代名詞！其實即使如華生所言，也需要從幼兒開始。高中到大學生的能力性向，差不多已經定型了，這個時期的教育，應該以知識的傳授與解惑為主。人才的發掘，主要在瞭解其性向與能力，而不在多吸引人以壯聲勢。這點覺悟，是在大學中待了一二十年後，慢慢獲得的。

然而，「教育萬能」的觀念，在社會上卻沒有消失。因為有「萬能」的幻覺，大家都想對「教育」插一手。以往，政府想透過「教育」以控制思想。現在政府的力量衰退，有心的民眾，似乎也繼承了這種幻覺；也想爭取教育的主控權。在「多樣性」的呼聲下，政府似乎還不甘願放棄管制；也用到了「教改」的包裝以求達成管制的目的。一個正常的社會，各階層的教育，本該在各方互相尊重之下，發揮其固有的功能。現在各方都插上一手，不要說

---

❺　Give me a dozen healthy infants, well-formed, and my own specified world to bring them up in and I'll guarantee to take any one at random and train him to become any type of specialist I might select-doctor, lawyer, artist, merchant chief and, yes, even beggarman and thief, regardless of his talents, penchants, tendencies, abilities, vocations, and race of his ancestors.

原文見 J. B. Watson, *Behaviorism* (Norton 1925, Ch.5)。洪蘭在她所譯的《天生嬰才》（遠流出版，1996 年）與《語言本能》（商業周刊，1998 年）二書中曾兩度譯過這段話。寫此文時我曾參考過她的譯文。又，最近由另一本書中 (W. Gallagher, *HOW HEREDITY AND EXPERIENCE MAKE YOU WHO YOU ARE*, Random House, 1996) 看到，這位行為主義大師的兒子卻自殺了！不知是不是受不了他父親的教育手段。

科學教育，連一般的教育也成了四不像。以往我寫過一篇〈教育沒有萬靈丹〉❻，現在我要進一步呼籲：「教育不是萬靈丹」。教育本非萬能，各路好漢，還是高抬貴手，讓教育走自己的路吧!

　　在社會上普遍著重廣告式的包裝下，科學教育是不是漸能免疫呢? 這個問題，我能問誰!

❻ 《科學月刊》第 76-3 期，pp. 164–165。

# 第十三章
## 從自然科學看文學

## 一、寫在〈從自然科學看文學〉前面

　　這篇文章寫於三十五年前，幾乎已經忘記了，最近找出來重看一遍，覺得其中主要的想法沒有太大的變動，這些年來我又多看了不少雜書，有一大堆感想，謹將與此文有關的寫下。首先，由於種種社會的因素，斯諾所謂的「兩種文化」的心結，這些年來似乎更嚴重了，且短期內似無融解的希望。這顯然不利於文學理論走上條理化的進路。其次，生命科學的快速發展模式，終於擴展到神經科學，並影響到心理學能夠擺脫佛洛依德的心理分析以及行為學派的鉗制。心理學走上了認知科學的坦途，進展驚人，可是其層次卻距離社會科學（不要說文學）更遠了，需要有其他學術來接應。這一門學術可能就是語言學。它在八十年代由附庸蔚成大國，對社會科學與認知科學都產生了不小的衝擊。尤其使我們認識到隱喻在認知機制中的關鍵地位。這是一個大好的消息。再次，近年來文學作品的出版似乎豐沛得很，令人目不暇給！可是多的卻是奇幻志怪以及血腥暴力一類走偏鋒的著作。憑藉著媒體的廣告手法，這些產物還造成不小的氣勢。我認為這種趨勢不可能長遠存在，不久就會泡沫化。這並不會阻擋真正偉大的文學作品脫穎而出，可是目前卻感到部分文學理論家增加了不少虛矯之氣。十餘年前，一大群人高舉著「後現代主義」的大旗，其氣勢似乎要壓倒科學，到如今還餘波不斷。這也許會削弱政治對科學研究的支援，可是也可能給各方一個反省的契機，不見得是壞事。

## 二、開場白

　　《中外文學月刊》要我替「文學理論專號」寫文章，開出來的題目，是「從自然科學看文學」。老實說，我對文學完全是門外漢。平日雖也有時看一些小說與散文，可是，我只將它們當作調劑腦筋的工具罷了，從來沒有注意到「文學理論」，更沒有考究過文學會與自然科學有什麼相關的地方。因此，當我接到邀約函的時候，第一個意念就是趕快辭謝，以免到時候交不了卷，下不了臺！可是，這個題目也引致我去思索，文學與科學既然同樣屬於人類

文化中的重要部分，應該不會毫無關連才對；即使沒有直接的關連，兩者的體系也很可能有相似的地方，也許我應該利用機會想一想這個問題，也算是對自己的一項考驗。我是在 2 月初收到邀約函的，到現在已足有三個月，在這三個月內，一有閒暇，我總是想著這個問題，並且臨時抱佛腳地趕看了一些有關文學理論的書籍，希望能夠抓住一些足供發揮的關鍵。到現在快截稿了，而我的思索所得，還只不過是一些片斷的感想。一方面時間有限，一方面也由於我對這方面的基本學識與經驗實在缺乏，因此，我拿不出一套貫串的理論，不得已，我只好將那些片斷的感想，稍微整理一下寫下來，明知道很可能抓不到癢處，只希望能對文學的圈內人作一得的貢獻罷了。我想，這篇文章的題目，也許應該改作為：「一個從事自然科學的人對文學的『門外漢』式的觀感」來得恰當一些。

## 三、文與理

　　文學與自然科學屬於兩個很不同的智識系統，在大學中，一個屬於文學院，另一個屬於理學院，似乎壁壘非常分明。在一般的慣例中，有關自然科學的學科被統稱為「理科」，對自然科學中的歸納與演繹的運作過程，也被稱為「推理」。總而言之，通常總是將自然科學當作說「理」的學問，可是，在文學的領域中，也有著「文理」這樣一個術語。姑不論這個名詞以往的涵義，至少在近世，它有著「文章的法則」的用法，在　國父《孫文學說》中就寫著：「以邏輯之施用於文章者，即為文理。……」顯示著「文」與「理」並非完全不能結合，「文理」這一個術語，可以給我們很好的連想，可以被用來作為討論文學與自然科學之間的關連的起點。

　　然而，「文理」這個名詞也並不太新，似乎我國以往的文學家們也相當注重「文理」。可是，由於「理」字的訓詁不確定，前人心目中的「文理」也似乎與現代很多人大異其趣。我覺得將這一段演變的過程提一下，可以幫助說明文學與科學的關連。

　　「理」字顯然有過不少的用法。在歷史上，一度最常用到的，是在「宋明理學」中的「理」，它有「義理」，「道理」的意義。這些意義，總多少帶一些神祕性，總是將「理」當作為人心中所具備的特性。好比朱子就曾經說過：「理在人心，是謂之性；心是神明之合，為一身之主宰，性便是許多道理，

得之天而具於心者。」朱子的這種說法，固然只代表了理學最膨脹時期的極端意見。然而，「理」字在中國的歷史上的確常常帶有神祕的色彩，那是非常顯而易見的。在這種氣氛的衝擊下，很多人對於文學也往往有了神祕的看法。好比劉勰在《文心雕龍》的第一篇，一開始就寫著：「文之為德也大矣，與天地並生者何哉？……」翻閱中國以往有關對文學態度的議論，大多不是將文章當作「載道」的工具，就是認為文章與宇宙的道與理本來就是相貫串的。前一種態度固然是輕文章而重義理；就後一種態度來說，也何嘗不是「義理」的膨脹而侵入文學所造成的結果呢！

對「理」的神祕觀念，阻延了我們科學的發展。可是，「跛者不忘履，瞽者不忘視」，總有頭腦比較清晰的人會感到不妥而提出修正。最具體的，就是清初的顏習齋至清中葉的戴東原那一系列的學者，將「理」作為「條理」看待，尤其是戴東原說得最清楚：「理者，察之而幾微必區以別之名也，是故謂之分理。在物之質曰肌理，曰腠理，曰文理。得其分，則有條而不紊，謂之條理。……」（見《孟子字義疏證》）。他們將「理」看成對事與物的觀察，分析，區別，排比，而得出來的「有條而不紊」的「條理」。當時，由於別的因素的限制（主要是實驗的技術未能夠有所配合），這種新的觀念未能夠對我國的科學發展有太大的助益，可是，在經學與小學上小用其鋒，已足以使清代的學術邁宋明而過之。以現代的眼光看起來，對於自然界各種現象的觀察、描述、記錄、排比，然後抽出其共同的因素，比較其不同的部分，由是得出（所觀測到的那一部分的）自然現象所顯現出來的條理，確是從事自然科學的人所依循的不二法門。這些由排比歸納而得出來的條理，通常就稱為「定律」。當然，現在很多自然科學的部門（尤其是物理）的發展已經超過了對小規模相類似的現象的歸納與排比，而傾向於各項已經確定的條理（定律）之間的綜合與關連，由此而構成整個自然科學的系統。現在這個系統當然離開完成還非常之遠。（也許永遠不會完成，因為不斷會有新的觀測資料，必須經過同樣的排比過程而納入於原來的系統，使它的範圍擴大，這樣的發展，可能一直會繼續下去，至少在目前沒有減緩的跡象。）然而就整個的趨勢來看，自然科學的主要工作是對自然現象作觀察、記述，以及建成條理與系統，這是沒有疑問的。「條理性」本來就是所有科學最重要的因素，自然科學只不過是科學中「條理性」最顯著，發展得最快速的部門罷了。

　　事實上，許多人對自然科學有相當的誤解，必須先加以澄清。姑且撇開那將自然科學的本身與科學技術（應用自然科學的系統智識而設計出來的）混淆不清的最粗淺的誤解不說，就是對自然科學有相當程度涉獵的人，還有不少會認為自然科學的理論是專為「解釋」自然現象而成立的。他們也許會舉出物體之所以會落在地上，是由於有地心吸力、舉出車子轉彎的時候，車內的人與物之所以偏倒在一邊，是由於物體有「慣性」、或舉出玻璃棒在絲綢上摩擦以後能夠吸起小的物體是由於有摩擦而產生的靜電。……凡此種種，好像只要創出一個或數個新名詞，就可以輕易地將以前「不懂」的事物，「解釋」了似的，他們沒有追問下去：「何謂地心吸力？」、「何謂慣性」、「何謂靜電？」……他們也沒有去問：（也許不敢問，因為那會牽涉到神祕的「第一因」的問題。）「為什麼會有地心吸力？」、「為什麼會有慣性？」、「為什麼會有靜電？」……如果他們問前一類的問題，物理學家們會這樣回答：「所謂地心吸力，就是在地球表面附近的物體會傾向於掉落地面的現象的總稱。」、「所謂慣性，就是物體若不受外力就不會改變其運動形態的現象的總稱。」、「所謂靜電，就是某些物體在特定的交互作用下會產生一種越過空間的吸力或斥力的現象的總稱。」……如此而已，這些回答會使得原來的那些「解釋」成為可笑的廢話！如果他們竟然膽敢問後面一類的問題，物理學家們會這樣地回答：「對不起，物理的目標本來不是為了要『解釋』自然現象，而只是將各種自然界的物理現象排比成為條理與連繫而已。

　　我們只對地球表面附近的物體以及兩個物體在各種情況下如何受力作詳細的視察與適當的記錄，我們只對物體在受著各種作用力的條件下如何改變其運動的狀況作詳細的觀察與適當的記錄，我們只對各種物體在經過摩擦或其他類似的交互作用後對其他物體產生多少的吸力或排斥力作詳細的觀察與適當的記錄，……然後拿了這些汗牛充棟的記錄來排比歸納而成為定律，為了記載的方便起見，就稱呼這些定律為『萬有引力定律』、『慣性定律』、『靜電定律』……，我們也會進一步將各種在表面上看起來不相干的定律，經過分析與比較後，再求出其中的關連，在分析與排比的過程中，為了思考起來方便起見，我們也會作種種的假設，以求進一步的證實；可是我們從來不會去嘗試『解釋』任何自然現象的來源，因為那將會是徒勞無功的。任何的『解釋』，必定會倚靠著另一個前提，而為了要再『解釋』那個前提，又必須要倚

靠再前一個前提,這樣一直將問題轉嫁下去,是永不會有結果的。」這樣的「回答」,也許有許多人會感覺到不滿意;可是,我認為這是自然科學唯一能夠自圓其說的辦法。

我們現在將自然科學的「理」當作「條理」看待,不圖在三百年前,就已經有人提出過這種見解了。那時節雖然自然科學還沒有大發展,然而,在生活中可接觸到的各種事物上以及文化上的現象的條理,已經相當足夠吸引人了。那時,很可瞭解地,人們會將具有條理的事物合起來討論,而「文理」就是其中之一。戴東原在《孟子字義疏證》中特別提出:「在物之質……曰文理」。這個「文理」,一方面固然代表其原始的意義——「紋理」。(古代「紋」字皆作「文」,「紋」是後起的字。)另一方面,也未嘗不可以代表其引申的意義——文章的條理;因為戴東原的所謂「物」,應該也包含文章在內的,我們從《論語》中子貢以虎豹之鞟與犬羊之鞟來譬喻文質之別,就可以隱然感覺出這種引申的意義了。比較起來,自然科學的「理」字,倒是由「文理」那邊借過來的!

## 四、文學的條理觀

上面花費了不少篇幅來說明「理」字在自然科學中的地位與意義,似乎是離題遠了一些,可是,為了要從自然科學看文學,不得不把一般人容易對自然科學誤解的地方澄清一下,自然科學的基本觀點就是條理觀,我希望嘗試也用條理觀來看文學。

自然科學的對象就是自然界的各種現象,因此,從事自然科學工作的人無法超脫出那些現象,必須對各種現象作反覆的觀察,記錄下來每一個細節,才有助於條理的排比,才不至於流於空疏無物。王陽明對著一叢竹子冥思了七天,「格物」沒有格成,反而惹出一場病來,就是由於他沒有真正去考察這叢竹子,不然的話,無論如何他總會得到一些結論的。

文學所處理的對象是什麼呢?雖然言人人殊,可是,將各種文學理論中討論及「文學的定義」的部分提出來比較一下,也可以得出一個大多數人都會接受的結論;文學所牽涉的,不外乎由文字組成的作品,包含著作者的思想與情感,而且可以引起讀者在思想或情感上的反應,如果這樣的定義還不太差的話,那麼文學的對象,很顯然就是人類文化中的一大群現象——作品,

以及產生作品的思想與情感；而這些現象之所以能顯現出來，總要透過讀者
（包括原著者自身）的閱讀與反應。這樣，我們會發現，文學的情形與自然
科學的情形很有一些相像。讀者們對作品的閱讀，以及在閱讀以後所生的反
應，正像是自然科學中對自然現象的觀察與測量。至於在已經閱讀並且反應
過後，對讀者自己或是他的家庭或社會，當然可以產生其他的後果，可是，
那應該已不屬於文學的範圍，而應該屬於心理學或社會學……的範圍了。這
正像在自然科學中，由實驗所得的智識，可以被用到其他方面一樣。

　　既然將文學當作人類文化的現象來看待，人類自有文化以來，所積聚下
來的記錄資料也已經不少了，應該可以歸納出一些條理來。事實上，這種工
作一直在做。世界上各國各個時代的文學理論，多少總會包含一些由自覺或
不自覺（經驗）的歸納所得出來的條理，最顯明的例子可能是按著各種特徵
而定的作品分類方法。（如按形式而分為詩歌，小說，散文，……；按體裁分
為議論，記敘，描寫，……；按手法分為寫實，象徵，……，等等。）還有各
種類型的文學作品要有什麼條件才會引起讀者的欣賞與反應。（例如曹丕《典
論‧論文》上的「奏議宜雅，書論宜理，銘誄尚實，詩賦欲麗」，西洋對獨幕
劇的三一律等等，例子甚多，舉不勝舉。）以至於各種描寫法則的細節，文字
與聲調的控制等等都是。這些條理，可能一大部分是經驗的產品，而且其應
用的範圍也不見得會很廣。可是，那並不構成基本的缺陷，因為在自然科學
發展的初期，所成形的也只是一些局部現象的小定律。問題是進一步的發展，
需要將這些小定律關連起來，構成比較一般性的系統。文學在這一部分的工
作，雖然不乏比較成功的實例，可是很顯然還顯得非常零碎。至於再進一步
將這些比較局部的系統連繫成為一個大系統，在目前似乎還沒有成形的跡象；
不像自然科學，它的系統雖然還是非常地不完整，可是至少已經有了一個粗
疏的雛形了。

　　為什麼文學的條理系統這樣不容易被建立起來呢？我以為，其主要的原
因，當然是文學所牽涉到的頭緒，要遠比自然科學來得多，在歸納的時候，
不太容易面面都顧到，（好比說，同樣的文學作品，對不同類型，不同環境下
的讀者，會產生不同的反應，這是一般經驗性的歸納者所不太注重的。）這就
會影響到歸納結果的可信程度與適用範圍。其次是，讀者對文學作品的反應，
不容易被準確地表達與記錄下來，不像在自然科學之中，大部分觀測所得的

結果，都可用數值來表示，利於歸納與比較。文學卻沒有這種方便，這也是不利於文學條理的建立的因素。這兩種不利的特性，誠然限制了文學發展的速度（與自然科學來比較），可是，我以為，它們並不會影響到一切文學現象都可以被排比成條理的可能性，不準確的條理，只是適用範圍減小；而不用數字，只用定性的描述語句，也未嘗不能排比與歸納，這些在自然科學發展的初期，都不乏實例。（例如在沒有發現光的顏色與光波的頻率之間的關係之時，對顏色的描述，就只能夠用定性的語句，可是還是可以歸納出有關顏色的條理。）

而且，事實上就有些著名的作家自覺地利用一些預定的原則來創作，好比自然主義的大師左拉就曾經這樣自述過他創作小說的方法：「先專念地在我心中很明白地描寫主人公的性格，因為要描寫那些性格，所以深深地考慮這人物的氣質，他所生育的家族，他所受的感化，他所住的境遇；再研究和主人公相關係的人物的性質、習慣、職業、境遇等。由這研究，便決定了小說中當寫的事。……」（轉錄自劉萍所著的《文學概論》所引，未暇找到原書比對。）這些預定的原則，就有一大部分根源於由觀察與歸納所得出來的條理。雖然在應用的時候，往往會不自覺地超出其應有的適用範圍，可是那至少代表著一種嘗試，希望由已知的條理加以引申，作為預測文學現象（作品）的指引，然後再訴諸於讀者的反應，這種情形，正像是在自然科學之內，往往根據已知的定律加以引申，來作預測新的自然現象的根據；然後再設計新的觀測或實驗的方法，以求與預測的結果相比較一般。

## 五、文學的神祕性

固然有很多作家在創作的時候，是先定好原則的，可是，並不是所有這些「原則」，都會有條理或經驗性的根據；有不少只可以算是玄學性的信念，也有些，只不過是含意不確定的片語，這就使文學的本身蒙上了一層神祕性，這種例子在我國尤其多。我在前面已經舉過劉勰在《文心雕龍・原道》的說法。其實，在我國的文學史上，這一類的「理論」是很多的，其共通的特徵，總是一開始就將文學或文章連到一個大得令人生畏的題目上去，令人無可究詰。再舉一個例子：白居易在《與元九書》中就寫著，「夫文尚矣，三才各有文，天之文，三光首之；地之文，五材首之；人之文，六經首之！……上自

聖賢，下至愚騃，微及豚魚，幽及鬼神，群分而氣同，形異而情一，未有聲入而不應，情交而不感者，……於是乎孕大含深，貫澈洞密，上下通而一氣泰，憂樂合而百志熙，……」白居易的文學態度，其實還算是比較踏實的，然而在這封信中，他還是將他的理論根基，建立在這種空泛異常的「與天地合一」的信念上！

撇開這些「大原則」不講，我們還是可以在文學中遇到很多帶有神祕性的觀念。例如，很少人會否認在文學的創作與欣賞中，「靈感」與「直覺」佔著很重要的地位，然而這種「靈感」或「直覺」卻多少披著神祕的外衣，有令人無從捉摸的感覺。當我們讀到：「此中有真意，欲辯已忘言」（陶淵明語），或是「置身於事內與事物之獨特者為一，因而是不可言說的。」（柏格森語）那種文學觀的時候，多少會感覺到一種超脫於理智以外的意味。文學的這些神祕的部分，似乎與它的條理部分並不調和（至少在表面上），而且很有一些人認為文學的這種特徵足以構成它與科學之間的根本分野。

我自己對這個問題的看法是：這種神祕性並不是文學所獨有的，而且，它與文學的條理性也並不是完全不相容的。我相信，也許將來有一日當文學的發展到了足夠的程度，可能不需要訴諸這些神祕的觀念。

在自然科學的發展過程中，其實也出現了不少神祕的信念與觀念，有些甚至嚴重地影響了自然科學進展的速度。中國以前一直習慣於將一切自然界中的事物納入陰陽與五行的系統；希臘古代的畢達哥拉斯學派也特別將數字看成是神祕的東西，而且認作為宇宙中一切事物的根本；這些還可以說是自然科學在未充分發達時的現象，可是，到了十九世紀，當物理的各方面都已經相當地成形以後，很多物理學家們為了要將一切的物理系統納入機械觀的範圍內，而用盡了一切的努力來維護「以太」的學說，希望這種神祕的「物質」，能夠作為光傳遞的媒介，希望與空氣為聲傳遞的媒介等量齊觀。我們現在來回顧往事，對這些人的努力可能會啞然失笑；然而在失笑之餘，是否可能也會想到，這一類神祕的觀念在當時也未嘗沒有經驗性與條理性的背景呢？而且，在自然科學的發展中，這一類的觀念固然很多時候構成發展的障礙，可是也未嘗不會促使新的實驗設計出現，邁可遜的干涉儀實驗不是專為了要測量這種以太而設計的嗎？雖然這個實驗最後促使了以太學說的傾覆！

就拿中國古代五行的相勝與相生的系統來說吧。最初，它又何嘗不是由

對自然現象的觀察與歸納而得來的觀念!「五行」在《左傳》的「六府」中,只不過與穀同屬於日常生活所經常接觸到的事物。到了《尚書》的〈洪範〉(可能出自戰國時代),才成為五種抽象概念的代表。到戰國的中期,鄒衍才組成了相勝的系統,來管轄宇宙間一切的事物,其相勝的說法,例如水滅火、火銷金、土擋水等等,最初也是一些簡單的自然現象,不見得有什麼神祕性,到後來才漸漸地吸收入其他和五有關的事物,如五方、五音、五味等等,再其次,附會進許多與五無關的事物,至於相生的觀念,恐怕還是漢朝人求變化的結果,每經一次的附會,就使它增加一分神祕性。到後來,差不多所有的學術都被它包進去了,誰還會去留意它最初條理性的背景呢!又如古希臘的畢達哥拉斯學派對數字所抱的神祕觀念,最初,也何嘗不是由音調與絃的長短的比例關係得來的?至於因此而對數字產生了莫大的信心,以致將它推到神祕的境界,顯然也是後來附會的結果。

前面我們講過,自然科學中最主要的工作,就是將自然現象排比成條理。可是由自然科學的發展史看來,並沒有這樣單純,往往一個簡單的條理的獲得,不知道走了多少的冤枉路,通常從事於自然科學研究的人對初步容易觀測的現象作了一個簡單的歸納以後,就憑著這些簡單的定律,再加上自己的經驗,提出簡單的假設,而構成理論。理論需要不斷地與實驗的結果比較,以求印證。如果一再印證而吻合,這理論本身的地位就可以被建立起來,經由這條迂迴的路,自然科學的發展往往更為加速,因為各種相關的現象,頭緒相當紛繁;如果沒有一個假設來統御它們,作為工作的出發點,則很難作大規模的歸納,更不用說發現新的現象了。可是,一個理論也可能由於被過分地信賴而成為信念。最初通過的幾次考驗會使信念加強,人們可能會不自覺地將它的適用範圍無限制地擴大,因此,無可避免地,這種信念也就會顯得越來越神祕,在上面所提到,附著於以太理論上的那一種神祕性,事實上就是這樣造成的,類似的例子,在自然科學的各部門的發展史中,也是數見不鮮的。

由自然科學的情況再來比對文學,我們可以發現,在文學中很多帶有神祕性的觀念,也是這樣來的。文學現象的頭緒,無疑地要遠比自然現象來得更為紛繁,而且又缺乏像自然科學那種數量化的描述與記錄的方法,直接的歸納,顯然事倍功半;而用迂迴的辦法,先有一些信念作為工作的依據,根

據它來創作，然後再來考察讀者是否會有預期的反應，應該是一條可行的路，如果能把信念當成假設來看待，不過分地執著，並且如果能由讀者的反應不斷地去修正原有的假設（即信念），那麼這條路應該還是一條促進文學發展的捷徑，固然，如意算盤不見得就能打得響，任何信念，一旦被廣為接受了以後，往往會變成堅強的「主義」，要改變是相當困難的；在不得已必須變動的時候，往往需要忍受痛苦，然而如果一項被過分應用的信念真的產生不出好的作品，達不到預期的反應，則欣賞者與批評家們也未嘗不能醞釀出一股壓力，來迫使觀念的轉變。這樣，各種類型的文學信念與主義不斷地被提出來、被修正、被取代；而同時文學現象的資料，以及由那些資料所排比出來的條理，也會越積越多，文學的本身，也就會越來越發達。

　　用這個態度來看，在文學中不少帶有神祕性的說法，不管是愛默生所稱的「第二視力」也好，金聖嘆所稱：「文章最妙是此一刻被靈眼覷見，便於此一刻被靈手捉住，⋯⋯」也好，以至於我國王漁洋與袁枚對詩所提出來的神韻說與性靈說、西洋近古對文學的快樂主義等等，雖然都披著神祕性的外衣，可是，並不能說與人類的文化經驗完全絕緣；而且，更重要的，是這些文學的神祕部分，往往與它的條理部分相輔而相成，互相影響，而完成了它們歷史的使命——促進文學的發展。

## 六、結語：不要揠苗助長

　　文學現象的頭緒，誠然是紛繁，可是還是可以抽出條理來，我必須特別強調，條理性不應該與因果性或機械性混為一談，就算在自然科學內，這兩種觀念（尤其是機械性）也失去了它們以往的地位。單以條理觀來貫串文學與科學，似乎是一條比較踏實的路。

　　然而，這條路距離終點顯然還遠得很，雖然人類自有文化以來，就有了文學，可是，自然科學卻在起步比較慢的情況下，快速發展，到目前至少已經粗具輪廓。這很可能使人見獵心喜，希望將自然科學中的種種觀念，塞到文學裡面去，企圖對文學的科學化，有所助益。十九世紀的自然主義，將文學與植物學等類齊觀，可以說是這種嘗試的一個好例子。

　　我自己對這方面的意見是，雖然我不懷疑文學在將來可能會發展成一個貫串的架構，然而在發展的過程中卻不應該用強力的方式加速，更忌躐等。

從自然科學來看文學，自然科學發展史中所出現的很多抽象觀念，也許有些可以供文學家們作為借鏡，引起他們的聯想，然而，如果將自然科學的模子硬套在文學上面，一定會造成更大的附會，而對於文學本身的進步，有害無益。

沒有人能夠否認中國在戰國時期的五行系統最初是由經驗所產生的，可以算作為中國科學的萌芽，差不多同時期的希臘，將水、火、地、空氣當作四種原質，對比起來也不見得高明到哪裡去。可是中國的五行系統在發展出一套循環的說法（這是希臘四原質所沒有的。）以後，大家對它太滿意了，總是想將自然界內的別的現象也塞進這個五行循環的模子裡；弄得原有的經驗性科學（例如醫藥、曆學、音樂等等），後來都染上了不少五行的色彩，沒有辦法完全循著實驗科學的路發展下去。五行說反而成了中國科學進步的最大障礙！

再舉一個例子，物理中的力學在十七世紀，由牛頓與虎克那一班人奠基以後，在那一世紀就快速地發展起來；它的成就，給很多人一種錯覺，以為找到了宇宙間的唯一真理。到十八世紀，法國「百科全書派」的那一批科學家們就急於將其他物理現象也納入力學的系統之內，造成了有名的機械觀。到了十九世紀，由這種機械觀所產生出來的以太理論，終於成為物理進一步發展的障礙（已如前述），浪費了不少時間，物理學家們走了不少的冤枉路，才漸漸地超脫出這種機械觀。

由上面兩個著名的歷史教訓，我們應該可以學一個乖：任何學術的進步，都要靠實際努力一點一滴的積聚，若是希圖速成，結果必定會造成附會，遮掩了原來的學術的面目，以致得不償失欲速不達。

由自然科學內各部門以及與自然科學相關的其他科學的發展過程來看，我們可以發現一個趨勢。各個特殊範圍內的現象，雖然在小規模的歸納階段內可以互相獨立，不相倚賴，一旦到了逐漸成形的階段，在體系上就很顯著地顯現出有一個先後的層次，在這個體系內，物理佔著最基本的位置，它代表著由簡單的物理現象所建立起來的力學與交互作用的系統。在這個基礎上，建立起化學，包含了許多與分子有關的自然現象，再上層就有地球科學（地質，海洋，地磁等等）與天文科學；而包含著各種生命現象的生物科學，又建立在物理、化學與地球科學的基礎上面，在這些科學的部門內，物理最早

成形，影響到後世化學與地球科學的高速發展，而物理與化學的進步，又使得以後研究範圍僅局限在生物形體的結構與功能的生物學漸漸走上研究分子的路。（目前生物的代謝，生長以及生殖等種種的生命現象，都可以被關連到分子的結構上去。）這樣一個體系上的層次，非常分明；而且當較基本的科學還沒有充分發展的時候，上層的科學往往就滯留在比較原始的形態上，只有堆積著許多對最明顯的現象的敘述以及許多初步歸納出來的局部定律，而缺乏整體性的關連。如果這個趨勢也適用在自然現象以外的現象的話，我們也許可以做這樣的猜測：文學要發展成現代自然科學的程度，可能還需要一大段時間。

與文學現象關係最密切的，應該是心理現象與社會現象，文學作品的起源，就是人的思想與情緒，而它的效應的顯示，也是透過讀者的思想與情緒的。我覺得，文學與心理學及社會學的關係，正有些像生物科學對物理及化學的關係一般，在體系上的層次，非常分明，當心理學與社會學有了大規模的進展以後，對文學現象的描述與處理，無疑可以獲致很多系統上與術語上的助力。到那個時候，我相信文學內各種由經驗得出來的局部條理一定可以匯合成為整個的條理系統，而文學中的各種信念與假設，也會漸漸地脫去它們神祕的外衣，而在文學發展史中找到它們適當的地位。

至於目前，各方面似乎還有待努力，以我的瞭解，心理學似乎剛能夠上路，漸漸由以前對觀察記錄（例如在各種心理與行為的測驗中，得到的統計資料，心理分析的病歷等等）的聚集與初步的歸納，進展到發展出較有規模的模型的階段，將來很有希望透過各方面的研究與生理學及生物科學的其他部門產生密切的連繫。至於社會學以及與它相關的其他社會科學，其發展似乎還到不了心理學今日的地步。在這種情形下，文學本身的發展，受到了體系層次較低的學科的影響，自然就快不起來，而且，我前面也曾經討論過，將文學與太低層次的科學勉強湊合，反而可能產生「揠苗助長」的效果。

然而，也不是說文學應該停下來等待其他科學的接應，在目前這個階段，文學家們一方面可以根據以往積聚下來的許多文學條理，稍加伸延，來作各種創作上的嘗試，嘗試的結果當然可以擴大原有條理的累積；另一方面，由於在心理學上已經有了一些規模較大的模型，似乎也可以開始嘗試由文學這一邊去接應心理學的那些模型，以作為將來進一步綜合的開端。心理學與文

學在體系層次上的距離究竟比較小，在作這種嘗試的時候，只要加上適度的保留，不溢出所使用的那些模型的適用範圍，則附會的危險，也許可以減到最低的程度。

我自己對心理學與文學都完全是門外漢，只能夠站在自然科學的位置上作一些參觀的建議。可是，以我的淺薄的瞭解，似乎我所建議的做法已經開始了；尤其是「移情作用」與「內模倣」的學說，似乎是嘗試連繫文學與心理學的很好的開始。對這些學說與模型的內容，我自己的瞭解實在不深，沒有辦法加以評論；可是，在讀了這方面的書籍以後，我多少感覺到，似乎有些像在自然科學的發展史中，化學漸漸地脫離了中世紀鍊金術的神祕外衣，而逐漸關鍵上當日日漸進步的物理系統一般。也許在經過了一段時間的努力以後，人們對文學的瞭解會有革命性的進展，而人類文化中的智識可以有進一步的貫通，這也是我所希望的。

# 第十四章
## 與中學生談物理

## 一、物理科學的對象及範圍

什麼是「物理科學」呢？這本是一個概括的名詞，大致包含了物理、化學、天文、地質、氣象……，它的對象包含物體的運動、物質的變化、電與磁、星體的表現、……如果我們希望做一個略說，大致可以用「自然現象」來當作物理科學的對象。

對自然現象的觀察與記載，差不多佔了人類文明的大部分。人類文化的產生，就起源於對自然界各種現象的適應。太古時候，史前的人類受到畫夜循環的限制，從而劃分了工作與休息的時間；他們注意到冷暖變化對植物及動物的影響，從而影響到他們耕作和狩獵的習慣；在狩獵的時候，懂得對距離的判斷，為了回到自己的窠穴，需要認清位置。他們知道石頭與樹枝的運動軌跡以及碰到物體後所會產生的效果，他們也知道，經過火燒之後，各種物體的變化……。所有這些感官對自然現象的認識，逐漸變為人類文化的一部分。隨著文化的增進，人類對自然現象的觀察範圍漸漸擴大，漸漸的有組織了，也漸漸的演變成一門科學。而在這門科學中，對象是自然界各種物體的表現及其變化，這也就是「自然現象」的概括說明。

在繼續談下去之前，有一點是必須先行澄清的，物理科學的對象以自然現象為主，而有些自然現象則並不屬於物理科學的範圍。人們對自然的觀察增加時，隨時將可觀察到的現象，組成系統。因此，有關生命的一部分的現象，在很早的時候，就已經獨立出去了。另外，在物理科學內，也常由於分工的需要以及歷史上的因素，而分成好幾個部門，如此，在十八至十九世紀，化學逐漸成形，又如天文學本來與物理是不分的，到上一世紀，各主要的知識漸漸積聚，天文也就成了一門單獨的科學了。然而，這些分劃，主要是由於研究人員分工的需要，而其對象皆為自然現象，則無二致。而且，有些現象（例如細胞內蛋白質的表現與功能），很難硬規定屬於那一部門。對於這些分別，我們以後不再強調，只是在舉例的時候，偏重於物理科學，甚至物理方面罷了。

　　自然現象在成為科學的對象以前，是需要被觀察與記錄下來的。事實上，史前的人類，甚至於高等動物，都能夠感受部分的自然現象，並對它們適應，然而由於這些感受不成為一種知識，更談不上對各種現象間的關連與系統的尋求，因此就不會有科學出現。下面我們還會講到如何去排比與歸納這些記錄。現在，為了加深大家的印象起見，不妨先舉一些實例。

　　人們對自然界的觀察，最根本當然是經由各種感官的，我們可以看到地面上各種物體的運動，分辨物體的形狀以及顏色。我們可以聽到各種變化所發出來的聲音，我們可以看到日夜的交替變化，我們的身體也可以感受到晝夜以及一年各季節的冷熱轉變。……凡此種種，都是我們的眼、耳、身體、……等感官所能夠直接感受到，而一般性的字彙，也足以描述這些感受。當然，在文化初起的時候，那些字彙都是由經驗的積聚而起的。可是，到目前，我們已經對可將感官所得印象加以描述這件事當作順理成章的了。雖然如此，人的感官還是自然現象最後的接受器，可以提出來強調一下。

　　比較不顯著的現象，需要藉由工具的輔助，才能夠被觀察到，而且，有時我們還需要對實際的情況作一些適當的控制以求加強這些現象的顯著性。好比我們對較遠的物體可以利用望遠鏡來看，對天然的白色光，我們可以用稜鏡來分析成各種顏色，我們可以觀察到金屬以各種比例相混而成的合金的各種性質，或是固體在某一液體內所能夠溶解的程度，我們可以藉由能量的測量來看熱傳遞的特性，我們也可觀察到在特定控制的溫度，物質會發生相的轉變（液相 ↔ 固相，或液相 ↔ 氣相），還有，簡單的化學反應也可以算是屬於這一類型的自然現象。由於我們對這些現象的觀察需要藉特殊工具的幫助，因此，在記載或描述的時候，就需要將這些工具的特性考慮進去，好比在用望遠鏡來觀察遠處的事物時，就必須先知道望遠鏡本身的倍數，以決定可測的實際距離。又如，在記錄下稜鏡將太陽光分析成各種色光時，很顯然稜鏡本身的質料以及角度都會影響到分析出來的光帶寬度，這些也應該成為記錄的一部分。

　　上面所講對工具的使用以及環境的控制，造成人們對自然現象觀察的一大改進，由純「觀察」而進入到「實驗」。更加不顯著的現象，往往靠一連串的原始測量來顯示出來，為了要使這一組原始測量的確實代表所希望觀測的現象，特定工具的使用以及環境的控制更是需要了。太複雜的實驗，很難在這裡介紹，不過也可以就大家所知道的事情來舉一個例。大家一定聽到過，

用光譜分析法，可以分析出很微量的成分，事實上，我們實際可看到的，只是對各種頻率的光的一個強度分析。在數據的表格上面，表面上一點也看不出各種元素的痕跡來，然而，我們先已經控制了入射光各種頻率的強度，再對各種元素或分子會特別吸收那一些頻率的光有了長時間積聚下來的數據，我們並且知道分光儀的本身對各種頻率下的反應特性，將那些資料統合起來，所測物質的成分就顯示出來了。由這個例子可以看出，我們對很多現象的觀察，是比較間接的。這一類的例子非常多，而且與上面所談利用簡單工具而達成觀察目的的情況，只不過程度上的不同而已。好比，用一個附在秤上的粗糙線圈，與一個磁鐵，可以用作為觀察電流的工具，可是要做比較細緻的定量比較，就必須用較複雜的設計，而隨著設計的複雜，其測量的間接性也隨著增加（好比利用光的直線傳播特性，來放大磁針的位移），可是還是給了我們對所希望觀察到的現象以充分的描述。

上面，我們談到自然現象在成為科學的對象以前，必須要通過一定的程序而為我們的感官所觀察，並且，觀察到的結果，需要有確切的描述，以便記錄下來。這兩個特性：可觀察性與可記錄性，正是自然現象的兩個最重要的特性。然而，我們的感官事實上也不是那樣地可靠，有時也會犯錯誤，有時也會將虛無飄渺的印象當作實在的觀察結果而記錄下來。好在，自然現象總是會重現的，而事實上，也總是一再重現的自然現象，才引起人們的注意，而去觀察，敘述它們。對於藉由複雜的實驗而得來的觀察結果，我們可以對情況作相同的控制來達到重現的要求，由於同樣現象的重現，將錯誤的可能性減至最少。甚至，可以將一些不易控制的微弱因素的影響平均，因此增加觀察的準確性。因此，我們對自然現象還要加上一個條件，那就是：可重現性。

有了這些條件，我們可以瞭解哪些才是物理科學（甚至整個自然科學）的研討對象。我們也可以藉以排除許多不符合這些條件的事物，好比，在前一陣子，報紙副刊上談得很熱鬧的不明飛行物體 (U.F.O.)，當我們詳細去考察那些記錄以後，就會發現大部分的描述都是非常含糊而不確切，而且並沒有完整記錄下來觀察時的各種客觀因素的情況；對那些少數幾個有比較詳盡記錄的，同樣的觀察結果也無法重現，因此，這些都不能算是科學的對象。

明瞭物理科學的對象，以後才不至於覺得茫無頭緒。下面繼續要談的是，如何由物理現象的觀察與描述，歸納成為條理。

## 二、現象的觀察與定律

我們在上面說到了自然現象為物理科學以及一切自然科學的對象，然而，單靠這些自然現象，以及對它們的觀察記錄，遠不足以構成科學，只不過是一大堆「流水帳」式的記錄而已。最重要的是，我們必須由這些記錄中整理出條理來，條「理」的學問，也就是理科中最重要的一部分。

下面，我們就要來談一談，如何建立這些條理，尤其是條理中最基本的部分——定律。

定律是由觀察的印象與記錄排比而得來的，這不需要很深的學問，原始的人類，甚至動物，都會由反覆的經驗中得到一些結論（好比某些鳥在嘗過幾次嘔吐的痛苦後，會將某些有顏色的蝶類與「會中毒」的事實連在一起，從而避免專吃這些蝴蝶，又如史前的人類由反覆的經驗發現一些發光的「物質」——火——是會灼傷手的，從而將火焰的各種性質關連起來）。可是，當人類的文明日益進步，由排比所得來的結論也牽涉到越來越多的現象，也就是其適用範圍越來越廣，再加上對敘述明確性的要求的增加（尤其是將一些重要因素用數量來表示），漸漸成為一般我們所熟悉的定律。

這裡可以舉一個歷史上的實例，大家都知道，重力定律原是建立在對天體（行星）的觀察上的，人們首先由反覆的觀察，發現在夜間的星空，有一些星的位置變動得比較厲害，而且其變化大都沿著一條直線，由那些觀察結果的排比得出來的結論，是在天空中有「行星」循一定的途徑運動。其後，較準確的觀察（由多祿某到第谷，中國的歷史上也有一些記載），發現這些行星的運動不是單方向的，有時較快，有時較慢，有時還會倒行，在這些汗牛充棟的記錄中，第谷 (Tycho-Brahe) 的結果最完整且有系統，第谷的繼承者克卜勒就利用這些資料來作了一干綜合性的比較，而獲得結論——所有的行星都是繞太陽以橢圓軌道運行，這就是克卜勒有名的三大行星定律之一。提這件事，因為這給我們一個很好的例子，由一大串資料的排比，可以獲得現象中的條理。這種由排比而獲得結論的方法，也就是通常所謂的「歸納法」。當然，在克卜勒當時，獲得這個結論並不是全憑歸納，中間多少還介入了一些假設，關於這些推理的過程，且按下不談。

在對事物的排比中，人們漸漸發現，在一定範圍內，往往某一些因素特

別重要，而另一些因素，則對現象不太有影響。這樣，我們可以抽出一些「有關的因素」而對定律的描述，更增加其明確性。例如，我們如果採得一大把礦石來，互相摩擦，我們會發現其中有些比較容易磨損，有些則比較耐磨。在比較下，我們會發現如果甲礦石比乙礦石來得耐磨，乙礦石又比丙礦石來得耐磨，則甲礦石一定比丙礦石來得耐磨，這是一個很顯著的條理。由此，我們可將手頭的礦石排成一列，這一列中的任一礦石都比排在它後面的耐磨，這樣在排比之下，我們抽出了屬於礦石的一個有關因素——硬度，下面剩下來的就是如何去設立特定的標準，使「硬度」的敘述方法更簡化與更系統化。

相似的情況，也發生在對恆星光度的觀察上。開始時，天文學家們定出一些特別恆星，來作光度比較的準則（好比織女星的光度為一等）。其後漸漸定出光度與能通量的關係，才漸漸有較滿意的定量標準。

讓我們再舉一個例，我們的眼睛能夠分辨各種顏色的光，因此，對於稜鏡分光的現象以及與它有關的其他效應，可以很容易觀察得到。不過，讓我們假想，有這樣一個民族，完全是色盲的，不能判別各種顏色的光，那麼，它能不能發現稜鏡分光的這一事實呢？雖然，這只是一種假想的情況，可是還是很可以用來說明科學家們常用的方法。

這一群民族無從由感官直接獲得「顏色」這一因素，然而，他們總可以發現，在自然界中有不少物質，如果切成薄片是透光的，因此，他們之間的有些聰明人就開始研究這些透光的薄片，他們會發現，將二片透光片疊在一起，有時不減弱其透光性，有時卻可使所透過的光度大量地減弱，甚至到完全不透光的地步，這是很顯著的現象，可以排出條理，至少有一個條理是很顯著的，就是，如果 A 片疊在 B、C、D、……上都不減弱其透光程度，則 B與 C 與 B 與 D……等重疊，也不減弱其透光程度，這樣，在試過一連串的物質薄片以後，就可以將這些薄片分成很多組，每一組的成員可以「相對地透光」。

下一步就是發現由稜鏡出來的光，只有某一部分才能透過任一組薄片，這樣，他們可以按照透過那一分得的稜鏡光，來將這些一組一組的薄片，排列成次序，按照數目對每一組薄片賦與一個號碼，這些號碼也就可以用來分辨被稜鏡所分出的各種光的性質。這樣，大家一定可以看出，這一族人雖然缺乏分辨顏色的感官機能，但照樣可以觀察到與分光有關的現象，他們也發

現，透過那一系列一個尾端的薄片的光線，比較容易升高物體的溫度，而透過另一端的光，比較容易引發化學反應。這樣，由現象的排比的條理中，他們抽出了一項重要的有關因素──光的種類，也因此使得很多與此有關的定律（好比某些光容易產生熱）比較容易敘述。

上面的假想例固然是硬造出來的，可是和物理界處理問題的方法相差並不太遠，當然，因為我們有辨別顏色的感光能力，不需要用前面所說的那一連串的過程，然而我們的眼睛並不能分辨各種偏極化狀態的光，而偏極化光的鑑別以及與偏極化有關的定律（例如生物的有機分子會有單方向旋光的特性）也是經由類似的操作過程而來的。

由上面所說的，我們已經可以知道，定律牽涉到一些有關因素之間的關係，而有關因素的本身，也是由排比與歸納中得出來的。因此，對那些有關因素的敘述，就直接影響到定律本身的明確程度。好比上面我們所舉的例子，一群色盲的人將所能找到的透光物質薄片分成組，而給予順序的數目。這些數目，很顯然是為了敘述的方便而加上去的慣例，然而，慣例一旦被大家所承認而採用，就達到使敘述明確的目的。以後，他們如果發現有另一組的薄片，其地位介於第三組與第四組之間，那時，為了不變動以前的慣例，他們可以超脫出整數的範圍，而稱那一組為「3.5」，這樣當試驗的分析能力越來越進步，所處理的樣品愈來愈多，原來不連續的整數描述法漸漸為連續的數量所替代，這種數量化的過程，在物理科學內，是很典型的。數量化使得我們可以更方便於現象的排比、歸納，而且可以用方程式或不等式來敘述所歸納出來的定律。

當然，在定量化的過程中「慣例」更佔上一個重要的位置，其中最重要的，一是度量的分隔，一是單位的選取。這些慣例的選擇，可以影響對定律的描述的繁簡，可是，很顯然不會影響定律的本身。

讓我們再來舉一個例，由一些金屬棒的伸展或縮短，我們可以定義溫度，這樣，我們可以歸納出大部分物質在各種溫度下的長度改變為：

$$L_2 - L_1 = \alpha(T_2 - T_1)$$

$\alpha$ 在一定範圍內，是一個常數。然而，如果我們的觀察作得夠精細，我們會發現，$\alpha$ 也跟著 $T$ 緩慢變化，而且，其變化的程度，對每一種物體都不會一

樣，這就增加了我們的膨脹定律的複雜性。如果對一件物質來說這一個缺陷很容易彌補，只要將溫度的度量分隔變化一下，也就是根本就以這個物體的膨脹來定義溫度，令 $\alpha$ 為一個絕對的常數，然後定義

$$T = T_0 + \alpha^{-1}(L - L_0)$$

$T_0$ 為某一標準狀況下的溫度（這定義了溫度的基準點），而 $L_0$ 為這一狀況下這件物體的長度。經過這樣對溫度的重新定義以後，對這一件物體膨脹定律的形式是簡單了，可是對別的物體又會複雜。我們後面還會再談到一群相關的定律間的關連，然而就這裡來看，我們可以看出，很多時候基於全盤的考慮，應該將慣例選取一些很普遍易得與易觀察的物質上。例如：一般的溫度標準，可以用稀薄氣體在一定壓力下的容積來表示，而溫度的基準點，可以用水的三相點來表示。把這些慣例確定了以後，對其他有關現象的描述——好比固體銅棒在不同狀況下的長度變化——就可以明確地表示出來，甚至可以進一步獲得有關這件物體的結構資料。相信大家以往在高中時，一定學過不少物理與化學的定律，大家可以嘗試一下，專心想一想，在定律的描述中，到底那一部分是由慣例來的。

　　最後，還有一點需要強調的是，因為定律是由現象歸納出來的結果，而用來歸納的現象，其範圍總是很有限度的。好比如果我們前面所講的膨脹定律，就是在一定的溫度範圍內才成立的，溫度一高，那件物體本身也可能就會分解了。不但膨脹定律如此，其他任何定律都有它可信靠的範圍，只不過範圍的大小有所不同罷了。在範圍之外，我們對定律的成立與否就沒有什麼把握，雖然有的時候為了方便，也會冒一冒險，超過範圍來應用定律，可是那時的「定律」已經不再是「定律」的身分，而成為「假說」了，關於假說在物理科學中的地位也很重要，我們下面再談。

## 三、理論系統中「猜測」的地位

　　在上一節我們談到對自然現象的觀察與歸納，其最基本的單位就是定律。因此，定律的基礎，建築在實際的歸納上；定律的範圍限制，也要看用以歸納的現象範圍。

　　可是在物理的發展過程中，定律往往會由於不斷加添進來的新的觀察結果而增加其適用範圍，或是修正其內涵。舉一個大家都知道的例子，力學的發展，最初在亞里斯多德時代已經作了一些資料的積聚與歸納（雖然在當時歸納法的本身並未太成形）而得到一些結論。可是，由於他的觀察範圍太狹，結論的可用範圍也不大。好比，他以為輕的落體要比重的落體運動得慢，這也是由觀察到體積大的輕的物體（如羽毛）在空氣中下降的情況所下的結論。到了十六世紀，實驗的技術進步了，當時的大物理學家伽利略就做很多的拋物與落體的觀察。而且，他用實驗室中的工具大大地擴充觀察的範圍。好比，他觀察物體在平滑的斜板上滑下，藉以觀察到（有效）重力加速度較小的落體。（一方面增加觀察的範圍，另一方面也利用速度較小的事實來增加觀察的準確程度。）伽利略由這些觀察中得到一些定律性的結論。好比，一個物體如果不受外界的影響，則會始終保持其原有的運動速度（動者恆動，靜者恆靜）。伽利略的定律顯然其可靠範圍比較大一些了。

　　伽利略自己已經開始用望遠鏡來觀察天象（木星的衛星就是這樣發現的），那時已經有很多人花費了幾乎終生的時間來觀察天體的變化，其中最有成就的就是丹麥的第谷，第谷的結果傳給了他的弟子與助手克卜勒，克卜勒將他的結果加以整理，尤其著眼於行星的運動部分。進一步歸納的結果，得到行星運動的三個定律：

　　(1)行星繞太陽以橢圓軌道進行。
　　(2)單位時間內掃過相等的面積。
　　(3)週期的平方與長徑的三次方成正此。

一方面伽利略的運動定律加上十七世紀的無數次觀察結果，再經牛頓綜合為三個運動定律；另一方面，克卜勒的三個行星定律再經過牛頓以運動定律來處理，最後的結果就是重力定律——重力與兩個物體的質量積成正比，與距離平方成反比，而其方向沿著連接兩個物體的連線。這樣，漸漸構成了整個力學的理論基礎。

　　我們在下一節還會再談一談這種系統建構的典型發展型態。這裡我們先拿幾個重要的細節來探討一下。

　　就拿亞里斯多德的結論來說。本來，亞里斯多德可以說是希臘科學家中

最注重實驗的一個人，他也作了一些相當的觀察。只是他的觀察範圍是有限的，而他以及繼承他的人卻企圖將這個範圍無條件地擴大，換言之，他們原始的「定律」被向外伸延了，定律雖然經過外延，靠不靠得住就很難講了。

可是，將定律的範圍外延，實在是科學發展中很普遍的趨勢，而且也有它一部分的效用。本來，在事實上，無論有多少實驗上觀察的結果來支持一個定律，其數目都是有限的，而在一個定律內，其變數的範圍都可以連續地變動，相當於無限多個結論。由這一方面看來，已經是有所推廣了。只是這種「內插」式的推廣，一般都比較沒有問題（事實上沒有一個實驗是百分之一百準確的，因為所量到的各個變數，事實上也是平均的數值，連續的內插因此不會出毛病），可是，外延式的伸展，就不是那樣靠得住了。即使如此，大家總是希望自己的結論範圍越大越好。亞里斯多德如此，伽利略何嘗也不如此，當他發現任何一個物體如果不受外力，始終會保持其運動速度時，用以支持的實驗，也不過是一定速度範圍下的運動，然而，從伽利略到現在，總是傾向於將這個關係來延伸，至少作為進一步實驗的指引。尤其是，在伽利略的結論中，不受外界影響的物體，其運動速度可以是任何數值。這個結論，我們在地面上看它，是如此，在一列速度均勻的火車上看它，也是如此，換言之，這個定律不受這樣一個變換

$$\vec{r} \to \vec{r'} = \vec{r} + \vec{v}t,\ t \to t' = t\ (\vec{v}\ \text{為一個常向量})$$

的影響，這個結論往往也被推廣了，以後的物理學家們，往往以一個理論能不能夠在這樣的變換下保持不變，作為接受那結論與否的判斷。這就是有名的伽利略變換，而在伽利略變換下一切定律的不變性，一般稱為「伽利略相對性原理」（所謂「相對」是指二個互以等速運動的坐標系中，物理定律的形態一樣）。這樣的論斷，顯然已成了一種信念，它的起源，可能是一些定律，可是由定律大幅地被外延了，它的可靠性固然不及定律，可是往往可以由它得到有效的指引，去看以後應該作那一方面的探討以及設計那一些實驗。這樣的信念通常就稱為「原理」。原理的作用，全在它指引的實用價值。可是由它導致出來的結果，未必就符合於實際的觀察。一項原理如果屢次通過實際觀察的考驗，人們對這個原理的信任程度往往會增加，甚至還會傾向於擴充

它的範圍；反過來說，若是一個原理屢次得不到與實際觀察相符的結果，則它的可靠性以及可用性立即就會降低。

就以上所說的伽利略相對原理來說，牛頓的運動理論很顯然是符合這項原理的，早期氣體動力理論以及熱學理論亦然。可是，到十九世紀後期，遇到法拉第與馬克士威爾的電磁理論，就不對了！馬克士威爾的電磁理論卻獲得無數實驗的證實（尤其是赫茲對電磁波的發現）。相形之下，伽利略的相對原理，漸漸就失去權威性，而為以後的愛因斯坦的相對原理所取代。

再舉一個例子，若我們接受牛頓的運動定律，則其中一個重要的推論，就是機械能的守恆。其後，在研究與熱有關的現象時，發現能量也可以藉由「內能」的形式埋藏在物質內，或是以「熱流」的形式來傳遞，而將這些能全合在機械能上，由實驗證實，總的能量一定會守恆（這就是熱力學第一定律）。再以後，由電與磁的現象發展成了電磁場的理論，能量也存在於電磁交互作用之中，而且，進一步的實驗，也證實了包括電磁能量的能量守恆定律。這些一層一層的定律聚合起來，使人傾向於猜測，即使還有一些未能探討的現象境界，能量的守恆大概一直會成立下來。這種信念，也就成了一個「原理」，它可以用來過濾不合此標準的理論。而且，這項原理到目前為止還沒有失效過。

原理可以說是由定律或定律群所作的大規模的伸延，並且為很多人接受作為指引的信念。與此相類似的，有時由簡單的定律作出一些基本性的猜測，作為進一步實驗的出發點。這就是一般所謂的「假說」。一個很有名的例子，就是根據氣體化學反應的重量比之間的關係，加以猜測而得出的亞佛加厥假說。即在標準的狀況下，同體積的氣體具有同數目的分子。這項假說，後來被納入分子理論中，成為其中堅強的一部分。而且，也一再地通過實驗的考驗。

「假說」的性質其實與「原理」很類似，一般慣例上的分別，在「原理」為普遍性的信念，即使一再通過實驗的印證，只能增加其可信託性，而始終還可能有新的範疇未經實驗處理過的。至於「假說」則比較有範圍，比較特殊。在通過夠多的實驗考察以後，「假說」有進格為「定律」的可能，也因為如此，假說往往成為定律的擴展（以至於整個物理理論系統的擴展）的一個重要環節。

除此之外，在理論的發展過程中，往往也作了很多特殊與暫時性的猜測，

來看其推論是否與已有的實驗記錄，或日後的觀察結果相符，這種小規模的暫時猜測，一般稱為「假設」。好比克卜勒在由原始的行星觀察資料歸納成行星定律的時候，他曾經作了各種的假設，假設行星的軌道是圓形、橢圓形或其他的形狀，用來與手頭的資料對比。結果是橢圓形的假設通過最後的考驗；而且，還進一步獲得了長軸與週期之間的關係。這些假設，對於最後結論的取得，是非常重要的。因為對一大群資料，單憑簡單的排比，往往會令人有無可措手的感覺。借助於適當的假設，可以使推理的過程更順利地完成。

　　定律的本質是歸納的，而在這一節所引介的三種命題的單元，卻至少有部分的猜測與引申的成分在內；因此，它們的功用，全在於演繹。歸納與演繹，成為建構物理科學（甚至任何科學）理論系統的兩大支柱。關於這一點，下一節還要繼續發揮。

## 四、建立理論系統的典型過程

　　上一節我們說到一群定律可以組合成一個系統，一方面大大地擴展了定律本身的應用範圍，一方面也可以將表面互不相干的現象連繫起來。我們所舉的例子中，就曾經說到，力學系統的主要來源有二，一為對拋體與落體的觀察，一為對行星運動的觀察，這些現象相隔十萬八千里，表面上無論如何也連不起來的。如果不是對行星本質作適當的假設，（就是說，假設星體也像地上的石塊一樣，只不過是大塊的物體，有著質量，並受重力的牽引，及受同樣的運動定律支配。）則無論如何也提不到一起的。當然，在今日力學的系統已經普遍地被建立起來以後，行星必須服從力學的定律又好像是「理所當然」，誰又能想到當日篳路藍褸者所化費的精力呢！

　　在系統還沒有被普遍接受以前，定律之間的關連以及推廣往往是以「理論」的形式出現。所謂「理論」，其實就是對一群定律綜合的一種嘗試，這裡面包含了對一時不易觀察到的現象的假設，有作原則性猜測的假設，當然也可以接受某些原理的指引與過濾，可是最重要的是，理論可以算是一種雛形的結構，一方面包含當時已知的一部分現象記錄，另一方面則是包含很多的猜測，如果准許我用一些實體來比喻的話，可以說，理論就是一種模型（事實上，現在很多也已經習慣於「模型」這個名詞來代表雛形的理論建構）。

　　一個理論的好壞，最重要的當然在於它能夠包含多少已知的現象記錄，

它至少不能夠與現在已有的任何記錄顯著地衝突。其次，就在於這個定律能夠預測多少事項，以作為其後實驗設計的準繩。如果一個理論不能夠預測多少新的現象，或所預測的現象很難加以觀測，則這個理論的價值就大為減少，科學家們對它不會有多少興趣。如果一個理論所預測的事項與實驗的結果有顯著的衝突，則在這個理論中所作的猜測至少有一部分會是錯的，需要再加以分析與修正。一個理論如果在一定範圍內不斷地獲得新的觀察結果支持，則漸漸地，它也會取得與「定律」相同的堅實地位（只是範圍要比構成它的定律來得大），而可以與其他已經穩固建立的理論作進一步的綜合。當然它也可以經由相類似的過程，去擴大它的適用範圍。

在這裡，我們看到一個非常典型的過程，大致如下：

$$定律 \rightarrow 假設 \rightarrow 理論 \rightarrow 預測 \rightarrow 驗證 \rightarrow 定律$$

這樣周而復始，後面的那個「定律」當然要比前面那個定律的範圍要大得多，它事實上只是受到充分驗證的理論，然而如果將那些驗證也加進來當作自然現象看，則它也具有定律的重要特徵——由現象的觀察與記錄歸納而成的——只是歸納的步驟比較間接一點而已。這兩種定律（當然可以一層一層地加上去）的典型例子，就是牛頓的重力定律與克卜勒的行星運動定律。

關於重力定律，還有一些事情可以拿來作說明的實例，牛頓由行星運動定律得出重力定律：

$$\vec{F_{21}}(\vec{r_1},\ \vec{r_2}) = -Gm_1m_2\frac{(\vec{r_2}-\vec{r_1})}{\left|\vec{r_2}-\vec{r_1}\right|^3}$$

$\vec{F_{21}}$ 為第二個質點所受第一個質點的力。在牛頓的推演過程中，其重力常數 $G$ 只是對一些天體的行星才成立。其次推到月球與地球，並且，在對地球的半徑與平均密度作了一個估計後，可以將地面的重力加速度與重力常數連接起來。

$$g = \frac{GM}{R^2}$$

最初對重力常數的測量，都是由天文物體來的。然而牛頓以及牛頓以後的人，

總是傾向於假設這個定律不只對星體會成立，對任何兩個物體都會成立，當然，普通在地面上的兩個物體之間的重力非常小，很難觀察得到（這需要克服摩擦力），這件事一直拖到十八世紀，才由卡文蒂許設計了一套精確的扭擺而解決。所測出的重力常數剛好（在實驗的誤差範圍以內）與由天體所得的 $G$ 值相同。這種新的觀測結果，大大地提高重力定律的可靠性，甚至使它取得定律的頭銜。類似的實驗也不斷在做，而且對 $G$ 的測量也愈來愈準確。不但使我們觀察到重力場的現象，也使我們觀察到其他方面的現象，著名的庫倫定律創始人庫倫，他所用的實驗儀器，也就與卡文蒂許的儀器類似，是扭擺。當然，靜電交互作用的強度，是要比重力交互作用要強得多，也較易測量得多了。

　　在理論發展的途中，有一些猜測是作錯的，必須加以修正；也有一時的觀察記錄不足以判別的，因此就會好幾個理論並存，以待他日塵埃的落定。好比人類對行星運行的觀察，可謂由史前時期就開始了，可是一直沒有準確的記錄，因此，到底這些星體是繞著太陽，還是繞著地球運行也分不清楚，從紀元前一直拖到哥白尼的時代，之後觀察的技術進步了，才得出克卜勒定律，在此以前，雖有猜測與假設，但是毫無著力之處。由此可見，猜測與假設在物理理論的建構過程中，雖佔著極重要的位置，然而必須有預測與實驗證實隨著，才能夠發揮它的效用，不然也不過是空泛的猜測而已。

　　再舉一個歷史上發生的事例，十七世紀牛頓在發展出力學的理論系統以後，已對光的現象有興趣。當時，對光的知識實在不多，只知道光沿著直線進行，因此，為物所阻會產生陰影。另外，還知道光會反射與折射；在牛頓的時代也知道光會被稜鏡分成各種顏色，還有，就是一些零星的觀察，如牛頓環等。牛頓已經在質點力學方面有了成功的經驗，又看到光必須要沿著直線來運行，與他的運動第一定律太像了，因此，他猜測光線是由一群微粒所組成的，光的反射正像小球撞在板壁上而被反彈一般。至於在兩個物質間的折射，稍微複雜些，不過憑著物質對微粒的重力影響，他也能夠構成一個理論，與實際的觀察相符。至於分光，可以被解釋成為各種質量的粒子的分析，在經過介質的折射後，就被分了出來。就當時所知的資料來看，這的確不能不算是一個成功的理論，只有那些零星的現象，如牛頓環等，比較要費些手腳來說明。我們現在也用不著管牛頓當時如何能處理這種現象，只是有一點

要說明的，當時觀察到的這些現象，其種類數目是有限的，因此，憑著夠多數目的假設總可以講得通順。牛頓對光線的這個理論，籠罩了差不多整個十八世紀，（一方面由於牛頓在物理上的權威已經確立，一方面新的實驗結果一時還不易產生。）與其差不多同時的惠更斯也提出另一個理論，認為光與聲一樣，是一種波動。然而光線的干涉既難觀察（由於波長短），而光的直線逆行特性又相當確立（當時還沒有看到繞射的現象），因此始終得不到普遍的接受，而載沉載浮於牛頓理論的陰影下。其後到十九世紀，雙狹縫干涉實驗的完成，冰洲石的雙折射現象的發現（由此確定光有兩種偏極化），經過當時的大物理家楊與傅瑞涅爾的歸納與分析，漸漸賦與光的波動學說以較完善的內涵。由於新出現的現象只能為波動說所蘊含，因此，雖然牛頓在力學上的地位還依舊，而在光學方面，卻不能不讓位於這種舊瓶新酒的波動理論。到了十九世紀後葉，甚至更進一步與當時新興的電磁理論結合起來，成為物理內的一個大支。

上面我們不嫌厭倦地舉那些例，主要是在說明理論系統的建立，是增大現象的觀察範圍以及連繫現象間的條理的典型道路。以往數百年物理科學的急速發展，把方法定了下來，這些方法正可作以後新發展的指路標。

當然，這些方法的發展，也是經過一些摸索才得來的；古來的科學家們如亞里斯多德之輩，多少會用一些歸納法，然而歸納法的最後成形，還得要算十六世紀的培根的功勞。然而培根太注重歸納法了，將猜測與演繹置之度外，反而影響到科學的進步，因為一大堆的現象記錄，如果先不作一些假定的系統與範圍以統御它，是很難歸納的。這個缺陷，由稍後的笛卡爾彌補了，演繹法與假設也取得了重要的地位。再以後，物理科學方法的發展，就常握在實際工作者的手上（而哲學家漸成後知後覺），在十九世紀以前，大家對定律的範圍，往往並不太看重，因此不知不覺地過分推廣了由實驗支持的結論。到二十世紀以後，科學家們開始這方面有自覺性的瞭解，尤其是當相對論與量子論相繼成功，更使人意味到以往「古典」理論所受到的實驗支持是有其範圍的，而「後之視今，亦猶今之視昔」，由此養成了不過分推廣所獲結論的習慣。

最後，我想從這個機會講一講「數學」在物理科學中的地位。數學是物理科學中一項非常得力的工具。因為數學的各個部門，已經發展成完整的演

繹性系統，從一些基本的公設（或譯公理）出發，得出結論。數學中的公設並不一定相當於實際的那一些情形。可是，因為這個演繹系統已經發展得非常完整，我們就可以將適當的系統借過來作為物理科學中演繹的工具。尤其是，很多物理科學中的基本有關因素（概念）都可以用數量來表示，各數量間的關係（例如在空間一點與它的鄰近點的某一數量，好比溫度……。）有不少情形它們的演繹結果是已經由數學家們做出來的，（當然有時候，數學家會落後一些，物理學家們必須自己發展出所應用的數學工具，這種物理學家就兼著數學家的功能，這一類的人物在歷史上也有一些，如傅立葉等就是。）可以全盤搬過來應用。

當然，數學也幫助歸納法的推行，由很多數量化的概念中，經過某些運算，可以得到相等或大於（小於）的關係，由此，可以得到方程式或不等式，作為歸納的結果。這些式子的本身，也很容易作推廣（只要擴大其變數的適用範圍就行了）與預測（由解方程式），就由於這典型運算的方便，使數學成為物理科學中不可或缺的工具。

## 五、不斷的發展與不斷的綜合

也許這裡是一個恰當的地方來對前人給我們的物理遺產作一個概括性的瞭解，我們的重點，放在物理科學發展的主流上，並且提出前人所受的教訓，以供以後參考。

物理科學起於人類對自然現象的探索，以及對這些現象的綜合。人類對自然現象的觀察，固然受工具以及各種技術發展的影響而加速，然而理論的指引，也有很大的決定能力。至於理論，我們可以發現，它總有一個趨勢，希望將這個大千世界中無數的現象，綜合為很少數的一些原則。經過不少次嘗試，中間也變過不少次，所以將這種全盤綜合的嘗試作為線索，來回溯物理科學發展的路徑，無疑可以收到連貫的效果。

在各個民族的文化發達到一定程度以後，總是有人會作種種猜測，希望將宇宙的各種現象，綜合地納入一個完整的體系，而這種嘗試，最初一定是想像的成分非常多的，雖然其出發點多是基於實際的觀察。然而，科學方法的本身沒有充分地發展，使得很多時候，用玄想來作為「真理」的代言人，這一段歷史已過去了，可是它的教訓仍值得我們注意。

古希臘在積聚觀察記錄方面固然做了不少（大多在後期），而嘗試用「一以貫之」來瞭解宇宙，卻始終沒有間斷。開始時猜測水或火為宇宙的本質，稍後西西里的畢達哥拉斯一派，基於幾何的超前進步，傾向於將「形」與「數」對宇宙作神祕性的關連。這裡面，亞里斯多德還可以算是比較腳踏實地的一個人。這些猜測性的學說大多維持不了多久，以後經由埃及傳至羅馬，再傳下來到中世紀的科學遺產，除了以後觀察的結果外，不過是一些零碎的信念。比較有系統的，是演繹形式的幾何，在幾何內，演繹法的運用，雖然還不到完整的地步，卻已經相當有規模了，科學方法中二個主要方法之一的演繹法，其成形是比較早的。

當然，在古代，其他的古文化，如中國、印度，都對宇宙有各種形式的猜測，也建立了各種型態的假想系統。好比中國的五行相生與相勝的關係，就是一個很整齊的系統。其中玄想的成分太多了一些，顯得相當牽強，這些系統，因為與後來的發展很少有直接的關係，所以下面不再提了。

在文藝復興時期，越來越多人意識到對宇宙各種事物的研討，應該憑實際的觀察而不應憑想像，歸納法就漸漸由原始的排比而發展成形，歸納時對事實的採用也漸漸形成了條例。而集大成的，就是十六世紀英國的法蘭西斯‧培根。培根的歸納方法當然還不夠健全，而且他對歸納法的過分鼓吹與對演繹法的過分壓抑，也容易引起當世與後世人的批評。然而，歸納法是經過培根的努力而成立的。其後法國的笛卡爾再將舊的（幾何的）演繹作了新的整理，結果是十七世紀以後物理科學的蓬勃發展。雖然如此，那時的人對於「定律」的本質以及它所受的限制並沒有多少自覺性的瞭解。

關於十七世紀，伽利略、克卜勒與牛頓一班人開始建立起力學，這一段歷史，前面一再用來舉例，這裡不再重複了。這裡要補充的是，牛頓為了要處理連續性的位移變化，以及連續性物體的重力，曾發展出微積分。在差不多同時，歐陸的萊布尼茲也發展了出來。當然，在此以前，笛卡爾的坐標幾何已經給予這新發展以充分的基礎。萊布尼茲的微積分的形式，運用起來比較方便，漸漸為大家普遍接受，這是數學方法與物理理論互相影響而進步的一個例子。

還有，十七世紀力學的發展，除了牛頓以外，在英國有虎克與波義爾，在歐陸有柏努力兄弟等人。他們的研究對象，除了質點力學外，還漸漸擴展

到連續體力學——彈性體與液體、氣體的性質——對氣體的研究，又開拓了以後熱力學一大片領域，這是以後的事，暫且不提。

在十七世紀，光學也漸漸成形。在文藝復興以前，已經對光的直線運行以及平面鏡與曲面鏡的運用，有了相當多的認識。折射現象也被利用來製成透鏡，供眼鏡以及望遠鏡之用。牛頓已經發現無色光會被稜鏡分析成光譜，又發現一片曲率不大的透鏡壓在一塊平玻璃板上會產生輪狀的花紋（牛頓環），在一些肥皂泡或薄膜上，也會顯出彩色的環，這些差不多是當時已知的有關光的現象，當然，由木星衛星的觀察，當時也已經知道光的傳遞有一定的速度，並且大致算出了這個速度。

對於光線的傳遞、反射與折射，在十七世紀初，數學家費瑪就曾經提出過這樣一個假說：光線的通道，傾向於使所需的時間為一極端值（極大或極小），這個原理現在有時還有用，雖然我們已經知道，光線的觀念只是一個近似的觀念。

牛頓由光的傳遞性質，假設光是一群微粒，這個理論，我們前面已經提到過，可是，那時波動的理論也漸漸發展了，由連續體力學（虎克與牛頓自己發展出來的），已經可以得出聲音為空氣中的波動的結論。（雖然第一次所計算出來的聲速與實驗並不相符，毛病很快就被改正過來。）因此，也有人猜測光線的本質也是這一類彈性體的波動，倡導的人為英國的虎克與在歐陸的惠更斯。最初，波動說者，對光波的性質並不太瞭解，只認為它與聲波相類似。整個光波學說在十八世紀被埋沒。到十九世紀，經過湯瑪斯·楊與傅瑞涅爾的發展，一方面新的實驗大量的出來，如多狹縫干涉、偏極化物質的發現等等，都顯示了光的波動特性，而且顯示光波為一種橫波，進一步的干涉實驗，也顯示光在介質內的速度較慢，這與牛頓的預測相反。由此，光的波動理論，贏得了普遍的接受。

十九世紀對氣體的研究，繼續十七世紀的工作，熱的物理發展得很慢，直到十八世紀末才證實熱為一種能量的形態，其他一些電磁的現象（如磁鐵的強度，靜電吸引或排斥現象）開始有人注意，化學也開始萌芽，熱素學說開始失勢。

然而十八世紀科學中最大的發展為力學，由初期的狀態進入壯盛時期。支持牛頓運動定律的實驗，一直在增加，而且，他的力學學說還被擴展到各

種複雜的系統上，由於牛頓力學的高度成功，很多人信服以此貫串物理。這種信念發展成十八世紀著名的機械論（以百科全書派為代表），進而影響到日後的工業革命以及十九世紀的物理科學。

十九世紀是物理的各個方面開花結果的時代。牛頓力學已經改變為各種不同的形態（如最小作用量原理），寄託著不同的哲學意義，企圖對其他部門產生指引的作用。電磁的現象漸漸超脫靜電與靜磁的範圍，開始發展到電流的效應（伏特、安培等等），尤其是十九世紀中葉的法拉第，發現了電磁的感應，並對於電磁的作用力給予一種「力線」的說明，漸漸變成場論。十九世紀的後期，有馬克士威爾出來，用了新發展的偏微分方程將電磁場的方程式寫出來。在馬克士威爾的手下，電磁場是一種連續的特定函數，可以由這些電荷或電流（稱為「場源」）所產生，而電流或電荷在電磁場內也必定是受到一定程度的力。由此可以用預定的電磁或電流來量電磁場，並且將場源與受力物質分開處理了。由電磁場的理論，演繹出波動的解，進而發現電磁波中一個小波段，就相當於以前所知道的「光波」，這樣光學與電磁學統一了，系統也擴大了。

熱學在十九世紀內的發展也不小，熱功當量的測量，比較熱能加入其他能態的解而有總能量之守恆的關係，就是在十九世紀的中期確定的，受工業革命的影響，對熱機作用的研究，經過研究出熱力學第二定律，進而確定永動機為不可能。法國的卡諾與克勞秀士、英國的卡爾文、美國的吉布士等幾個人，將熱學發展到相當完整的狀態。另一方面，大家也漸漸瞭解熱的現象，相當於簡單分子的運動，大群分子的運動無法一一去觀察，然而其平均的效應，即顯現於巨觀的現象上。因此，微觀的物質分子結構的力學問題，就與物體的巨觀表現（熱學問題）聯繫起來。這種聯繫是統計性的，馬克士威爾與波茲曼由此發展出一套統計力學，得到進一步嚴謹的理論。

另外，在十九世紀，化學漸漸成形，而成為一門獨立的科學，原子學說被提出並且被證實。各方面各種現象的觀察，其範圍與精密程度都較前大量增加。

由上面的討論，我們看出在十九世紀，力學成功地併吞了熱學，並且很顯然與連續體的各種特性有密切的連繫。另一方面，電磁學與光學也混合了。當時的物理學家們的野心就是希望能溝通這兩大系統，藉著十八世紀機械論

者的餘勇，他們假設電磁場的交互作用是經由一種介質——稱為以太——而完成的，而以太中的波動就成電磁波。在這一類的理論內，「以太」被要求有各式各樣的力學與電磁學的性質，以至到了很難自相一致的情況。這種理論雖然很快就灰飛煙滅，可是它的確代表人們對物理理論統一的嘗試，而且，在各種實驗證據的夾攻下，還勉強維持了一段時間，也不能說絕對沒有成功的地方。

由十九世紀進到二十世紀，物理學在理論方面的革命導致了科學方法的革命，這裡面枝節太多，無法一一說明。通常所謂的「近代物理」就是這個時期的產物。然而，最重要的還不在於理論的翻新，而在於對物理科學所用的方法與限制有自覺性的瞭解。

十九世紀的物理學家們後來並沒有找到以太，也因此沒有成功地將力學與電磁學連繫起來。可是除此而外，一切都顯得非常美妙。追溯起來，由十八世紀的機械論進到十九世紀的以太理論，大家都有些對定律過份擴展的習慣，這種習慣又被十九世紀很多新的正面的觀察結果所推波助瀾。本來大家對定律有範圍這件事就缺乏自覺，不知不覺地一直將手頭的定律與理論擴大而沒有碰壁，更使人覺得已經摸到宇宙的「真理」。這種趨勢終於在十九世紀末到二十世紀初停下來，停下來的理由是，實驗技術的大幅進步增加觀察的範圍，而終於發現現在所謂的「古典」力學與電磁學的限度，過了這個限度，實際結果就與「古典」理論的預測不符了。

自從二十世紀初葉以來，觀察的範圍是大大地開闊了。以後在理論上的發展導致技術上的進步，而技術上的進步又增加測量的準確度，並將很多以前探測不到的範圍也探測到了。好比電子儀器的發達使我們可以量到 $\sim 10^{-9}$ 秒的時間差，因此對高速度下的現象就可以對付。電子顯微鏡的出現使我們「看到」很小的物體，高能量加速器的設計與製造使我們能夠深入瞭解原子核內的結構，這方面的例子多得不勝枚舉，而且這種趨勢可能還會繼續下去。

由於觀察範圍的開闊，以往一個部門現在都化為好多部門，也有些部門是新闢的，在這裡無法一一介紹。我想有一件事必須交待清楚的是，在那一方面的現象，十九世紀的「古典」物理已經不夠，需要有嶄新的理論與概念出現。大致說起來，這包含著兩方面的現象，其一是速度高達至能夠與光速

比較的現象（例如～$\frac{1}{10}c$），另一方面，是屬於小尺度（小到 100Å 數量級以下）或高頻率（大於 $10^{16}$Hz）的現象。

「古典」電磁學對高速下的現象並不發生問題，毛病出在「古典」力學方面，新的實驗結果，促使物理學家們重建適用範圍較廣的力學，即特殊相對論。特殊相對論不但將力學的範圍擴大到高速現象，使它與電磁學顯得更為和諧，而且，對於位置與時間的測量，也都有詳盡的檢討，破除了以往「絕對時間」的信念，並且得出時空間的對稱性。

至於小尺度或高頻率的現象，古典的力學與電磁學都出了毛病。最初出現的實驗為黑體輻射，它反覆的觀察證實黑體輻射的強度分布，在高頻率部分很快地降了下來，與古典理論的結果不符。其次，高頻率的電磁波又顯得很像微粒（光電效應與康普吞效應），一時似乎光的微粒說又要回來似的。另一方面，由光譜的分析給我們很多有關原子構造的資料，而很多光譜的數據（例如不連續譜線的出現）顯示，「古典」的力學與電磁學在這方面又是無能為力的。

這一大部的實驗導致量子理論的建立，將古典力學與電磁學的範圍都擴大了。然而以前大尺度下的現象所抽取的一些基本觀念，例如微粒與波，位置與動量等，在小尺度的現象下顯得不能夠同時被準確地測量。新的量子理論為了要對付這種局勢，不得不引入機率，也當作描述那些「微觀」現象的工具。

除了這兩方面以外，似乎在大質量附近的現象也有問題。這方面新的理論嘗試有廣義相對論，不過這一方面的現象主要的來源為從遙遠的星體所發出的輻射的分析；對現象的觀察比較間接，也不太容易準確，因此這方面的理論發展一直比較慢。

更重要的是二十世紀的物理學家，由這些新的理論發展學到一個很好的教訓：任何的理論，在經過實驗證實以前都是猜測；理論內所涉及的必要觀念，必須可以真正被測量出來；再則，任何定律其有效範圍，以有觀察憑證的範圍為限。這些自覺性的瞭解漸漸成為今日大部分人所接受的科學方法與態度。

另外，對物理科學的貫串的嘗試，也沒有中斷。有特殊相對論與量子論

匯合以後，一般的「粒子」在本質上缺了古典的「質點」的特性，而顯示出「場」的特徵，比較近的嘗試，是因量子理論來貫串力學與電磁學，不過這方面的問題還多，能不能成功都在未定之天。

　　物理科學顯然還是在急速的發展當中。以往，有很多屬於物理的科學系統，由於茁壯而獨立出去，可是新的觀測資料的出現仍然維持物理為一門多采多姿的科學。不但如此，物理在各種現象性的科學中始終佔著基礎性的地位。不但物理內部的各理論系統有綜合的趨勢，而且物理系統骨架的伸延，也顯得可以包容其他現象性的科學。

後記：這是我對「六十五年度高級中等學校學生物理專題研習會」所準備的
　　　演講稿，撰寫於 1976 年。後來的演講並沒有照這篇稿子進行，然而我
　　　覺得它也許可以幫助中學生瞭解物理的基本方法，以及物理是怎樣的
　　　一門科學，因此我將它略作修改，投在《科學月刊》上。

# 第十五章
## 「自然科學導論」目標的探討

## 一、導 言

目前,「通識教育」這個口號,已經在大部分校園裡叫響了。在現代高度分化的大學教育體制下,加入部分設計良好的通識課程,的確可以使學生的知識領域增廣,進而培養出較開闊的心胸。除此以外,對主修理科或工科的大學生,讓他們接觸一些有關人文或社會學科層面的知識,有助於培育他們的人文氣息與修養,使他們日後在複雜的社會中做正常的人。這些都是經常被提出來的目標。

另一方面,對本來主修人文或社會學科的同學們,很多學校往往也會開設一二科「自然科學導論」之類的課程給他們修讀,以應教育部「通識教育」的要求。這類課程的內容往往相當混雜,並且很難講得出確切的教學目標。本文希望對這方面做一個初步的探討,並且進一步提出我自己的看法。

我對目前臺灣各校「自然科學導論」一類課程的內容大綱並沒有很完整的收集。不過,就我日常接觸所及,歸納起來大致有以下數種形態。相信雖不中亦不遠。

有部分教師將此科設計成對「科技新知」的介紹。教師挑選幾項熱門的科技(尤其著重於技術)題材——如核能、汙染控制、光電、電算機、複合材料等等,作非常概括性的講述與介紹,必要時並輔以圖片。這樣的課程相當容易討好,因此選修的人數通常不會少。學生的課業負擔一般都不會太重,卻多少可以學到一些新的名詞與術語,顯得可跟上時代。然而這一類型介紹性的課程畢竟太膚淺,學生聽過了以後,除了增加一些日常談話的題材外,是否真正能獲得多少益處,實在值得懷疑。

另一種極端的嘗試,為推介科學的認知論,並敘述與之相關的各種哲學性問題,而用科學史中典型的事跡來作說明的範例。這樣的課程可以滿足部分能夠深思的同學的胃口。尤其是,如果經過精心的設計,可以使原來學人文或社會學科的人體會到自然科學的基本方法與精神,對他們的本行知識可以收到攻錯的效果。問題是,這樣的課程通常不會太輕鬆,對大部分人文或

社會學科的學生不見得很適合，更不必談普受歡迎了。更嚴重的是，講解的深入程度非常不容易做到恰到好處，講得太淺了，不容易抓到癢處，其膚淺的味道比前面那種情形還要使人難耐；(因為沒有新奇的事物來吸引人們的注意力。)講得太深入了，很容易變成一門專門的課程，與「通識教育」的精神背道而馳。

上面所舉的兩種情形還可說是經過設計過的，還有一些任課教員根本就沒有花費太多的精力來做課程的設計。有些人引用一本國外的教科書，依樣畫葫蘆地教下去；也有些人將此科弄成一個大拼盤——請好幾位教授各講一個自己專精的題目，而不顧及其連貫性與整體性。這樣的檢討，一定還可以做很多。我認為，基本的問題出在，很少有人真正探討過「自然科學導論」這門課到底應有怎樣的教學目標，所以其內容總顯得有些雜湊的意味，真正上軌道的做法，當然是根據預定的目標來設計課程的內容大綱。下面提出我的看法。

## 二、通識教育與常識

在大學的專門科目中，夾進一二門其他領域的課，當然不會期望學生能從裡面得到多少專門知識，當然，在目前呆板的學制下，有少數學生能由此而進入另一領域並發生興趣，甚至進一步改行，也未嘗不是一件好事。然而這僅是附帶的功能，而且其功能僅到引起興趣為止。打定主意要轉行的人，自然會專從基本知識學起，也無需藉通識課程中的「導論」這種半調子的課來打基礎。

我自己的看法是，「自然科學導論」這門課應以增進學生自然科學方面的常識為主要目標。希望下面的說明能夠清楚表明我的意見。

所謂「常識」，是相對於專門知識而言的。人類文明的各種知識，本來是由因應各種環境之挑戰所得之經驗積聚而成的，積聚既多，知識的內容越來越豐富，非個人所能全部把握，不能不有所分工；知識因此漸趨專門化。然而每個人在其生活中仍然不斷會受到周遭環境的考驗而必須有所反應，必須做判斷。其事也許太小而不值得用到專門知識，時機也許太迫切而等不及去找專家來協助，這時常識就派上了用場。由常識所生出來的判斷，往往直截而易行；雖然不如專門知識那樣確切，然而往往不會相差太遠，例如：現代

人看到水總會知道如何趨避與利用；在野外躲雷雨時，大多會懂得避免站在樹下；遇到感冒發燒時，很多人知道應該多喝水與多休息。這些反應都是由無數人的經驗積聚而來，經過尊長學校及社會傳播工具不斷地耳提面命，終於成了文明人日常知識的一部分，必要時就拿出來派上用場了。

常識不僅表現於實用性的事例上，通常人們對奇特的事情會感到好奇，有時會想去探究一下；人們對怪異的事往往會感到驚恐，會想躲避。這時常識往往可以滿足部分的好奇心，或卻除部分的恐懼心，使人類的精力不至於浪費。例如現代的人如果看到日蝕，絕不會像原始人那樣害怕太陽就此消失。類似的例子還可以舉出一大堆。總括一下：由已成熟的專門知識中抽取出一些簡單的法則，為大多數文明人所共同接受，而成為其識見與能力的一部分，這就是常識。

當然，常識與專門知識之間也沒有很嚴格的分界；不同的時代與不同的地域會有不同的標準。然而，一般而言，在常識中不會包含太多細節，中智以上的人把握起來不會有太大的困難。另一方面，當一個社會的人（平均）所具有的常識越豐富，這個社會的文明程度也一定越高，其人應變的能力也一定會越強。

一般人對常識的建立，大致有兩個主要的途徑：其一是學校的基本教育，其二是大眾傳播工具，在目前的臺灣，這兩條途徑都有所缺失，影響到一般人的常識程度，報紙、雜誌及廣播電視等大眾傳播工具，往往為公眾的低俗趣味所左右，而志不在此；至於國民基本教育，雖然非常普及，卻不幸必須兼負起升學準備的任務，而使傳授常識的功能大打折扣。現代的高級知識分子，大多是從重重的升學考試中奮戰出來的，當能體會到在目前的基礎教育的教材中，往往被塞進太多應付考試的資料，對建立常識毫無幫助。經由這一系列升學考試而進入大學的人，常識未免不足，除了自己努力看書自修外，大學的通識教育課程，應該是一個有效的補充機會。因此在設計此類課程時，總該將增進常識作為目標之一。

## 三、自然科學的常識

自然科學為人類文化的一個重要部分。由於其系統性較其他學術為分明，其術語之界定以及其命題之敘述都遠較其他學術為嚴謹，因此其成果的進展

較易積聚。自然科學所研討的對象為自然界的事物，其因素較容易制約，其理論較容易驗證，因此，較之人文與社會諸學科，其進步也較快速。（尤以近一二百年為尤甚。）隨著自然科學的快速進展，遂演變出越來越細的分支，各科自有其專門知識，從事研究的人很難各部門都精通。因此，由各科之專門知識採集出來的科學常識，遂顯得格外重要。在人類的生活中，既然不斷與自然界各項事物打交道，則任何人都不能不具有一些自然科學的基本常識。身為現代的高級知識分子，更需要對自然科學的常識有進一步的掌握。對主修人文或社會學科的學生而言，大學中的「自然科學導論」這門課應為建立科學常識的最適當機會。

自然科學的進展日新月異，在大學中的專門知識的課程，需要經常作內容上的修正與補充，這對通識教育的「自然科學導論」，會有怎樣的影響呢？有許多以前屬於專門知識範圍的材料，現在漸漸進入常識的領域來了，我們的課程設計，是不是應該馬上跟上呢？還有，自然科學由於其應用性比較強，很多問題在特定的時間往往會成為社會上注意的焦點。（事過境遷後又逐漸不受注意。）遇到那種情形，是不是也應該加到課程內呢？如果經常有這樣的加入，課程的內容豈不是又會變得很瑣碎？！而且區區幾個學分的課程，可不可能滿足這些擴充的需求呢？

上面所提的問題，在考慮以增進常識作為「自然科學導論」的教學目標時，是應該首先解決的。如果無法解決的話，後果將會很嚴重，使這門課程自然變成一個大雜燴。好在自然科學有高度的系統性。這種系統的特性，不僅僅表現於專門知識的層面，也表現於常識的層面。這個特性，正好可以被利用來解決上面所提的困擾。

自然科學的系統性，主要表現在自然現象間的關連上。一大群現象可以由其所涉及因素之相似而彙集為同一類，在此一類中可以發現出各種因素的變化之間常有所關連，將這些關連歸納起來，可形成定律。而各個定律之間，也有相關連的地方。……由這些關連作基礎，可以漸漸構成一個大的網絡。自然科學特別成功的一點就是，這個網絡幾乎可以將其中各個部分都連繫到了；而且新的發展顯示，原來以物理與化學為中心的網絡，除了本身逐漸加密以外，也不斷向外擴張；漸漸將生命科學以及其他相關的科學，都包容進去了。

也許舉一些細節的實例可以講得更清楚一些。十六、十七世紀的物理學家由物體運動狀況的變化程度（涉及到速度與加速度等可測量）歸納出一套運動定律，並且提出「力」的觀念，來貫串運動的變化，其後人們漸漸發現，這套運動定律不僅適用於地球上的普通小件物體，還可以適用到天文上的行星運動，（那裡另有一套歸納出來的定律。）不但如此，整套觀念還可以被推廣到彈性體、液體與氣體上面去。這裡面牽涉到的定律很多，然而可以抽取出一些共通的觀念（如能量、動量等）來互相連繫。漸漸在十八與十九世紀形成整套的力學。而透過了對物質分子結構的探討，力學又與熱學連繫上了，再由運動之改變引出交互作用的觀念，連繫到萬有引力、電磁學、場論……等等的領域，由此建構起「古典物理」的架構，另一方面，由研討物質變化及反應而形成的化學，也由對原子結構的進一步瞭解而與物理的各方面（尤其是電磁學與量子論）掛上了鉤，成為大架構的一部分，這個大架構當然還牽涉到很多其他的部分，有很多細節無法在此一一加以交待，就此打住。

上面的例子講得非常粗糙，我主要想指出來的是：在自然科學的大架構中包含著一些較小的架構，（以及它們之間的連繫關係。）而每一個這種較小的架構（例如上面所引的力學、電磁學等）的本身又是由更小的架構所組成的。……這樣可以一直分析進去。我所希望強調的是：如果我們忽略某一層次小架構的本身結構，只看作一個粗疏的小單位；而著重看它與其他同層次小單位間的連繫，這樣得出一副骨架的圖像，對自然科學的瞭解與欣賞有提綱挈領的效用。

當粗疏到了一定的程度，每一個小單位都成了常識層次的觀念後，由這些觀念以及互相的關連所形成的粗疏架構就顯示出自然科學在常識層面的系統圖像。把握了這個圖像，即使忘記了其中的一部分，在需要使用時由它在整個圖像中的位置可得到一些估計性的結論，而發揮常識的效果。當專業知識的一部分上升到常識層次以後，如能把握了更粗疏一層次的架構關係，就不難用作指引，由介紹性的書刊吸收進一步的細節。即使不去看介紹性的書刊，也可經由整體架構間的關連多少得到一些概念。

「自然科學導論」這門課，如果能夠掌握了上述的精神來設計，則一定不會變得很瑣碎，整個課程可以顯示出其完整性與貫串性。

## 四、初步的建議

如果上二節所講的論點還可以成立的話，則「自然科學導論」課程內應該突出一些重要的觀念來作關鍵點，而盡量清楚描述各個觀念之間的關連。在描述的時候，可以盡量引用典型的應用事物來作說明。可是這樣的說明只是舉例的性質，不能刻意求全。（否則就又變成「科學新知」的型態了。）

至於如何來選擇這些關鍵性的重要觀念，當然需要進一步的探討，這些觀念必須夠大，已落到常識的層次；又必須夠小，使整個課程不至於太空泛。詳細的討論需要花費很多篇幅，不是這樣一篇原則性的文章所能容納得了的。這裡只提出一個最初步的具體構想，一方面用以補充前面數節比較抽象的議論，另一方面提供作為進一步討論的基礎。

我認為在這個課程內，有五個大的題目是一定需要包含進去的，那是：㈠自然界物質的變化（包括形狀、位置、狀態與化學成分的變化）及分類；㈡能量的各種型態、能量的傳遞與貯存，以及各種型態能量間的轉變；㈢力與交互作用；㈣地球、太陽及宇宙的各種表現及其結構；㈤物質的分析以及其微觀結構。這五項題目都包含著很廣泛的觀念，各項之間的關連非常密切，而且每一項的本身都具有相當多常識性的內涵，這只是一個最上層的骨架，其細節有待於進一步的挑選與設計。在說明這五個大題目間的關連時，又可以拿能量的觀念來貫串全局，組合成一個結構緊密的系統。

上面的建議只提出一個最雛形的構想，希望對此科有教學經驗的人能夠提出批判與補充。另一方面，我相信對上面五項題材有認識的人可以體會到自然科學在常識層次的系統性。

## 五、餘 論

通識課程通常最容易犯的幾個毛病，一是太深，二是太雜。前一個毛病比較容易覺察與改正，（學生感到受不了時就不選了！）後一個毛病卻比較難避免。本文希望由自然科學本身的系統性來解決內容瑣碎的問題。雖然只談自然科學，但是我想其原則也可以推展到別的方面。只要是人類文明所產生出來的知識，總應該會有脈絡可循。有了脈絡系統做依據，應該可以將原來雜亂無章的內容組織起來。當然別的科目其系統性不見得會像自然科學那樣

明顯與有層次，因此在設計課程時，需要倍花精力。

很多通識課程都用「集錦式」的型態來開設，由好多位教授來各講一段，我自己一直對這種做法感到懷疑。推斷做這樣安排的課程設計人可能會這樣想：通識教育所牽涉的內容太廣泛，而教員很難找到各方面都能夠擅場的；不如將負擔分攤，還可以讓每個人將他那一部分的精華講出來。我認為要設計一門通識教育的課程，當然需要花費很多心力。（專業課程也不應該例外。）如果企圖走捷徑，可能會得不償失。從來在教育上有一個通則是：千言萬語，不如以身作則。既然我們都在強調教育的「通識」，而教員本身卻拿不出通識的榜樣，甚至以大拼盤的方式來塞責，那就無怪乎學生也要以應付的態度來學習了，那時，通識教育又將如何落實？

# 第十六章
## 隱喻——心智的得力工具

## 一、前 言

　　這是一篇嘗試性的讀書報告。隱喻問題之所以吸引我，在於它對觀念的形成機制，有前人未言的看法；啟示我重新思考科學中重要觀念的性質、來由與演變。我並且覺得，在「科學革命」中，它對「典範」的傳承與變革有深入的啟發。在文獻追溯過程中，我發現這一線索的想法在美國已蓬勃了好一段時間，但主要局限在語言學與哲學圈內，外人較少知曉。近年其影響力才逐漸擴散到認知心理學與神經科學，造成不小的反響。

　　最近二十年，在認知科學中興起了一個學派：以柏克萊加州大學的萊科夫 (George Lakoff) 為首。他是語言學家，本來研究變衍文法，後來才轉到認知科學去。當六〇年代他求學的時候，瓊斯基 (N. Chomsky) 的語言學正興起，萊科夫當然備受影響。到七〇年代他進入柏克萊加州大學後，漸對瓊斯基學派將語法對語義剝離的作風不滿意。七〇年代後期，他與當時南伊利諾大學哲學系助理教授強森 (M. Johnson) 合作探討隱喻及類似的心智體現在認知科學的地位，由此建立起他自己的學說❶。連帶，他也放棄了以往所深信的「功能主義」與以謂詞邏輯為藍本的語法模型。七〇至八〇年代間，他從隱喻的探討悟到，認知過程中對事物類別的辨認，是與古典的「範疇化理論」不相容的。他的看法，傾向於維根斯坦 (L. Wittgenstein) 後期的主張與羅施 (E. Rosch) 的典型理論❷。由這些思索，他漸悟出心智認知的機制，是「憑賴

---

❶　他與強森探討的結果包含在：G. Lakoff and M. Johnson, *METAPHORS WE LIVE BY*, Univ. of Chicago Press, 1980 一書內。

❷　L. Wittgenstein, *Philosophical Investigations*. Macmillan, 1953.
　　E. Rosch, "Prototype Classification and Logical Classification: The Two Systems". in E. Scholnick, ed., *NEW TRENDS IN COGNITIVE REPRESENTATION: CHALLENGES TO PIAGET'S THEORY*, pp. 73–86, Erlbaum, 1981。萊科夫這方面的主張，主要見：G. Lakoff, *WOMAN, FIRE and DANGEROUS THINGS: WHAT CATEGORIES REVEAL ABOUT THE MIND*, Univ. of Chicago Press, 1987。這本書有中文譯本：《女人、火、與危險事物》，梁玉玲等譯，顧曉鳴校，桂冠，1994 年。

軀體的」❸。他強烈地批評了笛卡爾的二元論與極端的「實在論」將心智與軀體分離的做法。

　　隱喻是由熟悉的心智領域投映到較陌生的領域的一種手法，下面還要詳為討論。隱喻的研討，以往也有不少人作過。不過那屬於「語用學」的範圍，通常強調「真意」與「借喻」用意的類似點。不過在六〇年代，已有人強調隱喻在認知上的不可避免性與超越「類似」的性能，已把隱喻從語用學拉到語義學內❹。1979 年奧東尼 (A. Ortony) 編了一本書 *METAPHOR and THOUGHT*，邀集許多專家各寫一章，討論當時隱喻研究的各個面向，其中已有人強調隱喻的建構性❺。那時萊科夫對隱喻的研究才剛開始，沒有加入作者群。到 1993 年奧東尼的書出第二版❻，許多篇章的作者都把握此機會修改；另外又新增了六章。萊科夫所寫的「The Contemporary Theory of Metaphor」就是新增之一。閱讀萊科夫此文，並且比較兩版的修改處，可以發現這十餘年有關隱喻研究的長足進展。然而萊科夫所寫的內容，在全書中還是別具一格。大致來說，他把隱喻當成由人類心智運作所透露出來的寶貴資訊。人類心智的黑箱，在認知科學家及神經生物學家的竭力探索下，所曝露的還是很有限。因為人類的認知思考大部分是無意識的，「內省」的方法不太管用。萊科夫以他的語言學背景考察由隱喻產生觀念的重要機制，對認知科學的貢獻是可觀的。下一節我會對萊科夫學說的內容，說我的淺顯瞭解，作一個簡介。可是大部分篇幅，我會花在隱喻在形成科學觀念上的地位。這也是我最感興趣的。

---

❸　「Embodied」這個名詞很難翻譯恰當；勉強譯為：「憑賴軀體的」。湯廷池教授提議譯為「具現於軀體的」，似乎太長一些，且心智本來就具現於軀體，當再思考。

❹　例如：M. Black, "METAPHOR", in M. Black ed.: *MODELS AND METAPHORS*, Cornell Univ. Press, 1962。

❺　A. Ortony ed., *METAPHOR and THOUGHT*, 1st ed., Cambridge Univ. Press, 1979。在這一版內，萊科夫雖然沒有寫稿，可是奧東尼所寫的首章：Metaphor: A Multidimensional Problem 經萊科夫看過並提過意見。見奧東尼的序。此書內有 M. J. Reddy, *THE CONDUIT METAPHOR: A CASE OF FRAME CONFLICT IN OUR LANGUAGE ABOUT LANGUAGE*，強調隱喻的建構性。

❻　A. Ortony ed., *METAPHOR and THOUGHT*, 2nd ed., Cambridge Univ. Press, 1993。萊科夫的 The Contemporary Theory of Metaphor 在 pp. 202–251。

## 二、萊科夫學說的簡介

　　萊科夫學派始於萊科夫與強森的合作，其書已見上引。其後強森自己也寫了討論有關憑賴軀體的心智，以及意義、理性等哲學問題的書，也對萊科夫造成影響。日後他又著書研討由認知科學觀點去看倫理學❼。後來萊科夫也分別與柯菲西斯 (Z. Kövecses) 合作研討情緒的隱喻，與透納 (Mark Turner) 合作探討文學中的隱喻與認知所涉及的隱喻的異同。日後，兩人分別沿同一條路線作研究❽。原則上，都應該納入萊科夫學派的範圍內；可是，一方面我沒有那些時間與精力去遍讀諸書，另一方面，一個演講也容不下這許多材料。就此帶過不表。就萊科夫自己的著作而言，所涉面相，亦難用幾頁報告來包含。最好還是看萊科夫自己的提要。

　　近來，萊科夫與強森又合寫了一本書：*Philosophy in the Flesh: The Embodied Mind and its Challenge to Western Thought*，將發展了近二十年的學說統合起來❾。作者在第一章就開門見山地申明了他們認定的三點認知科學的主要成果：㈠心智在本質上是憑賴軀體的。㈡思考大部分是在無意識下進

---

❼ M. Johnson: *The BODY in the MIND: The Body Basis of Meaning, Imagination and Reason.* Univ. of Chicago Press, 1987。強森後來主要作品有：M. Johnson: *Moral Imagination: Implications of Cognitive Science for Ethics.* Univ. of Chicago Press, 1993. M. Johnson: *How Moral Psychology Changes Moral Philosophy.* in L. May, A. Clarke & M. Friedman, ed. *MIND AND MORALS: Essays on Ethics and Cognitive Science*, pp. 45–68. MIT Press, 1996。

❽ 萊科夫與柯菲西斯的合作產品附在注❷所引之 *WOMAN, FIRE and DANGEROUS THINGS* 一書中。萊科夫與透納的合作產品為：G. Lakoff and M. Turner: *MORE THAN COOL REASON, A Field Guide to Poetic Metaphor*, Univ. of Chicago Press, 1989。其後柯菲西斯作品主要有：Z. Kövecses, *METAPHORS OF ANGER, PRIDE, AND LOVE A Lexical Approach to the Structure of Concepts*, John Benjamins Publishing Company, 1986、Z. Kövecses, Emotion Concept. Springer-Verlag, 1990。透納作品主要有：M. Turner: *DEATH IS THE MOTHER OF BEAUTY: MIND, METAPHOR, CRITICISM*, Univ. of Chicago Press, 1987、M. Turner: *The Literary Mind.* Oxford Univ. Press, 1995。

❾ G. Lakoff and M. Johnson, *Philosophy in the Flesh: The Embodied Mind and its Challenge to Western Thought.* Basic Books, 1999.

行的。㈢大多數抽象觀念是隱喻性的。

　　也許應該稍稍解釋幾句。此一學派將「憑賴軀體的心智」這樣高度哲學性的術語，放到他們首要的主張內，目的是在破解西方哲學傳統上「心軀分離」觀念的羈絆。西方傳統的知識論，總想在心智內抓住一些會「超越」軀體的成分！不論笛卡爾的「靈魂」也好、啟蒙時代強調的「理性」也好、甚至分析哲學中的「推理」等觀念，其實都逃脫不了「超越軀體」的手掌心；就算初期的認知科學，把人腦比作電腦的硬體，又將心智比作其軟體，還是走上了「心軀分離」的老路。另一方面，此一學派並不否定有外在的真實存在；對極端相對主義者，如羅狄 (R. Rorty) 一批人，將一切意義與價值推給「文化」，他們也不贊成。他們認為不僅要談「心軀合一」而已。但凡軀體用以適應環境的法寶，如各種知覺、運動、乃至情緒等等，都是構成心智的要件；而且除此之外，也別無其他因素。這是「憑賴軀體的心智」的精義，也是萊科夫學派最堅持的一點。當然，他們也得交代，是何種機制，使心智的功能從軀體的架構中浮現。這就涉及他們主張的第三點：即隱喻的重要性。

　　第二點是由目前神經科學給出來的結論。人類軀體的某些肌肉（例如心臟肌）雖受神經控制，然不受意識指揮。這一部分的神經活動，就是無意識的。人類的思考包含了知覺、辨認、語言、記憶、決斷等神經活動，意識只能達到其處理的最後階段。例如我們的視覺訊息在大腦枕葉皮層上數十個區域內被分解；對線條輪廓、色彩、運動等方面，各有專門負責處理之區域。然而這些分隔，卻無法在意識上呈現。又如語言雖會受到意識的控制，然而如何搜索詞彙、組成句子、如何為所組成的句子，找尋適當的音素組合等等，卻也都是無意識的。就可受意識控制的活動而言，倘若我們沒有專注的話，也無法浮現到意識層次。而且，重要的是意識的專注在時間上是串行的。大量並行的神經活動過程，也無法藉專注探取。故大部分神經活動是在無意識中進行的。這一件事實警示我們：不能太過信任以往學者基於內省所建立的心智理論。固然，對內省能力的特殊訓練，可以有限度增加其省察的效能與範圍。輔之以現象學理論，對經驗的取得，也可得相當啟示。那些都很有參考價值；可是離瞭解心智的運作還很遠。另一方面，固然神經生物學的發展一日千里，非破壞性掃描儀器（如 PET、fMRI 等）的解析度不斷增進；再輔以動物實驗與腦病變醫案，也對心智的運作，開了另一面窗。可是大腦究竟

太複雜了（有上千億神經元）。要從神經元的資訊推出心智如何運作，也非指日可待。在這種情形下，設計得好的心理或行為的實驗，會有很大的幫助。而實驗的設計，需要有好的理論指引。這就引我們注意萊科夫的第三點主張：大多數抽象觀念是隱喻性的。萊科夫發現：隱喻對觀念的形成，以及事物的範疇辨認，居於關鍵性的地位；讓我們把握了一套可信的心智的運作機制理論，有助於指引實驗設計，並有希望與神經科學其他的進展會合。

　　隱喻的分析與研討，是萊科夫理論的最重要部分。人類的思考，原來的功能是在千變萬化的環境求適應；這當然包含了知覺與運動以探索環境，也包含記憶以累積經驗。當非洲大草原日益乾旱、生態日益艱困時，人類需要日益擴大認知的範圍，開拓新食物的來源，且避免其他動物的侵襲。這使得人類文明逐漸進展。當環境變動太急劇，舊有單純的知覺運動功能不足以應付，而演化的標準機制（突變與天擇）又趕不上腳步，那時該怎麼辦？好在遠於人類出現之前，就有過很急劇變動的環境。從那時候「混」過來的生物，早就已經發展出一系列適應的機制與能力。那就是，基因型對表現型的決定，保留一定程度的可塑性；留給教養或個體適應來填補。這種機制，通常稱為「包德溫效應」❿。包德溫效應的適用範圍非常廣泛，對具有複雜神經系統的動物而言，特別有用。神經系統能夠產生的快速個體適應，其中之一，就是聯想。人類神經活動可以透過聯想，將知覺運動領域投映到其他領域，使所被投映的領域內的認知觀念，也能利用知覺運動內現成的設定，這就是產生隱喻的原動力。

　　在萊科夫一系列的書中，舉了很多例子來說明隱喻的作用。我無法在這

---

❿　包德溫效應通常可以促進演化。這方面的討論，請參閱：D. C. Dennett, Darwin's Dangerous Idea: Evolution and the Meaning of Life. Touchstone, 1996。這本書中利用天鈎與起重機的隱喻，來解釋包德溫效應可以產生類似拉馬克學說的效果，而又不違反達爾文的天擇原則，特別富有啟發性。另外，Matt Ridley, *THE RED QUEEN: Sex and the Evolution of Human Nature*. Macmillan, 1993, Ch. 8，也有深入討論。後一本有中文譯本：范昱峰譯《紅色皇后：性與人性的演化》，時報出版社，2000 年。此書對包德溫效應的解釋偏重於性的演化，不如前一本深遠。瑞德里最近又寫了一本書：Matt Ridley, *GENOME: The Autobiography of a Species in 23 Chapters*. HarperCollins Publishers 2000，在 Ch. 16 也談到包德溫效應，還是不詳細。

個簡短的演講內，作成代表性的濃縮。只好先選擇一個重要的實例，來說明上述之隱喻如何利用聯想去產生新的觀念。這裡所選擇的，是容器隱喻。

設想原始人住在山洞裡。他會認識山洞裡是「內」，而出了山洞是「外」；中間有一個邊界。再設想他用籃子裝食物，也可分出內部、外部與邊界。凡由外部越過邊界到內部，稱之為「入」，反之則為「出」。這些都是具體的事例，可以用軀體的知覺運動功能去體會。同樣，對軀體而言，亦可作容器看待。軀體可吃「進」食物、排「出」糞便。與此相比，在「心中」的思想，亦可被認作「事物在容器內」來處理。如英文的「in my mind」；而中國古典的《詩經‧小雅‧隰桑》也有「中心藏之」之句。再抽象一些：「把話講『出』來」、「想『出』一個點子」、「Figure it『out』」等，都是用容器隱喻對思想、語言等領域的投映。與容器隱喻相關的有空間隱喻，留到下一節再討論。不過容器隱喻還有一項重要用處：它常被用來表示物件的分類或事物的範疇。在通常的情形下，放到同一個容器中的物件，總有一些相似點；而容器的本身也有其範圍。所以拿幾種不同的物件投入好幾個不同的容器內，的確可在腦海中產生一幅「分類」的圖像：告訴我們「範疇」這個觀念，是怎麼一回事，其清晰勝過千言萬語。有時，甚至連容器的邊界也不必實有，有界限明顯的區域就行了。中國的成語「一丘之貉」（出《漢書‧楊惲傳》），就凸顯出這個圖像。萊科夫認為一般人的範疇觀念，就是這樣形成的，而且與古典意義的範疇不同。各類型往往各有一些典型的事物為代表，而其他事物，視其與典型關係的親疏，位於典型周圍，呈放射型結構。這樣得出的範疇劃分，界限會較模糊且不唯一；可是較近於人的認知實情。

還可以再舉一些其他的例子。在許多文化內，常以垂直位置的高低作隱喻，來表示數量的大小。好比物價「高」了、或年歲「長」了。這種「多者在上」的隱喻，其起源可能是觀察到：物體堆放越多，則顯得越高的原則，第四節還會再提起。這個隱喻有時也可稍加引申：用「高」或「大」去描述非數值的量。好比我們講「興『高』采烈」（出《文心雕龍‧體性篇》），或是倒過來講「『高』興」，就是以「高低」作隱喻來描述「興致」。類似的講法，也常會被用到別的情緒上。

嗅覺的「香」與「臭」，是基本的知覺之一；也常被當作隱喻，投映到別

的領域去。最常見的是用來表示好壞。好幾種文化都有這樣的講法。中國古代楚辭中的「芳草」與「蕭艾」，就是最顯著的例子。

「運動」是軀體的本能。不論軀幹的屈伸、或是兩手的擺動、兩腳的走動，都與空間觀念的擴展有很大的關係，留到下一節討論。然而由「軀體運動」，也可推展到知覺所經驗的「物體運動」，且建立其動止快慢等觀念。這些觀念也可投映到「變化」（例：「火候『到』了」）、也可投映到「過程」（例：「除『去』汙垢」）、也可投映到「目標」（例：「『止』於至善」）。當然，還可將它投映到時間的觀念領域上。這留給下一節發揮。

以「溫暖」表示親愛或關心，也是常見的例子。《左傳·宣公十二年》「三軍之士皆如挾纊」鮮活地顯示這個圖像。

此外，以「大」表示重要、以「見到」來表示瞭解等等，例子是舉不完的，就此打住。再介紹一下萊科夫學派對隱喻性質的看法。

萊科夫學派最大的貢獻，是在隱喻使用的大量分析中，發現有原初隱喻。其投映的始源，為軀體運動或知覺認知範圍所及的領域。上面所引的實例，大部分就屬於這種範疇。原初隱喻的重要性，在於它們首次由軀體直接認知領域中投映出來，發揮了與其他引申領域的聯繫的功能。雖然一般隱喻的使用，不是剛性的；可是，原初隱喻與軀體的直接認知關係密切。而人的軀體知覺，又有很大一部分受限於遺傳基因，沒有多少變化；是故這類隱喻，在各文化中，都相當類似。

萊科夫以此為基礎，研討了一般人的認知原則。他的主張是：較複雜的認知，還是循隱喻式的聯想方式，投映到較陌生的領域去。一個成功的投映，當然需要維持各隱喻間大致的協調性；不過除此以外，相當自由，沒有單一性。學者們為研究這些鬆散的認知原則，常將它們理想化以建立模型。萊科夫稱之為「理想化認知模型」（Idealized Cognitive Models 簡稱 ICMs）。萊科夫在這裡將「隱喻式的聯想」也包括在 ICMs 內而稍加推廣。除了一般狹義的隱喻外，至少還包含轉喻與圖像。不過他覺得用「隱喻」一個名詞概括亦無不妥，因為其機制都類似，並且還合於一般文學家慣用的隱喻方式（所謂「新隱喻」）。認知中的隱喻投映，其出發領域只需要比目標領域熟悉就行了，不需要特別原初的領域。例如，前面介紹過丹尼特 (D. C. Dennett) 用天鉤與

起重機的隱喻❶，來解釋包德溫效應，得到很好的效果。起重機是近世的發明，天鈎更是想像出來的東西，丹尼特一樣可以把它們生動地投映到未知的領域去。反過來說，萊科夫認為如果完全不用隱喻，則人類的認知將僅局限於直接的知覺範圍，變得非常貧瘠。

另外，萊科夫對語言學亦有不同於正統的想法。他認為語法不能自外於語意。反過來，語法可由語意產生。隱喻對產生語法的機制，亦居關鍵性地位。他所主張的語法建構，與正統的衍生語法完全不同調，而與蘭蓋克 (R. Langacker) 的認知語法❷相容。由於時間的限制，這裡也不去介紹其細節了。

## 三、科學觀念與隱喻

讓我們來討論物理的基本觀念，由最基本的空間與時間看起。

空間的觀念是如何浮現的呢？人的軀體顯然佔有空間。外物的位置與軀體各部位比較，可以大致估計其距離與方位。手足與身體的擺動，使我們應用觸覺去判斷物體的位置；而走動顯然增大了這種判斷的範圍。另一方面，視覺補充了對空間的認識。在走動可達的距離，視覺與觸覺兩種判斷的結果可以互相比較，互相校正；有了這種對校，對視覺範圍內較遠物體的空間位置，也可以進一步知曉。聽覺與嗅覺，可以作補充。（可能受一些其他因素，例如風向等的影響，而減少其可靠性。）這樣，憑著知覺間的連繫，讓我們對所處的空間，有一種樸素的掌握。我們對近處的距離估計，還相當拿手。再由重力的感受，對上下的方位，也很能夠判斷。這種原始的空間觀念，透過不同知覺領域間的互相投映，這已經是隱喻性的了。可是，我們的始祖超越了這種原始的空間觀念。一方面，他們利用地標與其他自然現象，去掌握水平的方位。他們開始利用工具（例如繩索）或默念走路的步數（那也需要發展出一套記數系統）來增加較大距離估計的可靠度。工具的大量運用，特別會擴展了我們祖先活動的空間範圍，也加強了演化上適應的優勢。例如距離判斷準確性的增加，使投擲性武器成為可能。地面高低的掌握，引發了狩獵時對陷阱或懸崖的利用等等。各種地標的認定，也讓人腦演化出認判類形的

---

❶  見注❿所引 D. C. Dennett 的書。丹尼特考證「天鈎」(Sky-hook) 可能是典出此世紀初飛機師的玩笑話。

❷  R. Langacker, *Foundations of Cognitive Grammar*, Vol.1. Stanford Univ. Press, 1986.

能力。人類的文化又加大了上述空間的體驗。工具運用的純熟，將距離的判估演變為測量，對大地的測量又產生了幾何。獸力的利用，又進一步擴大活動範圍。在此空間活動得久了，似乎這些體驗，就是外物的存在對我們心智上造成的表象。我們很難發現其實已經大量（無意識地）運用了隱喻的手法貫串了不同領域的認知與感覺。然而，每一項擴展，都不是唯一的；要看擴展以後是否合用來定案。而且也受各文化的特色的限制。例如地中海沿岸民族，由海平面的彎曲而傾向於將地面想為球面。而中國則「天圓地方」始終為主流。牛頓力學中的空間觀念，就是將上述西方文化中的空間體驗，向外無限擴大，並且假設每一部分的幾何性質都均勻，而得來的。

其次再討論時間。人類的意識，本來就有串行的性質，所以對事件的先後，人腦可作直接的判定。然而人腦對時間間隔的久暫，判斷的能力卻很差勁；受每一個人的身體境況的影響，不同人的感受有所不同，無法取得共識。因此，人腦往往借用運動的隱喻，去形成時間的觀念。在這種隱喻中，時間被形容為一種事物的「流動」，在我們的身邊經過。因此，英文中有「Time flies like an arrow」的說法，中文也有「白駒過隙」的成語。這種跨文化的隱喻，其實相當吻合人對「時間」的感覺。因為當人在清醒的時候，不斷會有知覺的資訊以神經元軸突放電的方式,匯聚於大腦前額葉皮層的工作記憶區；然後，或結集於運動皮層以指揮動作，或匯總至海馬體，作較長期的留存。在心理學上，原來就有「意識流」❸的講法。故這個隱喻中流動「事物」，可以當作人的意識。然而「以時間為運動」的隱喻，很難為人所普遍接受，有時詩人以此題目唱反調❹：

| | |
|---|---|
| Time goes, you say? Ah no! | 你以為時光逝去？非也！ |
| Alas, Time stays, we go. | 時光停滯，我們逝去。悲夫！ |
| ──The Paradox of Time, st. 1 | ──時光的悖論，首章 |

在科學中，「以時間為運動」的隱喻也始終無法生根。固然它太個人了，難作

---

❸　見 W. James, *THE PRINCIPLE OF PSYCHOLOGY*, Chapter IX; Harvard University Press 1981 or Dover 1950.

❹　這是英國詩人杜布森 (Henry Austin Dobson, 1840–1921) 於 1875 年寫的詩。

公眾的標準；然主要原因，在於無法藉此隱喻為「久暫」定量化，因此亦無從藉此形成速度的觀念。科學被逼要利用其他自然現象，作描述時間久暫的準繩。最常被用到的現象，就是週期運動或往復運動。例如太陽的升降、月亮的圓缺、季節冷暖的循環變化等，在各種文化中，都成了描述時距的參考標準。中國一般以「光陰」表時間：以「光」代表日、以「陰」代表月。(一說以「光」代表明、以「陰」代表暗。) 凸顯了日夜的週期。科學中的公認標準 (例如擺或晶體振盪的週期)，也屬於這種範疇。週期現象雖然合用，而「以時間為運動」的隱喻，在科學文獻上，卻還是留下痕跡。牛頓在他的 *Principia* 中說❺：

Absolute, true and mathematical time or duration flows evenly and equably from its own nature and independent of anything external.

其中還是用了「flows」這個字眼，還用「均衡」加以形容。可見「流動」的隱喻，是多麼難擺脫了。

牛頓認為時間與外在的因素無關，這與將人體對空間的體驗無限制擴大，且假設為獨立的存在，是一樣的心態。在隱喻的利用上，總是由中心向外，呈放射型擴展。再則，人對空間與時間的體驗，本質上是非常不同的。這些當時被認定為「客觀的真理」，在處理低速運動物體的時候，是非常成功的。可是到接近光速的場合，就一籌莫展了。這就需要特殊相對論來修正。在不同的慣性系間，不但時間與空間可以互相轉換，而且其數值也受參考系的影響。如果堅持原來的觀念為真理，則特殊相對論不啻為科學上的大革命。然而如果以隱喻視之，則原來的設定本來就是權宜性的；若不能配合實驗，修改就是了。這種實用主義的傾向，正是目前哲學界處理知識論的趨勢，尤以普特南 (H. Putnam) 為顯著❻。

---

❺  原文應為拉丁文，這裡已譯為現代英文。轉引自 R. B. Lindsay & H. Margenau, *FOUNDATIONS OF PHYSICS*, Dover, 1957, p. 73。

❻  請參閱：H. Putnam, *Representation and Reality*, MIT Press, 1988、H. Putnam, *Realism with a Human Face* (T. Conant ed.), Harvard Univ. Press, 1992、H. Putnam, *THE THREEFOLD CORD: MIND, BODY, AND WORLD*, Columbia University Press, 1999。

　　牛頓力學的另外兩個重要觀念，是質點與力，都是基於人們軀體的知覺與運動的功能與感受，藉由隱喻擴展其範圍而得來的。質點觀念，起源於被觀察的物體越小，其空間的位置越能明曉判定。因此，想像普通大小的物體（例如石塊）可被無限分割，這樣的隱喻無助於解決物質結構問題，可是對力學來說，卻已夠了。因為一般空間位置的測量，其準確程度也有限，物體只要小到這個程度，在實用上就可以當作質點看待。用此為基礎，大件物體（連續體）的運動與變形，也可以被化約為力學的問題。質點的觀念確立以後，與它連帶的質量觀念就隨之而來；其知覺基礎，就是輕重的分量。至於慣性質量，那要到詳細分析物體間交互作用導致運動的改變，才會出現。將慣性質量與重力質量畫上等號，更是由觀察歸納出來的結果，不是原始的觀念。

　　至於力的觀念，則起源於軀體四肢對外物的推擠。由石塊的丟擲，可以建立起施力與運動改變的關係；再觀察到施力可使物體變形，施力也可舉起重物；由此可以利用這些外物為工具，來量化「力」這個觀念。牛頓以前，施力要靠接觸。牛頓將接觸力的性質，當作隱喻，推延到地面物體與地球間，或是行星與太陽間，非接觸的交互作用。從而建立起萬有重力（引力）的理論。此理論的成功，顯示由接觸力投映到超距力的隱喻，是有效的。可是許多嘗試無功的隱喻（例如克卜勒的正多面體理論），卻早就被人忘懷了。由超距力的觀念再發展到「場」的觀念，更是隱喻性的投映。其出發點，是二維空間的場地上的高低不平；由此投映到三維空間中的每一點，場都會對那裡的物體有影響（施力）。而：「施力者」→「場或介質」→「受力者運動改變」這樣的鍊鎖模式，也形成一種隱喻，為古典物理中的「因果關係」觀念奠下基礎。

　　這樣很粗糙地探討了力學中主要觀念的隱喻特性。牛頓對另一項自然現象的隱喻嘗試，則運氣不是那麼好。他曾經發現用三稜鏡可以將太陽光分解為一系列的色光，而每種色光不再可分。他又發現：除了反射、折射等涉及介質邊界的情況外，光都是走直線的。他因此以為每種色光都是一種微粒，與前述的質點類似。由光源發出，中途或被吸收，或被反射折射（各種色光微粒被折射的程度不同，以此被分析）。最後可以刺激我們的眼睛，產生視覺。這種微粒隱喻，不幸很難處理光的干涉、繞射與偏極化等現象。牛頓因

為這個光的理論，飽受與他同時的虎克 (R. Hooke) 和稍後的楊 (T. Young) 的批評，而遭廢棄。十八世紀以後，光被普遍認作是一種波（偏極化需要它為橫波）。各色光的不同，被歸之於頻率的差異。

其他物理科學的各分支，其觀念的形成，也是一樣。在透過隱喻建構時，都經過一段摸索的時間，而且淘汰掉不少不適宜的隱喻。留下的痕跡，僅供從事科學史的人來憑弔。例如熱的卡路里理論、電流的單流或雙流爭辯、燃燒的燃素假設等等，不再一一討論。下面要花時間提一下物質結構。那牽涉到近代物理科學的另一次大革命——量子力學的誕生。

大塊物體（例如石塊）能夠碎裂成較小塊物體，這是石器時代就有的經驗。可是是否可以一直這樣碎裂下去呢？在放大鏡等輔助工具未出現以前，很難覺察到小如細沙般物體的碎裂。因此，古代文明對物質的結構是否有最基本的單位，往往成為哲學論辯的對象。例如，希臘有亞里斯多德與芝諾 (Zeno) 的論辯，中國戰國時《莊子·天下》篇也記載惠施一流辯者，持「一尺之捶，日取其半，萬世不竭。」的論點。其實，正面或反面的堅持都是一種隱喻式的投映。到十九世紀，道爾頓與亞佛加厥所提化學方面的證據傾向於原子論，由此引出化合物分子皆由元素原子所結合的隱喻。為了要進一步探討「結合」的機制，各種隱喻都出籠；由手牽手式的價鍵，到「八隅體」形式的模型，都是在科學史上留下痕跡的嘗試。化合物間的相似性，與週期表的出現，都增長了這方面討論的熱度。可是一直要到發現原子並非「不可分」，而包含中心帶正電的原子核，與在外層帶負電的電子以後，「結合」的機制才有進一步的突破。在羅瑟福 (E. Rutherford) 的實驗確定了電子是位於外層之後，理論上很自然的推想，是電子與原子核間的吸引力，維持著一個「太陽系」式的軌道結構；而且電子的分布及其運動方式，就必與原子間的「結合」力密切相關。這隱喻將行星式軌道投映到微小尺度 $(10^{-8}\text{cm})$，而又讓軌道微粒帶電。誰料這種外延的隱喻，卻遭到大困難！一方面電子為帶電體，由行星式運動的加速度產生的電磁輻射，理論上會耗盡其運動能量；另一方面，對原子電磁輻射的實測得到的是不連續的光譜。與馬克士威爾 (J. C. Maxwell) 的電磁理論相牴觸。顯然外延型態的隱喻，到此已經技窮，需要有其他型態的隱喻出現。

新一波發展的領導中心在丹麥的哥本哈根。在此以前，愛因斯坦為瞭解

釋光電現象，受蒲朗克 (M. Planck) 量子論❶的啟發，認為光的發射與吸收，還是與微粒類似，有其最小單位。他稱之為「光子」。這樣能量的變化，就可以不連續了。哥本哈根的波爾 (N. Bohr) 考慮氫原子（原子核只有一個質子，外層只有一個電子）。將上述之行星模型，加上能量「不連續」的條件（詳情省略），稱為「能階」。具有這些能階的狀態（被准許的軌道），稱為「靜態」。波爾假設輻射的產生，只可源於能階間的跳渡。這樣雜湊限制出來的模型，居然可以與氫原子光譜的頻率位置相當接近。然而對較複雜的原子，他的算法就沒有那樣好的結果。此外，譜線的強度，也無法預測。不特如此，行星式運動是牛頓力學的結果；對其能量加上不連續的限制，非常不自然。看樣子，牛頓由大尺度建立的力學，無法投映到原子尺度的範圍內。原來較樸素的隱喻無效了，我們需要新的隱喻，用以建立新的力學。另一方面，愛因斯坦的光子理論，似乎又把一百多年前牛頓的微粒模型復活了。然而光的干涉、繞射等波動現象，還是照樣在那裡攪局。波爾本人對此，特別感到困擾。二十世紀的二十年代初，原子結構的理論充滿了混亂。

　　波爾對這種情況當然感受深刻。他努力嘗試了各種可能的出路，結果是失望的。努力之一，是猜想一個正確的理論，在處理漸大尺度問題的時候，應如何平滑地過渡到牛頓力學與馬克士威爾的電磁理論去。為此他建立了一個「對應原理」作為指引，用以預測譜線的強度。他再與柯蘭牟 (H. A. Kramers) 及史雷特 (J. C. Slater) 合作，發展出一套他稱為虛振盪子❶的模型，希望能夠化解能階間的瞬時跳渡，與馬克士威爾電磁理論的連續變化，所產生的衝突。由這條路，他們終於導出光在物質內進行時正確的色散關係。可是，波爾那時顯然太著重於光的波動特性，使他的結果很難與實驗完全吻合。尤其是，此理論對康普頓效應（光對電子的散射）的預測，與 1924 年蓋格 (H. Geiger) 與波特 (W. Bothe) 的實驗❶牴觸。這逼使波爾重新考慮他的立場。

---

❶　蒲朗克的量子論由黑體輻射而來，涉及統計力學，這裡略過。

❶　原來的觀念是史雷特提供的，然而他的原意是「虛」的輻射場，格於柯蘭牟的反對而有所妥協。他們合寫文章：The Quantum Theory of Radiation，可在 B. L. van der Waerden 所編寫的：*SOURCES OF QUANTUM MECHANICS*, Dover Publications, 1968, pp. 159–176 中找到。

❶　見 Z. Phys. 32, p. 639, 1925。

舊的想法：將光或物質歸類為純然的微粒或波動的隱喻，顯然到處碰壁。他逐漸悟出，電子在原子那樣小的範圍內，用空間與時間來描述（即確定其軌道），不會是好辦法。正當此時，海森堡 (W. Heisenberg)、鮑立 (W. Pauli)、玻恩 (M. Born)、若旦 (P. Jordan)、與狄拉克 (P. A. M. Dirac) 等人基於能階隱喻，發展出來的矩陣力學，卻如火如荼地進展。不但順利解決氫原子光譜的問題，而且，在添加了鮑立的電子自旋和不相容原理以後，還成瞭解決多電子原子與化學鍵問題的利器。同一時代走上另外一條路的迪柏羅利 (L. de Broglie) 與薛丁格 (E. Schrödinger) 用偏微分方程為數學工具，將電子也當作波動來處理的波動力學，在經過玻恩對波函數賦予機率性的詮釋後，也殊途同歸，得出與矩陣力學完全相同的結果（薛丁格證明了這點），最後合併為量子力學。當 1927 年初，在海森堡的不確定原理 (Uncertainty Principle) 在哥本哈根思索成形的同時，波爾經過深思熟慮，終於形成了他自己的看法❷⓿。為融合波與粒子這兩種隱喻，他建構了一個理論指導原則，並創了一個名辭——互補原理。此原則從此成為哥本哈根學派信念的中心。

　　波爾的心路歷程，顯示隱喻在科學觀念形成中的重要性。牛頓力學主要是建立在質點的時空描述上，這些觀念都是人體運動與知覺經驗的直接延伸，故較易被接受。人們有時甚至忘記了這些觀念的隱喻源流。當新的現象超出舊隱喻的涵蓋範圍後，新的嘗試一定是人們所不習慣的；總需要一段熟悉的時期。量子力學各創始人之間，想法也很不同。例如薛丁格總傾向於否定電子的微粒性質，而將它想成為一種波。迪柏羅利有一度認物質波為一種「駕馭波」，指揮著微粒前進。這些隱喻都和波爾的想法格格不相入。就哥本哈根學派之內而言，1927 年初，海森堡還曾與波爾激烈爭辯著「實驗儀器對狀態的干擾」對「測不準」有多重要。波爾本來也是相當保守的，他嘗試了不少次，想把古典物理的許多隱喻投映到原子尺度，希望拼湊出一幅可接受的圖像。一再失敗以後，他終於接受機率為「互補而不衝突」的調和劑，也終於建立起一套經得起考驗的新隱喻系統。原子尺度的現象，對大多數人而言，本來就陌生；涵蓋這些現象的隱喻性觀念，當然不會像牛頓力學的觀念那樣

---

❷⓿　這一段歷史，請參閱海森堡的自傳性文集：W. Heisenberg, *PHYSICS AND BEYOND, ENCOUNTERS AND CONVERSATIONS*（A. J. Pomerans 英譯, Harper & Row, 1971）。

接近人的知覺經驗，也因此不易被接受。臺大物理系高涌泉教授用了這樣一段話來形容㉑：「學過量子力學的人都知道『怪異』恐怕還不足以形容量子力學，『荒誕』大概還差不多。」其實「怪異」或「荒誕」的感覺，都是由「反直覺」而來的。八十餘年以後的今天，還會有那樣的感覺，當時人以異端視之，亦不足為怪了。波爾的方案，因為得來不易，優缺點都透澈想過；因此，日後與愛因斯坦辯論時，對愛氏的辯難可以從容破解。他的互補原理似乎帶有英國式實用主義的氣味。倒是海森堡無法擺脫日爾曼人喜愛極端的民族性。認為牛頓力學與量子力學，各自形成自足的觀念系統，只有合不合實驗結果的問題，而沒有系統本身對錯的問題㉒。

　　近數十年來，隱喻對形成科學觀念的重要性，已漸受到重視。較早的時候，有柏德 (R. Boyd) 提出「建構理論的隱喻」㉓的觀念。最近畢圖企里 (S. Petruccioli) 在他的書中㉔，也曾經引用過這種觀念，以討論隱喻在波爾理論中的地位。在奧東尼編的書內還有一篇孔恩 (T. S. Kuhn) 寫的 Metaphor in Science 的短文㉕，批評柏德的看法。孔恩大致贊同柏德所強調隱喻的重要性；然對柏德為解決「指涉」問題所提「知識羅致」的講法有微辭。柏德在第二版的改寫中，為支援他的「知識羅致」而引入的「恆定性質叢」(Homeostatic Property Cluster) 與「指涉精準」觀念的申論，似乎把問題更複雜化了。柏德頗強調「建構理論的隱喻」獨特的相對穩定性與精準性。其實，科學問題總得通過實驗的考驗。有時，經過海森堡轉述㉖的愛因斯坦名言：

㉑　高涌泉，〈科學、理性與政治〉，第七次張昭鼎紀念研討會論文稿，2000 年 4 月 30日。

㉒　W. Heisenberg, op. cit., Ch. 8。

㉓　R. Boyd, *Metaphor and Theory Change: What is "Metaphor" a Metaphor for?* 包含在注❺所引書。在注❻所引書（前者的第二版）中，柏德又改寫了不少，並增添了相當多新內容。尤其是 Homeostasis Property Cluster。

㉔　S. Petruccioli, *ATOMS, METAPHORS AND PARADOXES, NIELS BOHR AND THE CONSTRUCTION OF A NEW PHYSICS*, Cambridge University Press, 1993。

㉕　T. S. Kuhn, *Metaphor in Science*，包含在注❺所引書。在注❻所引書（前者的第二版）中，孔恩並未改寫。

㉖　W. Heisenberg, op. cit., p. 63.

「理論決定何者可被觀察」固然可作暫時逃避的藉口，可是當實驗數據累積後，終須徹底面對。在驗證過程中，經圈內人的嚴酷批判，過得了關的隱喻觀念，當然顯得相對地穩定與精準，因為不合標準的隱喻都被淘汰了。孔恩的看法，其實與柏德相差得並不遠，似乎都未能在（憑賴軀體的）心智科學認知過程中，對隱喻所處的關鍵地位，賦予足夠的強調。

　　孔恩自己曾經提倡：當「科學革命」發生時，重要科學觀念轉變的前後，有「非同準性的」的特色。這就構成典範轉移❷。如果不去講求這種轉變的機制，則似乎「科學革命」先天的結構上，就有這種典範的輪替，顯得非常神祕。如從科學觀念的隱喻性本質去瞭解，則一切都順理成章。當新出現的現象超出原先隱喻的適用範圍，給人的印象就會像是漏洞百出，無法瞭解。舊的粒子軌道觀念，無法照顧到原子尺度的現象，無寧是很自然的事。在摸索的過程中，常會予人一種「危機」的感覺；新隱喻的成功啟用，也當然會給人耳目一新的感覺。隱喻間互相關連，其解釋會牽一髮而動全身；故蒯恩(W. V. Quine)的意義全盤論也有其真實性。這增強了非同準的印象。然而觀念的改變固然往往是蓋士塔(Gestalt)型的，可是也有很多沿襲。除非很必要，沒有人會自尋煩惱，放棄原來趁手的觀念不用，而另起爐灶。例如牛頓力學中的能量觀念很好用，尤其是守恆定律可以將許多現象關連起來。遇到涉及熱現象與電磁現象時，只需要將能量的範圍擴大，而不用改變其「作功的能力」的性質與意義。就其現象的範圍而言，舊的「能量」與新的「能量」，當然不同；可是「作功能力」的意義卻沒有變。是否真的非同準，實在是非常主觀的。到廣義相對論出現，能量也被當作重力場的場源的一部分，觀念又被調整了一次！這算不算典範的重整呢？當發現放射現象的 $\beta$ 衰變時，一度驚覺能量的帳單無法平衡！許多第一流的物理學家，都一度想放棄能量守恆

---

❷　在「科學革命」中會發生「典範」的轉移，這是孔恩所主張的。在他的好幾本書內都有，而且前後對「典範」的解釋也有點游移。不過，一般認為最能代表他此項主張的書應為：T. Kuhn, *The Structure of Scientific Revolution.* second ed., Univ. of Chicago Press, 1970。另外，我建議有興趣追究的人閱讀臺大物理系高涌泉教授的演講稿：〈孔恩 vs. 費曼〉（檔名：LP02-9.doc）來瞭解物理圈內人對孔恩理論的反應。（聽說李國偉教授已將此文放到「天下文化」的網站上。）

的觀念。那才是一個大變動！好在後來發現了微子，能量的帳單又平衡起來了，終於有驚無險。其實，許多觀念的變革，並非孔恩所說那樣有斷裂性的。隱喻本身的更替，已經足夠解釋很多科學觀念的變革了。

## 四、數學與邏輯

　　數學給人的印象，往往是先驗的、理性的；作為科學（尤其是物理科學）的語言，是強有力的。因此又有「科學的女皇」之稱。上面我們已經討論過：各種科學觀念，是人類憑賴軀體的心智在對外界認知的過程中，逐步建構而成的。那麼數學呢？我們逐漸瞭解，數學更是（憑賴軀體的）心智建構的產品。而且，往往是為解決實際問題而建構的。其中一項目標，就是為科學觀念找到記述與推理的工具。為了盡量避免犯錯，人們總是將運算符號化。這也讓不同的場合，可以使用同樣的運算，減少精力的浪費。至於把符號與外界事物完全加以脫離的「純數學」，則僅有很短的歷史。

　　數學本為處理數字與圖形的手法，各種古文化對這些手法，都做了有系統的改進。人類的大腦本來就具有（配合生存而演化的）個位小數目加減的能力。人眼對圖形的辨認，更是相當高明。有些人甚至會在頭腦中，將數字的大小與圖形連繫起來，這樣可以增進直覺的數字感覺。用第二節所講的「多者在上」隱喻，大致較大的數往往會佔上位，也有些文化中，數字與圖形的連繫由左向右橫排，那多半是受了文字書寫順序的影響。Dehaene 的書 ❷❽ 有較詳細的介紹。

　　本能以外，語言又加強了數字的記憶和計算能力。人們編了各種歌訣，並借助於身體的運動（扳手指頭）或工具（例如石塊、算籌、算盤等）以處理較大數字的加減與疊加（乘法）運算。至於除法，因為需要試乘，發展還在其後。文化的傳承，使這些手法的方便性得到不斷的改進。兒童從小的訓練（我們多數已忘記了小學時被逼強記九九乘法表的苦惱），增加其熟習程度；而文字的發明，更可減少錯誤。人類圖畫藝術的演進，使圖形的辨認發

---

❷❽　Stanislas Dehaene, *THE NUMBER SENSE: HOW THE MIND CREATES MATHEMATICS*, Oxford University Press, 1997。此書有中文譯本，書名為：《數字感——1, 2, 3 哪裡來?》，王麗娟譯，先覺出版，2000 年。譯本錯誤頗多。

展為可作資訊交換的工具。從開始,數目與圖形的處理,就與自然現象關係密切。農業開始後,土地的丈量術替幾何打下根基。當社群的範圍增大時,交易以及其他許多人際互動,都會涉及數目字。不少算法,都是為解決實際問題而產生的。中國古算書《九章算術》中經常出現的「術曰」,就保留了許多農業社會的實用背景。漸漸地,使用隱喻的啟示,讓數字關係剝離其實用背景而抽象化。在《孫子算經》中,就出現了不少數字的運算。《張邱建算經》在「術曰」之外還添上「草曰」,更顯示這種進步跡象。西洋的數學,其抽象化較中國為徹底,系統性也較強;較易成為後人進一步發展的立腳石。

科學,尤其是物理,通常可以把觀念量化,然後可將各觀念間的關連,表現成數學方程式。這包括假設、定律、推論等等。「可量化」幾乎成了物理觀念的傳統。本來最基本的空間與時間,就已經利用工具來測量:相對於一個標準單位,在準確的範圍內,尺與鐘將長度與時距化為有理數。這已經適用於比較粗糙的情形。然而,有理數在代數關係下,並不完整。故數學家創建了具有稠密特性的實數,以為補救。其他物理量的建立也類似。到了十七世紀,許多數學的分支,本來就是為物理問題而發展的。此趨勢直延到十九世紀。好多位數學家對物理也很有貢獻,牛頓和高斯是兩個最顯著的例子。無怪乎數學成為物理最適宜的工具。數學的進步往往容易刺激物理某方面的發展。例如,微積分與分析可配合物理量的局部變化特性,而偏微分方程則到了今天還是理論物理的利器。近代許多數學部門被用上:例如群論、纖維簇、微分流形等等,情況也類似。

數學的處理對象,其始其實不外乎數與形。到十九世紀,受命題邏輯的影響,透過容器的隱喻(第二節介紹過),發展出集合論,有利於推理的形式化。而所謂數與形的範圍,亦不斷地從原來樸素的內涵向外推廣。在近世學術分工的原則下,數學家的習採方式,不外乎在規定好的準則下,對特定的對象操弄(當然需要避免邏輯上的矛盾)。按操弄的對象與操弄的方式,分別建構數學的各分支部門。其目標,則逐漸僅在乎於學術的本身,成了「純」數學❷❾。至於為科學所用,則當作額外好處。事實上,也有不少部門,到如

---

❷❾　這裡要補充一點:就是當「純」數學形式化與公理化到極端時,它就會脫離原來賴以存在的隱喻性,而成了一種符號遊戲。這符號遊戲與原來的問題領域,可能會有

今還沒有找到科學上的應用；就是已經找到應用的那些，也可能不是唯一的
選擇。例如，由「非標準分析」所建構的實數系統，也沒有理由不能取代目
前慣用的實數。在各項科學中，其實也只有物理與數學有較密切的配合；那
是因為物理研討的對象，與數與形關係較深。有時對數學工具的學習，甚至
會影響物理理論建立的時效。例如，海森堡本來不知道有矩陣代數；若非玻
恩與狄拉克熟悉向量空間的數學結構，則海森堡的矩陣力學不會那樣順利地
產生。另外一個眾所周知的例子是：愛因斯坦在確立了「等效原理」，把握了
廣義相對論的觀念與原則後，花了一段時間去學習意大利數學家 T. Levi-
Civita 與 G. Ricci-Curbastro 發展出來的張量微積分，才求得廣義相對論中的
重力場方程式。由上面的討論可知：雖然在表面上，似乎數學與物理科學有
神祕的配合關係；其實，數學完全是建構的結果，而物理科學則往往與其所
用到的數學共同演進。說穿了一點也不神祕。

　　再談一下邏輯。那更是建構的結果，而且把規則定得更嚴密。命題邏輯
的幾個基本運算，顯然與容器的隱喻有關：AND、OR 與 NOT，都由範疇而
來。謂辭邏輯，則受語言的啟示。這裡不再詳談，可參閱德福林 (K. Devlin)
的書❸。這裡要強調的是，邏輯與人類大腦的功能並不貼合。尤其「蘊涵關
係」，借用其他功能的跡象非常明顯。這個問題，目前認知心理學已有初步的
瞭解。1966 年瓦森 (Peter Wason) 提出一個實驗，稱為 Selection Task。其方
式為：用一些卡片，每一張的正面各寫一個英文字母，如 A、B、C、D、E、
F、G 等，其反面則各寫有一個阿拉伯數字，如 1、2、3、4、5、6、7 等。
下面是四張如此的卡片❸：

---

差距，視形式化時採取那些公理 (Axiom) 而定。這種情形，就有些像文學中常見的
「死隱喻」(Dead metaphor)。後面談到邏輯時，也更需要注意這一點，因為邏輯的
建構規律更為嚴格。

❸　Keith Devlin, *GOODBYE, DESCARTES: The End of Logic and the Search for a New Cosmology of the Mind*, John Wiley & Sons, Inc., 1997.
　　李國偉、饒偉立譯，《笛卡兒，拜拜!》，天下文化，2000 年。
❸　詳見：L. Cosmides & John Tooby, Cognitive Adaptation for Social Exchange, in J. H. Barkow et al. ed., *THE ADAPTED MIND*. Oxford Univ. Press, 1992, pp. 163–228。

| D | F | 3 | 7 |
|---|---|---|---|

問題是：至少需要翻那幾張卡片，才能確定（就這四張卡片而言）下述命題之正確或錯誤：如卡片之正面為「D」，則其反面為「3」。按邏輯來說，若以P代「D」，Q代「3」；則上述之命題為P→Q。在上面四張卡片中，還可以用～P來代表如「F」的其他字母、用～Q代表如「7」的其他數字。為了要確定此命題之正確或錯誤，除了要檢查是否P→Q外，還需要檢查是否～Q→～P。故正確的做法，應該翻第一張與第四張。可是瓦森用這個問題測驗過很多人；雖然大部分人都會回答翻第一張，卻很少人（少於四分之一）回答該翻第四張，有一部分人甚至以為該翻第三張。看樣子，瓦森所測驗的那批人，邏輯能力並不高明。然而，同樣的邏輯以不同的問題內容表達出來，測驗的結果卻有顯著的不同。考慮下述的問題❷：在一個規定未成年（小於二十歲）的人不准喝酒的地區，酒店伙計將店內四位顧客所喝之飲料及其年歲分別寫在四張卡片上，交給掌櫃採取行動。掌櫃將卡片一字排開在櫃臺上，如下圖：

| 喝啤酒 | 喝可樂 | 廿五歲 | 十六歲 |
|---|---|---|---|

問題是：他至少需要翻那幾張卡片，才能確定那幾位違規？從邏輯的觀點，這與前面那個問題是一樣的。若以P代「喝酒」、Q代「小於二十歲」，則要檢查的，除了是否有P→Q外，還需要確定是否～Q→～P。故正確的做法，應該翻第一張與第四張。這次，大部分受測試者都沒有忘記翻那反面寫著「十六歲」的卡片，看看是否正面有喝酒的記載。這兩個測驗結果的顯著差異，顯示人的大腦處理蘊涵關係的邏輯問題，用的不是抽象的符號；而是借用大腦本有的功能模組。柯斯米蒂 (L. Cosmides) 與圖比 (John Tooby) 對此問題作了徹底的檢討。他們嘗試了各種型態的測驗題目，結果發現，受測者的表現

---

❷ R. A. Griggs & J. R. Cox, The Elusive Thermatic-materials Effect in Wason's Selection Task. *British Journal of Psychology*, 73, 407–420, 1982.

與是否熟悉題目內容無關；而與是否涉及「社會規約」有關。只要涉及社會規約，則受測者多能有滿意的表現。顯然在原始人類社會化的過程中，演化賦予人腦一種能力，藉此可以判斷人際的規約是否被遵守、對方是否在耍賴。而人類所發明邏輯運作中的「蘊涵關係」，顯然是利用了大腦的這一種能力。因為不是本來就具有的，所以需要學習，而且經常會犯錯。

這個研究，清晰地顯示：邏輯是人類的建構。雖然很有用，可是並沒有獲得大腦的完整適應❸。

## 五、萊科夫學派與心理學及神經科學間的互動

萊科夫學派開始於一個語言學家和一個哲學家的對談。對談的結果，除了給哲學的知識論與語言學指示了新的方向以外，還多方涉及認知科學的發展。首先，他們必須對抗本行的正統聲音。萊科夫在遠離瓊斯基學派勢力的美西開始結集一個集團，由隱喻的研究發展成認知語言學。在哲學方面，他們更需要面對由蒯恩到社爾 (J. R. Searle) 各類型實在論者的反對。萊科夫學派先為他們自己的學說在實在論內定位，再反駁其他人的論點。社爾在奧東尼編 *Metaphor and Thought*, 1st ed. 內寫過一篇 "Metaphor"❹，用較傳統的觀點看待隱喻，萊科夫在該書第二版內曾討論過社爾所舉的例子，並用自己的學說重新詮釋❺。他們的努力漸超越批評者的聲浪❻，獲得同儕的認同；且影響認知科學的進展，尤其是建立抽象觀念必有軀體知覺基礎的信念。

---

❸　近幾年來，好幾本書都提起過這個實驗。例如：S. Pinker, *HOW THE MIND WORKS*, W. W. Norton, 1997, Ch. 5; Victor S. Johnston, *WHY WE FEEL: The Science of Human Emotions Perseus Books*, 1999, Ch. 8; Matt Ridley: *THE RED QUEEN*（注❿已引）, Ch. 10，然僅有最後一本有中文譯本。其重點多放在強調心智具有偵測虛謊的功能，以配合其討論之「馬基亞維里假設」。因此，我認為再提出來支援「邏輯未獲大腦的完整適應」的討論，應不為多餘。

❹　J. R. Searle, "Metaphor". in A. Ortony ed., 注❺所引書。在第二版內，社爾並未改寫此文。

❺　G. Lakoff，注❻所引文。

❻　例如 E. R. MacCormac, *A COGNITIVE THEORY OF METAPHOR*. MIT Press, 1985。這本書似乎沒有太多人注意。

　　那時認知科學開始也不太久，還沒有很成熟的研究方法。與它密切相關的心理學也才擺脫行為學派影響的籠罩，重新拾起詹姆斯的先知灼見，開始重視心智的認知機制。對於隱喻投映的機制，心理學家並沒有很成熟的解釋，然而亦不斷有嘗試。有一個模型認為：在幼兒階段，較為抽象的觀念發展自他的主觀判斷；而幼兒的主觀判斷，本來就是由知覺運動領域感受的，故其混同是很自然的。例如，第二節所舉以「溫暖」表示親愛或關心，就可以這樣去瞭解：幼兒本來就由在親人懷抱的溫暖感覺，建立他受到親愛或關心的印象。到幼兒稍長大後，所感受的範圍逐漸擴展，抽象觀念領域與知覺運動領域才漸行分離。然而，觀念與有關知覺的密切聯繫，已經建立起來了。這樣產生的原初隱喻，雖然不是天生遺傳的，可是因受每人軀體知覺運動機制的約束，故個人與個人之間的個別差異不大。這不過是一個嘗試性的模型。我也沒有把握在短時間看懂消化、並濃縮成幾行。不過，總算是心理學對萊科夫學派的支援。有興趣者請看原始資料❸。

　　當七〇至八〇年代，神經生理學也處在相當幼稚時期。除了基本的解剖知識之外，只聚集了一些大腦病變記錄與動物實驗結果。當時，掃描性的儀器判別度還不高。對大腦的研究，功能主義較佔上風。受人工智慧風氣的影響，新的平行電腦技術，促使用電腦模擬大腦功能的「聯絡主義」勃興❸。一時電腦成為神經科學的熱門工具。二三十年來，這方面並沒有多少突破，可是以之發展模型，的確很好用。近年來，已可將原來的平行分散處理，與特殊要求的結構（如視覺對圖形辨識的設計）混合起來，形成舊瓶新酒的「結構性聯絡主義」。對建構把知覺與觀念聯合的認知模型，特別適宜。萊科夫自

---

❸　C. Johnson, "Metaphor vs. Conflation in Acquisition of Polysemy". in M. K. Hiraga et al. ed., *CULTURAL, TYPOLOGICAL AND PSYCHOLOGICAL ISSUES IN COGNITIVE LINGUISTICS*. John Benjamins, 1997。

❸　大致是，利用平行分散處理（Parallel distributed processing 簡稱 PDP）網路。那是一種多層處理器 (Processor) 組合成的結構。一層輸入，一層輸出；其間有一或多「隱藏的中間層」。各層的每一個處理器（模擬神經元）都與其下一層一定數目的處理器聯絡，其訊號可以促使或是抑制下一層處理器發出訊號。聯絡點（模擬神經突觸）的強度可以藉學習來改變。PDP 可用來探討各種神經功能的機制。當然，那是用軟體模擬的。

己並不特別信任 PDP。畢竟，大腦中的神經元如何連接，還不清楚。然而，到九〇年代中期，萊科夫的柏克萊研究小組，也開始採取電腦模擬的進路，得到啟發性的結果：利用正面的學習訓練網路，可以在有限的範圍內，聯繫知覺與觀念。原則上，他們將這種電腦模擬，當作一種存在性的證明。意思就是，如果像人所設計出來的粗糙網路都能做到某些功能，那麼演化的「天功」就更不必講了。

　　萊科夫對兩位神經科學家相當欣賞。一位是達馬修 (Antonio Damasio)：萊科夫接受他所提的「匯聚區假說」並建議加以推廣❸。達馬修與他的夫人 Hanna 都是傑出的腦神經醫學家，他們對腦神經病變有深厚瞭解。以此為基礎研究自我意識問題，成績卓越。他們很著重情緒對形成理性判斷的重要性。匯聚區假說是他們所提「身體標記假說」的一部分。現代的 fMRI 顯示：即使一個簡單的知覺功能，也需要大腦中很多部位配合處理。身體的感覺訊息在其間反覆分散傳遞，再加上以往記憶經驗的比較。處理的結果，知覺的每一概略（Aspect，例如視覺所包含的物體線條、方位、色彩、運動情況乃至特殊形象，如人的臉形或動物的身軀輪廓等）匯聚凸顯於各部位。例如色彩匯聚於 V4、運動情況匯聚於 V5 等。某一匯聚的部位如被傷毀或有病變，其所負責的概略就有缺損；而非在那裡匯聚的概略，其訊息雖也路過，可是由於分散的原故，其缺損有限。然而，由於每個神經元軸突大量與其他神經元連繫，一條軸突的放電，可以促使或抑制其他神經元的放電，其影響程度還可透過學習與記憶而增減。因此，一大群資訊之間可以凸顯聯想的關係。萊科夫覺得，各種認知的圖像，在大腦中也可能有不同的匯聚區。

❸　G. Lakoff, "The Neurocognitive Self: Conceptual System Research in the 21st Century and the Rethinking of What a Person Is". in R. Solso et al. ed., *THE SCIENCE OF THE MIND: 2001 AND BEYOND*, Oxford Univ. Press, 1995, pp. 221–243。達馬修理論見：A. R. Damasio, *Descartes' Error: Emotion, Reason, and the Human Brain*. Avon, 1994、A. R. "Damasio, The Somatic Marker Hypothesis and the Possible Function of the Prefrontal Cortex". in A. C. Roberts et al. ed., *THE PREFRONTAL CORTEX: EXECUTIVE AND COGNITIVE FUNCTIONS*. Oxford Univ. Press, 1998 與 A. R. Damasio, *The Feeling of What Happens*. Harcourt Brace, 1999。達馬修的最重要意見，在於情緒對人類理性思考與意識的發生，佔著關鍵性的地位。

萊科夫所欣賞的另一位神經科學家是艾迪曼 (G. M. Edelman)。他原是免疫生物學家，為 1972 年諾貝爾生醫獎得主。他由免疫細胞的增生獲得靈感，提出「神經元群選擇理論」❹。他把「群口」概念引進神經元群。他假設在認知過程中，由於軸突間的聯繫與「回聯」，達爾文式的選擇機制作用於神經元突觸的群口間，由此控制其強度。艾迪曼認為這樣的系統可成為「神經元範疇化」與聯想的機制，而這正是萊科夫的理論所需要的。艾迪曼也相當欣賞萊科夫，他在 *BRIGHT AIR, BRILLIANT FIRE* 一書中，對萊科夫理論有相當詳盡的推介。雖然，他也沒有忘記提醒萊科夫要多聽生物學家的意見。

人類心理學家蕭耳 (B. Shore) 在他的 *CULTURE IN MIND* ❹中，對萊科夫理論頗有好感，然亦語帶保留地提出待解的問題。其實，他所提的問題，大多與心智本身機制問題相關。萊科夫學派以語言學為基地，只能鑽入心智問題的一部分，然而還是一種有價值的嘗試。下一步顯然還需要各學門的分工合作，才有較深入解決的希望。另一位由語言學轉到認知科學的著名學者平克 (S. Pinker)，相當強調認知過程中，隱喻的重要性❹。在所引書內，有一節就叫「Metaphorical Mind」。他認為人類大腦中特有的隱喻性思考，促進了演化的大躍進。我覺得與其像戴康 ❹(T. W. Deacon) 那樣以「Symbolic

---

❹ G. M. Edelman, *Neural Darwinism: The Theory of Neuronal Group Selection.* BasicBooks, 1987、G. M. Edelman, *Topobiology: An Introduction to Molecular Embryology.* BasicBooks, 1988、G. M. Edelman, *The Remembered Present: A Biological Theory of Consciousness.* BasicBooks, 1989、G. M. Edelman, *Bright Air, Brilliant Fire: On the Matter of the Mind.* BasicBooks, 1992、G. M. Edelman and G. Tononi, *A Universe of Consciousness: How Matter Becomes Imagination.* BasicBooks, 2000。艾迪曼的前三本書詳略互見，第四本書：*Bright Air, Brilliant Fire: On the Matter of the Mind* 集其大成。

❹ B. Shore, *CULTURE IN MIND: Cognition, Culture, and the Problem of Meaning*, Oxford Univ. Press, 1996 Ch. 13, "Culture and the Problem of Meaning", p. 332.

❹ S. Pinker, 注❸所引書, p. 352。

❹ T. W. Deacon, *The Symbolic Species: The Co-evolution of Language and the Brain*, W. W. Norton 1997。他在 Ch. 11 還創了一個「Homo symbolicus」的名詞。我認為「Symbol」這字不宜用，因為人類某些文化所創的「Symbol」，顯然還未得到大腦的充分適應！然而戴康在此書內所提出 Co-evolution 的觀念，卻很有價值。可參閱：

Species」形容人類，不如改為「Metaphorical Species」還較為貼切。

　　然而，平克卻對萊科夫的範疇化理論頗有微辭，認為未注意及規則動詞，然其理由頗不充分。平克為了照顧規則動詞，假設在心智中有處理「條例」的功能模組❹。他把演化的重要性引進語言學，這一方面他擺脫瓊斯基的偏見；可是，他似乎總想將語法的規則性過分獨立於語意之外。他抱怨萊科夫太執著現實世界的不整齊性，而未能欣賞理想化在處理科學問題上的重大貢獻❺。我想萊科夫不會不知道這一點。問題是，瓊斯基學派幾乎把「理想化」當作遁辭，以維護其中心假說：即心智中具有語法的功能性模組。萊科夫卻不贊同這種局部化模組❻的想法，他寧可接受達馬修提倡的匯聚區假說。

　　一般來說，萊科夫的理論受到越來越多人的重視，也越來越多其他方面科學的進展可與它相配合。我要用一段引語來結束這一節：發展心理學家曼德樂 (J. M. Mandler) 用預言的方式，認為認知語言學 (Cognitive linguistics) 在二十一世紀必能戰勝瓊斯基語言學。她用幾句簡短的話描述並稱讚認知語言學❼：

> ...this approach asserted that language was based on nonpropositional forms of representation, consisting of dynamic analog structure. It also claimed that these image-like patterns were not only involved in language understanding but were central to all human thought.

---

R. Dawkins, *Unweaving the Rainbow: Science, Delusion and the Appetite for Wonder*. Houghton Mifflin Co. 1998, Ch. 12。

❹ S. Pinker, *WORDS AND RULES: The Ingredients of Language*. BasicBooks 1999 Ch. 10, p. 277.

❺ S. Pinker, 注❸所引書，p. 311。

❻ G. Lakoff 注❻所引文。

❼ J. M. Mandler, *The Death of Developmental Psychology*. in R. Solso et al. ed.: 注❸所引書，pp. 79–89。文中所引之段落在 p. 83。她甚至沒有忘記對瓊斯基學派的學霸作風幽一默。

## 六、小結: 隱喻是心智的得力工具

　　萊科夫學派稱他們所信的知識論為「認知實在論」。人類對此真實世界的認知，必須透過運動中軀體的接觸，或知覺器官的查察；而這些都是憑賴軀體的。後來，逐漸利用各種工具去探索新的環境。換言之，工具可以增加人類認知的範圍，補軀體之不足。然而，最後還是由憑賴軀體的心智，來將工具對外界接觸的結果賦予詮釋或意義。我們往往會舉照片可以保存外界景緻，來辯護外界景緻實獨立於軀體而存在。然而，畢竟照片（縮到那麼小、而又是平面的）與外界景緻很不同，我們何以一看就會認識? 不但我們對照片影像如此，就是數萬年前的史前人，在現在屬於西班牙的 Altamira 的山洞內畫野牛時，史前人的心智，也很容易將畫的動物，與他們在原野上憑知覺所認知的動物聯想到一起，賦予指涉上有效的聯繫。這就是憑賴軀體的心智的拿手表現。說穿了不值一錢，視覺本來就能憑有限的資訊，獲致知覺的效果；有時還可以從以往的經驗❹（由記憶保存）加以補充。換言之，圖片只要供給恰當的輪廓，配合視覺皮層的要求，我們就會認識其內涵。由此可知，畫與照片是工具，確可補軀體之不足。然而其結果的詮釋或意義，卻受軀體的知覺限制，並非任意武斷的。

　　同樣，心智用隱喻作為工具，來擴展認知觀念的範圍。我們的老祖宗學會對樹上的果實加以分類: 哪些是立即可採了吃的、哪些是需要等一段時間才可採了吃的、哪些不能吃，而且最好不要碰的。當他們自己思索或與別人交換意見時，就會用容器隱喻中的「內」與「外」，去描述這些分類的歸屬。由此可見，容器的隱喻雖與實質的容器不同，其為有用的工具則一。有時實質的工具可以和隱喻混合使用。例如，燒焦的木條是實質工具；用它來在石板面上畫記號，去模擬環境內的實物，這就是一種隱喻性的投映。（嚴格來

❹ 視覺網膜對光非常敏感的地方（在中央小窩附近）很小。通常眼球不斷運動掃描，以擴大視角，而視覺皮層自動將不連續視覺資訊聯繫起來。故電影的不連續畫片可以顯得連續。盲點為視神經出眼球的通道，無法對光反應，留下景物空缺，也由視覺皮層自動填補。（參閱 P. M. Churchland & P. S. Churchland, *On the Contrary: Critical Essays*, 1987–1997, MIT Press 1998, Ch. 12。）可知大腦本來可以補足由網膜送出的資訊。在整個照明不佳的情形下，大腦也會對色彩修正。模糊的照片，本來看不出是什麼；如對原物相當熟悉，或預先獲得到提示，則形象會清楚浮現出來。

講，那屬於轉喻；不過我們無須分得那樣細。）如果再與該實物的語言發音發生聯想，則一個象形文字就此產生。這個例子很顯然也凸顯出隱喻的工具價值。而且，利用此工具得出的結果，其意義或詮釋，還受知覺的制約，任意性很少。若是用多幾重投映，離原來的知覺基礎越來越遠，其任意性就逐漸增加。表現在中國文字的「六書」上，就成了從象形、會意發展到指事、轉注、假借、形聲的逐步發展。而這種演變的順序，很顯然是受了文化的制約❹。在地中海區域，象形文字就走上拼音的路。

有時投映的結果，所涉及的觀念太過抽象；好比數目的運算，大腦本有的功能已無法有效應付。那時，就發展出硬背歌訣的辦法來解決。然而，這還是用到大腦的記憶與形式辨認的功能。所涉及領域之間的投映，還是隱喻性的。

由上面的討論，我們可以下這樣一個結論：隱喻不但是心智思考的工具，而且是非常重要的得力工具。若是沒有隱喻，則人類認知的範圍，將局促於知覺運動的貧瘠領域。雖然還是比許多動物要好，可是絕不會有文字、文化、哲學、科學等文明的要素。正如倘若實質工具不出現，則上述的文明要素也不會存在一樣。人類實質工具的進展，大概有二百萬年的歷史。思考工具很難留下化石，猜想其歷史也相當悠久。

最後，我還要附帶提一個題外的猜想：隱喻在人類文化中，是否成了瀰母 (Meme) 的一部分？據布蕾芙 (S. Blackmore) 的講法，瀰母是文化中自我促成複製的單位❺；符合廣衍性、逼真性與長存性。一般通過考驗的隱喻，似乎都符合這些標準。也許隱喻在為人類心智服務之時，會浮現它本身複製體的「自私」本性，傾向有利其本身的傳播。這個問題也許值得進一步探討。

---

❹ 歷代都有學者批評後漢許慎〈說文解字敘〉對「六書」的解釋和舉例不恰當。我不想在這裡花費篇幅介入此事。我的用意只是借這些慣用的名詞，說明隱喻對中國文字演變的影響，原則上為由具體到抽象；再演變為注音式的假借與形聲。中國語言特多的單音節語與元音（韻）佔上風的風格，影響它走不上拼音之路。

❺ 瀰母創自：R. Dawkins, *The Self Gene*. 2nd ed. Oxford Univ. Press, 1989。然 S. Blackmore, *The Meme Machine*. Oxford Univ. Press, 1999 才建立完整的理論。在 *SCIENTIFIC AMERICAN* Oct. 2000, pp. 52–61，刊有幾個人（包括布蕾芙）的辯論。

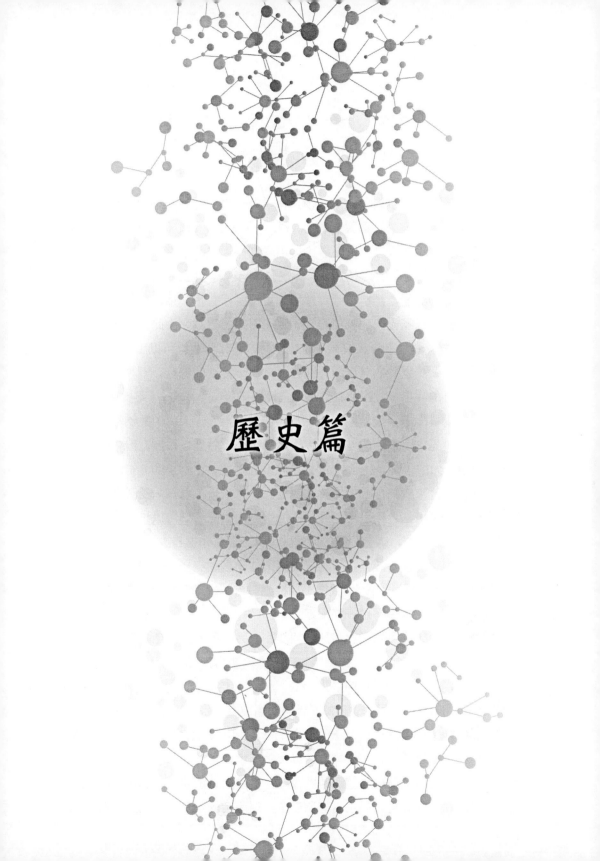

歴史篇

# 第十七章
## 孔子的「五十以學易」

孔子與《周易》的關係，一向是國學界爭訟的對象。由現有的資料看來，孔子是知道《周易》的卦辭與爻辭的。《論語・子路》載：「子曰：南人有言曰：人而無恆，不可以作巫醫。善夫！不恆其德，或承之羞。子曰：不占而已矣。」這裡孔子引用了《周易・恆・九三》的爻辭，在同一段內，孔子也引述了「南人」的諺語，這些引述，都用以支援對「有恆」這個德行的看重。他將恆卦的爻辭以及南人的諺語都當作眾所周知的智識，由此，我們可以判斷，《周易》卦爻辭對孔子及其弟子是何等地熟悉！我們也可以由《左傳》中不少有關占筮的記述看出《周易》被各國貴族所接納的程度，不少士大夫都明瞭占筮布卦的程序，並根據其結果來推測吉凶禍福。本來，《周易》是《周禮》的一個重要部分，春秋中後期，各國諸侯以及其士大夫的政治活動漸趨頻繁。原本為王室所掌握的《周易》也漸受這些人歡迎，畢竟，盼望能預知吉凶，原是人類的天性，《周易》的權威性既已建立，在不少非卜筮的場合也有人引《周易》來支持自己的見解。前述孔子對〈恆・九三〉爻辭的運用就是一例；後一種用法，原是前一種用法的引申，由此我們可以推斷，孔子對《周易》的卜筮作用，應有相當的瞭解。作為一個「知禮者」，孔子不可能排斥《周禮》中這個重要部分，只不過他的天性不喜歡談怪力亂神，在修身方面，他傾向於「居易以俟命」，我們不能從他對吉凶的缺乏興趣，來斷定他不懂卜筮，畢竟，這本來不是一件難事。

前述之猜想如果可以成立，則《論語》上另一段話就未免顯得奇怪了，《論語・述而》載：「子曰：加我數年，五十以學易，可以無大過矣。」這段記述的本身，文義明顯，孔子在四十六、七歲時，曾一度被一些有關《周易》的學問所吸引，有意願去學習。然而他自問還沒有準備好，（這當然也可能是託辭），想再等幾年再去學，庶幾可以沒有大錯誤，當然，這項學習計畫並未實現。剛好五十歲那年他出任司寇，以後數年他都忙於政事。從五十四歲起的十餘年，他對魯國政局失望而離開魯國，數度困迍於路途，到晚年回魯，情勢已非。舊有的興趣，恐怕消磨殆盡了，這段話的本身沒有問題。有問題

的是，孔子自三十五歲起就以「知禮」獲孟僖子賞識，對《周易》當然不會陌生，何以需要等到五十歲才去學習？就是這個疑點，使有些學者將「可以無大過矣」解釋為修身中的錯失，並進一步以《周易》為「寡過之書」，然而這種解釋顯然也說不通。如果需要用《周易》來寡過，則孔子所大力提倡的禮樂，難道是撐場面用的？因此我想，孔子一度想學的，是在春秋時才發展出來的特殊學問，該項學問還未曾普及，所以需要特別的學習。

　　這項特殊的學問是什麼呢？我認為《左傳‧昭公十二年》一段記述透露出一絲曙光，這段記述是：「南蒯之將叛也，……南蒯枚筮之，遇坤☷之比☵，曰：『黃裳元吉』。以為大吉也，示子服惠伯，曰：『即欲有事，何如？』惠伯曰：『吾嘗學此矣，忠信之事則可，不然，必敗。外彊內溫，忠也；和以率貞，信也。』故曰：『黃裳元吉』。黃，中之色也，裳，下之飾也；元，善之長也。中不忠，不得其色；下不共，不得其飾；事不善，不得其極。外內倡和為忠，率事以信為共，供養三德為善，非此三者弗當。且夫《易》，不可以占險，將何事也？且可飾乎？中美能黃，上美為元，下美則裳，參成可筮，猶有闕也，筮雖吉，未也！」請注意子服惠伯所特別強調的「吾嘗學此矣」中的「學」字，可以對應於「五十以學易」的「學」字。子服惠伯所說的話，雖然還是關於吉凶，然而卻與一般人所謂的吉凶不同。其判斷所考慮的因素很多，不是普通人所瞭解的，因此需要特別的學習。

　　我們可以估算一下子服惠伯當時的年齡，惠伯名椒，是孟獻子的孫子，《左傳‧襄公二十三年》記載他向季平子建言以犯門斬關為臧武子之罪，《左傳》以特筆描寫臧武子知道後的驚訝「國有人」。能進如此重要的建言，年齡不會太小，姑且估算當時為二十五歲，襄公二十三年為西元前五百五十年，昭公十二年為西元前五百三十年，相差二十年，就算用前述寬鬆的估算，子服惠伯在回答南蒯時，也已經四十五歲了。他是孟孫氏重要的支族，而且數度擔任重要的外交使命，他能受完整的貴族教育，本身又相當聰明，較之孔子的疏遠士族的身分，顯然有教育上的優勢，他在四十五歲時說出「吾嘗學此矣」，換成孔子，要等到五十才去學，也不算不合理。由此估算孔子說：「加我數年，五十以學易，可以無大過矣。」那段話的時候，子服惠伯大約七十歲，可能仍未死。孔子得知前輩的光榮事蹟，悠然神往，希望學習，也是可以瞭解的。

　　《左傳》中類似子服惠伯的例子還有一些，好比《左傳‧襄公九年》所記載穆姜遇艮之八之筮，穆姜自己的解釋就很類似，其他的事例，請參閱李鏡池所著〈左國中易筮之研究〉。然而只有子服惠伯特別強調「吾嘗學此矣」可以讓我們利用作為借鏡，去瞭解孔子所說的「五十以學易」的意義。

　　其實不難分析，何以當春秋中後期會發展出這樣一門學問？當《周易》為各國貴族普遍接納，並且瞭解布卦程序的人越來越多時，原有的卦爻辭就遠不足應付千變萬化的占問事項。《周易》只有六十四卦，四百五十條卦爻辭（連用九與用六）能包容的事例太有限，至遲到春秋初期，就有人想到利用「之卦」作為補充，可是還是不夠，卦爻辭中固然包含一些事例及故事，可以做較彈性的解釋，可是寫定的「元吉」「悔」「吝」「貞凶」之類卻難有變化的餘地，結果出現一連串規範，有些基於卦象（如：外彊內溫），有些為一般性原則（如：易不可占險），漸形成繁瑣的學問，僅少數人才能把握。這些規範涉及個人的行為，有勸善的效果，所以孔子一度受其吸引，然而終究是在談吉凶休咎，與孔子的天性太不近，孔子想再等幾年，也有託辭的可能。

# 第十八章
## 「人之無良」——伯有的牢騷

### 摘要

　　這是一個揣測古人心理的嘗試。在有限的歷史資料下，用推想來補充當時人物的心理過程，以之貫串已知的片斷記載，而且能做到自圓其說。《左傳》裡有關伯有的記錄，本文都用上了，而以「人之無良」為樞紐。

## 一、垂隴賦詩

　　兩千五百六十年前（魯襄公二十七年，546 BC），初秋的一個好日子，晉國的執政趙武在宋國舉行的弭兵大會上，與楚國令尹子木（屈建）終於達成了「低盪」的協議：利益均分。夾在晉楚兩大國間的宋、鄭、陳、蔡、曹、衛、魯等小國，從原來的「事奉一個主」變成了「事奉兩個主」！可是至少在表面上，這是一項劃時代的外交成就，各國可以期望以後的征戰會少很多，君民都可以暫時透一口氣，享受一段和平的日子。趙武與他的隨從由弭兵大會回去，路過鄭國北境的垂隴。年輕的東道主鄭簡公設宴款待他，陪宴的有鄭國的六卿，包括當國子展（公孫舍之），代表鄭國參加弭兵大會的伯有（良霄）、聽政子西（公孫夏），再加上子產（公孫僑）、子大叔（游吉）、子石（印段），還有上大夫伯石（公孫段）。

　　席間，趙武提議鄭國陪宴的七位卿大夫賦詩。這在春秋的外交場合，是常有的禮節。大夫所受養成教育，本來也包括「登高能賦」在內，不過在宴會中，賦詩者不過選一段現成的詩（這些詩多數至今還保存在《詩經》內），實際的詠唱，則由樂工代勞。所選的詩是否適當，聽者是否瞭解賦詩者的心意而作出相當的應對，往往會反映出雙方的心願與能力，為當時「知禮」者所重視，不適當的賦詩或反應，往往會被輕視與訕笑，甚至可能會影響到外交的成敗。

　　趙武的年齡雖然並不大（其實還不到四十五歲），看起來卻頗顯得衰老，

他很喜歡被喻為「君子」，因此在賦詩中，好幾位卿大夫都以「君子」來讚美他，由子展的「未見君子，……亦既見止，……」，子產的「既見君子，其樂如何？……」，伯石的「君子樂胥，受天之祜。……」，乃至子大叔稍變化的「有美一人，清揚婉兮！」趙武都很高興地道謝，並回讚幾句，當然他也不會忘記自謙之辭。賦詩本可斷章取義，不必顧及詩之原意，因此也不必排斥情詩，如子大叔所賦的〈野有蔓草〉，就是〈鄭風〉中的情詩，其結語為「邂逅相遇，與子皆臧」，趙武當然不會因此誤解成子大叔這個美秀青年男子是「同志」，而且愛上了他這個糟老頭子。可是當輪到伯有的時候，樂工所唱的赫然是：

> 鶉之奔奔，鵲之彊彊。人之無良，我以為兄。
> 鵲之彊彊，鶉之奔奔。人之無良，我以為君。

大家聽了面色大變，席上歡愉的氣氛馬上凝住了，趙武用教訓的口氣說：「關起門來講的話不可以出門檻，更不可以在廣場傳播，我這個出使的人不想聽！」（原文是：「牀笫之言不踰閾，況在野乎！非使人之所得聞也。」）當場主客都很尷尬，子西趕快賦《小雅‧黍苗》第四章：「肅肅謝功，召伯營之，烈烈征師，召伯成之。」用召伯虎擬趙武，希望打圓場，趙武只淡淡地回了一句：「我的國君才配，我不敢當。」（原文是：「寡君在，武何能焉！」）好在下面的子產賦〈隰桑〉，重新用「君子」來投他所好，才把尷尬的氣氛扭轉過來。可是宴會過後，趙武還免不了私下對和他一起來的叔向（羊舌肸）抱怨：「伯有大概快被殺了！由他的賦詩可以看到他的心思。他心裡對長上怪罪，當著眾人口出怨言，還當是討好來賓，這種日子還會久嗎！除非他運氣好，才能以出亡了結。」（原文是：「伯有將為戮矣！詩以言志，志誣其上而公怨之，以為賓榮，其能久乎？幸而後亡！」）叔向也同意趙武的批評，並且預言伯有剩下的日子不會超過五年。《左傳》所載預言往往奇準無比，叔向的這個預言也不例外，伯有最終死於魯襄公三十年，離此時才三年。不過叔向這個預言並不神祕，各國的有識之士（例如鄭神諶、吳季札等）無不認為伯有已無法免禍，問題在遲與早而已，伯有這個樓子，捅得可不算小！

上面已講過，賦詩可以斷章取義，不必顧詩之原意，不過原意有時也有參考的價值。伯有所賦的〈鶉之賁賁〉，被收於今傳《詩經‧鄘風》（稍有異

文，《詩經》作「鶉之奔奔」，然《禮記・表記》亦引作「賁賁」，故無大礙），詩中埋怨之情見於言表。衛宏《詩序》與朱熹《集傳》皆認為此詩諷刺的對象，為衛宣姜與公子頑，以「君」為「小君」，姚際恆認為無關宣姜，完全是宣公之弟對其君兄不滿之言。崔述的意見與《詩序》相仿，唯反對是假惠公之言，其實此詩每章之頭兩句純為起興，無須發掘出什麼「匹配」的用意，由後兩句看，只知是衛國的一個公子怨其君兄之言，對抱怨的對象則沒有留下線索。就春秋初期衛國的歷史來看，則宣公、惠公或甚至公子州吁，皆有可能。伯有賦此詩，當然心有怨恨，卻與淫亂無關，引起誤解的根源，為趙武所講的「牀笫之言」，可能引起一般人淫亂的聯想，其實由後文看，這只指個人在私室所講的話。

　　伯有大概是一個智慧不高的草包，可是他的態度顯然是嚴肅的，他在鄭國擔任了十多年「卿」的任務，所作所為雖然不滿人意，可是並沒有建立自己政治勢力的野心。他參加了重要的弭兵大會而沒有出亂子，可見他還不是一個不可救藥的糊塗人，在那種大場面，不是主角的他，反可藏拙。身為貴族，他無可選擇地要參加許多應酬，他也很努力想做好，可是有些被認為「不敬」的場合，實在是超出他的能力。大家文縐縐地賦詩，對他來講是難了一些，為此，他似乎還特別作了準備，查了書，親自挑選了一首自認為最能表達他心態，而且還可能討好趙武的詩，想趁機顯示他並不是草包。哪知還是捅出這樣的大樓子！大家都認為他錯了，悲哀的是他自己卻不明白，積了一肚子牢騷，也只能自己生悶氣，他到底哪一根筋出了毛病呢？說來話長，必須從他的出身與遭遇講起。

## 二、祖澤餘蔭

　　春秋中後期的鄭國，政權由貴族掌控，而貴族中尤為特出者，一般稱為「七穆」，他們都是穆公（蘭）的後代。鄭國地處中原四戰之區，在諸強爭霸的夾縫中，生存不易。公子蘭以庶出的公子，得到晉文公的助力而得立為大子，他於魯僖公三十二年 (628 BC) 即位後，在國際紛爭中極力保持主動，鄭國得暫保小康。鄭穆公死於魯宣公三年 (606 BC)，死後由於政爭頻繁，鄭國的國力日漸衰落，可是根據封建時代的傳統，他的子孫還保持著政治勢力，而且漸成尾大不掉之勢。下面列出鄭穆公身後重要的幾支氏族的世系關係：

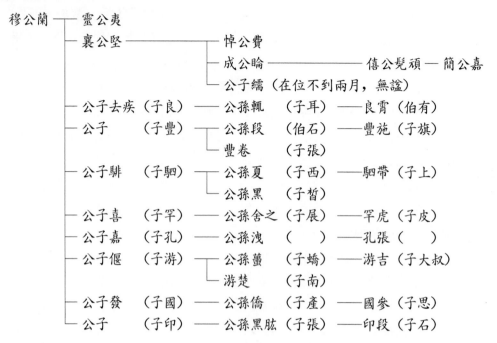

　　表內盡量給出各人的名與字（字在括號內），部分人名或字，由於歷史失
載無法考證，則留下空白。（我非常懷疑子豐就是《左傳·文公九年》所載，
與公子堅一起為楚師所俘虜的「公子尨」。按「尨」字通「厖」，《左傳·襄公
四年》的「尨圉」在《漢書·古今人表》作「厖圉」，而「厖」字有豐厚之
意，合乎名字相訓的原則，然此非確證，故表中仍留空白。）鄭穆公的子孫當
然不止這幾支，上面只列下重要的。所謂七穆，就是良、豐、駟、罕、游、
國、印七個氏族，分別為穆公七個兒子的後代。可以看出，各族的氏名是根
據其始祖的字而定的，其中子豐、子駟、子罕三人同母，故豐、駟、罕三族
的關係更為密切，而且多此一層認同關係，他們的政治勢力因互相支援而更
加豐厚。在表中還列有公子嘉（子孔），他在公子騑被殺害後一段時間內
(563–554 BC) 當國，可是他暗中支持政變（殺害子駟）的陰謀漸為人所知，
又被發現有企圖勾引楚兵清除政敵的叛國罪嫌，因此被聲討而死，他的子孫，
也就失去了當卿的機會，所以他的一系在歷史上不列於「七穆」之內。

　　鄭穆公死於魯宣公三年 (606 BC)，由大子靈公（初諡為「幽公」）夷繼
位，未滿一年，為公子宋所弒（《春秋經》加罪名於公子歸生，其實他不過是
從犯）。當時鄭國貴族很想立公子去疾（子良）為君，公子去疾極力辭讓，並

推薦公子堅繼位，是為襄公。襄公即位後，公子去疾對鄭國的政局又作了很多貢獻，其中最使人懷念的，是諫止襄公驅逐穆公群公子的計劃，本來襄公已把公子去疾排除在驅逐對象之外，而去疾卻堅持不願獨自享有此一特權，這使襄公不得不推恩於其他諸人。其次，為了免除楚軍對鄭國的侵佔與併吞而赴楚為質，計兩年之久，在不少其他場合，他也表現了謀國的忠誠，鄭國一般人對他當然很感激，按照封建時代的倫理與慣例，應該可以福蔭子孫，可惜他的子孫能力卻不強。

公子去疾在襄公朝始終受到重用，鄭襄公死後 (587 BC)，他就開始淡出鄭國的政局，《左傳》最後提到他的年代是魯成公七年 (584 BC)，那時他還陪伴鄭成公赴晉。而他的兒子公孫輒（子耳）被任為卿，則僅當魯襄公七年 (566 BC) 子駟弒僖公後的一段短時間，卻在魯襄公十年 (563 BC) 一場政變中與子國（子產之父公子發）、子駟一起被「盜」所殺，他的被殺，可說是被牽累的。同時被殺的子國，於子罕當國時已出任司馬，而子駟更是當鄭成公被晉釋放時就赴晉為質，他們都可能在施政時結怨某些人，子駟更擔負著弒君的罪名。對比之下，子耳任司空無多年，就在政變中玉石皆焚，當然更受到鄭人的同情。

## 三、政爭炎涼

上面已講過，「盜」殺子駟、子國、子耳的政變，其實是子孔在暗中支持的。當「盜」亂被平定後，一時之間沒有人懷疑他，因此子孔成了這次政變的最大贏家，由司徒躍升為當國，為了安定人心，他也被逼採取了一些討好被害者家族的行動。本來他希望大權在握，公布了一份「載書」，規定群卿大夫諸司應各守其職位，以受執政者之命令，不得參與朝政，並準備用刑誅來恐嚇不服的人。子產對此極力反對，用「眾怒難犯，專欲難成！」來說服他應放棄這項舉動；再用「子得所欲，眾亦得安，不亦可乎？」暗示沒有人會搶他的政權，來安他的心。當時的子產雖然年輕，卻是弭平這次事變的主力，又是受害者，子孔也不免讓步，當眾燒毀了「載書」，其次，他想提拔一些受害者的家族為卿，以示他不是「專欲」。斟酌之下，子駟本來家族勢力龐大，子駟的兒子公孫夏（子西）不需要他的提拔。子產則太聰明了，子孔有些怕他，也明知不會受利用，唯有子耳之子良霄（伯有）最為適當，一方面智慧不高，

另一方面，祖先的恩澤使大家給他過度的同情，正好可為子孔利用。因此他於政變的次年 (562 BC) 任伯有為卿，擔任「行人」的職務。

在國際形勢方面，十餘年前的鄢陵之戰，晉厲公戰勝楚鄭聯軍，並射傷楚共王的眼睛，楚的勢力雖受挫，可是鄭對楚懷感激之心，更堅決聯楚。晉悼公於即位後，努力整頓晉國的政治，號稱「復霸」，當然不會放過鄭國，在子駟被殺的同一年，晉悼公開始採取戍虎牢的戰略來銷耗楚的戰力，楚共王亦聯秦以應。鄭在夾縫中被逼得要「唯彊是從」，不斷向兩邊討好。這次晉方帥領諸侯之軍攻到鄭國東門示威，鄭國掌權人（那時鄭簡公只有九歲，掌權人當然是子孔）感覺晉的勢力強於楚，故決心從晉。他一方面向晉方求和，一方面還希望得到楚的諒解，因此派遣新任命的伯有與大宰石㚟到楚國，向楚國解釋屈服於晉的不得已苦衷。這本來就是一件「火中取栗」的高難度使命，偏偏派上了伯有這個草包，只知道講直話！他以鄭君的口氣告訴楚國的當局：「我為了國家的利益，不能再事奉你了。你如果能與晉國和好，當然最好不過；若不然，索興打服晉國，也是我願意看到的。」（原文是：「孤以社稷之故，不能懷君。君若能以玉帛綏晉，不然，則武震以攝威之，孤之願也。」）楚國當局正在為外交的失利煩惱，又沒有與晉一拼的本錢與意願，一聽到這種有「吃豆腐」嫌疑的話，不禁火冒三丈，把當使者的伯有拘留下來以挽回顏面，反正鄭國的子孔也只在利用伯有，才不管他的死活，也不向楚國交涉救援！

這一扣留，就是兩年，這可不同於為質，會受到禮遇，伯有自己逆來順受，倒不著急，反而是當副使的石㚟急了！找了一個機會向楚令尹子囊（公子貞）求情，大意是：「扣留一個鄭卿，徒然替鄭國去掉一個搗蛋鬼，讓鄭國上下團結恨楚，更加死心塌地跟隨晉國，有什麼用？倒不如放他回去，讓他瞭解使命失敗，反會令他怨恨長官與君上，使君臣互相牽掣，不是更好嗎？」（原文是：「止鄭一卿以除其偪，使睦而疾楚，以固於晉！焉用之？使歸而廢其使，怨其君以疾其大夫，而相牽引也！不猶愈乎？」）這時楚共王也死了。楚國也覺得把伯有長久關在那裡吃老米飯，實在有點無聊，這才放他們回去，歪打正著，石㚟所講的，「怨其君以疾其大夫」倒成了讖語，雖然不是馬上應驗！

是的，「怨其君以疾其大夫」也需要一些智慧與考量，不是直腸子的伯有馬上做得到的。伯有回鄭後，還是做他的卿，在子孔的專擅統治下，也沒有什麼作為。可是不久得到消息，知道原來漏網的政變餘「盜」已逃到宋國。為了討好受害者的家族，鄭向宋君賄賂，將部分餘盜引渡回鄭處死，總算報了仇。在這段時間內，伯有也在努力學習職位中的正常任務，倒沒有傳出什麼笑話，同時，五歲就被推上大位的鄭簡公，也日漸長大，日漸掌握政權。魯襄公十八年 (555 BC)，晉平公與中行偃帥同諸侯的軍隊伐齊，因為那時鄭已承認晉的霸權，故年輕的鄭簡公也被邀約參預此役，他帶了公孫蠆（子蟜）、公孫黑肱（子張）與伯有赴齊參戰，當國的子孔當然留守，還有公孫舍之（子展）與公孫夏（子西）也留在鄭國，監視子孔，因為越來越多人懷疑他的虛偽面目。這時楚康王命令尹子庚（公子午）利用鄭君出征的時間伐鄭，並與子孔有接應的成約。子庚出兵分數路侵鄭，到達鄭之純門，當時子孔之謀已漸洩漏，不敢去接應楚師，而子展與子西也作了完善的守禦。結果楚師無功，回師時經魚齒山下，涉滍水時又遭到大雨侵襲，楚軍大損，得不償失。而子孔的叛國行為也曝露出來，隔年，子孔因此被誅。伯有在這次事變中，雖然沒有直接參與，可是他陪同鄭君參加伐齊的大型戰役，也增長了不少見識。

在懲處子孔的行動中，多所牽累，伯有也領教了貴族政治中殘忍的一面，子孔被殺後，子展當國，子西聽政，立子產為卿，政局為之一新。子展老成厚道，政治經驗豐富，行事穩健；子產博學而銳氣十足，熟悉禮儀以及各國的掌故，以此贏得各國的讚響，在與它國交涉時，他往往能詳引故實，替鄭國解決許多外交困境。鄭國舊臣逐漸凋零（子蟜於伐齊歸來後數月即去世，子張則死於三年多後），大家都知道伯有能力不足，一直沒有給他很難的任務，幾年下來，倒也相安無事。到了魯襄公二十六年 (547 BC)，有一個機會讓伯有獨當一面，他代表鄭國與魯襄公、晉趙武、宋向戌以及其他小國會於澶淵，商量伐衛的事。澶淵的聚會雖然不很重要，甚至顯得虎頭蛇尾，伯有卻很看重這次機會，他守時到達澶淵，而宋國的外交老手向戌卻遲到了！這使伯有多了幾分信心，聚會的過程也讓他見識到政治人物心口不一的一面。

## 四、會盟見聞

　　澶淵的聚會是什麼事變引起的呢？又是春秋政局的老套——弒君，不過這次複雜一些，由出君引起的弒君。其導火線在魯襄公十四年 (559 BC)，衛獻公（衎）被其權臣孫林父與甯殖所逐（出亡到齊國，差一點被弒），立公孫剽。這次出君是由孫林父發起的，甯殖只是事後贊同，心裡並不十分以為然，到六年後臨死的時候，覺得與孫林父同受出君的惡名聲，越想越不值得，因此叮囑兒子甯喜務必替他挽救，甚至以「不享祭祀」來作威脅。甯喜也是一個草包，也不想一想這種臨死前的「亂命」怎能遵從？要挽救，非把已立的公孫剽去掉不可，豈非又多弒或多出一君！剛好齊國也發生崔杼弒君的事件，亂得很。衛獻公得晉之助，躲到邢的舊地夷儀，與甯喜勾搭上，準備復辟，用「政由甯氏，祭則寡人」的諾言作餌。甯喜果然上鉤，攻陷孫林父在衛的防衛軍，殺掉已立達十二年之久的剽及其大子，讓衛獻公復位。當時孫林父剛好在他的封地戚邑，被逼要挾戚邑投靠晉國，希望用晉的力量報復。晉君是偏袒孫林父的，因此用盟主的名義召集諸侯伐衛，這就是澶淵聚會的來由。

　　其實這次會盟完全是多餘的，以晉的武力，任一將佐帥所部就可以幫孫林父對付衛獻公，一定要讓諸侯參預，當然是希望取得各國的背書，表面上裝成一宗訴訟事件。當盟主的晉國擺出一付公平的態勢，宣判孫林父理直，對甯喜與衛獻公加以制裁，並割取一塊衛的土地給孫林父作補償。各國對晉的這種如意算盤也很清楚，相當意興闌珊，國君多不願自己出席，結果除了魯襄公拗不過情面，親自赴會外，其他諸國，包括晉國，都由臣下代表。而宋的向戌甚至遲到，更顯得伯有準時到達的特出。結果晉還是如願引誘衛獻公來會，扣留衛國派來的甯喜與北宮遺，解押回晉，騙衛君赴晉，再加以扣留。這一連串事件做得太難看了，引起各國的反感，大家都認為晉國在為臣（孫林父）執君！結果後來子展陪鄭君親自赴晉，會同齊景公勸告晉國不要干預衛國的內政，因為人言可畏，晉國終於虎頭蛇尾，把所扣留的衛君臣放回了事，至於回去以後會不會有新的衝突，當然就管不到了。

　　伯有在這次事件中表現得中規中矩，可是多少見識到像趙武與向戌那樣的政治人物的所言所行，尤其是其心口不一的一面，對於關鍵性的爭執點——為臣執君，也刺激他重新思考君臣關係。以前，他只知道自己是鄭國一個公

子的孫子，為此，他享受一批人的伺奉，也需要完成執政者派給他的一些任務——包括擔任行人與帶兵參戰。這些任務做得好不好，他沒有把握，至少他努力了，反正他知道要是做得不好的話，會因此被執或因此送命！沒有人比他更瞭解這些後果了。以前，他只知道這些是理所當然的事，也不需要傷腦筋。現在，他見識到像孫林父那樣的人，當前途受威脅時，可以反抗其君上，只要巴結得上當「盟主」的外國就行。他也見識到像趙武那樣的人，權大到在會盟中可以代表「盟主」，並且可以拘扣來會的甯喜。後來他更由同僚的口中，見識到晉君的虎頭蛇尾，只要透過適當的交涉就行。他開始回想自己在楚國所受的兩年苦，是否一定不可避免，還是子孔不懷好意，利用他的憨厚以應付楚國！換句話說，以前這麼多年都渾渾噩噩的他，現在有一顆「疾其大夫」的種子，已經開始在他心中發芽了。

下一年，又有一個機會讓伯有獨當一面，那就是上面提過的弭兵大會，他代表鄭國赴宋，他還是相當敬業，如期趕到，僅比趙武自己遲了兩天。這次宋是東道主，上次遲到的宋左師向戌這次卻十分活躍。事實上，整個大會完全是向戌在晉楚間穿梭外交的成果，重要的決策，早就在私下談好定規了，在會場上舉行的不過是一個儀式，爭執的也不過是晉楚誰先歃盟這種無聊事，小國則唯有聽命的份！伯有來早了，沒有別的事，也就到處聽聽各國的新聞。他很好奇去年被晉放歸的衛獻公與甯喜，現在怎麼了？兩天後代表衛的石惡趕到，才帶來甯喜被殺的消息，石惡也是在臨行前才得知，匆匆忙忙趕到曝屍的現場弔哭，等不及收殮就動身，言下石惡頗有兔死狐悲之意，也很為自己的前途擔憂。伯有聽到這消息也感慨萬千，由大家的談話中，他瞭解到衛國石、甯兩家祖先的功績與忠誠。尤其石碏為討伐弒衛桓公的公子州吁，不惜大義滅親，犧牲自己的兒子石厚，而甯俞在衛成公出亡時始終追隨，且當衛成公誤殺叔武，被晉文公扣留在京師時，一直在左右料理衣食，極力保護他不受暗害，儘管有這些功勳，也補救不了後裔的一時失足。

聽了這些新聞，伯有對衛國以前的歷史開始感到好奇，從他所受的貴族教育中，這些故事本來都教過，可是他卻一點印象也沒有了，現實的新聞，卻有提醒的力量。他請教別人，自己也查了書，他覺得衛國的「出君」似乎特別多，而且那些「出君」好像最後都能回復大位！詳情他也記不清許多，只是每次復歸，就會連累一批倒霉鬼被殺或被放！這也沒有什麼好奇怪的，

在他自己的鄭國，也有類似的例子。看樣子，「君」與「臣」是很不同的，無怪乎連晉君也不敢對抗「為臣執君」的指責，可是比起鄭人來，衛人似乎多了一分抱怨的膽量，在受到委屈時敢大聲呼叫出來，也許這就是孫林父敢於背叛的原因吧！伯有是在這種思量下復習了他早已忘卻的衛人詩句：「人之無良，我以為君。」首先他聽到衛人提起，然後自己又去查書，確定字句沒有錯，他沒有提防的是「怨其君」的種子又在他心中發芽了。

「人之無良」這幾個字為什麼這樣吸引他呢？那不是一句很普通的抱怨話嗎？忽然，他知道了，他想起自己與石碏、甯俞這些名臣不同的地方，他自己也是鄭君的後代，「良」就是他的氏名啊！而且，如果歷史可以重演的話，當國人擁立他的祖父子良的時候，他的祖父不那麼堅決推辭，或是當他的祖父謙辭時，擁戴的人能更誠懇一些，則現在很可能是他坐在鄭君的位子上！被子孔欺負利用的那些倒霉事，都不會有了。就是因為後來他奉承為兄為君的那群人，不屬於「良」族，他才會有那些吃虧的遭遇。

## 五、動輒得咎

弭兵大會終於過去，剛回國的伯有又被拉去陪宴。對這種需要賣弄學問的場合，以往伯有大概會辭謝，而別人知道他為才能所限，也不會太勉強他。可是這次宴會，是專為招待弭兵大會的主角趙武回晉而舉行的，而伯有全程參加了弭兵大會，不請他陪宴，有點說不過去，伯有自己在參加過兩次會盟以後，自認為已見過大場面，膽子也比以前大了許多。別人告訴他宴會中可能會賦詩，他得趕緊準備。對趙武，他也有過數面之緣，覺得還算忠厚，他會體諒自己已經努力，不太苛求吧？當他準備的時候，〈鶉之賁賁〉這首詩又出現在他的腦袋。「人之無良」……奇怪！這一句話不像出自百餘年前衛國一個公子之口，倒像是為他定做的，既然連他自己這樣笨的人都發現了其中的意義，趙武大概也會發現吧？說不定還會為其中的巧妙關聯而稱讚他哩！他又去查了一遍書，確定字句沒有錯，這才寫給樂工。這就是伯有選中這首詩的來由。他料不到的是，趙武和其他人一樣，很容易就聽出了詩中「怨」的成分，至於最明顯的「良」字，卻沒有會過意來。大家都解讀為伯有埋怨鄭君在打壓他，而這種埋怨卻是沒有根據的，換言之，伯有在心中「誣」（錯怪）了君上，其實伯有雖然笨，還不至於錯認年輕的君上有壓制他的企圖。

　　「垂隴賦詩」是伯有生命中的轉捩點。由楚歸來的那十多年，伯有雖然沒有什麼成就，可是還安享貴族的榮華，而不負什麼政治責任。賦詩以後，則好像過街老鼠，動輒得咎，就像晉叔向的預言一樣，日子有限了。子展當然也很後悔請他陪宴，可是弭兵大會過了以後，鄭國需要應酬晉楚兩國，夠他忙的。鄭地處於中原，別的國家的國君朝晉或朝楚，往往會路過鄭國，也需要招待，況且在下一年 (545 BC) 又不幸大旱，鄭國的收成不好，人民也亟需救濟，大家實在沒有餘閒去為個別的貴族著想，子展的年紀也大了，無法再奔走於路途，那些和睦諸侯的事，漸由子產與子大叔接手。由於楚國的堅持，鄭簡公被逼親自朝楚，且由子產與行人子羽等陪伴，在楚國滯留了大半年，中間楚康王死了，還參加了葬禮。子展留守於國內，有點力不從心，年底魯襄公也經鄭朝楚，照慣例不停留在鄭的國都，鄭需要派遣大臣在路途慰勞，那時子展實在派不出人手，只好請伯有北赴黃崖慰勞魯君臣。不熟禮儀的伯有勉強習練，神情的僵硬果然難逃魯國知禮者的法眼，卻偏被判讀為缺乏誠心 (不敬)。覺得受輕忽的叔孫豹又重提起去年晉國叔向的斷言，而且認為，如果伯有沒有受鄭國制裁，一定會成為鄭國的禍害 (原文為:「伯有無戾於鄭，鄭必有大咎。」)，他甚至還重複強調「鄭人不討，必受其辜。」這種話傳到鄭人耳朵裡，等於替伯有判了死刑。可憐伯有自己卻沒有這種警覺! 他只覺得他的努力又受到另一次挫折。

　　一波未平，一波又起，據赴告周靈王也死了。明年初，姬姓的鄭國，免不了要派大臣去會葬，那時鄭簡公在楚未歸，子西的健康也不好，子展當然不敢再用伯有了，考量下，不得已把這個使命給了年輕的印段。然而伯有還在卿的位置上，自認總得表示一點意見吧! 才說一句:「太年輕了，不適宜去。」(原文為:「弱，不可。」) 身心交疲的子展，忍不住截住他的話，教訓他一頓說:「年輕總比沒有人去好吧。」(原文為:「與其莫往，弱不猶愈乎!」) 接著又引了《詩經‧小雅‧四牡》的詩句:「王事靡盬，不遑啟處!」來強調涉及周室的事不能偷懶，伯有也只好把這個悶葫蘆吞下。他雖然看得懂《國風》中較淺近的詩句，《小雅》卻還是夠不上，他無法爭辯，像以前一樣，他只能把這個教訓當成再一次的挫折，他也納悶何以近來壞運氣老是找上他。

　　其實伯有這次並不是在無理取鬧，他看上了子西的幼弟公孫黑 (子皙)，此時為亞大夫 (因駟氏已有子西為卿，故子皙僅為大夫，次於公孫段。) 十四

年前，為了向宋示好，以便將殺害他父親的餘盜引渡回鄭處死，公孫黑曾赴宋為質，伯有一向對他懷感激之心，希望有報答的機會。此時伯有認為子晳正達壯齡，應該比印段為理想，話沒有講完，就給子展發脾氣打斷，看到一向有修養的子展發脾氣，伯有覺得不知所措，講了一半的話也忘記了。過了不久，子展去世了，伯有更無從把心目中的候選人提出來，不過子展的死亡，又替伯有多加上一重負擔。鄭君本來要讓子展的兒子罕虎（子皮）繼承當國之位，可是子展死了還未下葬，子皮還在服喪之中，除了假託子展的遺命，餼贈國人每戶一鍾粟，以救濟饑荒之外，子皮無法掌權參預政事，這個職務很自然地落在伯有的頭上。現在的他，地位總算熬到僅在鄭君之下，當然應該有用人的實權，他覺得應該可以把心目中的子晳提出來，魯襄公二十九年(544 BC)年底，他任命子晳為行人，擔任赴楚國的使節。

伯有馬上就為他這個選擇後悔了，也瞭解到以前子展為什麼沒有把子晳列為考慮的對象，子展並非疏忽，伯有只好怪自己沒有認清子晳的真面目，可是一切都太遲。子晳顯然對伯有的賞識並不領情，還憑恃著駟氏的勢力，公開抗命，使伯有尷尬異常。原來子晳是一個豪門大少，只貪圖享受，卻不願意吃一點苦。子晳抗命的表面理由是：當鄭與楚不友好的時刻，伯有將他派到楚國，是一項謀殺他的陰謀！（原文為：「楚鄭方惡，而使余往，是殺余也。」）其實任何人都看得出，這是非常不高明的託辭。因為鄭君才從楚國回來不久，鄭楚間的關係其實好得很，何況楚國的新令尹王子圍（即後來的楚靈王）正在意圖篡位，一時之間不大可能冒險挑起國際糾紛。可惜直腸子的伯有，並沒有朝這個方向去思考辯駁，他只是覺得服從命令去執行任務，是一件不需要爭辯的事，以前子孔派他赴楚時，情況危險多了，自己還不是馬上就起程嗎？他剛說了一句：「這是一向的慣例」（原文為：「世行也」），就被子晳的話粗魯地打斷：「能去就去，不能去就不去，我才不管什麼一向不一向呢！」（原文為：「可則往，難則已，何世之有？」）言下有：「大爺我抗命定了！你就看著辦罷！」的無賴態勢，伯有又一次遭到挫折。

## 六、取亂侮亡

顯然子晳有恃無恐才抗命，他知道大家說伯有該死，殺了他也只當「替天行道」！可憐伯有自己卻沒有警覺到這種危險，他只認為既然他現在有用人

權，應該可以強迫子晳，何況面子也掛不下來。惱羞成怒的子晳果然準備動用軍隊，去攻打良氏的宗族，旁觀的鄭國諸大夫看他們實在鬧得不像話，趕緊替他們打圓場。結果諸大夫與伯有的宗族達成和解的協議，並用盟誓來表達。可是子晳的抗命事件，卻因此而不了了之，大家都知道，這次盟誓只把危機稍延後一些，問題並沒有解決。唯一不知道的人，也許就是伯有自己。他還是不懂何以不能達成對子晳的任命！

伯有沒有發現自己捅到一個馬蜂窩，無端與駟氏結了怨仇。原來在封建時代，各世族都可以有自己的軍隊，因此要制裁一個大夫，非先打垮他的軍隊不可。而且從襄公以後，公族力量越來越大，鄭君有什麼舉動，往往事先要與公族們締盟約。以前在弭平「盜」殺子駟、子國、子耳的政變中，主力就是子產所帥領的十七輛兵車與千餘名徒卒，子蟜所帥的「國人」只處於協助的地位。駟氏在七穆中，號稱大族，武力當然最強大，這支軍隊在上述之平「盜」戰爭中並沒有發揮應有的效用，那是由於子西的顢頇。可是現在子晳除了擁有子西族人（包括其子子上）的後臺外，還可以透過「罕駟豐同生」的關係，期望罕、豐兩族的支援。而伯有勢孤，且兵力不強，不會是駟氏的對手，在良氏與駟氏和解的盟誓中，伯有顯然是吃虧的。這當然又是伯有的再一次挫折，而更糟的是，他自己還在納悶到底做錯了什麼事。

這個盟誓只維持了半年。伯有受了一連串莫名其妙的挫折，好像怎麼做都會碰壁，還被人批評為咎由自取，在這半年中，他的名聲越來越壞，到後來，連遙遠的晉國都在流傳他的故事。一般公認他的罪名，首先是汰侈，其次是愎，其實他最主要的缺點是太草包，其次是缺乏自知之明，這還是可以歸到他天資不高的缺點裡去。他的侈汰，最明顯的事實就是嗜酒，在窟室中擊鐘日夜飲酒，以至荒廢朝政。其實他是一肚子悶氣，不知道何以動輒得咎，只有藉喝悶酒消愁，漸染上了酒癮，日常作息大受影響，通常他晚上睡不著，就躲到地窟中飲酒，飲酒還解不了悶，就吩咐擊鐘。他並不是貪圖享受，不能與孫林父在戚邑的擊鐘宴樂相提並論，他固然享有貴族的榮華，卻不像公孫黑那樣恃富陵人。他的愎，是無法瞭解自己能力的限制，不知如何去改善自己的行為，只能把挫折化為怨恨。他不像公孫黑那樣好為人上，也不像公孫段那樣表面謙虛而實際上工於作偽。他既然找不出何以無法派公孫黑赴楚的理由，當然就堅持下去，由不知內情的人眼中看來，就好像他脾氣僵硬，

不知變通。以他的能力，根本應付不了複雜的政治情況，在那個鄭國的多事之秋，讓他掌權是會出悲劇的。可是當時貴族政治的傳統，卻沒有讓他不被鬥垮而光榮下臺的機會！他如果自己知道退讓，那當然最好，可是這正是他無法瞭解的。就算退讓也不那麼容易，有一批族人的地位或待遇會隨他而升降，這方面他身不由己，而當他最後身敗名裂，那一批族人除少數可以逃到別國外，也跟著玉石俱焚。

即使瞭解並有幾分同情伯有的人，眼見他一步一步朝毀滅的路上走，也幫不上忙。因為到了最後，顯然他的掌權，會對鄭國的政局造成大禍害，例如子皮，雖沒有附和駟氏之黨對伯有落井下石，也不得不硬起心腸，引用《逸書·仲虺之志》中的話：「亂者取之！亡者侮之！」作為不支持他的理由。只有子產真正守中立，而且基於親情殯葬了良氏的受難者，就那樣還是免不了被駟氏遷怒，幾乎要出奔，而且事後還不得不暫時妥協（又一次盟誓）。

在牆倒眾人推的情勢下，伯有的末路已成定局，趁他還在醉鄉的時候，子晳攻其無備，燒毀了他的屋子。忠於他的家人只好抬著他逃到南邊的雍梁，伯有酒醒後發現大勢已去，不得已就近逃到許國。十三天後，伯有心有未甘，做了最後一次掙扎，希望回鄭國來討回公道，他一廂情願地誤解子皮的「不落井下石」為「站在自己一邊」，故冒昧潛入城門，偏偏又得到馬師羽頡之同情與協助，由襄庫取得兵甲。由此可見，他的回鄭完全憑一時的衝動，毫無準備，也毫無意義，不但把自己的命送掉，還連累到羽氏要出奔！伯有因為這次不光榮的回國，在歷史上還留下臭名，因為這也算是從外面攻進祖國，在赴告到諸侯的簡策中，不稱他為「大夫」。至今在《春秋經》中，只留下五個字：「鄭人殺良霄」的貶辭！不過比起伯有在生前所受的諸多冤屈，這最後的汙點，已經不算一回事了。

七年後，鄭國忽然盛傳伯有鬼魂報仇的故事，這反映出，鄭人已逐漸知道他的冤屈，也可以算是天道好還。不過這些事都需要放到七年後的歷史背景中去觀看，與伯有的關聯已經不是那麼直接了。

## 七、章後——我如何去揣度伯有的心理

春秋鄭國貴族伯有是個謎樣的人物，他死前為眾謗所集，彷彿罪無可逭，連《春秋經》也僅載「鄭人殺良霄」而不稱「大夫」。但七年後鄭人忽傳「相

驚以伯有」，執政子產因而立他的兒子良止為大夫，真是鬼魂報仇嗎？博學的子產當然有一套表面說辭：「伯有一家取精用弘，橫死之後，鬼無所依故能為厲。」其實子產施政一向不賣超自然事物的帳。伯有生前為豪族壓制受盡冤屈，他清楚得很，當子晳受誅、駟豐兩家勢力減弱後，此冤屈乃漸為鄭人所知，鬼故事能在民間流傳，就顯示鄭人同情心的向背。駟帶與公孫段自知難逃國人的譴責，愧懼而死，子產由是察知還伯有公道的時機已到，立他的兒子，事實上是一種補償。

《左傳》是唯一靠得住的原始資料，我盡量參考手頭所有的箋注，解釋互異之處我只好自作判斷。我發現《杜注》往往粗疏，在一些疑惑之處，我參用了竹添光鴻《左氏會箋》的注釋。《左傳》對伯有的記載，不算詳細，可是所記都是關鍵部分，由這些記載，可以形成一個骨架，反映出伯有的生平和遭遇，從這個骨架，我們可以發現一連串的問題，有助於進一步瞭解伯有的思想與心理。首先，哪些因素會引發伯有選擇所賦的詩？是突如其來的怨恨嗎？就算如此，何以由楚歸來十餘年，他都與鄭國其他貴族順利相處，卻在弭兵大會結束後的陪宴中把怨恨爆發出來？伯有當然應該受過貴族的教育，而且也當過行人的職務，可是他似乎從來沒有賦詩的經驗！也似乎誤解了賦詩的宗旨與判讀標準。在垂隴宴會上的賦詩，似是他的第一回，才鬧出笑話來。他一直是鄭國六卿之一，何以沒有賦詩的經驗呢？唯一可能的理由，似是一度大家諒解他的能力不強，沒有讓他多負政治的責任。伯有本不該為卿，是子孔的私心害了他。可是他已經為卿了，又沒有犯多大的罪過，也不能革除他，子展等只好站在愛護的立場把他冷凍起來。這樣過了相安無事的十多年。可是鄭國在國際上遭遇的困難很多，需要通力合作應付，讓一個卿的職位閒置，對鄭國的代價未免太大了些，所以後來遇到那種明知不重要的場合，如澶淵聚會及其次年的弭兵大會，也用上他。伯有參加了這兩個會盟而沒有笑話傳出，可知他也在努力學習。在垂隴宴會上伯有遇上他生平第一次賦詩場合，賦了不適宜的詩其實是可原諒的。陰錯陽差地，讓他透露出怨恨的心情，才出了亂子！

伯有當然本來就有怨恨，可是為何前面十多年都沒事呢？可見這兩次會盟對他的確產生作用。澶淵聚會涉及衛獻公的出而復入以及甯喜弒君事件，又涉及身為霸主的晉國為孫林父執君的手法，這些政治運作一定讓伯有覺得

別開生面，繼而反思自己的遭遇。這些事件的角色主要是衛國人，而伯有賦詩用了〈鄘風〉而非他應更熟悉的〈鄭風〉，似乎不是巧合。當然，還有「人之無良」的解釋與判讀問題，純粹將這句話當成伯有對其君上的誣蔑與詛咒，也是不合理的。在垂隴賦詩以前，伯有還沒有被君上打壓到需要詛咒的地步。當然他後來瞭解了子孔對他的陰謀，可是那時仇已報了。顯然「人之無良」中的「良」字，在伯有的心目中，與他祖父的字或自己的氏名聯繫起來，這種聯繫表現一定程度的怨恨，卻不是針對某一特定對象而發。兩次會盟使他對此詩印象深刻，他以為此詩最能反映當時的心境。至於趙武與叔向據此對他所作深刻的評斷，他的笨腦筋是無法瞭解的，而且恐怕旁人也很難向他解釋清楚。

還可以發現一些值得追索的問題。例如：《左傳》記載伯有講話共計四次，除了最初在楚廷那一段較長外，對子展的「弱，不可。」對子皙的「世行也」，與最後對自己族人講的「子皮與我矣」都很短。在楚廷的發言當然是事先準備的，雖不適宜，總算有頭有尾。對族人講的話，顯然是一廂情願下率爾說出口的，短一些也不奇怪。至於對子展和對子皙講的話，不但短，語氣還顯然未完，很有可能是被打斷而未講完的。會不會給旁人一種印象：認為伯有對自己所講的話欠缺自信，打斷它也不會有失禮貌？如果的確如此，則伯有心理上所受的壓力可想而知。對他後來要借酒消愁（《左傳》載伯有嗜酒在後），不能說沒有關聯！他出奔後不久又潛回鄭國，固然是出於誤判形勢，可是他的確也背負著整個宗族福祉的包袱，他希望回去討回公道，也有身不由己的地方。這些因素都有待後人以同情的眼光去研判。

還有，《左傳》記載伯有堅持派遣子皙赴楚一事，顯得有點突如其來。在此之前，伯有與公孫黑並無利害衝突，沒有理由去懷疑伯有會對子皙有惡感。如把這件事與上一年伯有批評印段太年輕的話聯想，顯然他心目中有一個較印段不年輕的候選人，似乎由於話被子展打斷，他沒有把名字講出來，我猜想他心目中的人選就是子皙，那時公孫黑應該只有三十多歲，正當壯齡。如果這個猜想可以成立，則伯有後來對子皙的任命，就不會那樣突然。伯有死後，補卿位的人是公孫段，子皙與子南爭婚的時候，官階已是上大夫，似乎是隨著公孫段遞升的。回溯伯有擬任命子皙的時候，他的官階應是亞大夫，也不會顯得太低。伯有的思慮的確欠周，他沒有料到子皙會公開抗命，這個

致命的錯誤使他原來的好意反變成殺身禍原。

　　「他人有心，予忖度之。」真是談何容易！古人的時空背景與現在不同，要揣度更是事倍功半。然這種嘗試也是有益的，至少可增進對古史的瞭解。在有限的歷史資料下，只能憑推想來補充當時人物的心理過程。為了不過於犧牲歷史的客觀，我以為這些推想應局限於貫串已知的片斷記載，且要能做到自圓其說，不與已知的歷史背景衝突，我盡量用《左傳》有關伯有的記載，嘗試做深層判讀，好像稍能穿透這段歷史的迷霧，這也是我努力的目標。

# 第十九章
## 論《穆天子傳》的西王母

### 摘　要

　　藉由對《穆天子傳》的解讀，本文嘗試建立下述論點：周穆王帥領六師西征犬戎，其性質是籠絡西方羌族的「觀兵之旅」。他需要先到河套以會合河宗氏柏天作嚮導，逆循河水至崑崙之丘，即他心目中的「河首」，此時尚未計畫前往西王母之邦。後來他知道今河西走廊亦多羌族部落，所以延長行程，沿當時的黑水直抵姜賴之國，他稱之為「西王母之邦」。我假設此時河西走廊雨量豐富，故黑水無中斷地流入蒲昌海，而姜賴之國在其北岸，周穆王在此國停留了一段時間以進行外交活動。本文未涉及穆王離開此國以後的行程，卻加入了一節考察《山海經》對「西王母」的神話化，以澄清部分學者認為西王母的角色脫胎於《山海經》的疑慮。

## 一、導　言

　　《清華大學藏戰國竹簡（壹）》中有一篇〈祭公之顧命〉。本篇原收於《逸周書》，然錯奪之處太多，閱讀起來很吃力，即使透過歷代學者的注解，勉強讀通，也沒有把握確定是否原來的真象。現在《清華簡》的版本出現，使原來可疑的地方豁然貫通❶，讓我們重新評估周穆王時的歷史。我們原來對周穆王的印象，很受《國語‧周語上》❷的影響，從那裡我們看到一個好冶遊且愎諫的君王，不聽祭公謀父的勸說，執意要征犬戎，結果僅獲四白狼四白

---

❶　《清華簡》的釋文版本載於《清華大學藏戰國竹簡（壹）》，pp. 174–175。《逸周書》的版本載於《逸周書集訓校釋》卷八。請注意：竹簡上所書「井利」的「井」字有一個「水」字寫在中間，所以它與「邢」字並不相通，而很可能是甲骨文「洀」的變形。我以前在〈論孟子的井地說〉（《新史學》13, pp. 119–164, 2002）曾假設西周金文的「井」是由甲骨文「洀」字演變而來，現在得到一個「水」寫在中間的過渡字形，看來以前那個假設有成真的可能。

❷　見《國語韋昭注》卷一。

鹿以歸，自是荒服者不至。由《清華簡》的版本，我們看到周穆王對祭公謀父非常尊敬，親自去探他的病，尊稱他為「祖祭公」，殷切地向他求教治國方針。而謀父亦不吝於對穆王與三公提出他最後的警戒，並用一連串「汝毋以……」來加深印象。最後，穆王與三公皆為這些「舉言」而下拜。

祭公謀父反對穆王征犬戎的理由，主要是「先王耀德不觀兵，夫兵戢而時動，動則威；觀則玩，玩則無震。」祭公曾仕於昭王之朝，可能被昭王的下場嚇到了，故顯得有點保守，其實他所講的「先王耀德不觀兵」也有問題。《史記‧周本紀》載：「九年，武王上祭于畢，東觀兵，至于盟津。」可見在戰略上，「觀兵」也是一種選擇。《國語》此篇之目的，在於表現祭公諫辭的義正辭嚴，遂不免貶低穆王的作為，最後此篇甚至講：「得四白狼四白鹿以歸，自是荒服者不至。」則穆王沿途所受貢獻的動物數目，已遠過於此。若要勉強講通，我只好假設因白狼與白鹿皆為罕見，穆王特從貢獻中挑出，當寵物飼養，卻讓反對者當作口實，「荒服不至」亦言過其實。

由祭公的諫辭，可知穆王率六師西行，本質上就是一種「觀兵」之舉。所謂「征」，並不一定非要解釋為「討伐」不可，這裡毋寧更有「遠行」的釋義。由上述穆王對祭公的尊重，可知穆王違諫而遠行，一定有他的苦衷。自從昭王喪師於漢水之後，西周的軍事力量就大受挫折，西周朝廷確需要一些舉動來恢復士氣與信心。穆王繼位後過了十多年才有所動作，可能這十多年時間大多是用在重新建軍方面，可是新建的部隊若沒有充分的訓練與戰鬥經驗，還是不行。穆王「觀兵」之舉，一方面對外族炫耀自己的兵力，一方面也讓新兵得到行軍與應變的訓練。在打消了部分外族蠢動的企圖後，還可以與他們重新結成聯盟。穆王選擇西行，其主要的目標就是與羌族建立良好的關係，使他日後無後顧之憂，可以專心對付東南邊，羌族在歷史上與周室的關係要較其他外族為密切，可能是穆王考慮的重點。

〈祭公〉篇提到周穆王傳召三公入內領受祭公的遺訓，由《清華簡》的解讀，我們現在知道三公之名為「畢㮂、井利、毛班」。可是在《逸周書》中的那篇，卻誤為「畢桓于黎民般」，《清華簡》的辨識，解決了千古的謎團，對學術的貢獻可想而知。可是這三個人名，至少有兩個也出現於《穆天子傳》中，這提升了《穆天子傳》的可信度。由釋文附注得到啟示，我追索《穆天子傳》，發現有很多地方很可以支持上述的「觀兵」概念。我想試用這個觀點

來詮釋《穆天子傳》，可是歷來許多人卻因《穆天子傳》是小說而貶低其價值。例如許倬雲教授的《西周史》就這樣寫❸：

> 穆王以喜歡出游著稱。……為此，中國第一部小說《穆天子傳》，傳述了穆王駕八駿見西王母的故事，事屬不經，茲不具論。

許教授的話有點含糊，他的本意似乎是：《穆天子傳》的作者用了穆王見西王母的情節寫出「中國第一部小說」，因為是小說，故不能作史料看待。然而如果真要用西王母為主角來創作一篇傳奇故事，決不會吝嗇篇幅做深入的描寫。再看《穆天子傳》對「西王母」的敘述，都集中在卷二的末尾一句與卷三的起始部分❹一小段，遠不及對穆王旅途見聞的描述來得詳盡。著者卻利用這一小段讓讀者得知「西王母之邦」是一個遠方國家，其附近有「瑤池」與「弇山」，而「西王母」是此邦的首領。穆王用了最隆重的禮節與她相見，並且致送了禮品（顯然是絲織品，這是當時最令西土之人豔羨的華夏產物）。穆王與她在宴席上吟詩酬答（顯然透過翻譯），互表心中的感想。這一小段的寫法顯然是史筆，我們可以對它作考證，卻不宜逕行貶為「事屬不經」。我想，許教授是被今人經常對西王母所持的神話觀點❺所誤導了。在《清華大學藏戰國

---

❸　見許倬雲著，《西周史》，p. 183。

❹　見《穆天子傳》（四部備要本）的卷二至卷三。此版本曾經過清嘉慶時洪頤煊校正，（部分已經參考了歷代善本、《山海經注》以及唐宋類書作校改。）唯仍有一些缺字，以「□」表示。這是目前我所能掌握到最好的版本，如再加努力，應仍有改善餘地，可是我志不在此。偶爾我有特別心得之處，特別是卷一涉及到「積石之南河」，我會另作說明。

❺　《穆天子傳》中的西王母完全沒有像後世神仙般的描寫，前人已有覺察。除了下一節要論及的三篇作品外，在《四庫全書總錄》對此書的綜述（見前引書的附錄）就明言：「所謂西王母，不過西方一國君。」近人譚其驤所編之《簡明中國歷史地圖集·西周時期圖說》也說：「……穆王……曾西向遠遊，與西王母（可能是西北某部落的女首領）相見。」然而其勢力總不及廣為世人接受的神話觀點。袁珂所著的《中國神話史·第四章》雖然承認《穆天子傳》是先秦時代一部重要的古籍，卻將它定位為「一部神話性質的歷史小說」。李福清所著的《中國神話故事論集》（p. 4）也不能接受「三千年就有了這樣的日記」，而認為它是虛構的。他似乎無視於《尚書·顧命》與《逸周書·世俘》的逐日記載方式。許教授可能受這些書的影響。

竹簡（壹）》中的〈祭公之顧命〉釋文出現以前，這個觀點也許有一定的合理性。《清華簡》的記載既然提升了《穆天子傳》的可信度，也許可以支持我們採用相反的觀點，認定《穆天子傳》中對穆王「西王母之邦」之旅的時間與路線，以及與西王母相見的記載有原始史料的價值，且所有相關的神話都是後人附會上去的。用此假設為前提，我們可以從事對「西王母之邦」地望的考證，並賦予穆王西征的性質為觀兵兼練兵之旅，這就是本文想做的。至於此書其他部分，值得研討的地方似還很多，可是不是短期完成得了的。

## 二、前人作品的啟發與取捨

《清華簡》中的〈祭公之顧命〉釋文是令我認真研讀《穆天子傳》的原動力。在研讀《穆天子傳》時，我不免要參考許多前人的作品，也不免受他們的啟發與影響，對他們的論斷會有所取捨。在此節，我想討論對我特別重要的三篇作品：㈠日人小川琢治著：〈穆天子傳考〉、㈡顧實編著：《穆天子傳西征講疏》、㈢顧頡剛著：〈穆天子傳及其著作時代〉 ❻。我作此選擇的原因是：首先，他們三人都是我欽佩的學者；其次，這三篇作品都言之有物，三位著者都有所執著，由他們的執著，我被逼要作取捨。而不論是取還是捨，我都受到啟發，藉以形成我自己的意見。再次，他們對個別字句的解釋非常通達，省了我不少事，我當然也參考了其他的書，我會放到相關的附注中。

顧頡剛先生的文章是他後期傑作之一，他把握了周穆王西征的進取意義，並且看出此事影響到秦趙兩國對西戎的政策。其實我認為此事對魏文侯也有影響，不然他不會亟於征服中山國，只是後來惠王太不爭氣了。可惜顧先生未能擺脫「古史之流傳必定夾雜神話」的成見，以為《穆天子傳》是趙國一群替武靈王宣傳的人「託古改制」的作品，以為其中的西王母，是後人將《山海經》神話中的西王母現實化的結果。自從《清華大學藏戰國竹簡（壹）》中的〈祭公之顧命〉釋文出現以後，顯然在《穆天子傳》六卷書中，有太多細

---

❻ 日人小川琢治著，〈穆天子傳考〉，原文出版於 1928 年。中譯本見於江俠菴編譯，《先秦經籍考》下冊，pp. 93–254。顧實編著，《穆天子傳西征講疏》，其精華在「十論」與「講疏」。顧頡剛著，〈穆天子傳及其著作時代〉，《文史哲雙月刊》第一卷第二期，pp. 110–115。

節（例如井利與毛班的名字）是無法憑空創造的，故「託古改制」的可能性已經大為減少。關於西王母「神」或「人」的形象孰先孰後的問題，我將於第七節詳細討論。這裡我僅指出一點：《穆天子傳》在戰國出現的下限在戰國魏襄王二十三年，亦即 296 BC，趙武靈王即位之年為 325 BC，起初趙國的兵力並不強，至 315 BC 趙稱王之後才開始振作，至 307 BC 趙武靈王略中山之地，始胡服騎射。經過六、七年的艱苦經營，才能伐中山，置雲中、雁門、代郡，自五原河曲築長城，東至陰山，若要仿趙武靈王的形象來塑造周穆王此一角色，只能在這幾年。從趙國開始胡服騎射後，下距魏襄王之死僅十年，要做到無人察覺其作偽，流傳到魏後令襄王愛到要以之殉葬的程度（以《竹書紀年》終於魏襄王二十年來判斷，放到墓中的時間還要早三年），時間實在不夠。若說「託古改制」的時間更早，則沒有趙武靈王的經歷作模型，就不能用此經歷來支持「託古改制」的理論。而且《穆天子傳》中雖記載了很多良馬，然皆用以駕車，在卷四中，八駿之乘用於二車，每車分左右服與左右驂，完全是駕車的制度，沒有人去騎那些馬。戰國後期騎兵應當相當普通，如果那時的人創出穆王的新形象，何以沒有將騎馬包括進去❼？至於顧先生懷疑穆王何以不走隴西那條路，其實很容易解釋：穆王需要柏夭的全程陪伴。

可是顧先生的史識，對我的啟發還是很大的。例如他指出「霍山天書」中的「河宗」，可以與《穆天子傳》中的「河宗氏」呼應，而這個名稱除了這兩次出現之外，它處從未見過。如果建立了《穆天子傳》並非出於趙國「託古改制」的觀點，則這兩次出現就或是獨立的，或是「霍山天書」在抄《穆天子傳》，這增強了《穆天子傳》的可靠程度。又如我本來認為「積石之南

❼　西周後期與西北方外族戰爭雖多，從來未聞遇到騎兵。當西亞的亞述國 (Assyria) 初創騎兵時，曾對鄰國造成極大的震撼，所以華夏諸國如果早遇到騎兵，不會沒有記載。可以想像北方外族當初從更西方的民族學到騎兵，也曾造成震撼。《山海經·西次二經》中的十神皆人面而馬身，〈西次三經〉中的英招神與〈西次四經〉中的孰湖，除人面而馬身外，還有鳥翼，可以解釋成騎兵給人以馳騁如飛的印象。當然這些神話傳入華夏，已經相當後了。推測北方胡騎入侵華夏，應該不會早於戰國初期。騎兵的優越性能，是有目共睹的；經過數十年的習慣調適，到趙武靈王時才成功採用胡服騎射，必定導致全華夏戰術的革新。考慮胡族也需要一段調適的時間，推測他們開始學習使用騎兵，大概也要到春秋後期。

河」是戰國時的人受〈禹貢〉的影響而竄入的，顧頡剛先生認為其地就在河套，這就好解多了。「積石」並未與「山」字相聯，它根本不是地名，只是形容「南河」水清可見積石而已，由此可見，《穆天子傳》並非在襲用《山海經》的地名。其實，我受顧先生啟發最多的，是他的另一篇文章：《史林雜識初編・天山南路之羌》，那留到第四、五節再談。

　　顧實先生的作品中，這可能是灌注了最多心血的一篇，可是卻離真象也最遠。他把旅行的途徑擴展到波斯，將「大曠原」解釋為歐洲北方，我想，他是被「我維帝女」的「帝」字所誤導了。郭璞的注已經明言「帝」就是「天帝」，這是周代通用的語意，他偏不相信，卻將西王母想成穆王的女兒，而且遠嫁到波斯。顧實先生所給的西行路徑，需要穿越今青海省的山區！他似乎純憑主觀堅持：「穆傳發見上古東西交通之孔道」、「穆傳發見上古中華疆域之廣遠」、「穆傳發見上古中華疆域之里數」等命題。顧頡剛先生用《穆天子傳》上兩個距離：「從宗周到陽紆三千四百里，從陽紆到西北的終點才七千里。」估計穆王只能抵達今哈密。這條駁議本是針對顧實先生之議而發的，我卻受啟發將西王母之邦定在蒲昌海的北岸，其距離也與到哈密差不多，這也啟示我去估計每日的行軍里數。當時中國還沒有騎兵，雖然輜重可以用大車運輸，將領可以登上戰車，可是大部分兵士還是徒卒，嚴重影響到行軍的速度。《國語・韋昭注》❽謂：「古者，師行三十里而舍」，那是普通的徒卒一天正常的行軍距離。如果假設穆王的士兵都是特選的，可以刻苦耐勞，則估計他們每日可行六十五里，約相當於二十三公里餘，這已經是人類每日行軍的極限，如果還需要開闢道路，則更會延遲。用這個數值來估計自陽紆西至於西夏氏的兩千五百里，需要約三十八日行軍，這落在卷一末尾至卷二起首所限的時間之內。可是用來計算由群玉之山至西王母之邦的三千里，則遠超過由丁酉至甲子的二十七日。我不得不假設穆王於丁未日命他的六師停駐於平衍之中，自己與七萃之士以及高級官員駕車抵西王母之邦，這似乎是唯一可能的安排。

　　還有，我也不敢相信顧實先生的「西征年曆」，他雖然討論過幾種古曆，可是古曆的歲實與朔實都不準確，而以「三統曆」為最差。又古時置閏法並

---

❽　見《國語・晉語四》「其避君三舍」一句下面所附的《韋昭注》。案《左傳・莊公三年》：「凡師，一宿為舍。」《韋注》之意即「師行三十里而宿」。

無定準，閏月通常放在歲末，可是也有例外，因為古代並無後世「無中則閏」的條例。我雖然運用了一個標準日期（776 BC 周正十月初一辛卯，那是「十月之交」日蝕的日子）作為參考點，嘗試用較準確的歲實與朔實推算了幾個日期，都僅作參考，重要結論不能倚賴它。

小川琢治博士的〈穆天子傳考〉是最合我意的一篇。我並不完全同意他的結論，有些枝節問題的解答我認為他錯了，例如他將穆王的西征比作儒家所誇飾的「巡狩」，他顯然沒有考慮到「巡狩」是週期性的定規活動，而穆王的西征，是有特定目標的行動。不過這究竟是枝節問題，就整體看來，他的考證是夠分量的。他從日數的考慮，將西王母之邦的位置定在今新疆東北方的巴里坤湖邊，這至少是一個可能答案。他不像我那樣著重羌族的活動區域，就是這個額外要求讓我注意到蒲昌海邊的姜賴之國。

我要強調，我沒有野心去解決所有的問題。本文的目標是建立一個論點：周穆王的西征在本質上是籠絡羌族的觀兵兼練兵之旅，對與此目標無關聯的問題（例如「洋水」相當於今日那一條河流），我往往會略過，以控制篇幅。對本節三篇作品的討論也是基於此一原則，而不避簡略之嫌。還有，小川博士與顧實先生都附了大量文獻資料（到 1920 年代為止），可以部分補償我這方面的疏略。

## 三、周穆王溯河而上的「觀兵」之旅

讓我們先解決這次拜訪的時間問題。與《穆天子傳》同時出土的《竹書紀年》有如此之記載：「穆王十七年，西征昆侖丘，見西王母。」《竹書紀年》久逸，好在這一句話為東晉郭璞的《穆天子傳注》與劉宋裴駰的《史記集解·秦本紀》❾引述。《竹書紀年》也記載穆王的父親昭王在位僅十九年就死於漢

---

❾ 《穆天子傳注》的引文，見於所引書之卷三；《史記集解·秦本紀》的引文，見《史記》卷五。後者文字稍異，作：「穆王十七年，西征於崑崙丘，見西王母。」其實大同小異的引文還見於很多別的書，不再一一追溯。唯《藝文類聚》卷九一鳥部引《紀年》：「穆王十三年，西征，至于青鳥之所憩。」未云征犬戎，亦未云見西王母。我認為這極其量代表一次簡短的西行嘗試，也許只抵達鳥鼠山附近，未能確認傳說中渭水源頭而折回，也許穆王因此瞭解西征之行必需有人嚮導。

水❿。而根據傳統的說法，昭王的父親康王在位也僅有二十六年，故昭王即位時年齡不會太大，昭王既然早死，可以推斷穆王即位時恐怕還不到二十歲，這是我與《史記》嚴重違異的地方。史遷由於誤解《尚書·呂刑》「王享國百年」而認為穆王即位時年已五十。根據我的判斷，到穆王西征時，他大概是三十五六歲左右，這正是年富力強的年紀，可以勝任長途跋涉。因為《穆天子傳》卷一的起首部分殘缺了，使我們無法知道出發時的情形。可是出發後不久，就經過太行山⓫的西坡，那時天正下雪，到七天以後，穆王還因天氣嚴寒，而下令「王屬」休息，顯然那是冬天。那麼出發的時間是在年初還是在年尾？我想，穆王自己和高級官員，在元旦時顯然會有正規的活動，不太可能急到要趕在年前上路。所以他和他的「王屬」會等過了年才出發，可是「征犬戎」有六師隨行，那時還沒有騎兵，此六師大多數是徒卒，當然不及穆王車乘快速，所以我想這六師可能在年尾先行開拔，當然有各師將領統帥著，而歷史所記載的「十七年」，指的就是這個正式出兵日期。穆王和他的官員以及「七萃之士」則於十八年年初由洛邑的宗周⓬出發，渡過漳水北行到滹沱水轉西，隨後逐漸趕上，大概到滲澤附近會合⓭。

---

❿ 見《初學記·卷七·地部下》的徵引：「周昭王十九年，天大曀，雉兔皆震，喪六師於漢。」

⓫ 原文作：「至于鈃山之下。」據郭璞的注，「鈃山」就是「井陘山」。這個名稱今日還保存於「太行山」的一部分。故當日的「鈃山」就是今日的「太行山」。

⓬ 《穆天子傳》卷四有這樣一段話：「癸酉，天子命駕八駿之乘，赤驥之駟，造父為御，南征翔行逕絕翟道，升于太行，南濟于河，馳驅千里，遂入于宗周。……庚辰，天子大朝于宗周之廟。……吉日甲申，天子祭于宗周之廟。……丁亥，天子北濟于河。」這裡「宗周」顯指洛邑而言。我們可以找到洛邑也可以稱「宗周」的證據。《禮記·祭統》：「衛孔悝之鼎銘曰：『六月丁亥，……成公乃命莊叔隨難于漢陽，即宮于宗周，奔走無射。……』」《鄭玄注》云：「……周既去鎬京，猶名王城為宗周也。」據其注知此「宗周」指洛邑。這講的雖是春秋時的事，可是若無先例，銘文決不捨「成周」而用「宗周」。很可能當周穆王時，以洛邑為處理政事的地方，以此地為天下之所宗，故稱之為「宗周」；至於他自己休憩之地，則為南鄭的「祇宮」，其地據郭璞之注，在日後的京兆鄭縣，大致在長安附近。

⓭ 《穆天子傳》的句子是：「天子屬六師之人于郒邦之南滲澤之上。」據《郭璞注》：「屬，猶會也。」故知穆王在此與先行之六師會合。

卷一雖有干支，卻沒有記月份，好在卷二有一個記載：「季夏丁卯，天子北升于舂山之上。」「季夏」就是周正的六月。這給我們一個時間的參考點，讓我們知道到達西王母之邦的時候大概在周正的八月（仲秋）初一❹。

再將旅行的路線確定一下。穆王與他的六師在滲澤的附近會合後，就向西偏北疾行，抵達河套區的陽紆之山❺。這一階段的目標，一方面是祭河，再則接了立國於後套附近的河宗氏的國君柏夭同行。由此可知，穆王聯絡羌族之舉並非一時衝動。他一定有前置的準備，透過河宗氏的同宗柏絮與柏夭有所連繫與約定，可能還託他準備必要的馬匹與其他必需物品。我相信柏夭有羌族背景，可是也通華語，在西征途中可作嚮導與傳譯。他似乎也很熟悉各部落的掌故與傳說，在途中經常為穆王解說。

周人在民族感情上相當認同夏代，故也接受了禹闢龍門的傳說。他們對這條如同命脈般的河水非常崇敬，並且有經常的祭祀。同樣的，盤據在河水

❹ 穆王拜訪西王母的絕對時間，與本文沒有太大的關係，能知道當然更好。（本來共和以前的時間並不明確，大陸「夏商周斷代工程」的確有些突破，然而受限於一些關鍵性時間的判定，還不是很理想。）可是我還是作了一些估計，我用 776 BC 周正十月初一辛卯（那是「十月之交」日蝕之日）作為參考點，嘗試用準確歲實與朔實計算昭王時的幾個鼎彝的時間（例如靜方鼎、員方鼎、令簋等，其銘文上都有足夠的時間資訊），結果發現，如果把昭王十九年定為 960 BC，則不會有矛盾。我繼續計算穆王十八年 (942 BC)，得到「季夏丁卯」為初二，並且兩個月後的甲子也很可能（因為涉及四捨五入而不太確定）是初一，這就符合《穆天子傳》卷三起首的記載：「吉日甲子，天子賓于西王母。」

❺ 《穆天子傳》卷一載：「甲辰，天子獵于滲澤，於是得白狐玄貉焉，以祭于河宗。丙午，天子飲于河水之阿，天子屬六師之人于鄗邦之南滲澤之上。」其地望據郭璞之注在虞芮之間，然從路線的走向看來，不會那麼南。我判斷大致在今山西河曲附近，兩天之後（書中之「戊寅」疑為「戊申」之誤）又馳抵陽紆之山。史書對「陽紆之山」的地望，只有很含糊的記載，《水經注・卷一・河水》載：「河水又出於陽紆陵門之山。……《淮南子》曰：『昔禹治洪水，具禱陽紆。』蓋於此也。」對解決此地位置的判定，幫助不大，可是《穆天子傳》明言此地為河宗氏的地盤。根據《史記正義・趙世家》的解釋：「蓋在龍門河之上流，嵐、勝二州之地也。」嵐州位於今山西嵐縣之北，勝州在今綏遠托克托附近一大塊區域，雖然講得也很含糊，大概就在河套附近了。而且柏夭在「燕然之山」迎接穆王，這個「燕然之山」一定不是匈奴的杭愛山，因為後面講明此地在河水之阿，按「燕然」也是唐都護府之名，轄狼山等地。唐用此名，一定有其歷史的淵源，由狼山的地望，可知此地在後套。

上游的羌族，也視河神（河伯與無夷）為神聖。顯然他們有一個部落世襲主持河神與世人傳話的事務（一般人稱他們為「巫祝」），那就是「河宗氏」。穆王利用這個共同的信仰，以華夏天子的身分，為河神舉行了一次隆重的祭禮。這個舉動當然讓柏夭覺得很有面子，促使他死心塌地為穆王服務，這是穆王收買羌族人心的第一步。

在祭河典禮中，柏夭也發揮了巫祝的功能，為河神向穆王傳話。可能還是在轉述上帝的話，因為在兩次呼號中，都是以「帝曰：『穆滿，……』」起首❶。在現代人的觀念中，這算神話，在當時卻像卜筮那樣，是被接受的。從呼號中，可得知下一階段旅行的目標：「示女春山之珤，詔女昆侖□舍四平泉七十，乃至于昆侖之丘，以觀春山之珤。」所以下一階段的目標就是崑崙之丘，卷四卻稱之為「河首」。我們現在受《尚書‧禹貢》「導河積石，至于龍門。」的影響，往往以為「河首」就是積石山，然而〈禹貢〉遲至春秋末或戰國初始出現，它代表一種較進步的知識，但這不見得就會是周穆王時的知識。我認為《穆天子傳》的作者有跡象把崑崙及其支脈春山作為河首，這與「河出昆侖」的古代傳說是相符的。

出發前當然要做好準備工作。首先，六師之人雖然不會像前一階段那樣分行，可是也不可能都擠在穆王的近旁，所以每一師的行軍路線都需要妥善規劃。最重要的是，每一師的統帥都需要清楚整個行程的路徑，使必要時可以互相支援，所以穆王舉行大朝，與大家「披圖視典」。在策劃中還需要分散每一單位所攜帶的財寶與器物車馬，以保證食糧的供應無缺，這些策劃都包含在河宗氏交給穆王的「圖」與「典」之中。郭璞的注以為這就是「河所出禮圖」，他是被當時深入人心的「河出圖」的信念❶所誤導了。我相信這是柏

---

❶　「滿」是穆王之名，「穆」則是稱號。據汪受寬的《諡法研究》：「周王的稱號，現在已發現的禮器銘文中，武、成、昭、穆、共、懿的王號都是生稱。」

❶　關於「河出圖」，從春秋之後，無不當作實有其事，尤其當孔子嘆過：「河不出圖，吾已矣夫！」之後更是如此。而且《尚書‧顧命》亦載：「大玉、夷玉、天球、河圖，在東序。」似乎周室的確實藏著「河圖」的實物。可是自從清胡渭的《易圖明辨》出來以後，逐漸凝聚成一項共識：《尚書‧顧命》的「河圖」只是一件上有天然花紋的璞玉。在《尚書校釋譯論‧顧命》中，劉起釪述其師顧頡剛先生的意見：「河不出圖」者，非「河」不出圖也，各國不上圖也。他將「河圖」釋為諸侯進呈的圖籍。此解釋應也可適用於《穆天子傳》中「柏夭既致河典」的「河典」。

夭代穆王準備的一部分，甚至相信八駿與部分次要的馬匹也是柏夭代為蒐羅的，北方本來就鄰近牧馬區域。（當然，駕御者是穆王帶去的，尤其造父是他特別挑選的。）穆王並為新得到的「八駿」根據形態與毛色命名為赤驥、盜驪、白義、踰輪、山子、渠黃、華駠、綠耳，穆王讓他的八駿在一處清澈見石的河邊飲水，使大家認識牠們。

在這裡要特別強調的是，此一階段的策劃，並不包括「西王母之邦」在內。此時穆王即使聽過這名稱，也不會動心，他很清楚此行的主旨在攏絡河水上游的羌族。

穆王一行由「陽紆之山」出發，乙丑日渡河而西，在柏夭的別居暫息，丙寅日再出發，沿河水西岸南下，至於河首，按預定目標到了春山的附近。沿途皆是羌族的大本營，對此行之主要目標——觀兵相當有助益，可惜卷一後部脫逸太多，不能知道細節，僅由卷四的追述知道到過「西夏氏」[18]。卷四也估計由陽紆之山至西夏氏為二千五百里，由西夏氏至河首為一千五百里，我用此比例關係估計了一下，覺得此地應在現在銀川市附近。此地日後曾兩度（南北朝時的赫連勃勃與趙宋時的李元昊）納入國名為「夏」的國境內，有理由相信此地有過「夏」的舊名。無論如何，此地應為羌族的一個重要據點。

卷二開始時，記載戊午日有人獻酒，然後宿於昆侖之阿，由乙丑到戊午共五十三日，已經過了西夏氏，抵河首區域，此時遇到一座大山——崑崙。打開地圖看一看，不難發現此山就是祁連山的東南端。沿河南下，附近雖有一些丘陵，河谷本身卻相當平坦，一過今日的蘭州市附近，地勢卻突然高起來，再向西走到達河首附近，就為群山包圍，在穆王的時代，這些山脈就被認作是「崑崙」，這就是自古相傳「河出昆侖」的來源。與後代的名稱相比，顯然「崑崙山」就是「祁連山」，歷史上不乏等同此二名稱的記載，例如唐張守節《史記正義·司馬相如列傳》引《括地志》[19]云：「崑崙在肅州酒泉縣南

---

[18]　《郭注》僅引了《逸周書·卷八·史記》的一個虛查的故事來注「西夏氏」，對我的幫助不大。

[19]　關於《括地志》，那是一部地理書，由唐魏王李泰命蕭德言等撰寫，其書已散逸，清代孫星衍有輯本，近人賀次君在其基礎上完成《括地志輯校》，值得參考。此引文亦見於唐張守節《史記正義·司馬相如列傳》，其文在殿版的《史記·司馬相如列傳第五十七》「西望崑崙之軋。」下面的注。

八十里。……酒泉南山，即崑崙之體。」錢穆《史記地名考》在綜述諸說後下案語❷⓿：「今安西南山亦呼雪山，又名祁連山，蓋與酒泉南祁連雪山一脈。漢人所指崑崙，要之在此敦煌、酒泉南祁連山中。自後通西域，窮河源，乃始名于闐山為昆侖。」

請注意「祁連」的名稱是從音譯而來，歷代的書志都說匈奴語呼天為「祁連」，故以之名此高山，其實匈奴人征服河西羌族的時間已經很後了，此一名稱應是繼承而來的。由《穆天子傳》，我們有理由相信西周時此山名的譯音是「昆侖」，而「祁連」反是經由匈奴語多轉折一層的對音，考較此兩名的古音，可以增強對這種說法的信心。查考各字的上古音：「昆」屬「見紐文韻」、「侖」屬「來紐文韻」、「祁」屬「群紐脂韻」、「連」屬「來紐元韻」❷❶。第一音節的見紐 (k) 與群紐（送氣的 g'）都是舌根音，音值很接近。文部與脂部兩韻相差雖遠，可是在音譯雙音節外語之時，第一音節的韻通常並不重要。至於第二音節的譯音，侖連兩字都屬來紐（流音 l），文部與元部兩韻也很近，以至顧炎武將它們都歸到真部，章炳麟的「成均圖」也安排二部（他名之諄與寒）相鄰，可以旁轉。事實上《詩經‧小雅‧楚茨》就有通押的例子：「我孔熯矣，式禮莫愆。（元）工祝致告，徂賚孝孫。（文）」由上面的討論，我認為已可確定「昆侖」的地望。

有一個觀念也許需要澄清：《穆天子傳》但稱「河首」而不稱「河源」。「首」相對於「尾」而言，「河尾」應指河水宣洩入海的部分；同樣，「河首」應指其起頭，當然也含有「源頭」的意思。可是當人們由今蘭州循河西行過了今循化縣之後，就會發現四周都是高山，有許多或大或小的遄急溪流注入河水中。當時人似乎並無意於斤斤計較河水發源於哪一條溪流，故用了「河首」這一個圓融的字眼，來稱呼這一個區域，這與後世窮追其發源，以長為勝的觀念是不同的。

穆王一行在昆侖之丘舉行隆重的禋祭，拜訪（傳說中的）黃帝之宮，並

❷⓿　見錢穆著，《史記地名考》，p. 81。本文不採其後續之考證，以戰國時之崑崙尚在龍門附近的說法。

❷❶　關於各字的上古音，我參閱李珍華、周長楫編撰之《漢字古今音表》（修訂本）。關於聲韻學的理論與實際，我參閱竺家寧著《聲韻學》。

封豐隆之墓，然後再出發對附近景觀壯麗的山澤登臨欣賞。春山是他與河宗氏早就想上去的，上面草木茂盛，群獸在其間生存蕃殖，宛如一座位於高空的大花園，他名之為「懸圃」，並勒石為記。❷他特別對不怕霜雪的長綠樹木（筆木）感興趣，並採集其果實種子，準備帶回去種植。在抵春山以前，經過一大片水澤，其中水草茂盛，而且產珠，因此名之為「珠澤」。在下了春山以後，又經過赤烏氏部落❷，這些區域，也都是羌族聚居之所。沿途驚動各個羌族部落，皆來貢獻，穆王亦隨分賞賜，以求達到此行「觀兵」的目的，對特別忠心的，還用周天子的名義，給予封贈，使為周室守土。沿途生活所需，除了用黃金與當地人交易外，亦部分仰賴於部落的貢獻，此外亦偶作狩獵與採集，遇到好的種子，也取回蕃殖，作為此行收獲的一部分。

這一階段的旅途，至此完全達成目的，我相信到此時，穆王才真正考慮擴大其拜訪的範圍。透過當地的部落，他一定聽到介於崑崙山脈與流沙之間，有一條走廊般的平原，也是羌族叢居之地。當地且有豐富的玉石礦產，為中原所寶，可能獲得河宗氏的支持，他決定冒險進入這條走廊，作為下一階段的行程。到此時，他當已經知道在走廊的末端有一個羌族的大國——西王母之邦。

## 四、「西王母之邦」地望的猜想

六月己卯，穆王在赤烏氏休息了五天，安排好下一階段行程後，立即起程，向北在河西走廊疾趨，讓部隊隨後趕上。次日渡過「洋水」❷，並接受

---

❷ 請注意，西周中期的當地，氣候遠比今日溫暖，也比今日潮溼，卷二有「於是降雨七日」，那可在今日非常乾燥的河西地區，因此有「春山之澤，清水出泉，溫和無風。」的記載，所以懸圃上草木繁盛，也不足為異，何況當穆王登臨時，正值夏季。

❷ 河首附近各勝地包括崑崙之丘、春山、珠澤、赤烏氏等地，相距都很近，不過數日之行程，至於其相對方位，由於記載有含糊之處而不能確定，姑置之。只是由各種跡象看來，穆王一行在河首區並未深入，最後他們離開赤烏氏時，可能已離河西走廊不遠。

❷ 《郭璞注》：「洋水出崑崙山西北隅而東流。」歷代注疏家頗有作各種附會的，我認為大可不必。當時當地雨量遠比今日為多，河流的數目比今日為多，很可能有些溪流今日已不存在。

曹奴之人戲的貢獻，也給了對應的賞賜，兩日後再出發，終於找到黑水。由於降雨七日，而且六師還在後面趕路，所以穆王一行停下來休息並等待❷，這時，他看上一個當地人——長肱氏，有著治國的才能，就把眾人休息等待的區域封給他作諸侯，稱之為「留胥之邦」❷。這可能有附帶的目的：作為大軍西征時的後勤基地，當然也為祭公所說的「荒服」增加一個成員。

「黑水」是這一階段旅程的重要水流，它是這一階段行程的標誌，也和「西王母之邦」關係密切，值得去考查它的地望。「黑水」之名顯然是意譯（也許形容水的黑顏色），因為《穆天子傳》給了當地的讀音：「西膜之所謂鴻鷺」❷；後來封長肱氏，也講明其地區是「是惟鴻鷺之上」。《郭璞注》：「以言外域人名物與中華不同。」似乎「鴻鷺」就是當地稱「黑」或「黑水」的字眼。剛好清代俞正燮的《癸巳類稿・黑水解》引《敦煌縣志》有一段話❷：

> ……黨河，《漢書》龍勒縣有氐置水出南羌中，東北入澤。……黑海子，舊志在沙州西北大澤，番名哈喇腦爾。黨河之水自南來，以此澤為歸宿。

等一會還會回到此引文，現在先注意番名為「哈喇腦爾」的沙州西北大澤。現在許多地圖，在敦煌的北邊還會有一個長形名「哈喇淖爾」的鹹水湖，清徐松所著《西域水道記》引《肅州新志》云：「自沙州之哈喇淖爾正西，小徑達羅布淖爾，計程不及一月。」❷黨河與疏勒河皆注入此湖，顯然此「哈喇淖爾」就是清初的「哈喇腦爾」，現在的共識是：「哈喇」之名由其黑顏色而來。請注意三千年前的譯名「鴻鷺」與現代用的「哈喇」，其音值還是如此之近

---

❷ 《穆天子傳》的文字是：「留骨六師之屬」，頗費解。《郭璞注》：「『骨』疑是『胥』字之譌，『胥』有『待』義。」後面舉文獻上致誤之例以說明，頗合理，今從之。後面「留骨之邦」亦應釋為「留胥之邦」。

❷ 當穆王的六師終於冒雨趕來與天子會合時，駐軍的範圍可能不小。當他發現此地並不屬於某一統治者時，自然將之當作軍隊征服的地區，可以憑己意封贈，他並給這個新封地一個名稱——留胥之邦。

❷ 「西膜」大概是華夏對西北地區的泛稱。

❷ 見清俞正燮著，《癸巳類稿・卷一・黑水解》。

❷ 見清徐松著，《西域水道記》，p. 123。

似。「鴻」的上古音是匣紐東部、「鷺」的上古音是來紐魚部。因為「哈喇」
是相當後出的字，我只能拿掉口字偏旁而得兩個入聲字「合刺」。其上古音一
為匣紐緝部、另一為來紐月部。和「鴻鷺」相比，其聲紐部分，的確很近，
至於韻部方面，「鴻」是東部的陽聲韻 (-ng)，與「合」較遠，後兩字的魚部
和月部則較無問題。然中國古代翻譯雙音節的外語，第一音節往往會轉為陽
聲韻，一個例子是：梵語 dhana 中譯為「禪那」，「禪」字比起 dha 也多了陽
聲韻 (-n)（參考資料同注❷）。其實僅比較漢音，似乎隔一層，應該也考慮羌
族語音三千年來變化了多少才是。

　　無論如何，我們可以確定：穆王停駐過的這條水流，當地人因顏色而命
名為「黑水」。至於地望，穆王一行進入河西走廊並未太久，由日數來估計，
也許在今日的張掖附近，歷史上有對應的記載嗎？閱讀唐孔穎達的《尚書‧
禹貢疏》❸，有一段話可能有關：「案酈元《水經（注）》，黑水出張掖雞山，
南流至燉煌，過三危山，南流入于南海。」清胡渭《禹貢錐指》批評他❸：

> 山海經曰：「灌湘之山又東五百里，曰雞山，黑水出焉，而南注于海。」
> 雞山不知在何郡？郭璞無注。而孔疏引水經以為出張掖之雞山，檢今本
> 無此文，蓋其書有散逸耳。《太平御覽》引《張掖記》曰：「黑水出縣界
> 雞山，亦名玄圃。……」據此，則雞山當在甘州。張掖縣界，漢為觻得
> 縣地。今陝西甘州衛西有張掖河，即古羌谷水，出羌中，北流至衛西，
> 為張掖河，合弱水東北入居延海。俗謂之黑河。

由他的考證，張掖附近的確有一條黑水或黑河，源出今山丹縣附近，只是不
流入「南海」而已。然而據歷史記載，河西走廊還有兩條「黑水」，一條在肅
州、另一條在沙州，都必須列入考慮。《禹貢錐指》也追溯了肅州黑水的歷史
記錄，他引了《肅州衛志》：「衛西北十五里有黑水自沙漠中南流，經黑山下，
又南合於白水；白水在衛西南二十里，源出衛北山谷中，南流與黑水合。又
有紅水，在衛東南三十里，源出衛南山谷中，西流會於白水，入西寧衛之西

---

❸　見清嘉慶二十年刊《重栞宋本尚書注疏‧卷六》：「導黑水至于三危，入于南海」下
　　面附印的「疏」。
❸　見清胡渭著，《禹貢錐指‧卷十二》。

海。」至於沙州黑水，上面俞正燮《癸巳類稿・黑水解》引《敦煌縣志》所提的黨河，據程發軔《禹貢地理補義》（見下），即當日之黑水，唯當日的水量遠較今日為大，向西北注入蒲昌海。蒲昌海是當地一大鹹水湖，以往曾由於氣候的變化而漲縮數次，現在蒲昌海亦名「羅布泊」或「羅布淖爾」，是由回語而來。

　　對這三條「黑水」我有一個假設。在穆王時代，此地雨量較多，穆王要為降雨七日停駐可證，氣候也較溫和，《穆天子傳》後面載：「鄧韓氏，爰有樂野溫和，穄麥之所草，犬馬之所昌。」而河西走廊是一個封閉的所在，水流除蒸發外不會憑空消失，故三條黑水原來應為連續的一條，由各支流的水匯合，直注西北之蒲昌海。到後來雨量少了，由山上下注的水量不足維持在走廊上的蒸發量，故斷為數截，各自匯為小湖，然後蒸發掉。在過渡時期，黑水雖已斷開，各截應仍維持原名，後日歷史上各地方志的記錄，就是這樣來的。❸❷然近日頗有幾本書認為西周中期以後氣候是乾冷的，雖然所討論的多為中原的情形，不免讓人誤解為亦能用到河西走廊，兼之這些對西周中期以後氣候的意見，本身也有缺陷，應該有人指出，故我將此評論，列為附錄，放在本文最後。

　　對黑水的猜測，直接影響到對「西王母之邦」的猜測，因為《穆天子傳》有一段旅程明言循黑水至於群玉之山，以後的旅程雖然沒有明言，然有了這樣一個方便的指標，絕不會放過。在經過十餘日後，到達黑水上的另一個重要指標：玄池，由於「玄」形容黑色，我猜玄池就是哈喇淖爾。循黑水西北行，對穆王一行來說，長形的崑崙山在他們的左邊，仍不時可以登臨，河西走廊也有不少羌族的部落。穆王的行動留下不少傳說，以至後魏時涼張駿、酒泉太守馬岌上言：「酒泉南山，即崑崙之體；周穆王見西王母，樂而忘歸，

---

❸❷　歷史上不乏蛛絲馬跡，顯示古代此地應有一條長河流，例如前引孔穎達的《尚書・禹貢疏》說：「案酈元《水經（注）》，黑水出張掖雞山，南流至燉煌，過三危山，南流入于南海。」然其可靠程度不高，故本文僅將之當成一個假設。從理論看，河西走廊的乾溼關聯到祁連山上積雪量的少或多，其機制恐怕很複雜，然不像中原地區那樣受太平洋的影響。也許與天山南路的氣候一樣，多少受印度洋的影響。好在氣象考古的技術日益進步，將來如能在此地找到三千年以前的化石花粉，必能確定西周中期此地是否潮溼，則可證實或否證此假設。

即謂此山。」這一段記述，出於唐張守節《史記正義》引《括地志》[33]。這一路穆王也大有收獲，在群玉之山，穆王得當地人之助，開採了大量玉石，裝了好幾車，還留下邢侯監督開採者未竟之功，由時間與路線推斷，「群玉之山」大概在今高台縣附近。穆王下面一個停駐之處在剞閭氏所居住的鐵山之下，他在那裡舉行祭祀，依距離估計，大概就是現在酒泉以南的南山。再下一個停駐地是上面提到的鄄韓氏，那是一個平衍的所在，估計大概在今安西的附近，穆王在那裡命六師之屬休息，並大饗正公、諸侯、王吏、與七萃之士。在上述那些地方，穆王都得到當地人食物與牲畜的貢獻，他也給出對應的賞賜。再下一個停駐地就是上述的玄池岸邊，他在那裡奏樂三日，看樣子他的心情很好，似乎在河西走廊旅行一點也不辛苦。

在這裡我應該認真看待程發軔認為今日的黨河相當於昔日之黑水的理論，近人屈萬里與劉起釪都贊成這個講法[34]。程發軔的理論載於《禹貢地理補義》與《春秋左氏傳地名圖考・說南海》，謹引後者[35]於下：

> 黑水，番語謂之「哈喇烏蘇」。一稱「黨河」，〈漢志〉謂之「氐置水」，上源曰「沙拉果勒河」，（胡林翼《大清一統圖》作「西爾噶近河」，《漢書補注》作「錫爾噶勒津河」。）源出青海北部山中。（〈漢志〉氐置水，出南羌中，當時南羌，即今青海，正合。）曲折西北流，入甘肅境，逕黨城西，（其東有千佛洞）折而北流，有黨河自西南來會，遂有「黨河」之名。又北流經故沙州城東，又東北經三危山西麓。〈禹貢〉「導黑水，至于三危。」是也。又折而東北，經敦煌縣西。又北有「布隆吉河」，一稱「疏勒河」，經安西城北來會，益西流入哈喇淖爾。哈喇淖爾，其義即黑水湖，其東有三危，西有流沙。明一統志謂：「三危、黑水、流沙，皆在敦煌。」是以黨河為黑水，最為相合。至黑水入「南海」，……林少穎謂：

---

[33] 關於《括地志》，見注[19]。張守節的引文，見殿版的《史記・秦本紀》「西巡狩，樂而忘歸。」下面的注。

[34] 屈萬里的意見在《尚書集釋・禹貢》p. 64（他的注 70）；劉起釪的意見在《尚書校釋譯論・禹貢》p. 713：「上文所釋受啟發於俞正燮《癸巳類稿》的創論，引《水經注》諸說證成之。今又得程發軔氏之說為有力佐證，似可成定論矣。」

[35] 見程發軔著，《春秋左氏傳地名圖考》，p. 93。

「凡塞外得止水謂之海，非真海也。」則南海之地，當求之雍州塞外，不應遠求之揚州矣。考哈喇淖爾（黑水）之水，經匈人斯坦因之考證，古時入羅布泊，至今沙迹猶在，潛流尚存。羅布泊即〈漢志〉之蒲昌海，一名鹽海，或黝澤，又稱臨海，或牢蘭海，「樓蘭國」因此得名。（見《漢書補注》所引《水經注》及《括地志》）「牢」與「蘭」雙聲，急讀為蘭，為臨。「牢」、「臨」皆來母，「南」為寧母，臨與南古音通轉。且「南」字古韻讀「寧」，如〈小雅〉：「鼓鐘欽欽，鼓瑟鼓琴，笙磬同音，以雅以南。」又如〈邶風〉：「凱風自南，吹彼棘心。」「南」字均叶讀「寧」（乃林切），而琴音心臨林，又同在侵韻。是「南海」即「臨海」，即「牢蘭海」，聲韻皆可互通。則知南海之「南」，是譯番地蘭海臨海之音，非指東西南北之義。

引得的確是太長一點，可是我覺得很重要。不但解決了〈禹貢〉中「黑水入于南海」的千古之謎，而且也替羅布泊找到不少異名，利於進一步考證。我希望補充的是：當周穆王之世，河西走廊雨量豐富，以至有一條綿長的「黑水」匯集兩旁山區的雨水，首先匯入哈喇淖爾，再流入蒲昌海，因此「鸑河」只是無數支流之一。當穆王一行離開玄池（哈喇淖爾）繼續前進時，流向蒲昌海的黑水還是發揮了引導的功能。他們進入今日新疆省的境內，經過「苦山」與「黃鼠之山」（大概都是今阿爾金山的支脈），最後他們沿黑水直抵西王母之邦。需要注意的是，當他們抵達𨚗韓氏的平衍地區時，已經脫離了祁連山的範圍，不論南山算不算古崑崙山的一部分，「西王母之邦」都與崑崙山無關，這是很多人忽略的。

按《穆天子傳》所言路程，「西王母之邦」一定在蒲昌海附近，可是何以沒有留下歷史的痕跡呢？我認為最可能的解釋，就是此地一度被蒲昌海水漲所淹沒，以至記錄被毀。的確，《水經注》有如下之記載❸

河水又東注於泑澤，即經所謂蒲昌海也。水積鄯善之東北，龍城之西南。

---

❸　見《水經注‧卷二‧河水》。請注意，酈道元接受了當時時興的「河水重源說」，故講的是「河水」，其實是今新疆的塔里木河。在此我聲明是受了顧頡剛先生所著《史林雜識初編‧天山南路之羌》的啟發。

龍城，故姜賴之虛，胡之大國也。蒲昌海溢，盪覆其國，城基尚存而至大，晨發西門，暮達東門。……地廣千里，皆為鹽而剛堅也。

很顯然這裡以前是一座大城，位於蒲昌海的東北。當時的蒲昌海要比現在為大，此城在被毀滅以前，大概是「姜賴之國」的都城，很可能此地就是「西王母之邦」的故址，當日其地處於東西貿易的孔道，又盛產礦鹽，的確有繁榮的條件。

上引的那一段也給了蒲昌海另一個名稱，即泑澤，我懷疑這就是「瑤池」的異稱。在這裡「泑」固然與「黝」通假，可是我寧取「光澤」而不取「黑色」的釋義，即使黑水帶有黑色物質流入，也會被塔里木河的流水沖淡。然而我認穆王的「瑤池」為「泑澤」的理由主要是聲韻學的，「泑」字屬影紐幽部、「瑤」字屬餘紐宵部。兩字的上古音相近：餘紐屬喻四（音值近流音 r）、影紐為牙喉音，近於喻三，兩字的韻部也可旁通，《詩經》的〈陳風‧月出〉一章：「月出皎（宵部）兮，佼人僚（宵部）兮。舒窈糾（幽部）兮，勞心悄（宵部）兮。」顯示兩部的通叶 ❸❼。再看「澤」與「池」為定紐雙聲，其義固然相近，然而蒲昌海變大之後，「澤」就不如「池」之傳神（例如滇池）。《穆天子傳》載「西王母之邦」在瑤池近旁，這是我定此邦的地望在蒲昌海邊的另一個證據。

## 五、西王母其人、其族、其國

《穆天子傳》對「西王母」的敘述，都集中在卷二的末尾一句與卷三的起始部分，謹引在下面 ❸❽：

> 癸亥，至于西王母之邦。吉日甲子，天子賓于西王母；乃執白圭玄璧以見西王母，好獻錦組百純，□組三百純，西王母再拜受之。□乙丑，天子觴西王母于瑤池之上。西王母為天子謠曰：「白雲在天，丘陵自出。道裡悠遠，山川閒之，將子無死，尚能復來。」天子答之曰：「予歸東土，和治諸夏。萬民平均，吾顧見汝。比及三年，將復而野。」西王母又為天

---

❸❼　同注 ❷❶。

❸❽　見注 ❺ 之說明。請特別注意西王母第二首詩的校改。

子吟曰：「徂彼西土，爰居其野。虎豹為群，於鵲與處。嘉命不遷，我惟帝女。彼何世民，又將去子！吹笙鼓簧，中心翔翔！世民之子，唯天之望。」天子遂驅升于弇山，乃紀名迹于弇山之石，而樹之槐眉曰：「西王母之山」。

要瞭解「西王母」其人，除了根據這些記載外，沒有其他辦法，不過我們可以先根據背景資料對她的國家作一點猜想。我假設上一節所提到「姜賴之國」的都城，很可能就是周穆王心目中的「西王母之邦」，「姜賴」之名也很有可能就是此國開國之君的名字。很顯然「西王母」可能是此國的女王，也有可能是幼王之母，卻因嗣君太幼，大權由她執掌，由「王母」的名稱著想，我比較認同後一可能。不過無論如何，我推測西王母在羌族之中，會有很高的地位。我確定她是羌族人，理由之一是「姜」為羌姓，理由之二是此時天山南路正是羌族的勢力範圍❸。羌族的歷史非常古老，據許倬雲《西周史》❹，羌族的老家分布在隴西洮河一帶，這也是《穆天子傳》稱為「河首」的地方，當新石器時代，此地為辛店、寺洼文化的中心。我猜此後羌族分兩支向外擴展，一支沿河水直至河套，另一支進入河西走廊，他們接受當地的農業而呈半定居型態。進入河西走廊的那一支繼續進入天山南路，建立強大的勢力，當然也免不了受印度文化的影響，顯然有豪傑之士在蒲昌海邊建國，這就是周穆王所稱的「西王母之邦」。顯然她的國家非常強大，不但物產豐富，而且地扼交通要道，向西可達于闐、罽賓、身毒，向東可達河西走廊與中土，成為貿易的集散地。此地的土壤充斥鹽分，大概無法發展農業，必須仰給於周遭地區，卻仍有廣大的城池，必定是以商立國。而且既有廣大的城池，必有強大的軍隊據守，以保護商旅，因經商而致富，應有助於集中人才，提高文化水準。另一方面，其富強也會導致鄰國的妒恨，以致當日後此城為蒲昌海之水所「盪覆」時，會有「被上天所懲罰」的傳言。《太平御覽》❹引了一段四言韻文：「姜賴之墟，今稱龍城。恆溪無道，以感天庭。上帝赫怒，溢海盪

❸　一直到漢朝，此地仍有殘餘的羌族勢力。請參閱顧頡剛先生所著《史林雜識初編·天山南路之羌》的啟發性討論。

❹　見許倬雲，《西周史》第二章第四節。

❹　見《太平御覽》卷八六五引《涼州異物志》。

傾。剛鹵千里，蔟藜之形。其下有鹽，累蒮而生。」下面的注解（亦轉錄自
《太平御覽》），有助於瞭解此國：

> 「姜賴」，胡國名也。「恆溪」，其王字也；矜貪無厭。上帝化為沙門遊
> 子，觀其政。遂從溪乞之，以鹽與帝。帝乃震怒，使蒲昌溢以盪覆也。
> 其地化為鹵而剛堅，凝如蔟藜，撥發其底，鹽方大如蒮，以次相累也。
> 坐以鹽乞天帝，故使此地化生鹽也！ ❷

作為這樣一個富裕國家的統治者，一定有相當的文化水準，以此瞭解為前提，
讓我們回頭研討周穆王與西王母相見與酬答的場面。

　　首先，請注意起頭兩句：「天子賓于西王母；乃執白圭玄璧以見西王母。」
穆王是以隆重的賓禮來會見這位國力強大的鄰國元首的，用白圭玄璧作為贄
禮，極致敬之能事。當時周穆王的朝臣雖以「荒服」來看待羌族部落，穆王
既定下籠絡的策略，至少要做足面子。為了也顯示周室的富強，穆王送給西
王母的禮物是「錦組百純、□組三百純」。這裡缺了一個字，我推測是「素」
字，以與「錦」相對，《郭璞注》：「純，疋端名也。」說明那是絲織品的單位。
值得注意的是：郭璞在注《山海經》時，引了《穆天子傳》的另一版本作：
「錦組百緒、金玉百斤」 ❸。郭璞也許是為瞭解決闕文的問題而作了另一個
選擇，亦可能為了迎合一般讀者的心理。總之，「金玉百斤」雖然昂貴，西王
母卻未必看得上眼，只有絲織品才是當時西方花錢也買不到的寶物。由此可
以看出周穆王的判斷力，他知道如何獲得西王母的好感，在籠絡外族的努力
上，他打了一場勝仗。

---

❷　《涼州異物志》的注出現的時間應該很後了。關於姜賴之國都城的毀滅，尚在故地
流傳，可見入人印象之深。然其傳說顯然雜有異地神話，不但有佛教的「沙門遊
子」，還有基督教的洪水，其實就神話的精神來看，更像所多瑪與蛾摩拉的毀滅。
蒲昌海的水溢當然有其自然解釋：黑水與塔里木河皆流入蒲昌海，而無出路。起先
其地還乾燥，地下水的水位尚低，水被地所吸收，逐漸讓附近的白龍堆沙漠減縮。
等到白龍堆沙漠消失，而且地下水也飽和以後，就一定會溢出，只有當氣候再次轉
為乾旱，蒲昌海才會再開始縮減。我猜想水溢的時間，可能在西周末期，導致羌族
在此地勢力的衰退，到戰國水退以後，樓蘭等國才能在廢墟附近復興，第八節還要
回到這個問題。

❸　見《山海經・西次三經》：「事司天之屬及五殘」下面郭璞的注。

　　第二天（乙丑日）是國宴，穆王向西王母敬酒。《穆天子傳》載：「天子觴西王母于瑤池之上。」在卷一也有同樣的句法：「□觴天子于盤石之上。」《郭璞注》曰「觴者，所以進酒，因云觴耳。」依洪頤煊的校本，當敬酒時二人有三首酬答之詩，如依道藏本以下的俗本，西王母的第二首詩作於穆王升弇山勒石下來以後。洪頤煊校改的根據是郭璞注《山海經・西次三經》時所引，俗本此處斷爛過甚，不可究詰，不如郭引之文義平順，然而西王母的第二首詩內：「彼何世民，又將去子！吹笙鼓簧，中心翔翔！」明明是惜別之辭，應該作於穆王臨別的宴會上，我想，郭璞此處有疏忽之處，他在注中把三首詩都收到一齊了。下面專討論乙丑日酒宴上兩首酬答之詩。

　　我假設西王母的詩，是透過翻譯而錄下的，另一方面，憑貿易立國的地方，一定會有適當的翻譯人才，故錄下的詩句一定合西王母心中的意念。西王母似乎對這個遠方來訪的貴賓很有好感，她的詩頭兩句「白雲在天，山陵自出。」是起興❹，引出後面的「道里悠遠，山川閒之。」她知道穆王無法久留，不過總希望將來還有見面的機會，她祝禱穆王長壽，還可再來（將子無死，尚能復來）。我估計當時穆王大概三十五、六歲，可能顯露中年人特有的魅力。對比之下，穆王的答和顯得有點敷衍：「予歸東土，和治諸夏。萬民平均，吾顧見汝。比及三年，將復而野。」輕率地許下三年之約，不見得有誠意。畢竟，穆王還有東方與南方的戰爭要應付，要真做到「和治諸夏」，並且要「萬民平均」，那是談何容易！「三年」也可以從達成這些先決條件後才開始計算的。

　　如果西王母是幼王之母，當時可能不足三十歲。她對穆王是不是別有依戀之心呢？大概誰都回答不來。也許郭璞《山海經圖讚・西王母》❹的詩句顯示前人已想過這個問題：「天帝之女，蓬髮虎顏。穆王執贄，賦詩交歡。韻外之事，難以具言！」

　　周穆王在西王母之邦待了大概有一個月（甲子日抵達，丁未日飲於溫山，已經離開），停留期間當然受到西王母的熱誠招待，可惜《穆天子傳》沒有給

---

❹　這兩句詩意十足，使人聯想起「出岫之雲」，不知她的幕僚有沒有修改過？然而文學上聯想的原理總是相通的，出自她自己的心意也不奇怪。

❹　見臺灣中華書局本《山海經箋疏》後附之〈山海經圖讚一卷〉。

出細節❹。我相信在這一個月中，穆王和他的大臣一定談妥了與此邦合作的方針（可能包括軍事與貿易）。當丁未日穆王大朝於平衍之中時，曾下令「六師之屬休」，他可能顧忌大軍容易與當地民眾發生衝突，故與附近的部落協調好，要將六師留在當地一段時間，等待後命。此時穆王當然會抽空做好下一行程的計畫，包括與六師會合，再往東北行，經過今哈密附近，而進入蒙古高原，亦即北方之「曠原」。來時他曾經收集了不少東西，包括在群玉之山開採的玉器以及準備帶回到中土栽種的檊木、嘉穀種子（可能也採集了一些此邦的瓜果種子），回程時不太可能都帶到北方，我相信他也透過河西走廊的「留胥之邦」❹作為中繼站，將部分物品與行程訊息帶回到洛邑的施政中心，讓留守的臣下放心。

穆王一行在離開前，曾登上了附近的弇山，勒石以作紀念，又栽了一株槐樹，加上了「西王母之山」的標誌。在離別之前，西王母又設席為他餞行，奏樂娛賓，並且又賦詩以惜別，全詩已見上引。在此詩中，她明白講出她對華夏文化的嚮往，她的國家僻居於西方，還沒有完全脫離遊牧文化，逼不得已須與鳥獸為群。我認為首句「徂彼西土」的「徂」通「阻」，《莊子·則陽》：「已死不可徂。」《釋文》：「徂本作阻。」❹此處作「局限」解，然而她也瞭解她有治國的使命，無法離開。詩中的「嘉命不遷，我惟帝女。」並不離奇，稍突兀的唯「我惟帝女」一句，「帝」當然指「天帝」。她既知道東方之國君號為「天子」，則自以「帝女」對之，也可以瞭解。在下文中，她自居為「世民」，其意為「世俗之民」，與之相對，她將所嚮往的華夏文化視作「天」。「彼何世民」中的「彼」為發語辭，與「夫」同，「何」則為驚嘆辭❹，有「無奈」之意。在音樂聲中，她的思想也發狂想（吹笙鼓簧，中心翔翔），

---

❹ 《穆天子傳》卷三雖然頭尾齊全，可是卻是六卷之中最短的，不能排除中間有許多支竹簡已經遺失掉的可能，穆王在西王母之國生活的情況也許就在其中。

❹ 《穆天子傳·卷五》有：「留昆歸玉百枝」，《郭璞注》：「留昆國見《紀年》。」《今本紀年》繫之為穆王十五年，不可信。然郭璞並未提年代，我認為那就是原來的「留胥之邦」，只是後來「胥」改為「昆」，理由是「等待」的「胥」已經過去，而以後是「留駐昆侖山旁的中繼站」，此邦所獻為玉，正是當地產物。

❹ 見《莊子·則陽》：「已死不可徂。」

❹ 「彼何」二字聯用，似慣用語。見《詩·小雅》。

如果她的兒子也能受到華夏文化薰陶，那就好了（世民之子，唯天之望）。

　　《穆天子傳》所給有關西王母的資料，我差不多全用了（當然還加上我的想像）。另外郭璞在「吉日甲子，天子賓于西王母。」下面引（古本）《竹書紀年》：「穆王十七年，西征昆侖丘，見西王母。其年來見，賓于昭宮。」上面講過，崑崙與西王母無關，《紀年》特順序言之，然這可能引發後世牽聯崑崙與西王母的種種努力。值得注意的是下面兩句：「其年來見，賓于昭宮。」後世無數學者想讀通這兩句，總是不成功。「昭宮」是位於宗周奉祀穆王之父昭王的宮殿，當然也有可能用來招待賓客，可是總不可能在西王母之邦也有一個「昭宮」！我有一個很狂野的想法，不敢自信，姑且寫下來留個記錄。我認為這兩句話可能談到西王母的回拜，可是「其」字一定是錯的。我嘗試了各種可能，結論是原文應為「廿又八年來見，賓于昭宮。」換言之，西王母於十年以後來回拜。如果用行書直寫「廿又八」三個字，倘若靠得太近，的確會像一個行書的「其」字，我將它放在下面的空白處，旁邊再放一個真實的「其」字行書作對比❺。我覺得這個年代也很合理，因為此時她的兒子已大了，她可以離開，而且穆王與他的部隊已把路走熟了，又有中繼站，西王母要來也比較容易。

## 六、有關鐵的記載與推測

　　《穆天子傳》中有一項記載，雖然與本文主題沒有大關係，卻很可能影響到我國的科技發展史，值得在此用專節提出。卷二記載：「壬寅，天子祭于鐵山，祀于郊門。」這是文獻中最早提到「鐵」的地方，前人論及中國冶鐵的歷史❺¹時，似乎都沒有注意及這一條。我忍不住想像那裡可能產鐵，而穆王想學一點技術帶回去。

❺　《竹書紀年》出土於西晉初期，東晉初期的郭璞看到的很可能是經過謄寫的本子。當時的書寫習慣用行書相當普遍，那些字形我取自《中國書法大字典》。

❺¹　一個典型的例子是黃展岳，〈關於中國開始冶鐵和使用鐵器的問題〉，文物，總二四三期，pp. 62–70, 1976。

　　中國的鑄鐵技術起始自何時，一向沒有定論，可是應該早於春秋中期。因為〈禹貢〉篇有：「華陽黑水惟梁州。……厥貢璆、鐵、銀、鏤、……。」而《左傳・昭公二十九年》載：「遂賦晉國一鼓鐵，以鑄刑鼎，著范宣子所為刑書焉。」❺❷〈禹貢〉的著成日期大概在春秋後期，既求梁州貢鐵，可知當地的技術應屬成熟，而在春秋後期的晉國，提鍊一鼓鐵的技術決非才開始發展成功的，這樣算起來，春秋早期應該是中國的鑄鐵技術創始的更合理日期。我們知道西方的西台帝國以及地中海沿岸在西元前十二世紀已有鑄鐵，其技術之東傳，決非毫無可能，其成品（例如耒耜等農具）作為商品輸出，更是勢有必至。據《中國科學技術史・礦冶卷》，在七處發現有早於春秋早期的鐵器（陝西、甘肅各二處，河南、山西、青海各一處）❺❸，其中以河南三門峽三件西周晚期鐵兵器為最早，在新疆則更多，若扣除當時不屬於華夏的地區外，還是不能忽略。近世發現有些周代青銅兵器有鑲鐵的刃部❺❹，除了已證實為使用隕鐵者之外，似乎必須有從礦石冶鍊的，然而有一個可能性卻被忽略了：那些鐵說不定就是由貿易輾轉進口的❺❺。我們知道今新疆鄯善等地區，的確出產鐵礦，而且《漢書・西域志》❺❻描述「不當孔道」的「婼羌」也產鐵：「山有鐵，自作兵，兵有弓、矛、服刀、劍、甲。」固然這是在漢代，可是成熟的工業技術需要時間來培養；西周時應已有萌芽。一個很自然的假設就是：當穆王時，鍊鐵技術已傳至河西走廊，而後再逐漸傳至中原。中原人民最初不免以其為「惡金」而抗拒，而僅用之為耒耜來破土，我認為至少不應斷然排斥此一假設。至於那些少量的鐵矛等長兵器，甚至不能排除為戰爭的虜獲，或由穆王西征帶回來的。

　　與此有關的論點是關於「焉支山」的，已有的共識是：此山位於今甘肅

---

❺❷　所引見《尚書・禹貢》及《左傳・昭公二十九年》。

❺❸　見《中國科學技術史・礦冶卷》，表 6-2-1。

❺❹　見《中國科學技術史・礦冶卷》，第二章第六節；參閱顧頡剛與劉起釪所著《尚書校釋譯論》pp. 729-731 的討論。

❺❺　以往沒有人考慮過這個可能性，其實應該分析那些早期華夏鐵器中的微量雜質與同位素成分，再與同時期新疆的鐵器比較。

❺❻　見《漢書・卷九十六上・西域傳上》。

山丹縣附近，而且此山出產的紅色顏料，可作婦女的胭脂；以至匈奴人傷心此山之喪失而歌曰：「失我焉支山，使我婦女無顏色！」值得研討的問題是：此顏料到底是什麼？晉以後多以紅藍（即紅花 Safflower）之提煉物當之，這是一種草本植物❺❼。唯據宋趙彥衛所著之《雲麓漫抄》❺❽載：「本草，紅藍花堪作燕脂。……一名黃藍。《博物志》云：黃藍，張騫所得。」其所引不見於今本張華所著之《博物志》，唯此植物的原產地確為西方，其「焉支」之音與印度或阿拉伯原名皆不類似，顯然並非譯音，然其音卻與匈奴「閼氏」音近，顯然此為匈奴原名，且植物不難移植，產地喪失不會那樣傷心。我認為紅藍為日後的替代品，此顏料原為礦產之赤鐵礦（三氧化二鐵），純粹的赤鐵礦呈鮮紅的顏色，唯稍雜氫氧基顏色即暗，故產地對品質極有關係。不純的赤鐵礦呈棕紅色，俗稱赭石，亦可用作染料或顏料，唯純粹的鐵丹 (rouge) 可以被研磨成極細的鮮紅粉末（現代還用它來拋光透鏡玻璃）。很可能匈奴婦女原來採集焉支山的鐵丹研粉作為化妝品，後來發現今新疆中部山區亦產此物，即名其地為「焉耆」。在西王母之邦旁邊有「弇山」，據《郭璞注》亦名「弇茲山」，疑亦由鐵丹得名。

如能證明現存的西周鐵器由西方而來，則穆王西征的貢獻又增加一件。

## 七、《山海經》與「西王母」的神話化

很明顯，《穆天子傳》對西王母的描述不是神話（即使稍帶有傳說的誇張）。就《穆天子傳》的內容而言，除了柏夭以巫祝的身分裝神弄鬼外，一點超自然的成分也沒有。在第一節的末尾，我也強調了本文的一個基本假設：即這些樸素的記述有原始史料的價值，這一節的目標在強化此一假設。

在注❺中所引述的袁珂與李福清，都承認神話本身會「層累地」積聚。袁珂也討論過西王母神話中的某些演變，只是他認為《穆天子傳》包含了神話的材料。我們目前所知靠得住的最早西王母神話，只能從《山海經》中找到。如果《穆天子傳》中的西王母有神話背景，那些背景資料顯然在戰國流傳過，應該在《山海經》中有所反應才對。讓我們仔細分析一下，《山海經》

❺❼　見日人藤田豐八著，楊鍊譯，《西域研究》第九章的討論。
❺❽　見宋趙彥衛著，《雲麓漫抄》卷一。

涉及西王母的部分共有三處，還有一處疑似的，都列在下面❺：

《西次三經》：又西三百五十里，曰玉山，是西王母所居也。西王母其狀
如人，豹尾虎齒而善嘯，蓬髮戴勝，是司天之厲及五殘。

《海內北經》：西王母梯几而戴勝杖，其南有三青鳥，為西王母取食。在
昆侖虛北。

《大荒西經》：西海之南，流沙之濱，赤水之後，黑水之前，有大山，名
曰昆侖之丘。……其外有炎火之山，投物輒然。有人戴
勝，虎齒，有豹尾，穴處，名曰西王母。此山萬物盡有。

《大荒西經》：西有王母之山、壑山、海山。

郝懿行的《箋疏》以為：「『西有』當為『有西』，《太平御覽》九百二十八卷
引此經作『西王母山』可證。」目前多數人已接受這一校改，因此《山海經》
對西王母共提了四次。由上面的引文來看，其內容有同有異，正可以顯示西
王母神話由戰國中期到漢初的變化過程。據袁珂的考證❻：

《山海經》不是出於一手，並且也不是作於一時，是可以肯定的。我以
為它大致可以分為這幾個部分：一、《大荒經》四篇和《海內經》一篇；
二、《五藏山經》五篇和《海外經》四篇；三、《海內經》四篇。三個部
分以《大荒經》四篇和《海內經》一篇成書最早，大約在戰國初年或中
年；《五藏山經》和《海外經》四篇稍遲，是戰國中年以後的作品；《海
內經》四篇最遲，當成於漢代初年。他們的作者都是楚人——即楚國或
楚地的人。

作《大荒西經》的戰國人一定把握了《穆天子傳》的素材。因《穆天子傳》

❺ 見郝懿行著《山海經箋疏》內的各章節。

❻ 見袁珂著《山海經校注》的附錄〈《山海經》寫作的時地及篇目考〉所作的考證。
《山海經》在西漢劉向劉歆（秀）父子校書時就已經合兩部分為一，到郭璞又加入
《荒經》等五篇。故《山海經》是一部複合作品這一點，本已幾成共識。袁珂在蒙
文通的基礎上，從版本、文字、與內容各方面加以考證，找出各部分的主要著作時
間，他的結論，據我所知，已為大多數學者所接受。

先記載抵達昆侖之丘，後記載抵達「西王母之邦」，《大荒西經》的著者把這些納入同一條之內，頗有「拉關係」的意味。然而畢竟不敢說西王母就住在昆侖之丘，他另造了一個「炎火之山」，他也賦予西王母以「戴勝虎齒豹尾穴處」的描述。這些就是西王母神話的原始背景嗎？然而這些描述一點也引不起神話式的聯想，反可用以當作自然化解釋的材料（例如彼邦盛行打獵，其國君以豹皮為衣、串虎牙為飾之類。請注意此處「虎齒」在「戴勝」之後，因此可以形容「勝」）。也許傳聞某個遊牧民族作此裝束，就附會給西王母。這當然不可能是西王母與穆王會面時的裝束，因為周正八月是天氣正熱的時候。

　　《五藏山經》的著者繼承了前人的作品，對西王母的形象稍作了一些變易。他把西王母的居處定為「玉山」，又受當時鄒衍五行哲學的影響，將她的職務定為與西方金德的肅殺有關之「司天之厲及五殘」。為了要增加一點猙獰氣氛而加入「蓬髮」與「善嘯」，又將「虎齒」調到「戴勝」的前面。現在西王母有一副突出的虎牙，這一部分的演變顯然受五行思想的影響，當然不可能是西王母神話的原始背景。

　　漢初的《海內北經》著者希望再加變化，說她「梯几而戴勝杖」。「杖」大概是衍字，「梯」字據郭璞解為「馮」（憑）。「憑几而戴勝」給人的印象是西王母正在化妝，這算什麼補充？好像沒有別的辦法了，只好把《西次三經》的「三危之山，三青鳥居之。」和《大荒西經》的「有三青鳥，赤首黑目，一名大鵹，一名少鵹，一名青鳥」兩段原與西王母無關的文字，附益上去，寫成「其南有三青鳥，為西王母取食。」這是說她養了三頭獵鷹呢？還是襯托她孤苦伶仃，沒有別人服侍呢？後面的「在昆侖虛北」，似乎想進一步加強西王母與崑崙山的關係。

　　從上面的討論，可見《山海經》對西王母神話化的努力，一直沒有太成功，比起他們祖先的璀璨瑰麗的《九歌》與《離騷》，這群楚國作手似乎沒有能發揮想像力！可是《山海經》對其他神話的處理，也有成功的情形。例如《大荒北經》繼承了《楚辭‧天問》的「雄虺九首」而發展成「相繇」的故事，其後《海外北經》的「相柳氏」除了沿襲之外，又加入了「畏共工之臺」的情節。也許西王母故事的肇始原型，缺乏神話的種子，影響到想像的空間，而「相柳氏」的例子則相反，不僅如此，《山海經》有大量神仙不死的內容，

卻偏偏與西王母拉不上關係。羿向西王母請求不死之藥，嫦娥竊之以奔月的故事，為後世所盛傳，卻僅見於漢初的《淮南子》❻，我認為這決非偶然。連以鋪排著名的漢賦作家，似乎也不太能夠善用西王母這一題材，剛好有一個例子：《史記·司馬相如列傳》記錄了司馬相如的〈大人賦〉全文，其中有一段關於西王母的，錄在下面❻：

> 低回陰山，翔以紆曲兮；吾乃今目見西王母，曬然白首！戴勝而穴處兮，亦幸有三足烏為之使。必長生若此而不死兮；雖濟萬世，不足以喜！回車揭來兮，絕道不周。

這裡西王母被寫成一位孤苦伶仃的老太太，雖能不死卻沒有生活能力，要靠三青鳥為她取食。司馬相如顯然以此為反面的教材，來諷刺漢武帝之求仙！司馬相如所據以鋪排的，只能是《山海經》供應的材料。他當然看不到《穆天子傳》，而《淮南子》又因為劉安的反叛而成為禁忌，更不用說《穆天子傳》中西王母的原始神話背景了。看樣子《山海經》對西王母形象的貢獻是負面的，而在漢代的學術環境下，不容易擺脫它，我不得不下一個結論：西王母故事在神話演變過程中是一個特例。不但第二節顧頡剛先生視《穆天子傳》為《山海經》的人化是說反了，連袁珂懷疑《穆天子傳》中的西王母有原始神話背景也找不到支持的證據，事實上要到魏晉以後，西王母的神話才有夠看的作品。我要舉託名東方朔著的《神異經》為例以作比較❻：

> 崑崙之山，有銅柱焉，其高入天，所謂天柱也。圍三千里，周圓如削；下有石屋方百丈，仙人九府治之。上有大鳥，名曰希有，南向，張左翼覆東王公，右翼覆西王母。背上小處無羽，一萬九千里。西王母歲登翼，上之東王公也。故其柱銘曰：「崑崙銅柱，其高入天，員周如削，膚體美

---

❻ 見《淮南子·卷六·覽冥訓》：「羿請不死之藥於西王母，姮娥竊以奔月，悵然有喪，無以續之。」此事亦被偽書《歸藏》所收錄。《淮南子》的確表現出漢初文人的想像力，此後至漢末似無繼起者。

❻ 見《史記·卷一百一十八·司馬相如列傳》。

❻ 見《神異經·中荒經》，收入於《筆記小說大觀十三編》。現在還不知此書的著者是誰，然多數人的共識是六朝時人所偽託的。

焉。」其鳥銘曰：「有鳥希有，碌赤煌煌，不鳴不食，東覆東王公，西覆
西王母。王母欲東，登之自通；陰陽相須，唯會益工。」

這樣的文字漢朝人是寫不出來的。如果《山海經》中的西王母是源自成熟的
神話背景，怎會這樣難擺脫「人」的形象呢？

## 八、小結：論西周西北方外族的消長

　　謹將以上數節的論點歸納一下。周穆王帥領六師西征犬戎，其性質是籠
絡西方羌族的「觀兵之旅」，因為他需要熟悉羌族的河宗氏柏夭作嚮導，故需
要先到河套。他的第一階段是逆循河水至昆侖之丘，也就是他心目中的「河
首」，此時並未計畫前往西王母之邦。他抵達河首後，得悉今河西走廊亦多羌
族部落，故延長行程，沿當時的黑水直抵姜賴之國，他稱之為「西王母之
邦」。我作了一個重要的假設：此時河西走廊雨量豐富，故黑水無中斷地流入
蒲昌海，而姜賴之國在其東北岸，穆王與其部下在此國停留一段時間以進行
外交活動。本文並未涉及穆王離開此國以後的行程，卻加入了一節考察《山
海經》對「西王母」的神話化的企圖，顯示其成效之拙劣，目的在澄清部分
學者認為《穆天子傳》中之西王母脫胎於《山海經》的疑慮。

　　穆王拜訪「西王母之邦」，是他「觀兵之旅」的高潮，可是他的西征，還
有一個附帶的目標，就是訓練軍隊行軍與作戰的能力。我相信他在「西王母
之邦」得知北方有大曠原的消息後，就決定歸國的行程要經過大曠原，一方
面在此地廣人稀的原野用狩獵來增強戰技，另一方面也讓各師統帥更熟悉他
的部隊，所以在歸途中，「觀兵」反成了次要的目標。他也得知在曠原中有
「積羽千里」，似乎有大批鳥類在那裡解脫羽毛，為此他還特地登上溫山，去
考察鳥類的行為 ❻❹。他當然看出這些羽毛可以收集來用作羽箭的材料，這也
可以增強戰力，顯然穆王所念茲在茲的，是先解除西北方後顧之憂，然後進
兵東面和南面，以完成他父親昭王的未竟之志。我們現在知道，在他回國不

---

❻❹　在蒙古高原活動的大部分鳥類為候鳥，通常會每年定期更換羽毛（有些每年更換兩
　　次）；請參閱常家傳、馬金生、魯長虎所著之《鳥類學》第九章〈羽毛及其脫換〉。
　　脫卻的羽毛比較不易腐爛，在地廣人稀的地域，往往會堆積。顯然穆王將這些積羽
　　當成自然資源，可供採集利用。

久之後，就任命了毛班率兵東征，獲得勝利❻❺，毛班就是他西征將領之一，顯然穆王的強兵構想已經收效。關於南方，有零碎的材料顯示穆王後期曾經出兵討伐過❻❻，然因為《竹書紀年》久逸，殘存零星徵引又有不可解處，只好置之。然而《左傳・昭公四年》載：「穆有塗山之會。」楚國的椒舉認為此會可與夏啟、商湯、周武王、成王、康王、齊桓、晉文類似的舉動有同等重要性，故至少穆王在南方並未受到挫折。

這一節的目標是在總結全文。如果前面所歸納的論點有幾分真確，則穆王應該是一個有作為的君主。可是穆王的功罪到戰國已受到嚴重的歪曲，他的戰略與外交功績已隨周室東遷而褪色，只剩下他的冶遊與野心成為反面教材❻❼被流傳，要扭轉這些誤解，頗不容易。除此之外，如不能瞭解西周西北方各外族的變動情況，也會誤解他的策略考慮，下面我嘗試澄清一些觀念。王國維❻❽曾經考察古代各外族的名稱，他由音韻的相類推斷：鬼方、昆夷、獫狁等名稱，皆為同一外族名之異譯。茲引他的論說：

> 混夷之名，……余謂皆畏與鬼之陽聲，又變而為葷粥、為薰育、為獫鬻，又變而為獫狁，亦皆畏鬼二音之遺。畏之為鬼，混之為昆、為緄、……，

---

❻❺ 根據馬承源《商周青銅器銘文選注》，班簋為周穆王時器。其銘文明言王命毛班往伐東國，限期三年，必須平定之，後來毛班告成於王，因作此器傳之子孫。銘文起首記日期：「隹八月初吉，才宗周，甲戌。」我嘗試考其年代。據注❶❹，我將昭王十九年定為 960 BC，求得 933 BC 符合八月初一為甲戌的要求（我需要將閏月放在年尾）。這相當於穆王二十七年，還算相當合理。

❻❻ 《初學記・卷七・地部下》引《竹書紀年》：「周穆王三十七年，東至于九江，比黿鼉以為梁。」類似的引述出現於很多書（見《古本竹書紀年輯證》），不像虛構，可能使用特殊船隻，被傳言所歪曲。至於唐寫本《修文殿御覽》殘卷引《紀年》：「穆王南征，君子為鶴，小人為飛鴞。」則更匪夷所思，無從猜測。

❻❼ 《國語・周語上》載祭公謀父的諫言，已在第一節討論過。《楚辭・天問》記載：「穆王巧梅，夫何為周流？環理天下，夫何索求？」將他的周遊天下解釋為貪圖寶物。《左傳・昭公十二年》記載楚子革諫靈王之言：「昔穆王欲肆其心，周行天下，將皆必有車轍馬跡焉！」認為他的冶遊是一種不正常的嗜欲，在他們的筆下，穆王的形象已離暴君不遠。

❻❽ 見《觀堂集林・卷十三・鬼方昆夷獫狁考》。

古陰陽對轉也。混昆與葷薰，非獨同部，亦同母之字，玁狁則葷薰之引
而長者也。故鬼方、昆夷、薰育、玁狁，自是一語之變，亦即一族之稱，
自音韻學上，證之有餘矣。

上面的話極明確。唯他兼引《說文解字》口部作「犬夷」、《尚書大傳》作「畎
夷」，我認為那是他疏略之處，因為用漢人後起之說攙入，反令他原來的卓識
減色。這些北方的外族，到了華夏戰國的後期，結集成一個強大的匈奴國，
而「匈奴」與「薰育」也有音韻上的關聯，事實上「薰育」急讀就呈「胡」
字音，這些關聯現在已成為常識了。

　　當然實際上採用哪一個譯名，有其歷史的因素，王國維先生對此也有很
好的解釋。對此我只有一點要補充，北方外族的某一部落與華夏接觸時，往
往有他們自己的方言，因此在遇到用漢語音韻變化不能完全解釋的場合，也
許應該兼考慮外語本身也會有變化。

　　王國維先生也認為，戎與狄，皆中國語，非外族之本名，二字皆有其原
本的意義，然而對外族用之既久，自然會有約定俗成的效果。一般來說，
「狄」偏北而「戎」偏西。對於犬戎，王先生認為：「考詩書古器，皆無犬戎
事；犬戎之名，始見於《左傳》、《國語》、《山海經》、《竹書紀年》、《穆天子
傳》等，皆春秋戰國以後呼昆夷之稱。」此處我認為王先生太快跳到結論，可
能為《後漢書‧西羌傳》所誤導，要分疏其分際，我認為應考慮各外族的部
落在不同的時期勢力消長的情形。

　　由前面數節我們看到，「犬戎」始終指西方的羌族而言，「犬」字決非鄙
視的字眼，可能與「犬丘」之地有關。《後漢書‧西羌傳》[69]說：「武乙暴虐，
犬戎寇邊。」僅說是「寇邊」而已，並沒有很大的戰爭。事實上殷商西北最大
的敵人是鬼方，武丁用了全力，僅獲勝利，然對其種族卻無可如何。當時鬼
方的各部落亦在今山西與陝西地域拓地，《孟子》[70]言：「太王事獯鬻」，那是
鬼方在山西境內的一個部落。太王終究不敵獯鬻，逃離原地，踰梁山而至岐
下，在那裡他又遇到鬼方的另一支部落——昆夷，經過數代的努力，周人終

___

[69]　見《後漢書‧卷一百十七‧西羌傳》。

[70]　見《孟子‧梁惠王下》。

於將昆夷打走。固然昆夷的武力較獫狁為弱，也是由於距離其大本營較遠，得不到支援之故，季歷為殷出力，戰爭的對象亦多為鬼方的部落。

西周的初期和中期，羌族始終與周室維持著友好的關係，周室本身的經營，還是放在東邊與南邊，西與北一直採守勢。殷亡之後，周的國力被三監之亂消耗掉不少，只能在關鍵地點倚賴幾個強大的諸侯：唐、虢、衛、宋、申、魯、齊、匽等，來抵禦外患。當然，涇渭流域的昆夷，是被消滅或趕走了的，有些羌族的人民遷入昆夷的故地，周人稱他們為「犬戎」，王國維先生認昆夷為犬戎的前身，那當然是錯的。「鬼方」的名目雖然隨「方國」消失不再存在，其種族卻趁機進入一些周室鞭長莫及的地點定居下來，這些地點主要在今山西的太行山區與今河北的九河區，周人稱他們為「狄」或「翟」，並且承認他們定居的現實。這些北方的外族日漸融入華夏，到春秋時大多被晉所併吞，那些不願定居的狄族，回到廣大的北方草原遊牧，也可讓他們安定一陣子。他們的人口要到周宣王時期，才增長到需要再度南下，那時他們的名稱是「玁狁」，當周穆王時，定居的狄族還沒有脫離部落的型態，然而已不足為患。穆王觀兵的對象是西方的羌族，他甚至採取了行動，來平衡今山西地區外族的多樣性，《後漢書‧西羌傳》載：「穆王西伐犬戎，取其五王，王遂遷戎于太原。」這件事大概發生在他西征回來以後，那五個羌族部落當然是經過挑選，對周室忠心的❼。

上面的分疏應該可以說服我們：周穆王籠絡羌族的這些行動顯然是收效了，犬戎大概也要到宣王時才與周室發生衝突，穆王的策略為其西北方爭取到約一百五十年的和平。

即使在宣王初期，周室對待這兩個外族還是有分別的。《詩‧小雅‧出車》大概是宣王名將南仲征伐玁狁，其部下歸來後，自敘之詩，他讚揚南仲痛擊玁狁，用了這些句子：「天子命我，城彼朔方。赫赫南仲，玁狁于襄（《潛夫論‧救邊》篇引作『攘』）!」、「執訊獲醜，薄言還歸。赫赫南仲，玁狁于夷!」對玁狁是打平它。可是詩中同時也有對西戎的戰事，詩人的描寫是：

---

❼　《後漢書‧西羌傳‧注》引《竹書紀年》謂：「夷王衰弱，荒服不朝，乃命虢公率六師，伐太原之戎，至于俞泉，獲馬千匹。」然此役本為夷王貪圖馬匹而開釁，荒服不朝云云乃藉口，況事後亦未聞戎族報復，應非戎族之反覆。

「喓喓草蟲，趯趯阜螽。未見君子，憂心忡忡；既見君子，我心則降。赫赫南仲，薄（猶迫，有親往之意）伐西戎。」他抄了《召南·草蟲》首章的大部分來襯托對西戎的戰事，可見那是和平解決的，很可能南仲親身與西戎相會，以歷史淵緣說服西戎退兵。詩人這種敘述方式，和他對玁狁戰事的處理很不同，由此可知，王國維先生將玁狁與西戎等同的意見❷，是有缺陷的。

自宣王三十一年起，周室與犬戎之間的衝突就日益加劇，從三十九年千畝之戰失敗後，不到二十年，西周就亡於犬戎。固然周室的兵力已大部分消耗於對徐淮荊楚的征戰，亦與羌族加強在東方的戰力也有關係。這種一消一長的趨勢，似乎沒有人分析過，對此我有一些與本文有關的猜想，寫下來作為全文的終結。

在第五節，我們建立了一個論點，那就是：「西王母之邦」即處於蒲昌海邊的姜賴之國。那是一個富強的國家，且其富強建立在它優越的貿易地勢上，這樣一個國家對羌族的優秀人才，是有吸引力的。那時羌族在天山南路很有發展的餘地，因此對周並不構成很大的威脅，這是周穆王和它建交時，應該考慮過的。可是我們也發現姜賴之國後來為蒲昌海之水漲所湮覆，羌族失去了此一基地，連帶也一併損傷到他們在天山南路發展的動力。據《史記·大宛列傳》與《漢書·西域傳》，漢代在蒲昌海西岸立國的，是古國樓蘭，日後又受匈奴及漢室夾逼，遷國為鄯善國，其人民殊不類羌族❸。而當地羌族人口稀少，且被逼處於南方今阿爾金山之邊緣，其中稍具國家型態者為婼羌，辟在西南，不當孔道；逐水草，不田作，其餘如白馬、黃牛等羌，僅為部落而已，因漢代此地已是遍地沙漠，距蒲昌海水溢之時，應不下數百

---

❷　王國維先生〈鬼方昆夷玁狁考〉謂：「……宣王二十七年，王遣兵伐太原戎不克，而詩云薄伐玁狁，至于太原。太原一地，不容有二戎，則又以玁狁為犬戎也。」案《小雅·六月》與《小雅·出車》所述原為同一戰役，至《後漢書·西羌傳》所引，原為「後二十七年」，即宣王三十一年，此時周與犬戎已接近決裂，與〈六月〉詩所述，固非同時之事。

❸　清末英人斯坦因在羅布泊東北發掘到墜簡，經王國維先生〈流沙墜簡序〉考證，其地即古代的「姜賴之墟」，而漢魏時附近的民眾已傳誤為「居盧倉」。如當地還有夠多的羌族遺民，則名稱變化決不會這樣快，尤其不會放棄那個「姜」字，我猜當時的樓蘭人民已雜有印歐民族血統。

年❼。我估計姜賴國之被毀，大約相當於西周夷王厲王之際。羌族在天山南路被挫，其初可能退回河首故地自保，其後不免向東擴張，適逢周室國力衰退，又往往貪圖馬匹而開釁，羌族對周室的感情也日漸消退。那時羌族本身也別無退路，與宣王扯破臉後，即以全力應戰，而宣幽二王還狃於以往的經驗，以為憑「上國」之名就足以嚇退對方。羌族戰勝幾次後，士氣漸旺，而幽王連遭禍患尚不知自省，君民士氣低落，一消一長，周室為犬戎所敗是必然的結果。

## 九、附錄：對西周氣候的評論

有幾本書談到西周的氣候，似乎認為其後期乾冷，然理由都不充分，雖然所討論的多為中原的情形，不免讓人誤解能用到河西走廊。因與本文無直接關係，故我將此評論放在本文最後。

劉昭民著《中國歷史上氣候之變遷》（修訂版）第五章認為西周前期為暖溼的氣候，自穆王二年到春秋時期則有一個「小冰河期」，較乾旱，其氣溫較現在（劉書修訂版時期為 1992 年）低半度到一度，然所舉的證據有問題，我認為不足取信。下面提出我的理由：

㈠「小冰河期」應是全球性的現象，每一「小冰河期」的建立，應有廣泛的資料為依據，不能僅列少數特殊事件即躍至結論。然同書第四章圖三所引之挪威雪線圖與對應的中國曲線並不相符。

㈡第五章第二節所引之「歷史證據」有嚴重缺失，大多無證據價值。分述於後：

㈎所引《竹書紀年》周孝王七年、十三年、周厲王二十一、二十二、二十三、二十四、二十五、二十六各年、周幽王四年各條，所用皆為《今本竹書紀年》，已有廣泛共識：此書為偽書，且無支援之其他出處，因此無

---

❼ 蒲昌海或羅布泊在歷史上曾漲縮數次，雖然其機制難明，卻並不奇怪，只是人們通常不會注意這些事而已。即使到了二十世紀，羅布泊仍在漲縮。李守中著的《長城往事》pp. 130–131 有這樣一段記載：「最近的一次復甦在公元一九二一年，那時因為塔里木河又一次注入羅布泊，綠洲也稍顯生機。在公元一九四〇年，湖面達到了三千平方公里。公元一九六二年縮減到六百六十平方公里，現在又是荒沙一片。」故西元前數百年的乾溼變化，應該不是怪事。

證據價值。「周孝王十三年」一條更為荒唐，因《今本竹書紀年》並無「周孝王十三年」，可見連原書都沒有查過！

㈡所引《竹書紀年》：「(周)幽王九年，秋九月，桃杏實。」一條，雖有《太平御覽・卷九六八・果部》之支援（《太平御覽》作「十年」，姑作誤寫論），然仍須判斷所謂「九月」是周正還是夏正，周正九月桃杏實並不奇怪。在沒有證明是夏正以前，仍無證據價值。

㈢所引《隨巢子》是偽書。

㈣所引〈楚茨〉與〈(中)谷有蓷〉兩篇《詩序》為東漢衛宏所著，與原詩無關（已累經歷代大師討論過）。算起來只有《通鑑外紀》的「二相立宣王，大旱。」沒有毛病，可是這僅為一單獨事件，什麼也證明不了！

㈢「周穆王二年」的年代完全是作者杜撰的，一點根據也沒有。

㈣那時中原還有熱帶動物。《太平御覽・卷八九〇・獸部》引古本《竹書紀年》曰：「夷王獵于杜林，得一犀牛。」方詩銘與王修齡著之《古本竹書紀年輯證》用影宋本《御覽》比對過，確定是「杜林」而非「桂林」，那是在宗周附近，本書著者應該對此疑似的「反證」做說明。

同一作者所著之《中華氣象學史》（增修本）的第二章第七節用了簡化的討論來支持同樣的結論，只是未再提「小冰河期」，他倚賴今本的偽書《竹書紀年》仍不足為訓。

滿志敏著《中國歷史時期氣候變化研究》第六章第一節認為西周是個寒冷氣候時期。他的討論著重於熱帶動物種類與數量的變化，然而人口增加，農地大量開發，戰爭等人類的活動都足以影響生態環境，減少那些動物生存的機會，而且除非著意保育，很少有逆轉的可能。因此我們不能由熱帶動物的減少去推斷氣溫下降，反可由這些動物的尚多推斷氣候還不是那麼壞。就犀牛而言，春秋之時將士的盔甲往往用其皮，這會嚴重減損其數量，而宋華元還說：「犀兕尚多！」❼❺如果犀牛在西周時真的成為稀有動物，即使春秋時氣候回暖，其數量也不可能回復得這樣快，故此章節仍少參考價值。

---

❼❺　見《左傳・宣公二年》。

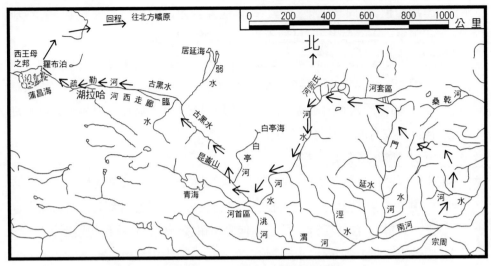

周穆王西征往西王母之邦的大致途徑

# 第二十章
## 「亦有兄弟，不可以據」
### ——論衛宣姜的無奈和她的自訟

🪐 摘　要

　　透過對《左傳》與《詩經》有關篇章的探討，我致力於建立四個論點：第一，宣姜的一生充滿無奈。她並沒有與別人通淫，那是衛宏《毛詩序》誣衊她的。《左傳》的涵意只不過說宣姜被逼改嫁昭伯，並沒有事先通淫的意思。第二，《詩經·邶風·柏舟》一篇很可能是她的自訟，其後她就回歸平淡的生活。第三，齊襄公的拒絕幫助宣姜，其動機完全是政治的。同樣的動機也使他去謀殺魯桓公。第四，衛朔的復國成功，是由文姜致力促成的，她的動機部分是報復，部分也是政治的。

## 一、引　言

　　衛宣姜是一位生活在春秋初葉的貴族女子，她出生於東方的齊國，是齊僖公祿父的女兒。她至少有一個弟弟和一個妹妹，她的弟弟名叫「諸兒」，後來繼承了齊國的國君之位，史稱「齊襄公」；她的妹妹後來嫁到魯國，為魯桓公的夫人，史稱「文姜」。她自己於長成後出嫁到衛國，為衛宣公晉的夫人，她為衛宣公生了兩個兒子，一個名叫「壽」，一個名叫「朔」，朔後來繼承了衛國的國君之位，史稱「衛惠公」。衛宣公死後數年，她又改嫁了，歷史並沒有留下她自己的名字，很可能當時的女子並沒有正式的私名❶，她由母家繼承了「姜」姓，再加上她丈夫的諡號「宣」作為辨識，成為「宣姜」。

　　以上所描述的身世，對貴族似乎相當典型，如果宣姜的身世真的那樣平

---

❶　春秋時代出現於《左傳》的女性名字，其第二個字通常是她的姓，同姓的全靠第一個字加以辨識。第一個字有時是她丈夫的諡號（例如宣姜、武姜），有時是她自己的諡號（例如聲子、哀姜），有時是她母家的國或地區（例如王姬、驪姬）。可是有時第一個字不知來源（例如文姜），所以不能排除女子有私名或小名，且有時被用到第一個字上。傳說中女性名字，例如娥皇、女英，也可能是小名。

凡，那這篇文章也可以不必寫了，事實上宣姜的遭遇是相當不平凡的。細心的讀者也許會認為上面的敘述不夠完整，應該把她後半生的經歷——她改嫁後又生了三男二女，三男中有兩位當上國君補充進去。其實她的後半生反是較平凡的，她的不平凡遭遇多發生在前半生，這就值得我們去探討。歷史的記載雖然簡短，還是足以顯現其梗概，最好由《左傳》的幾段記述講起。

我的寫作計畫是：在第二節，先錄下《左傳》內幾段記述衛宣姜的段落，從中瞭解她首次婚姻的不尋常遭遇，以及兒子失國奔齊的過程，在第三節探討她受逼改嫁昭伯的真象。下面又分兩個小節，分別處理齊襄公陰謀的政治動機，與《左傳》「昭伯烝於宣姜」的真正涵意，藉以替宣姜辨誣。第四節是本文的中心，我企圖建立一個假設：就是《詩經》中〈邶風·柏舟〉一篇為宣姜所作，並透露了她受逼反抗至自省降服的心理過程。在討論過殘留文獻的啟發後，我將對此詩作逐句分析，以求顯示上述假設的合理性。其中涉及日月蝕專業問題的討論，將另闢一小節作補充說明，我也將再另闢一小節，概略討論《詩經·邶鄘衛風》中其他有關的篇章。為了對有關宣姜的史實作較完整的交代，我將在第五節簡述文姜助衛朔復國的過程，作為宣姜事件的餘波。在最後一節，我將回溯一下本文特別著重的幾個論點，稍作方法論的檢討。

本文的主要依據是《左傳》與《詩經》，而以《史記》、《公羊傳》、《穀梁傳》為輔，我也參考了許多別的典籍，完整文獻資料列於文後，為使年代清楚，我也附了一個大事年表。

## 二、衛宣姜的不尋常遭遇

《左傳》分數年記載了下列事實：

〈隱公四年〉：衛人逆公子晉于邢，冬十二月，宣公即位。

〈桓公十二年〉經：丙戌，衛侯晉卒。

〈桓公十六年〉：初，衛宣公烝於夷姜，生急子❷，屬諸右公子。為之取
於齊而美，公取之，生壽及朔，屬壽於左公子。夷姜

---

❷ 「急子」《史記》作「伋」，今從《左傳》。

縊。宣姜與公子朔構急子。公使諸齊，使盜待諸莘，將殺之。壽子告之，使行。不可，曰：「棄父之命，惡用子矣！有無父之國則可也。」及行，飲以酒。壽子載其旌以先，盜殺之。急子至，曰：「我之求也，此何罪？請殺我乎！」又殺之。二公子故怨惠公。十一月，左公子洩、右公子職立公子黔牟。惠公奔齊。

〈閔公二年〉：初，惠公之即位也少，齊人使昭伯烝於宣姜。不可，強之。生齊子、戴公、文公、宋桓夫人、許穆夫人。

　　《左傳》由於受制於《春秋經》，無法將所載之每一件事都懸繫於發生的年代下，故每多追述。閱讀《左傳》時需要從內容爬梳出事件的時序，如上面所引的〈桓公十六年〉以及〈閔公二年〉兩段，就都是事後的追記，不過從這些簡短片段裡面就可以看到宣姜的部分不尋常遭遇。她由齊國出嫁到衛國，本來是一樁政治婚姻，這不奇怪，奇怪的是她本來的新郎應該是衛宣公的兒子急子！當衛宣公見到她的如花美貌時，忽然決定她不能做他的媳婦，卻應該做他自己的妃子，而處在此變局中的主體——宣姜，卻完全身不由己，被逼著要逆來順受。按照原來的約定，她是準備嫁給一位年歲相當的儲君的，卻遇上一個年齡足以做她父親的國君！不論《詩經‧邶風‧新臺》是不是為她而寫的，「燕婉之求，得此戚施」的句子正足以描述她的心情❸。再說衛君已經有了夫人（就是急子的母親）夷姜，而宣姜嫁過來時本非娣媵，要她屈居人下，當然不會甘心。可惜在《左傳》的簡短記載中無法顯示她心中的掙扎，我們只知道最後她嫁給了衛宣公，卻也搶了夫人之位，結局就是「夷姜縊」。這個表面勝利可能令她在衛國宮廷中樹下了不少敵人，然而當初她也許並無此自覺。

---

❸　《毛詩序》對〈邶風‧新臺〉的解釋為：「新臺，刺衛宣公也。納伋之妻，作新臺于河上而要之。國人惡之，而作是詩也。」這也許是《詩序》少數猜對的一篇。崔述《讀風偶識‧卷二》駁云：「既至而知其美，故奪取之。未至而先築臺，又不在國而於河上，欲何為者？」然而可能本有遊觀之臺在河上，宣公特翻新之，以取媚於新妃，需時無多，然此詩之作者並非本節之重點，特借之以顯現宣姜當時的心理。到第四節的㈤小節還要回到這篇詩的討論。

　　先將史實的順序整理一下。魯隱公四年全年，衛國都在紛亂之中，先是公子州吁弒桓公自立，他虐用衛國民眾，並伐鄭以挑起國際紛爭，得陳國之助，石碏等老臣平了州吁之亂，迎立宣公。十二月宣公始即位，宣公需要時間來鞏固政權，為兒子向齊國求親，也需要時間，故宣姜嫁到衛國，不會早於隱公六年 (717 BC)。宣公死於桓公十二年 (700 BC)，宣姜大概做了十七年的夫人，在此期間，她生下兩個兒子──壽與朔。小兒子朔到宣公死時恐怕不會大於十五歲，既然做了夫人，她當然期望她自己的兒子能被立為太子，故年長的急子就成了她的眼中釘。

　　《左傳》用特筆記載衛宣公屬急子於右公子，屬壽於左公子，「屬」字據《杜注》音「燭」，有「託付」之意❹。換言之，請右公子為急子的保傅、請左公子為壽的保傅，前人多以此特筆為後面廢朔的張本。可是值得注意的是，如果壽與朔的年齡很近，何以不命左公子同時為兩人的保傅？很可能朔的年齡會更小（與壽可能差五歲），如果這個猜想還有幾分道理，則可以更瞭解當時的情況。宣公與宣姜很顯然把小兒子寵壞了，沒有充分受到保傅管教的幼子，看到老哥在宮廷內享有「大人」的權益，心中不免會妒羨，有時難免會向老爸哭訴，這樣的告狀次數可能還不少。再加上宣姜在枕邊的推波助瀾，老糊塗了的宣公真以為急子犯有過惡，起念要將他置之死地。《左傳》在這裡用了一個「構」字，《杜注》釋為「會其過惡」，換言之，就是「講他壞話」。類似的情節，在封建的宮廷中總是一再會發生！

　　衛宣公可能以為，將急子之死賴在「盜殺事件」上，可以隱藏自己的居心，平復臣下的疑慮，可是他顯然錯了。歷史上廢長立幼的事例很多，還沒有誰做得比衛宣公更粗糙！衛宣公的安排連「陽謀」也談不上，簡直就是掩耳盜鈴！不但急子察覺了，連壽也聽到風聲。壽接受了幾年保傅「兄友弟恭」的訓誨，以為以身相替，可以感動老爸回心轉意，結果竟演變成兄弟爭死的悲劇，受到整個事件失控的刺激，可能加速了宣公的死亡。我猜想魯桓公十年年底的記載「齊人以衛師助之」，以及次年年初的盟約，就是被宣公利用作

---

❹　《左傳・隱公三年》「宋穆公疾，召大司馬孔父而屬殤公焉。」的「屬」字，就是這個用法。

遣使急子使齊的藉口事件，其後宣公就沒有什麼活動了。

事件演變到如此的地步，固然讓朔順利即位，卻也使衛國上下處於一片怨怒的氣氛中❺。宣姜雖然察覺到了，可是她已騎上老虎背，無法回頭了。這種怨怒不但造成四年後朔的失國，還讓宣姜背了很多歷史的黑鍋，例如《列女傳》就將衛國五世的禍亂都歸罪到宣姜身上❻，後面還要回到這方面的討論。

如果前面對朔的年齡估計不差，則衛惠公即位時，年僅十一歲，即使不那樣估計，也不過十五歲。面對當時國際上複雜的情勢，逼得衛國的貴族暫時得放下怨怒去努力應付。早在衛宣公去世前一年（魯桓公十一年，701 BC），鄭昭公忽被他的弟弟公子突推翻而奔衛，此時當仍留衛而成為衛國的負擔，鄭突雖藉宋助得國，卻因受不了宋的誅求而聯結魯紀伐宋。當時宋齊交好，故宋向齊求援，衛國數年來一向追隨齊國，此時衛國雖在國喪之中，仍為齊拉入戰圈，被逼派兵到宋國助戰。齊宋衛燕聯軍聲勢雖大，卻打了一場大敗仗！這樣一來，力弱的衛國只能更依賴齊宋，才有機會報復。再下一年 (698 BC)，齊僖公祿父去世，衛國免不了派人去弔唁。齊國恥於上一年的戰敗，力求對鄭報復，果然，宋約同齊、蔡、衛、陳諸國伐鄭，大勝並大肆破壞。鄭的受挫導致其政局不穩，鄭厲公（公子突）與權臣祭仲鬧翻，出奔蔡國，昭公忽回鄭復位，衛國終於鬆了一口氣，以後雖有餘波，對於衛國已經無傷大雅了。

這些國際間的你虞我詐，對幼弱的惠公當然會造成壓力，可是也是促進他成長的契機，可是他以童子而被逼作君侯打扮，未免不相稱而為熟悉他的

❺ 閱讀《詩經·邶鄘衛風》，可以意味到他們的民風率直，敢怨敢恨。急子與壽的悲劇固然造成政局的不穩定，兩人本身也的確令人同情，衛國的民眾很可能把怨怒的箭頭指向始作俑者的宣姜與幼主朔。〈鄘風·君子偕老〉與〈衛風·芃蘭〉很可能是分別諷刺他們兩人的，將於第四節的(五)小節中討論。

❻ 見《列女傳·卷七·衛宣公姜》。其言曰：「竟終無後，亂及五世，至戴公而後寧。」不但極鍛鍊之能事，而且好像連歷史也忘記了！懿公好鶴亡國，與宣姜何涉？戴公、文公都是宣姜的兒子，沒有他們，衛康叔可能真的要絕嗣了。再則算來算去，哪有五世？我懷疑這些文字是劉向的助手寫的，劉向有沒有親自過目都有問題。

人譏笑。在一邊照顧惠公生活起居的宣姜，雖然沒有直接參與政治❼，也不見得好受，可是，作為國君的母親，有一定的威儀，卻也讓她樂在其中。而且既然無所事事，不免盛服出遊，看在旁人的眼內，很可能惹起反感而寫出諷刺之語，這些事兩人都似乎沒有覺察到（見第四節的㈤小節）。更糟的是，原來衛國貴族們的怨懟，並沒有消失，只不過暫時被壓抑潛伏罷了。隨著國際局勢的改善，再加上新反感的積聚，國內的政治危機卻又開始復甦。鄭昭公復歸的同一年 (697 BC)，周桓王去世了。周桓王雖然是一個失敗的統治者，畢竟名義上他還是天子，衛又是姬姓的諸侯，照往例必須派員（或親自）赴京師會葬❽。可能出於對政治缺乏敏感，惠公與宣姜沒有把握這個機會，而讓左公子洩與右公子職一方連繫上周室。因為惠公之立已近四年，必須有特別的藉口才能廢掉他，周室開始找惠公的碴，《左傳》並沒有記下這方面的細節，可是《公羊傳》說惠公得罪於天子、《穀梁傳》說天子召他而不往❾，雖然講得也很含糊，至少我們知道廢立的助力來自周室。到下一年 (696 BC) 的十一月，左公子洩、右公子職發起政變推翻惠公，立公子黔牟（據《史記》

---

❼ 《左傳》中並沒有很多婦人干政的記載，有記載時多為特筆，甚至有讚揚。例如〈閔公二年〉載「成風聞成季之繇，乃事之，而屬僖公焉。」〈僖公二十一年〉載「邾人滅須句，須句子來奔，因成風也。成風為之言於公曰：『崇明祀，保小寡，周禮也。蠻夷猾夏，周禍也。若封須句，是崇皞濟而脩祀紓禍也。』」可是《左傳》從未有宣姜干政的記載，我認為如果宣姜干政的話，她不會那樣缺乏政治警覺。試看類似情況的晉國驪姬，懂得賂外嬖以奪嫡，容能臣以傅子，都不是宣姜所能及，就知道她多沒有政治經驗了。

❽ 這裡牽涉到一個緩葬與改葬問題，〈桓公十五年經〉只記：「三月乙未天王崩」而不言葬，到〈莊公三年經〉才記「五月葬桓王」。《左傳》認為是緩葬，然緩至七年顯然不合理，《公羊傳》與《穀梁傳》都認為莊公三年是改葬，應屬正確，改葬的問題延到第五節再討論。當桓公十五年，周莊王與魯顯然不睦，魯國對周桓王的葬禮故意忽視，故《魯春秋》不書葬。當年的桓王葬禮顯然很寒傖，導致莊王巫於想拉攏「燒冷竈」的衛國左右公子。

❾ 《公羊傳‧桓公十六年》說：「衛侯朔何以名？絕！曷為絕之？得罪于天子也！其得罪于天子，奈何？見使守衛朔，而不能使衛小眾，越在岱陰齊。屬負茲，舍不即罪爾！」可謂極鍛鍊之能事！《穀梁傳‧桓公十六年》說：「朔之名，惡也，天子召而不往也。」較為合理，然亦沒有旁證。

為急子之弟）為君，惠公奔齊。雖然《左傳》沒有講宣姜是否同逃，考慮到此時惠公仍然幼弱，我認為宣姜必定隨護在旁，一齊出亡。

他們之所以出奔齊國，當然是希望藉齊之助力以復國。畢竟，目前齊國的國君襄公是宣姜的弟弟，而且在最近幾次戰役中，衛國都站在齊的一邊。很快這些希望都破滅了，宣姜不但得不到她老弟的幫助，而且等待著她的是更大的恥辱！齊襄公逼迫她改嫁，以澈底削弱她與惠公之間的關聯。關於這段史實，《左傳》的記載受到後人的歪曲，讓宣姜受到更大的汙衊！我認為應該先解決一個關鍵字眼「烝」的意義，這是下一節第二小節的部分內涵。

## 三、「齊人使昭伯烝於宣姜」真象的探索

首先，讓我們看《左傳・閔公二年》的一段追記：「初，惠公之即位也少，齊人使昭伯烝於宣姜。不可，強之。」我們需要先決定「強之」的對象是誰，幾乎所有後來的史書，都將此人解釋為昭伯（按《史記》即黔牟之弟公子頑）。然而這個認定顯然不合理，昭伯在衛（除非硬假設他當時在齊），齊人如何能跨國去強他？音「其兩切，上聲」的「強」字，其義為「迫也」，按《說文》其古文並从「力」，是一個相當強烈的字眼。除非成為俘虜，很難想像衛國人昭伯會受齊人逼迫。反之，齊國是宣姜的母國，宣姜的丈夫已死，她的兒子朔已失國，當她伴隨兒子向母國求援時，她對齊人的逼迫毫無抵抗的能力，故顯然表示「不可」的是她，受齊人「強之」的對象也是她。在衛朔失國以前，她作為國君之母，有充分的「威儀」，也不可能受人逼迫，可以想見，當齊國拒絕了她的請求，去幫助惠公復國時，她有多狼狽！

### (一)齊襄公對魯桓公的冷血謀殺與對妹子的侮辱

如果這個結論可以被接受的話，下一步就要探討為何齊國決定逼迫宣姜改嫁昭伯，以及這個決定與「惠公之即位也少」有什麼關係，讓我們姑且延後對「烝」字的探索。我們可以由下列《左傳》所記載的幾個段落（為頭緒清晰起見只作節引），尋求到回答上述問題的蛛絲馬跡：

〈桓公六年〉傳：夏，會于成，紀來諮，謀齊難也。……紀侯來朝，請王命以求成于齊。公告不能。

〈桓公八年〉傳：祭公來，遂逆王后于紀。

〈桓公九年〉傳：春，紀姜歸于京師。

〈桓公十七年〉經：春，正月丙辰，公會齊侯、紀侯，盟于黃。

〈桓公十七年〉傳：盟于黃，平齊紀，且謀衛故也。

〈桓公十八年〉經：春，王正月，公會齊侯于濼。公與夫人遂如齊。夏
四月丙子，公薨于齊。

〈桓公十八年〉傳：遂及文姜如齊。齊侯通焉；公謫之，以告。夏四月
丙子，享公，使公子彭生乘公，公薨于車。魯人告
于齊曰：「寡君畏君之威，不敢寧居，來脩舊好，禮
成而不反，無所歸咎，惡於諸侯。請以彭生除之。」
齊人殺彭生。

〈莊公元年〉經：……夏，單伯送王姬。秋，築王姬之館于外。……王
姬歸于齊。齊師遷紀郱、鄑、郚。

〈莊公元年〉傳：築王姬之館于外，為外禮也。

〈莊公三年〉傳：秋，紀季以酅入于齊，紀於是乎始判。冬，公次于滑，
將會鄭伯，謀紀故也。鄭伯辭以難。

〈莊公四年〉經：三月，紀伯姬卒。夏，……紀侯大去其國。六月乙丑，
齊侯葬紀伯姬。

〈莊公四年〉傳：紀侯不能下齊，以與紀季。夏，紀侯大去其國，違齊
難也。

這裡我們可以意會到齊襄公的野心與他不擇手段的做事方式。整體來說，
齊襄公是一個非常自我中心的人，他的個人魅力讓他獲得民心❿，且他做事
乾脆可是並不莽撞。齊在齊襄公的統治下，國力大增，而他擴張領土的野心
使周遭諸侯恐懼，就像他一向對其同姓的鄰國紀虎視眈眈⓫，使紀難以自安。
自從隱公二年魯伯姬出嫁給紀侯之後，紀與魯的關係良好，魯桓公雖然明知
其難，亦不得不勉力為紀向齊說項。魯桓公與衛惠公的關係也不錯，其夫人

---

❿ 這裡舉一個例子說明齊襄公的個人魅力與得人心處。他在被公孫無知所弒之前，曾
因傷足失屨，而遷怒於徒人費，鞭之出血。徒人費在得知公孫無知的行動後，還冒
險回去警告齊襄公，然後又為保護他而戰死。他對齊襄公的死忠，是非常不尋常
的。我認為只有齊襄公的領袖魅力可以解釋。

文姜念及與宣姜姐妹之情，可能慫恿他親自去求齊襄公助朔復國。這些考慮使他先在黃邑會盟，以拉攏齊紀，又不理會臣下的諫言，堅持偕文姜親赴齊之灤邑，與齊侯會談。《左傳》中並沒有解釋他這樣做的動機，在數千年後的今天，我們只能設身處地，去作最合理的推想。我認為應該可以排除此時文姜與齊襄公已經有私情的假設，文姜從桓公三年 (709 BC) 嫁到魯國，至桓公十八年 (694 BC) 離魯赴齊，已經過了十五年，根據《左傳》記載，當年齊僖公親自送嫁，可見他對這個女兒有多寶貝！在嫁到魯國後這段時間內，文姜從未見過齊襄公，私情當然無從產生❷，而且跨國的私情不可能絲毫不露風聲，魯桓公不會傻到還偕她赴齊。較可信的假設是，魯桓公夫婦企圖用親情來打動齊襄公，文姜也許還想和姐姐見一見面。如果魯桓公真的相信這些努力可以奏效，那就大錯特錯了！他不知道在齊襄公的腦袋裡，根本就沒有親情這回事，魯桓公錯誤的代價，就是他的生命！

也許可以站到齊襄公的立場，揣測他的行為動機。首先，對位在「臥榻近側」的紀國，他是勢在必得，故任何阻礙他的情境都必須被排除，這一點前人多已看出。當他父親在位時，紀姜成為周室的王后，等於置紀國於周室保護之下。可是現在周桓王已經去世，繼位的周莊王與掌權的周公黑肩關係惡劣，可能會扭轉以前的政策，這個機會必須掌握。其次，他對外甥衛朔這個黃口小兒的前景，並不看好，齊衛兩國以往也打過幾次交道，可是據齊襄公的瞭解，真正在衛國掌舵的，是左右公子那班人。現在那班人把握了機會，搭上了周莊王的路線，廢掉了公子朔，齊襄公認為這股力量是無可抗拒的。他甚至意會到，周室雖然較以前衰微，可是名義上還是天下的共主，還是可以號召諸侯，只有爭取到周莊王的支持，齊國才能順利併吞紀國。基於這個

❶ 《公羊傳》將此野心釋為「報九世仇」，因為在西周時，周夷王聽了當時紀侯的讒言，烹了齊哀公。其實姑不論當時史實究竟如何，這種講法的本身就不符合儒家學術的精神，因為儒家認為報祖之義，親盡則殺，齊國的公羊學派先師們仍將這種說法傳至後世，可見齊國人民當日受此宣傳影響之深。我推測齊襄公是此宣傳的創始人，目的是喚起國人同仇敵愾的精神。

❷ 《公羊傳》的「同非吾子也，齊侯之子也！」影射文姜早就有姦情，更是荒唐！魯桓公六年子同生，是時齊僖公仍在位，日後的齊襄公一公子諸兒只不過是一公子，如何能私自出境原到魯國？

判斷，齊襄公當然不會笨到幫助公子朔復國，相反的，他自己也想要積極搭上周莊王的列車，因此爭取讓王姬嫁到齊國，而這個願望也成功了。事實上，周莊王也經歷了周公黑肩的叛變，又被諸侯孤立，巴不得與強大的齊國聯姻。魯莊公元年，《春秋經》大書特書：「王姬歸于齊」，還逼得魯國不得不主婚，而且要先招待王姬一段時間！

　　為什麼齊襄公不能乾脆揮軍攻佔紀國呢？事實上，當王姬下嫁以後，齊國立即揮軍攻佔了紀國的郱、鄑、郚三邑，施壓力促使紀國屈服，這差不多已是用武的極限。至於遷人宗社，當春秋初期，大家還不太能接受這種做法，那要等到戰國才行。春秋前期，儘管大家浪費了許多精力於毫無結果的盟誓上，卻還得維持一個表面的禮節，以便在必要時，將責任推向對方。即使由現實的觀點，「犯眾怒」做法，還是危險的。齊國的武力，固然比鄰國都強，可是如果犯了眾怒，惹到宋、魯、鄭、衛、陳等國聯合起來對付齊國，可就不妙了。

　　同樣不妙的是，魯桓公夫婦的軟性親情攻勢，不是那麼容易應付的。他雖然對國內外宣揚了一套「報九世之仇」的說辭，作為宣傳攻勢，可是如果魯侯一味代紀侯服低，齊國並沒有蠻幹到底的立場。同樣，如果魯侯顯示衛公子朔孤兒寡婦被欺凌的可憐相，強調往年衛國對齊國的忠誠，齊國也很難漠視。他很不喜歡被逼到如此地步，如果是在正式盟誓的場合，他大可以用冠冕堂皇的話對付過去。在私下談話的情形下，感受壓力的他寧可考慮用快刀斬亂麻的方式來暗殺魯侯，然後以意外事件作為推託，最多犧牲兇手以轉移視聽。然而魯侯也不是好吃的果子，如果他夠機警，憑藉戰鬥經驗不見得會上當，演變成打鬥就糟了，尤其還有文姜在旁作證，然而文姜也有可能成為對方的弱點。顯然齊襄公在考慮過各種變化後，決定下一套連環計，他要私下接見文姜，強姦了她，再利用她想保護自己的心理，勉強她成為同謀！再下一步就是利用魯侯的憤怒，轉移對衛國與紀國的關心，且鬆弛對危險的警戒心，好讓他實施謀殺的計畫。他已憑藉著自己的魅力，豢養了一批效忠於他的死士，可用以乾淨地執行謀殺，只要幹掉魯桓公，剩下他的兒子公子同那個黃口小兒，就容易對付了。至於將來可能會傳出兄妹通淫的醜聞，他認為可以不去在乎，只是目前需要（至少暫時）守祕，以免破壞正順利進行中的與周室聯姻計畫，只要能穩住文姜，他有把握做得到這一點。

　　齊襄公根據他的計畫，順利地幹掉魯侯，文姜雖然聰明，究竟缺乏經驗，當魯桓公知道文姜被凌辱以後，果然大怒！齊襄公卻好像沒事似地邀他赴宴，並且灌醉他，孔武有力的公子彭生被派替他駕車，在假裝扶他上車時，趁機挾殺了他。《公羊傳・莊公元年》有這樣的細節描寫：「與之飲酒。於其出焉，使公子彭生送之，於其乘焉，搚幹而殺之。」《何休注》解釋：「搚，折聲也；扶上車以手搚折其幹。」❸齊襄公為了掩飾，聲稱這是意外事件，並且殺了公子彭生以對魯國交代，這個行動讓文姜與繼位的魯莊公有苦說不出，若是聲張則不啻自暴其醜。在失去了即時聲張的契機後，魯國又受到周室之命為王姬下嫁主婚，更逼魯莊公不得不幫同隱瞞，這正是齊襄公整個連環計中最厲害的一個環節！就征服紀國而言，齊襄公是成功了。所謂「紀侯大去其國」其實就是把紀國的領土收歸己有，可笑《公羊傳》還讚揚齊襄公能「報九世之仇」而替他隱諱侵佔鄰國的野心，可見他的宣傳攻勢是多麼成功了。當然，已經併吞了紀國，就不妨假裝大方，以地主國的身分替紀伯姬舉行葬禮，那時就不談什麼「報九世之仇」了！

## ㈡衛宣姜被逼改嫁情況的探討

　　在上一小節，我們花了不少篇幅描述齊襄公的冷血謀殺，似乎把衛宣姜給忘了，事實上宣姜是本文的主體，是忘不了的。齊襄公必須顧忌到，如果讓宣姜與文姜兩姐妹會了面，親情訴求的力量可能大為增強，甚至會破壞他要穩住文姜的策劃。因此在魯桓公夫婦訪齊以前，齊襄公就必須讓宣姜的地位邊緣化，以免干擾到他的整體計畫，其手段就是逼宣姜改嫁，不但要改嫁，而且要改嫁回衛國去。這樣一方面可以令宣姜離開齊國，省得與文姜會面，另一方面也可削弱她與兒子的關聯，讓公子朔看到親娘投向敵對一方的陣營，受刺激而徹底死了回國復位的心，這樣也可以進一步孤立公子朔，省得別有野心的人把他當成奇貨可居的寶貝來利用。

　　齊襄公可能在決定不幫衛惠公復國時，就意識到必須將宣姜改嫁，到黃邑會盟以後，更覺得應該加速進行，他可能祕密派人到衛國，去和左右公子

---

❸　「幹」應作「軀幹」解，「搚」一般解為「拉」，不太合理。我認為「搚」字應讀「脅」音，解為同音的「挾」。大概是孔武有力的公子彭生假裝用手扶持，卻挾傷了他的內臟，而外表看不出來。

接洽，尋求願意娶她的人。基於政治的考量，衛國當局顯然也贊成這樣做，並且徵求到昭伯的同意，願意娶她。如果《史記‧衛康叔世家》的說法正確，則昭伯就是新國君之弟公子頑，也就是急子的小弟弟，他們可能覺得，這樣對宣姜也好，因為宣姜本來是要嫁給急子。

上面所分析的，是齊襄公心中的動機與祕密的行事，到面對宣姜時，自有另一套冠冕堂皇的說辭。可能一開始齊襄公就怒責了他姐姐一頓，認為幫兒子向國君進讒言，是不道德的行為，因此她的噩運完全是咎由自取的！先用這種雷霆萬鈞式的誅責讓她自己覺得罪惡深重，不敢再提非分的要求，然後再正色告戒她，由於公子朔年齡太小，又被他娘教壞，已不宜再當人君，也不宜繼續由宣姜照顧，應由齊國負責管教。至於她自己，應聽命於齊君，重新嫁到衛國去，再習為婦為母之道，當然史書沒有記下這些細節，然而由結果反推，應相差不遠。我認為用設身處地的原則去推想當時的這些情景，不但合理，而且也可以照顧到《左傳》中「惠公之即位也少」的記載：一方面斷定其復位無望，另一方面用作藉口來剝奪宣姜對公子朔的監護權。

受到逼迫的宣姜，少不了有一段掙扎時期，如果能夠揣測此時期她的心理歷程，當有助於瞭解她的人生。不過我發現《詩經‧邶風‧柏舟》很可能與她有關，詩中頗有一些部分，可能顯示她的心理的轉變，故我將這部分內容延後到下一節。這裡要先討論一個字眼「烝」的訓詁，因為這是宣姜受到更大的汙衊關鍵因素。

「烝」字的本義為「上升」，這可以參閱《說文》：「烝，火气上行也，从火丞聲。」[14]再看《國語‧周語上》「陽伏而不能出，陰迫而不能烝。」一句的《韋注》：「烝，升也。陽氣在下，陰氣迫之使不能升也。」[15]就能明白。可是《左傳》中的「使昭伯烝於宣姜」一語，用的是引申義，即男子與原來輩分高於他的女子婚配，有「高攀」之意。在《左傳》所載的四個例子（衛宣公烝於夷姜、昭伯烝於宣姜、晉獻公烝於齊姜、晉惠公烝於賈君）中，又皆特

---

[14] 見段玉裁《說文解字注》第十篇上，火部三百八十二。

[15] 原句見《國語‧周語上》，此為伯陽父論地震語。一般的版本都附有韋昭的注語，刊於原文下面。

化為納庶母 ❻。請注意《左傳》在此處，「烝於」兩字連用，與後來《左傳》
上唯一特例（〈宣公十六年〉「其子黑要烝焉」用作通淫解）❼，以及後世其
他著作單用一個「烝」字的習慣有異。

在上述四個事例中，並沒有「通淫」的用意。這一點已有人指出。李宗
侗在他所著的《中國古代社會史》❽ 中，由《左傳》上的五個例子（他包括
了注❻所述的「報」），歸納出以下的結論：

> ……各種情形，即是納庶母，庶母納後與其他夫人地位相同，並非私通。
> 彼時亦有私通的事情，若衛公子朝之於襄公夫人，但這類《左傳》皆稱
> 為通，而以上五項則稱為烝或報，兩者名稱完全不同。若是而納的夫人
> 所生之子與嫡夫人所生之子地位相同，可以作太子。

我認為他的這些看法很有道理❾，並且《左傳》沒有說當衛宣公還活著的時
候，宣姜就與昭伯通淫。那時她正視急子為眼中釘，哪裡會愛上急子的同母
兄弟？而且探討一下較早的記載就知道，從來沒有人認為昭伯在事前曾經與
宣姜通姦的。通常《史記》不會放過炫奇的傳說，可是《史記·衛康叔世家》
只有這樣的記述：

> 初，翟殺懿公也，衛人憐之，思復立宣公前死太子伋之後；伋子又死，
> 而代伋死者壽又無子。太子伋同母弟二人，其一曰黔牟，黔牟嘗代惠公

---

❻ 在《左傳·宣公三年》中，還有一個類似的字眼「報」：「（鄭）文公報鄭子之妃，
曰陳媯。」因為鄭子是文公叔父子儀，故這不屬於「納庶母」的範疇。

❼ 《左傳》甚少用到「烝」字。整部《左傳》連經帶傳出現「烝」字共十七次，其中
四次為納庶母、一次為上淫、二次用於專名、一次義「升」、一次義「眾」、其餘八
次皆用於祭祀，這個探索徹底排除《左傳》對「烝」字有其他用法的可能。

❽ 見李宗侗所著之《中國古代社會史》，第六章第三節「烝與報」。他在所注譯的《春
秋左傳今註今譯》中也持同樣的見解。

❾ 我對他的理論卻別有保留，他用某些初民的社會制度來作旁證則大可不必。我瞭解
當時世界上一定有些部落或國家有這種制度，可是春秋時期的中國社會，距離初民
時已非常遙遠，而文化的傳承轉移與變化，並沒有簡單的公式可套。他似乎相信當
時齊衛等國有此制度，而且不能違反！此成見令他寫下：「昭伯不欲，齊人且強之
矣。」的結論，而不暇疑問齊人如何去強昭伯。

為君八年，復去。其二曰昭伯。昭伯黔牟皆已前死，故立昭伯子申為戴
公。戴公卒，復立其弟燬為文公。

太史公在寫這一段的時候，當然參考過《左傳》，可是他連宣姜是戴公及文公
之母這一點都沒有寫，可見他不認為其中存有不尋常的故事。

　　還有，《列女傳・卷七・孽嬖傳・衛宣公姜》[20]中，把宣姜貶責到要為以
後五世之亂負責，可是此篇也只責備她向宣公進讒，害死了宣公的兩個兒子，
並沒有講她與昭伯通淫。若當時就有淫亂的傳說，《列女傳》的編者還不收納
進來，作為撻責的資料嗎？可知西漢後期還沒有這種傳說。

　　還有一點需要澄清的。受限於「上升」本義的方向性，當行文時，只能
寫男方烝於女方，而不能寫女方烝於男方，因此整句話並不暗示誰是主動者
或誰是被動者。《左傳》敘述：「齊人使昭伯烝於宣姜」，只表示齊人促成了這
件事，至於「使」的對象是誰，無法由這句話得知，需要另看上下文來決定。
下面的「不可，強之。」也只表示齊人要用逼迫的方式來克服反對者，由這句
話的本身，並無從獲得暗示得知被逼迫的是誰。這種文義上的含糊處，使後
人誤解齊人所「強」的是昭伯，這也是當此節一開始時，我就亟亟於先駁斥
此一論點的原由。

　　《左傳》所記四次「納庶母」的事件，都發生於春秋前期，其後雖然《左
傳》所記事實較以前多了好多倍，類似「納庶母」的記載卻沒有了。與長輩
通淫的事件雖然還是會發生，卻不像以前那樣大張旗鼓，可見人們對倫常的
要求是逐漸轉變趨嚴了。這種轉變大致發生於春秋中後期，到孔子提出「正
名」的主張時，「不容亂倫」的信念已經相當凝固。戰國初期的《左傳》編
者，當然受到影響，以致他在記述「納庶母」的事件時，多少帶有一點貶意，
然而基於對歷史的忠實，他還是用了「烝於」的名辭以稍示區別。到後來人
們遺忘了這段轉變歷程，「烝」字就只剩下通淫的意義。雜收漢初文章的《孔
叢子》記了這個新定義[21]：

上淫曰烝，下淫曰報，旁淫曰通。

---

[20]　見《列女傳・卷七・孽嬖傳》。

[21]　見《孔叢子・小爾雅・廣義》。可是他對「報」字的解釋還是錯了。

這個新定義漸漸成為國人的常識，再加上前述《左傳》記述本身的含糊，觸發了宣姜早就與昭伯通姦的聯想，始作俑者恐怕就是東漢出現的《毛詩序》，下一節還要回到這個判斷的討論。這裡要強調的是，這種使宣姜受到誣衊的聯想，導致日後無數的誤解，連一向很能擺脫傳統羈絆的《左傳會箋》，居然寫下了這樣的注解❷：

> 宣姜素與昭伯通，齊人知之，故使相配以輔少君也。不然，使兄黔牟烝之亦可，但衛人既賦〈牆有茨〉以刺之，故頑亦不得不虛飾也。……〈匏有苦葉〉、〈靜女〉、〈君子皆老〉皆宣公在日，刺宣姜不婦者。邶詩鄘詩互相發，宜參索之。

可知他已深受《毛詩序》的影響，也顯示為宣姜辨誣的工作，必不可以已。

## 四、〈邶風・柏舟〉一詩與衛宣姜關係的再探討

衛宣姜在完全無助的狀況下受到她弟弟的逼迫，由抗拒到降服的過程，《左傳》中全無交代。好在古文獻中，留下一些蛛絲馬跡，雖然是斷簡殘篇，卻可以作探討的起始點，差勝於毫無依傍。

### ㈠殘留文獻的啟發

最初吸引我的，是南宋初李樗所著之《毛詩詳解》❸：

> 〈柏舟〉之詩，毛氏則以為仁人不遇；韓詩則以為衛宣姜自誓所作。

他是在討論〈關雎〉大序時，引此詩作為事例，以突顯《韓詩》與《毛詩》的差異，結果保存了此一重要逸文。然而遺憾的是，李樗的引文僅此一句，苦無細節，由於他並引毛氏，所以我們知道他所指的是〈邶風・柏舟〉，而非〈鄘風・柏舟〉。

根據王先謙的考證❹，三家詩中以《韓詩》為最後亡，至唐時猶存。然以不立國學，遂漸亡逸，僅留《韓詩外傳》。而《外傳》僅雜採事跡以推衍詩

---

❷　見日人竹添光鴻《左傳會箋・閔公第四・二年》。

❸　見《毛詩李黃集解・卷一》。

❹　見王先謙《詩三家義集疏・卷首・序例》。

義，不涉及詩之本義，王先謙所謂「雖非專於解經之作，要其觸類引伸、斷章取義，皆有合於聖門。」故此書無助於探討〈邶風·柏舟〉一詩之本旨。到宋時，《韓詩內傳》雖然已經亡佚，然斷簡殘篇之存留，仍有可能，朱熹《集傳》曾記述元城劉氏（劉安世）的話：「嘗讀《韓詩》，有〈雨無極〉篇。……至其詩之文，則比《毛詩》篇首多『雨無其極，傷我稼穡』八字。」就是斷簡殘篇之一證❷❺。所以雖然李樗的引文僅有此一句，且屬於孤證，卻仍然異常寶貴，它引導我們去注意《列女傳·卷四·衛宣夫人》。因為其中出現了〈邶風·柏舟〉的詩句❷❻。

我認為值得摘錄《列女傳》此篇內容，加以深思：

夫人者，齊侯之女也，嫁於衛。至城門而衛君死，保母曰：「可以還矣。」女不聽，遂入。持三年之喪畢。弟立，請曰：衛，小國也，不容二庖，願請同庖。夫人曰：「唯夫婦同庖。」終不聽。衛君使人愬於齊兄弟，齊兄弟皆欲與後君，使人告女，女終不聽。乃作詩曰：「我心匪石，不可轉也；我心匪席，不可卷也。」……詩曰：「威儀棣棣，不可選也。」……

其中六句詩，的確出現在〈邶風·柏舟〉中，除此之外，還記錄了一個傳說的故事：某一齊國的貴族女性嫁到衛國，剛抵達就發現她的婚姻起了變化，她企圖反抗，可是卻得不到母國的支持，等等……。我們知道《列女傳》的原料是漢廷採自各地記述（其中包括傳說），這些原料集中到中秘，供劉向採擇編纂。傳說在流傳過程中，其細節容易發生變化，然而其主題的變化通常不會太大，故對這一類史料的運用，通常以主題為重。上述傳說故事的主題，顯然暗示著類似衛宣姜的遭遇，只是故事似乎將她的兩次受逼融合為一次，就傳說的傳播而言，這種融合並不很奇怪，所以我們可以受此傳說主題的啟發，進一步去尋求〈邶風·柏舟〉一詩與衛宣姜的聯繫，唯一需要小心的，是《列女傳》的編輯者可能會將自己的偏見摻雜於其中。對此篇而言，有無這種顧慮呢？史書上記載劉向曾經學過《穀梁春秋》，這是一種魯學，很多清儒以為西漢學派的「家法」有多麼嚴格（其實那有這回事），因此將劉向歸類

❷❺　黃奭《逸書考》也輯了一些零碎句子，然而他的取擇並不精，價值不高。

❷❻　見《列女傳·卷四·衛宣夫人》。

為魯學派，王先謙❷就將《列女傳》此篇對《詩經》的詮釋歸類為「魯說」。其實，劉向自己對此詩的詮釋，已表現於漢元帝永光元年 (43 BC) 向朝廷上封事的諫書中❷：

> 詩云：「我心匪石，不可轉也。」言守善篤也。……「憂心悄悄，慍于群小。」小人成群，誠足慍也。

其寓義近於《毛序》，而謂群小足慍，已鄰於斷章，然而不管這是不是魯學，至少文章是他自己寫的，至於《列女傳》，則是他晚年主持編輯的書，他的學派主張，通常不會表現在其中。就〈衛宣夫人〉一篇而言，篇內明言作詩者為女子，已不同於劉向二十餘年前的寓義，我認為劉向之所以編入「衛宣夫人」的故事，理由在突顯女主角「貞順」的面向，他不可能由於故事中對《詩經》的詮釋違背自己的學術主張，而犧牲這篇故事。事實上，劉向並不認為此故事的女主角為宣姜，若不然，他不會在《列女傳·卷七·孽嬖傳》中又列入「衛宣公姜」。就是因為如此，《列女傳·衛宣夫人》的故事，只不過是一遙遠傳說在漢時的殘餘，其中所加的「頌語」，不過是敷衍成篇，甚至不能排除出於助手之筆。此傳說顯然未經劉向加工，反而多少會保存它的原來面目，透露出女主角遭遇實況的某些影子，值得我們去珍惜。

我們也需要考慮清代梁端的考證，她認為「宣」字為「寡」字形近之誤，與後面的〈魯寡陶嬰〉、〈梁寡高行〉、〈陳寡孝婦〉一例，我認為這個考證，是不相干的。姑不論「寡夫人」一語不辭，難與〈魯寡陶嬰〉等例相比，也姑不論至少到南宋時，王應麟❷所見到的《列女傳》，就已經引作「宣夫人」❸，就算漢代的原書本來真作「寡」字，故事的主題顯然還是沒有變，我們是被故事的主題所啟發的，並不單靠一個「宣」字。

「啟發」只是一個起點，下面我就要逐句分析〈邶風·柏舟〉一詩，尋找此詩與衛宣姜的關係。

---

❷ 見王先謙《詩三家義集疏·卷三上》。

❷ 見《漢書·卷三十六·劉向傳》。

❷ 見中華書局版的《列女傳·卷四·衛宣夫人》標題下的注。

❸ 見王應麟《詩考·後序》。

### (二)〈邶風・柏舟〉一詩的逐句分析

對〈邶風・柏舟〉一詩本文的探討,是建立在無數前人的貢獻上的。我首先要感激的是,俞平伯先生對此詩的文藝價值,與可能遭遇的陷阱,都作了非常精闢的描述,然後,他搜羅了前人對詩句的訓詁,加以評估,這些都包含在他的《讀詩札記》第八、第九兩篇中❸,這省了我不少事,對他引述過的文獻,除非必要,我不會重複,有些我不太贊同他的地方,我會詳加解釋。

第一章起首兩句:「汎彼柏舟,亦汎其流。」是典型的起興,不見得有特別的意義。然而「興」字有「激發」之義,詩人可能看到水面上漂浮著的柏木舟,受激發而產生聯想,詩人可能由柏木的堅致牢固,聯想到自己的尊貴身世;也可能由小舟的飄盪,聯想到自己的前途徬徨,無所依靠。很可能〈鄘風・柏舟〉產生的時間較早,啟示詩人想也用此物作起興,他的心中可能暗加比較:彼則「在彼中河」、「在彼河側」,有一定的地點與目標,此則徒然漂浮而已,有了這些聯想,心裡的詩句就連綿而出。

第三至第六句:「耿耿不寐,如有隱憂;微我無酒,以敖以遊。」比較明顯。心中不安,睡不著覺,當然是有憂愁,然而這種憂愁,不但隱藏而無以名之,而且不是長久以來經驗之所及,只好用否定語來描述它,「微」,猶非也❸。按照自己這些年來的體驗,「憂愁」不過是遊樂時無酒而已,顯示長久以往養尊處優,驟遭橫逆,不能適應所產生的「隱憂」,是一種新的打擊。憂愁藏在心中,只有自己才知道,詩人用這種描述,引出下文「不可以茹」之語。

第二章起首兩句「我心匪鑒,不可以茹。」描述在遭受到橫逆以後,心中無法像鏡子照物一般,只作消極反應。「茹」與「吐」相對,「不可以茹」則思一吐為快,委婉表示有求人援手之意。

下面四句「亦有兄弟,不可以據;薄言往愬,逢彼之怒。」寫下求援的結果。「據」字從《毛傳》釋為「依靠」,詩人大概父母皆亡,故只可向兄弟求

---

❸ 見《俞平伯全集》第三冊中的《讀詩札記・八・邶・柏舟》與其後第九篇的〈柏舟故訓淺釋〉。

❸ 見《呂氏春秋・離俗覽・離俗》「微獨舜湯」,《高誘注》「微,亦非也。」

援，結果卻發現無法依靠兄弟，因為纔要開口，就捱了一頓怒責，灰頭土面
而回。「薄」字為語辭，然不見得為全無意義，由文字結構來看，它的一部分
為「甫」字，因此也保留有一些「甫」的意義，訓「始」，《詩經》中也有其
他用到此義的地方。我不贊成王夫之將「薄」釋為「勉」的意見，因為此釋
出自《方言》，原為鄙語，應非貴族所用的字眼。

　　在細讀了兩章詩後，讓我們暫時停頓一下，去試猜詩人的身分。詩人以
往養尊處優，顯然是貴族，而他驟遭挫折就張惶失措，想去找兄弟求援，實
在不像是成熟的男性，我認為將此人認作女性，絕不會錯到那裡去。再考慮
衛國早期歷史中有哪些女性貴族因政變而失權，宣姜的名字就呼之欲出，而
她求援的對象，當然就是齊襄公。我們在前面第三節的㈡猜測齊襄公不等宣
姜開口請求就怒責她一頓，如果承認〈邶風‧柏舟〉一詩是宣姜作的，則這
個情節就可以被照應到。如果我們姑且把詩人當成宣姜，則由第三節的㈡的
討論可以得知她承受於齊襄公的，遠多於一場責備，那就是她被強迫改嫁給
昭伯！由此詩的第三章，可以感覺到她內心的掙扎，讓我們繼續下去細讀。

　　第三章起首兩句「我心匪石，不可轉也！」顯示她的直覺反應，詩句很明
白，她在抗議她的心官不能像一塊石頭那樣，要轉就轉得過來。是不是真的
這麼明白呢？我忍不住發問，是怎樣一塊石頭才能恰到好處地表達她的心思
呢？我記起《詩經‧小雅》有一句詩：「有扁斯石，履之卑兮」❸，此句所描
述的是上下車用的踏腳石，也許是詩人就近取喻的對象，那塊石頭被人上車
踏過後就沒有用了，可以轉動一下（以免陷於泥中），端起來放到車上，供下
車時再用，這個比喻顯示齊國拿宣姜當工具！

　　下兩句「我心匪席，不可卷也！」是另一個就近取喻的反應，「席」指坐
席，當坐的人離開以後，如需要搬動坐席，捲起來扛走就是，與前一個比喻
合用，有加強的效果。請注意，第三章的兩個「我心匪……，不可……！」與
第二章的「我心匪鑒，不可以茹。」語氣很不同：後者委婉，而前者直截。這
樣才能顯出宣姜心中的恐懼與反感，她恐怕會遭到「再辱」，她以前被逼嫁了
衛宣公，已經受辱一次，心中已留下創傷，現在又要被逼改嫁昭伯，難道真
能如轉石卷席那樣，把以往一筆勾銷嗎？

---

❸　見《詩經‧小雅‧魚藻之什‧白華》之末章。

再下面兩句「威儀棣棣，不可選也！」應該是宣姜從另外一個方向去表示她的反感。「棣棣」從《毛傳》有「富盛」之義，大家都無異言，「選」字的訓詁卻成了問題。很多人解「選」為「算」，義為多，其實這與「富盛」之義重複，似非確詁，朱子解為選擇，亦僅是引申義，我認為應從《說文》的解釋❸❹：「遣也，從辵巺。巺，遣之。巺亦聲。」宣姜想到她為國君之母所享有的眾多「威儀」，都要因為改嫁而棄去。講白一點，她有點捨不得那些「威儀」！整個第三章寫出宣姜對逼迫所生的反感，到第四章，筆鋒一轉，反躬自省是否有取禍之道。

第四章起首兩句「憂心悄悄，慍于群小。」思想起一向被自己忽略的憂慮，「悄悄」的標準解釋固然是「憂貌」，可是與「憂心」相聯，未免太過重複，我認為應取「悄」字另一個釋義「靜也」，引申作隱約之意。惠公初即位時，宣姜當然已感覺到她犯了眾怒，可是數年下來，衛國因為要應付外交危機而團結一致，使她心生僥倖，鬆弛了警戒心。當她被齊襄公怒責時，隱約記起了當時的憂心，讓她警醒她與惠公的行為的確是犯了眾怒。「慍」即忿怒，「群小」的「小」是「小人」的簡稱，中國古代一向稱民眾與在下位之人為「小人」，由《尚書‧無逸》的「爰暨小人」，到《論語‧里仁》的「小人懷土」，再到《孟子‧滕文公》的「有小人之事」皆是如此。儒家稱無德之人為「小人」的用法，是相當後出的，春秋初期還未見，就是因為失去民心，左右公子所領導的政變，才這麼容易成功。

下面兩句「覯閔既多，受侮不少。」反省民心喪失的原因。「覯」字的標準解釋是遭逢，可是如此則「覯閔」與「受侮」的意義太相近，不太相宜，我認為這裡「覯」應假借作「構」，成也。《左傳》上有這種用法：「土薄水淺，其惡易覯。」❸❺《杜注》：「覯，成也。」「閔」為毛病，「覯閔」就是用讒

---

❸❹ 見《說文解字注‧卷二下‧辵部三十三》。可是《說文》的那個字是從辵從巺，而不是目前通用的「選」字。根據《正字通》，《說文》的那個字是原來的正字，現代通用的「選」字反而是後出的。只是後來流行了，原來那個從辵從巺的字反而廢了，後代較少人去注意《說文》上的正解「遣也」，很多人誤認「選」應假借作「算」，其實這個釋義不能在解釋〈柏舟〉上。

❸❺ 見《左傳‧成公六年》。

言挑人家的毛病，這就是第二節開始時所引「宣姜與公子朔構急子」的「構」。令到宣公要置急子於死的地步，進讒一定有很多次，這就是「觏閔既多」，相對而言，自己多次被侮，也沒有什麼好呼冤的了。

再下面兩句「靜言思之，寤辟有摽。」由激烈的反感情緒冷靜下來，想到自己也有取禍之道，心中悚然一驚，深悔往日行事荒唐。傳統對「寤」字解釋為睡醒，然而卻與前一句「靜言思之」聯接不上，我認為「寤」可假借作「悟」，取其引申義為「警覺」。例證為《新序》上的「靈公蹴然易容，寤然失位。」❸❻「辟」字沿襲傳統釋為拍擊胸口，「有摽」猶嘌然有聲，此句形容自己痛悔之極，以致搥打胸口。

第四章以嚴厲的自責作結，這是被大部分前人所忽略的，無怪乎他們不能瞭解此詩的宗旨，例如俞平伯先生就這樣寫：

> 四章「觏閔」以下四句，言無抵拒陵侮之力。于明發之時，拊心椎擊，自悲其身世。

若是真的自悲身世，恐怕只會痛哭，我認為只有嚴厲的自責，才會導致椎心。

第五章起首兩句「日居月諸，胡迭而微?」忽然意味到天象的示儆，這是壓垮她內心抗拒的最後一根稻草，值得特別注意。有關這種天文現象的本身，留到下一小節再詳細討論，這裡先談與這首詩有關的部分。「日居月諸」一句，亦見於〈邶風・日月〉篇，無非是「日啊! 月啊!」的呼叫，其意義完全要看下一句，不過也容易讓後世注疏家把一首詩的取喻用到另一首詩上。「胡迭而微?」的問句一向為眾人聚訟的對象，可是我認為沒有人真能抓到癢處。「微」字固訓為「虧」，然《鄭箋》與《朱集傳》都把「虧」聯想到月亮的盈虧，然後問何以太陽會變更其常態，像月亮那樣「虧」了! 為了要讓這個問題講得通，《鄭箋》把日月喻為君臣、《朱集傳》把日月喻為妻妾，總之，倫理道德被翻轉，要大亂了! 這類解釋的迂腐，固不待言。連俞平伯讚揚過的王先謙，還是逃不出「比喻」的手掌心，在他的《詩三家義集疏》中說：「《說

---

❸❻ 見《新序・雜事一》。我其實是受屈萬里先生的啟發，見他的《詩經詮釋》p. 44，注 22。然而他以「寤」的本字為「寤」，稍嫌牽強；他所舉的《戰國策・趙策三》的「靈公蹴然易容，寤然失位。」其實出自《新序》。

文》：『微』，隱行也，日月更迭而隱，人所共覩；惟窮居苦節之婦人，終生晦闇，若天日所不照臨，故言日月常如微隱而不見。」他設法將「迭」講成「常」，又訓「而」為「如」，七轉八彎，實不可取，只有清代的姚際恆為最接近。引其言（連同對他人的批評）如下 ❸：

> 五章「日月」二句，鄭氏謂：「君道當常明如日，而月有虧盈，今君失道而任小人，大臣專恣，則日如月然。」甚迂折。《集傳》本之，而以言婦人。歐陽氏謂：「傷衛日朘月削」，亦牽強。按〈十月之交〉詩曰：「彼月而微，此日而微」，言日、月之食甚明。今詩言與彼章同，謂日、月胡為更迭而微，以喻衛之君臣皆昏而不明之意。

他有兩點講對了。其一，此句涉及日、月之蝕，其二，「迭」字應釋為「更迭」，即相繼發生，❸ 至於他猜這是一個比喻，突顯衛之君臣皆昏而不明，則猜錯了。這應是真實的天象，而且是相差半個月的日蝕與月蝕，為了要明瞭這件事和衛宣姜的關係，最好回去看《左傳・桓公十七年》，並補全以前為求頭緒清晰而忽略的部分：

> 十七年，盟于黃，平齊紀，且謀衛故也。……夏，及齊師戰于奚，疆事也。於是齊人侵魯疆。疆吏來告。公曰：「疆場之事，慎守其一，而備其不虞，姑盡所備焉。事至而戰，又何謁焉？」……冬，十月，朔，日有食之。不書日，官失之也。

衛惠公於上一年十一月被逐奔齊，魯桓公是支持他的，所以此年正月，就巴巴乎與齊會盟，目標之一，就是希望幫衛惠公奪回衛國。當時還有他人在旁，齊襄公也不敢拿魯桓公怎麼樣，敷衍過去了事。那時，齊襄公已經決定不支持衛惠公，對魯國的熱心，覺得討厭。他試著侵犯魯國的邊疆，企圖引起大衝突，趁機擺脫魯國。因為魯國疆吏的小心防禦，沒有出什麼事，❸ 在得知魯桓公夫婦將專程訪齊後，齊襄公就加強要宣姜改嫁的壓力。因為，正如第

---

❸　見姚際恆《詩經通論・卷三・邶風》。俞平伯在他的《讀詩札記》也推介過這些言論。

❸　屈萬里先生在他的《詩經詮釋》中也作了這兩個解釋，然未講理由。

三節的㈡小節解釋過，齊襄公是不能讓宣姜文姜姐妹見面的，宣姜由夏至秋，抗拒了幾個月，到十月初一，忽然出現了日蝕，這使宣姜認為老天也與她作對，不會讓她的兒子復位。她的兒子名朔，而日於朔日微，還有什麼比這更明顯的跡象！再過半個月又出現月蝕（見下一小節），更使她嚇壞，因為一般總把月亮代表陰性，月微意味著她自己的地位也將衰落，她這個過去的小君，恐怕是沒有希望了，再不降服，恐怕還有禍！在向老天問語「日啊！月啊！為什麼會連續被蝕呢？」聲中，她是準備降服了。宣姜的降服，大概就在十月下旬，留下充分的時間讓齊襄公去對付魯桓公夫婦。

後面兩句「心之憂矣，如匪澣衣！」宣姜接受了天象的儆戒，是準備要降服了，可是她知道一旦降服，原來心中的憂慮──再辱之虞就會成真，而且一直會跟著她，像穿著一件洗不乾淨的衣服那樣，永遠成為心中的隱痛！這也許是她必須忍受的懲罰，為了她以前向宣公進的讒言！

全詩最後兩句「靜言思之，不能奮飛！」宣姜的心底還是有幾分不甘願，可是不降服又能怎樣呢？她定下來一想再想，真的無路可逃！既然不能背生兩翅，衝破現實的羅網，也只好放棄掙扎了，她不是認命，而是認罰！

## ㈢日月蝕問題的補充說明

中國古代對於特殊天象一向敬畏，到春秋時代，魯國的史官記載下大量的日蝕資料，配合曆法的發展，其神祕性大為減少，然而魯桓公究屬春秋初期，對自然現象的瞭解還有限。在《左傳‧桓公十七年》對日蝕的記載「日有食之。不書日，官失之也。」後面，還跟著解釋：「天子有日官，諸侯有日御；日官居卿以底日，禮也，日御不失日，以授百官于朝。」即使有這些建制，還是會「官失之也」，可見不太高明。事實上，那時的曆法對於應何時置閏，亦無好的方案，《左傳》上常有「失閏」的記載，官方如此，一般臣民就更不用講了，要知道當時人對日蝕恐懼的心理反應，最好參閱時間相近的《詩經‧小雅‧十月之交》一詩。謹錄其起首三章如下：

十月之交，朔月辛卯。日有食之，亦孔之醜。

---

❸❾　《穀梁傳》「奚」字作「郎」，恐為「郎」字之誤。傳文謂此役魯國敗了，因諱敗而不記細節。然即使如此，亦不會是大敗，應在魯國忍受範圍之內，不然不會有下一年濼之會。

彼月而微，此日而微。今此下民，亦孔之哀。

日月告凶，不用其行。四國無政，不用其良。

彼月而食，則維其常。此日而食，于何不臧！

爆爆震電，不寧不令。百川沸騰，山冢崒崩。高岸為谷，深谷為陵。

這次日蝕發生的時間在西周幽王六年 (776 BC) 的十月朔日辛卯（儒略曆九月六日）。雖然有些學者對此時間有異言❹，然而此詩提到「百川沸騰，山冢崒崩」，與歷史記載幽王時三川震相符。後面諷刺「豔妻煽方處」也只能指褒姒，詩中嚴厲指責周幽王用人不當，政治黑暗，導致天象示徵，這種言論對一般人的心理，影響很大，尤其是五年後即發生驪山之變，京師陷落，使周室不得不東遷，這讓春秋初期的人確實相信日蝕與政局人事有關。

後世的學者，已能利用天文知識，倒推日月蝕發生的日期，大半與歷史記錄符合，幽王六年的這次日蝕也在內，目前已有現成的表（通常稱為「寶典」或 CANON）❹可供查閱，表格中通常將日期化為一個絕對的數目——儒略日——以利計算❹。幽王六年十月的那次日蝕，儒略日為 1438238，然而在此朔日之前半個月的九月乙亥，或儒略日 1438222，查表可發現有一個月蝕。在中國的古代，月蝕常因為沒有正式記錄而常被忽略（要到晉朝以後，史書中關於月蝕的記載，才漸漸多了起來），可是這次是一個例外，因為〈十月之交〉詩中明言：「彼月而微，此日而微。」那是先有月蝕，再有日蝕的情況，那次月蝕只算一個初步警告，因為「彼月而食，則維其常」。

---

❹ 見屈萬里先生的《詩經詮釋‧小雅‧十月之交》(p. 358) 的注 1。目前很少人相信屬平王時之說。

❹ 較早的「寶典」有奧國人奧泊爾子 (V. Opolzes) 所著的《日月食典》(1887 年出版，後由 Owen Gingerich 譯為英文，書名 Canon of Eclipses，1962 年出版)。此書我未見，我所參考的是日人渡邊敏夫所著的《日本‧朝鮮‧中國——日食月食寶典》。此書已參考過奧氏原書，並加入新的資料與計算，較新的有 Liu et al., Canon of Lunar Eclipses 1500 BC to AD 3000。

❹ 「儒略日」（Julian Date 或 Julian Day 簡稱 JD）是一個七位的數目，足夠表達人類歷史記錄。其來源假設了一個飄杳的「儒略週期」，不過那不重要，只要位數夠多，就可利用作時間的參考點。在實用上常以 2001 年 1 月 1 日的儒略日為 2451910。可用此數來計算其他日期的儒略日。

這次月日蝕連續發生的情況，前人已注意到，且有詳細討論。謹引述陳遵媯的研究為例❸，他討論了各種推算，接受了奧泊爾子的結論，認為西安地區可以看到此日蝕，然後他注意到半個月前的月蝕。他的結論是：

我認為《詩經》日食應該發生在周幽王六年十月辛卯朔辰時，即儒略曆西元前 776 年 9 月 6 日，而在它半月前，即西元前 776 年 8 月 21 日發生過月偏食。

這裡先描述〈十月之交〉的日月蝕，除了反映當時人的心理外，主要的目的在提供給後面要講到的「桓公十七年日月蝕」作比較。

日月蝕緣自太陽、地球、月球三個星體之間的互相遮掩，因為白道（月球軌道）面與黃道面之間有一個角度（約為 5 度多，可是會受各種因素的攝動而變化），故對同一地區而言，交蝕的頻率並不太大，而日月蝕以半個月的時差連續發生的機率則更少。據我所知，在此之前僅殷代卜辭有「日月有食」的含糊記載，可能提供一個例子❹，故周幽王六年這次日蝕是一個可貴的記錄。可是無獨有偶的是，《詩經》又提供我們一個類似的例子，那就是〈邶風·柏舟〉一詩所涉及的，其日蝕在《左傳》中已有記錄，是魯桓公十七年十月朔日。《左傳》中史官漏記日期的干支，可是既知道是朔日，就可以根據曆法與日蝕的（近似）週期加以推算。已有姜岌、一行、郭守敬等人推知此日為庚午，他們都認為魯曆失了一閏（見後）而加以修正，因此用後日的曆法，此次日蝕的真實日期為十一月庚午，換算成儒略曆則為 695 BC 10 月 10 日，或儒略日 1467857，這是在「寶典」中有記錄的。可是在其後半個月的魯曆十月甲申，儒略日為 1467871，查表可得一次月蝕，這是先有日蝕後有月蝕的例子。〈邶風·柏舟〉中寫：「日居月諸，胡迭而微？」連先後次序也沒有錯，相信這次月蝕，就是促成宣姜降服的主要因素。

在利用各種「寶典」中的資料與歷史記錄相印證時，有幾點需要注意。首先，古代的曆法不見得與後世相同，通常只要小心考慮各項因素，此一困擾不難擺平，例如周幽王六年的日蝕，就一定要用周正，再如魯桓公十七年

---

❸ 陳遵媯著，《中國天文學史·第三冊·天象紀事編》pp. 25–26 與其腳注 4。

❹ 見陳遵媯著《中國天文學史·第三冊·天象紀事編》p. 19 的討論。

十月的日蝕，有人認為必須考慮魯曆失去一閏。其實從頭我們就不應該用後
世的置閏條例來規範春秋初期的魯曆。「無中則閏」的法則，是曆法進步後的
知識，魯桓公時那裡得知？事實上，一直到漢初，有些曆法還將閏月歸到年
尾，所以在本文中，所有記事的日期還都沿用魯曆的記載❹。

　　再則，晉以前較缺月蝕之記錄，由現代數據回推，可大致算出哪一個望
日有月蝕，然推至數千年，各種攝動會放大微小之誤差，影響回推的細節不
能完全準確，月蝕之確實時間對於何地可觀察到此月蝕，切切相關。在上述
「寶典」的表格中，兩次月蝕對中原地帶的可觀察性，皆在邊緣，同樣，對
於日蝕的推算，也受攝動的影響而難得十分準確。固然歷代日蝕資料較多，
可是月影通常只投影到地球的一小區域，讓其他區域看不到日蝕，此區域的
判定，對攝動也很敏感。當初學者們嘗試推算「十月之交」日蝕的可見區域
時，也以為僅在高緯度，需要反覆微調一些參數，對於魯桓公十七年的日蝕，
也有區域不符的問題。對這些敏感的參數微調，特別為單一事件去做也許沒
有多大意義，可能需要很多事件整體的最佳化計算，不過這是另一個大計劃，
與本文無關。

### ㈣總結對〈邶風・柏舟〉一詩的討論

　　上面詳細檢討了〈邶風・柏舟〉全詩，我認為詩中所言強烈地顯現宣姜
的心理變化，所以我認為宣姜就是此詩的作者。前引李樗所保存《韓詩》的
解釋：「衛宣姜自誓所作」的確有道理，只是這個解釋還不完整，她的自誓僅
表現於第三章，至於全詩，則以自訟為主。全詩一氣呵成，記載了她的心理
演變過程，所以我認為此詩是她事定之後的追述，藉以紀念這一段不平凡遭
遇。俞平伯評此詩：「通篇措詞委宛幽抑，取喻起興巧密工細。」應該就是追
述的結果，她寫此詩時應已回衛，故仍編入〈邶風〉。

### ㈤《詩經》中其他有關篇章的檢討

　　在第三節的㈡小節中，我們看到直到西漢的末期，歷史記錄並沒有宣姜
預先私通昭伯的說法，我們的探討並將始作俑者的箭頭指向東漢衛宏的《毛

❹　當然無法完全排除記錄錯誤的可能；然而《春秋》所載頭三次日蝕（隱公三年、桓
　　公三年、桓公十七年）都比實推早一個月，似乎唯有假設魯曆的置閏法與後世不同
　　才合理。

詩序》。在本節第三小節中，我們也顯示了《詩經·邶風·柏舟》與宣姜的關係，然而《毛詩序》卻認為「〈柏舟〉，言仁而不遇也。衛頃公之時，仁人不遇，小人在側。」所以進一步檢討一下《毛詩序》對「邶鄘衛風」其他有關篇章的看法，是值得做的。我發現他也有（至少部分）猜對的場合，謹列舉於下面：

在注❸，我已提到《詩序》認為〈邶風·新臺〉的宗旨為諷刺衛宣公強納兒媳的情事，我也在那裡回駁了部分崔述《讀風偶識》反對的話。我現在還是認為：就詩句本身看來，「魚網之設，鴻則離之！」的鮮明比喻的確可支援《詩序》的說法，我只補充一點：由〈終風〉、〈相鼠〉等詩可以意味到他們的民風率直，敢怨敢恨，故「蘧除」、「戚施」等語對詩人而言不見得是大逆不道。

另一篇值得討論的詩是〈鄘風·君子偕老〉。《詩序》所寫的宗旨是：「刺衛夫人也。夫人淫亂，失事君子之道，故陳人君之德、服飾之盛，宜與君子偕老也。」從詩的整體看來，只不過描述了一位中年美婦，盛服出遊，詩中的確有諷刺之意，尤其是用「天」和「帝」兩個字與讀音相近的「瑱」和「揥」兩個字來做文章，暗示她有僭越之嫌。當然還有「子之不淑，云如之何！」的白描句子，關於此兩句的意義，我接受王國維的解釋，將「不淑」釋為「不幸」❹⑥：

> 意謂宣姜本宜與君子偕老，而宣公先卒，則「子之不淑，云如之何」矣。不斥宣姜之失德，而但言其遭際之不幸，詩人之厚也。

詩人的本意，當然在責備宣姜向宣公進讒的悲劇結果，導致宣公死亡，而她自己在國喪中仍盛服出遊，讓人反感。詩人微露諷刺之意，固然是他的厚道，可是他期望宣公與宣姜本可偕老，則是誅心之論，他忘記宣公本來已經垂垂老矣，即使沒有那個悲劇，他也沒有多少年好活。撇開此點，全詩毫無諷刺宣姜淫亂之意，故《詩序》雖然猜對了是諷刺宣姜，卻猜錯了為何而諷刺，對這篇詩只猜對了一半。

另一篇值得討論的詩是〈衛風·芄蘭〉。《詩序》所寫的宗旨是：「刺惠公

---

❹⑥　見王國維著，《觀堂集林·卷二·與友人論詩書中成語書》。

也，驕而無禮，大夫刺之。」遍觀全詩，毫無「驕」的跡象，我們只看到一個可憐的童子，他受到現實的要求而打扮成大人的樣子，卻「望之不似人君」！他的「無禮」是由於沒有學過那些禮節。而他佩戴了觿與韘，努力學習政事，可是在眾大夫的眼中，他還是一個什麼都不懂的小子，《詩序》猜對了是刺惠公，可是對於諷刺什麼，還是沒有抓到癢處。

上面三篇，《詩序》多少是猜對的，另有一篇雖然猜錯了，卻仍與宣姜有關，那就是〈鄘風·牆有茨〉。《詩序》是這樣寫的：「衛人刺其上也。公子頑通乎君母，國人疾之，而不可道也。」全詩沒有一個字提到「公子頑」，更不必講「通乎君母」，《詩序》以「不可道」來證成「有其事」，真是集「鍛鍊成獄」的大成！可是後來的人偏偏被他矇住了！照我看，「中冓之言」只有衛宣公逼娶兒媳一事足以當之。崔述其實已經接近這個結論，他寫道：「伋，宣公之子也！以父而奪子妻，禽獸行也，此真所謂『言之醜者』！」❹他是在討論〈邶風〉的時候寫下這一段的，可是等他寫到〈鄘風〉的時候卻忘記了前面的話，一意以為「《詩序》惟〈鄘風〉多得實。」多麼可惜！

對另一篇〈鄘風·鶉之奔奔〉，《詩序》也猜錯了，《詩序》認為此詩「刺衛宣姜也，衛人以為宣姜鶉鵲之不若也。」很多人看出宣姜不可能是此詩諷刺的對象。可是詩句只顯出強烈的憎惡感，卻不容易得出所憎惡的人是誰，暫時只能付之存疑。

這幾篇詩是我認為與宣姜事件有關的。《詩序》還談到另外幾篇，如〈邶風·雄雉〉之刺宣公、〈邶風·匏有苦葉〉之兼刺宣公與宣姜、〈邶風·二子乘舟〉之思伋壽等，由於太不像，已被許多人駁斥過，我就不炒冷飯了。

總結一下：我認為〈邶風·新臺〉與〈鄘風·牆有茨〉最能表現衛人諷刺衛宣公強納兒媳的情緒，可是這種情緒漸為衛人所淡忘。到宣公死後，諷刺的對象就轉移到宣姜與惠公身上，其中以〈鄘風·君子偕老〉與〈衛風·芄蘭〉兩篇詩最重要，它們顯示了當時衛人對宣姜與惠公的不滿氣氛。

## 五、宣姜事件的餘波

當宣姜屈服於齊襄公的壓力而嫁回到衛國去後，她等於是退出了歷史的

---

❹　見崔述，《讀風偶識·卷二》。

舞臺，可是歷史的悲喜劇還得繼續演下去。前面我們談到齊襄公設定了一套連環計，就快要收功了，他讓宣姜邊緣化，謀殺魯桓公，讓王姬下嫁，而稍後還併吞紀國，可是其他的情節呢？能不能穩住文姜？與王室的關係會如何發展？還有流亡在齊國的公子朔的命運為何？下面就要交代這些情節。讓我們條列《左傳》中的有關原始資料，在第三節的條列中，為求條理清晰，曾略去一些此節用到的部分，也在下面補回：

〈桓公十八年〉經：丁酉，公之喪至自齊。冬十有二月，葬我君桓公。

〈莊公元年〉經：王使榮叔來錫桓公命。（無傳）

〈莊公元年〉傳：三月，夫人孫于齊，不稱姜氏，絕不為親，禮也。

〈莊公二年〉經：秋七月，齊王姬卒。（無傳）冬十有二月，夫人姜氏會齊侯于禚。

〈莊公二年〉傳：冬，夫人姜氏會齊侯于禚，書姦也。

〈莊公三年〉傳：春，溺會齊師伐衛，疾之也。夏五月，葬桓王，緩也。

〈莊公四年〉經：春，王二月，夫人姜氏享齊侯于祝丘。（無傳）……冬，公及齊人狩于禚。（無傳）

〈莊公五年〉經：夏，夫人姜氏如齊師。（無傳）冬，公會齊人、宋人、陳人、蔡人伐衛。

〈莊公五年〉傳：冬，伐衛，納惠公也。

〈莊公六年〉經：春，王正月，王人子突救衛。夏六月，衛侯朔入于衛。秋，公至自伐衛。（無傳）冬，齊人來歸衛俘。

〈莊公六年〉傳：春，王人救衛。夏，衛侯入，放公子黔牟于周，放寧跪于秦，殺左公子洩、右公子職，乃即位。……冬，齊人來歸衛寶，文姜請之也。

〈莊公七年〉經：春，夫人姜氏會齊侯于防。冬，夫人姜氏會齊侯于穀。（無傳）

〈莊公七年〉傳：春，文姜會齊侯于防，齊志也。

〈莊公八年〉經：冬十有一月，癸未，齊無知弒其君諸兒。

回到魯桓公十八年，齊襄公已謀殺了魯桓公，然後殺公子彭生以滅口，文姜必須護喪回魯營葬❹，並料理莊公即位之事，齊襄公以為文姜一定羞於

透露她所受的恥辱，也一定會保守祕密，因此放心讓她離開。這時齊襄公的
注意力，除了短期間出兵平定鄭國的亂事❹外，多放在籌備王姬下嫁之事，
他狃於以往的順利，已漸露驕態，齊襄公以為文姜已失去利用價值而不再提
防，但他沒有料到的是，文姜不是那麼容易忘記她所受的恥辱，只是她必須
等待報復的機會，在此之前她必須不動聲色。文姜遠比宣姜膽大且潑辣，桓
公喪葬之事稍告一段落，她就主動到齊國找齊襄公，而且纏上了他！文姜可
能覺得她已沒有什麼好損失的，纏上齊襄公至少可以破壞他與王姬的婚姻！
可以想見齊襄公有多狼狽，宣姜的軟弱使他產生錯覺，以為文姜會很好對付，
現在他發現文姜比他還要不在乎外人的評論，與文姜周旋只會加大醜聞的宣
揚，產生更不堪的結果。然而他與王姬的婚姻卻已如箭在弦上，不得不發。
結果王姬於莊公元年冬「歸于齊」，而到了次年的秋七月，《春秋經》赫然出
現這樣的記載：「齊王姬卒」！整個婚姻只維持了大半年！

　　怎麼會這樣呢，似乎沒有人知道，不過如果翻一下《詩經・齊風》，答案
又似乎呼之欲出。十一篇中有三篇：〈南山〉、〈敝笱〉、〈載驅〉似乎都在諷刺
文姜頻頻來訪，齊國的民間似乎充滿了這類八卦消息，難道王姬會聽不到嗎？
《春秋經》與三傳對此都諱莫如深，難道真是「不可道也」、「言之醜也」嗎？
當然不能完全排除偶然的因素，我還是認為王姬是被氣死的。文姜藉此達成
對齊襄公的報復，但王姬卻成為這場政治拉鋸戰中的無辜犧牲者！這回輪到
齊襄公心中有苦說不出了。

　　好在齊國與周室的關係還不至於立即崩潰，兩年前，周莊王剛渡過王子
克與周公黑肩的奪權危機，開始以較現實的方式來處理諸侯問題。他當然不
願意放棄與魯齊剛改善的關係。趁此機會他改葬了周桓王，舉行了一次較風
光的葬禮。隨著王姬的下嫁，周莊王本來已經鬆弛對紀國的支持，王姬去世

---

❹ 《左傳・莊公元年傳》載：「不稱即位，文姜出故也。」《杜注》認為文姜自知為丈
　　夫被謀殺的同謀，故不敢還魯，然而如果她一直留在齊國，〈莊公元年經〉必不會
　　將「夫人孫于齊」繫於三月，而且莊公即位時僅十二歲，文姜不可能不回去一次。
　　其實《春秋經》失載即位在所多有，不見得都是未實際即位，《左傳》所寫只是揣
　　測之辭，並不可取。

❹ 去年鄭昭公忽為高渠彌所弒，至是齊襄公詐與鄭國會盟，卻伏兵執高渠彌而轘殺
　　之，並殺鄭國新立的國君亹，由此也可見識到他為達目的不擇手段的作風。

以後，齊襄公趕緊加強對紀國施壓，魯國的莊公此時還太年幼，文姜對他還很有影響力。秉持著原來桓公的政策，魯國本來希望一方面維護紀國，另一方面也幫助衛公子朔復國，到此時魯國也明白齊襄公對紀是勢在必得，因此在次年（魯莊公四年）與齊達成妥協，以放棄紀國來交換幫助衛朔復國。文姜對助朔復國這一點尤為堅持，並經常向齊襄公施壓，國際的局勢，就在這個新的妥協下展開，而紀侯也只好透過讓位的方式向齊投降。

衛公子朔即位時即使才十二歲，到此時（魯莊公三年）也已有二十歲，在齊幽居數年，固然不見得好受，卻促使他更為成熟，至此時必已瞭解自己復國的希望要倚賴這位小姨母。我相信他必定設法與文姜會了面，並且已許下了賄賂，故宣姜雖然退出了政治舞臺，她的角色卻被文姜以更積極的方式替代了。

當然協議也不是那麼容易達成的，國際間的你虞我詐，正式上場。此年一開始，魯大夫溺受文姜的唆使，已主動表示願參與齊國伐衛的軍隊，齊襄公此時還有紀國待收拾，當然將他的請願壓下了。然後文姜又唆使年幼的魯莊公（當年才十六歲）到滑邑，以謀求與鄭國❺❀聯盟以救紀，這當然只是空姿態，可是魯國層出不窮的新招也使齊襄公頭痛。因此他於次年（魯莊公四年）親自到魯國的祝丘與文姜會面，文姜在祝丘款待他❺❶，並與他訂下妥協的方案，至此衛朔的復國已成定局。

助朔復國的軍隊，應如何組成，也煞費商考。為了向外顯示此事是國際間的共識，還拉攏了宋國、陳國、蔡國出兵，聯同魯國與齊國，組成五國聯軍，當然大部分的兵將，會由齊國提供，可是齊襄公自己並不隨軍。聯軍將由剛長成的魯莊公帥領，顯然，已過弱冠的衛朔自己必定會參與戰鬥，畢竟這是他的戰爭。

---

❺❀ 《左傳》載：「公次于滑，將會鄭伯，謀紀故也。」這個「鄭伯」究竟是祭仲所擁立的子儀還是出亡在櫟邑的屬公突，因無佐證，姑置之。《左傳》解「次」字為宿了三夜，其實本為作姿態，在滑邑等了幾天讓消息外傳，不見得有多少用意好講究。又，「滑」字《公羊傳》與《穀梁傳》皆作「郎」字，然郎為魯地，見〈隱公元年傳〉，與鄭無關，今不取。

❺❶ 《左傳》作「夫人姜氏享齊侯」，《公羊傳》與《穀梁傳》「享」字皆作「饗」，可能是今古文的差別，總之，「招待」之意是很明顯的。

即位滿四年的魯莊公已經十七歲了，這是他首次實戰的經驗，當然得好好策劃。他平日在魯國並不缺少軍事訓練❺❷，可是為了熟悉他的軍隊，並顯示他的能力起見，此年冬天他親自到齊國的禚邑，與那些兵將舉行了一場狩獵。到了明年的夏天，文姜也親自到軍隊那裡為他們打氣，並且察看兒子的成果，這些準備工作顯示他們有必勝的決心❺❸。

伐衛的戰爭並不如想像般的容易，衛國人民對朔本有反感，故左右公子本來甚得民心。黔牟即位以後，與民休養生息，少參加國際間的紛爭，自然得到民眾的擁護，黔牟原是得周莊王的支持而立的，至此左右公子當然向周室告急。周莊王派了大夫子突帥兵助防❺❹，當魯莊公在齊國準備時，衛國也在準備。戰爭進行了大約半年時間，到魯莊公六年六月，五國聯軍才突破了衛國的防禦，佔領了衛國，子突僅保了黔牟逃回周室。勝後算帳，惠公殺了左右公子，放逐了大夫寧跪，乃復位，文姜的伐衛計劃，至此總算完成。朔借外力復國，其臣民未免離心離德，國力大衰，再加上其子懿公行為荒唐，遂幾致亡國。

上面的綜述是根據原始史料而寫的，有些原始資料疏漏的地方，我必須憑想像補足，只有一點是我自己的見解，而似乎沒有別人講過的，我認為文姜在整個政治變遷中佔有舉足輕重的地位。她除了最初一段由於經驗不足而輸掉自己的丈夫與清白外，其他時間都表現出高度的政治智慧，文姜還把兒子從幼童培養成一位成功的君侯。《左傳》記載了好幾次她與齊襄公交往的場合，據我看來都有充分的政治動機，她的行為誠然不合儒家的典範❺❺，可是她為魯國爭取了不少權益。伐衛之後，《左傳》載：「齊人來歸衛寶，文姜請之也。」❺❻其實在《公羊傳》中講得更坦白：「齊侯曰：『此非寡人之力，

❺❷ 《左傳》記載魯莊公的戰技很好，例如：〈莊公十一年傳〉載：「乘丘之役，公金僕姑射南宮長萬。」

❺❸ 神經過敏的《杜注》在此兩處又扯到什麼「失禮」、「書姦」，真可笑！

❺❹ 《左傳‧杜注》以為「王人」為「王之微官」。《公羊傳》則釋之為「微者」，《穀梁傳》則釋之為「卑者」。今從《左傳會箋》：「大夫視諸侯之卿稱名」的意見，釋之為周室的大夫，又，既救衛則有軍隊相隨，故補之。

❺❺ 〈莊公七年經〉載：「春，夫人姜氏會齊侯于防。……冬，夫人姜氏會齊侯于穀」，可是未給細節；《傳》對第一次只說：「齊志也」，毫無內容，第二次則無傳。我猜可能商討次年伐鄅之事，然無證據，只好懸疑。

魯侯之力也！』」齊襄公也不敢不承認魯國的功勞。魯國上下顯然都很尊敬文姜，她去世的時候，魯國歷史《春秋經》記載：「夫人姜氏薨」，我不相信講求「一字褒貶」的《春秋經》有貶責她的意思。至於齊襄公，他為達目的不擇手段的做法終於引起反感，自身被弒，卻留下強盛的齊國，讓桓公有本錢稱霸。

宣姜就不同，她完全沒有政治天賦，遇到亂事不知如何應變，只知去求人。可是她經過自訟後，她的生活就從絢麗歸於平淡，我們完全不知道她如何渡過五國聯軍破城的困境，只知道她不會再有政治動靜，她已經受辱了兩次，不會再惹第三次。我們也知道她的新婚姻一直維持著，並生了三男二女，她對這些子女的教養顯然比以前成功，兩個女兒都做了國君的夫人（宋桓夫人與許穆夫人），三個兒子有兩個成為衛國的國君（戴公與文公），其中衛文公並且是衛國中興之主。

## 六、結　語

總結一下本文的主旨。我致力於闡述並強調後列四個論點：第一，宣姜的一生充滿著無奈，她受辱了兩次，都是被別人逼的，她並沒有與別人通淫，那是衛宏《毛詩序》誣衊她的。《左傳》說「昭伯烝於宣姜」，其涵意只不過說宣姜改嫁昭伯，傳文中並沒有事先通淫的意思。第二，《詩經·邶風·柏舟》一篇很可能是她所寫的，詩中述說了她的心理變化過程，以她的自訟為重點，她經過自省後，就回歸平淡的生活。第三，齊襄公的拒絕幫助宣姜，與他併吞紀國的野心，以及聯周的外交策略密切相關，只有從政治方向去考量，我們才能瞭解他何以會犯天下之大不韙，去謀殺魯桓公。第四，衛朔的復國成功，是由文姜致力促成的，透過這個行動，她訓練她的兒子去熟悉諸侯間的戰爭，以及會盟的操控與折衝，這使他成為一個成功的君侯，也為魯國帶來利益。

這些論點都和傳統的經學相違，因此很多時候我必須重新解釋經典。現在去談兩三千年以前的事，有很多判斷不可避免是主觀的，所以我不敢說本

---

**㊿** 《左傳》所附的《春秋經》「實」字作「俘」，不同於《公羊傳》與《穀梁傳》，恐誤。無論如何，《左傳》以「實」釋之，這應該是衛國宗廟中所藏的寶器，衛惠公用它來表達感激之情，魯國也會將之納入自己的宗廟，以誇於臣民。

文的論點都是真相,我只提出一些被前人疏忽的可能,希望有助於後人的繼續探討,也許有助於發現某些以前未注意到的真相,下面簡述我在達成這些論點時的思考脈絡,以供讀者參考。

《左傳》的記載雖然疏闊,可是也往往有脈絡可循,同一段時間也許記載好幾件事,由於時間相近,幾件事之間可能存有關聯,我盡量去發掘這些關聯,希望發現一些隱藏的情節。例如:〈桓公十二年經〉載「衛侯晉卒」,而其前一年有「鄭忽出奔衛」。同一年有魯桓公欲平宋鄭,兩會宋公,宋背信,魯聯鄭紀伐宋。下一年,宋齊衛燕聯軍敗績。再下一年,魯鄭屢盟,齊僖公卒,宋聯齊衛陳蔡伐鄭,〈桓公十五年經〉周桓王崩,鄭忽復歸於鄭。下一年衛朔奔齊。這些盤根錯節的史事交織在六年的經傳文字中,閱史者往往等閒視之,然而細心考察,卻可瞭解何以衛惠公即位四年後才被推翻。

再舉一個例子,上面所說的第三論點的建立,是由散布於《左傳》十餘年間的記錄爬梳出來的:由桓公六年至莊公三年。在第三節的㈠中,我已列出重要的有關段落,在第四節的㈡小節中又作了一些補充,因此不再重複。我只強調從看似不相干的史實,如助朔復國、併吞紀國、王姬下嫁等,爬梳出其中微妙的聯繫,往往可把原來隱藏在歷史深處的面向顯露出來。

在第四節的㈡中,我需要從事詩句的分析,以尋求〈邶風·柏舟〉與衛宣姜的關係。由於除了斷簡殘篇的啟發外,我們不知此詩的作者,故很容易陷入循環論證,因此在解詩句時,我必須弄清楚每一個字的訓詁,對一字多訓的,我盡量讓詩句所表現的情緒發揚顯得自然些。例如「寤辟」的「寤」字,我從《新序》的先例釋之為「警覺」,就是基於這種考慮。另外一個我依循的原則是:盡量避免在同一句內意思重複。例如「憂心悄悄」,傳統的說法將「悄悄」釋為「憂貌」,可是與「憂心」相聯,顯得重複。我認為詩是密緻的藝術,不應有敷衍的字眼,因此我取「悄」字的另一個釋義:「靜也」,引申作隱約之意,如此似能讓詩意更豐富。前一句中,「選」字的訓詁如作「算」,則「不可選」就與「棣棣」及「富盛」之義重複,我不用此義,也是基於同樣的考慮。

詩內涉及日月蝕相繼發生，我將它們聯繫到桓公十七年的日蝕與半月後推斷的月蝕，只是月蝕推斷的可觀察範圍還不太確定，不然，這會成為本文最強的論證，雖然如此，它還是有加強其他論證的效能。

希望我所交代的思考脈絡，能幫助讀者評判本文的論點，最後，我希望本文能賦予宣姜和她的弟弟妹妹以生動的血和肉，因為不但在《左傳》上，這三個人顯得平板，就算是小說《東周列國志》，對他們的描寫還是欠缺個性。

## 七、本章大事年表

| 紀元前 | 周 | | 魯 | | 齊 | | 衛 | | 大事紀 |
|---|---|---|---|---|---|---|---|---|---|
| 719 | 桓 | 1 | 隱 | 4 | 僖 | 12 | 桓 | 16 | 三月州吁弑衛桓公，九月殺，十二月立宣公 |
| 718 | | 2 | | 5 | | 13 | 宣 | 元 | 鄭伐宋 |
| 717 | | 3 | | 6 | | 14 | | 2 | 宣姜可能於此年入衛 |
| 703 | 桓 | 17 | 桓 | 9 | 僖 | 28 | 宣 | 16 | 春，紀姜歸於京師 |
| 702 | | 18 | | 10 | | 29 | | 17 | 盜殺壽與急子可能在此年 |
| 701 | | 19 | | 11 | | 30 | | 18 | 鄭莊公卒，宋助突入鄭，鄭忽奔衛 |
| 700 | | 20 | | 12 | | 31 | | 19 | 十一月衛宣公卒，十二月魯鄭伐宋 |
| 699 | | 21 | | 13 | | 32 | 惠 | 元 | 魯紀鄭聯盟伐宋，宋聯齊衛燕抵禦，宋敗 |
| 698 | | 22 | | 14 | | 33 | | 2 | 十二月齊僖公卒，宋聯齊蔡衛陳伐鄭，大捷 |
| 697 | | 23 | | 15 | 襄 | 元 | | 3 | 周桓王崩，鄭突奔蔡，鄭忽復歸鄭 |
| 696 | 莊 | 元 | | 16 | | 2 | | 4 | 魯謀聯諸侯納突弗克，十一月衛朔奔齊 |
| 695 | | 2 | | 17 | | 3 | 黔牟 | 元 | 魯助朔與紀，齊侵魯疆，十月宣姜向齊襄公求援被拒並受逼改嫁昭伯 |

| 紀元前 | 周 | 魯 | 齊 | 衛 | 大事紀 |
|---|---|---|---|---|---|
| 694 | 3 | 18 | 4 | 2 | 魯桓公偕文姜赴齊，齊襄公辱文姜並謀殺魯桓公，齊伐鄭，周莊王殺周公黑肩 |
| 693 | 4 | 莊元 | 5 | 3 | 文姜孫齊，王姬歸於齊，魯為主婚，齊佔紀邢鄑郚 |
| 692 | 5 | 2 | 6 | 4 | 七月齊王姬卒，十二月文姜會齊侯於禚 |
| 691 | 6 | 3 | 7 | 5 | 魯溺會齊師伐衛，五月周改葬桓王，秋紀季獻酅於齊，冬魯侯會鄭伯謀紀 |
| 690 | 7 | 4 | 8 | 6 | 二月文姜享齊侯於祝丘，三月紀伯姬卒，夏紀侯大去其國，冬魯侯及齊人狩於禚 |
| 689 | 8 | 5 | 9 | 7 | 夏文姜如齊師，冬魯侯帥齊宋陳蔡軍伐衛納惠公 |
| 688 | 9 | 6 | 10 | 惠復入 | 正月周使子突救衛，六月衛朔入衛殺左右公子，冬齊人歸衛寶於魯 |
| 687 | 10 | 7 | 11 | 2 | 文姜兩度會晤齊襄公 |
| 686 | 11 | 8 | 12 | 3 | 正月魯齊會陳蔡伐郕，十一月齊襄公被弒 |

# 第二十一章

## 《鶡冠子‧世兵》的錯簡問題

🌏 摘 要

　　本文詳細考察《鶡冠子‧世兵》的文義不聯貫處，嘗試用「錯簡」去解釋。所得結論是：現有文本的〈世兵〉篇可被拆開重排而成兩篇互相獨立的文章。其中一篇與《鶡冠子》其他篇協調；另一篇則非，可能因錯簡而與《鶡冠子》相混。

## 一、前 言

　　賈誼〈鵩鳥賦〉與《鶡冠子‧世兵》的後一部分，有很多句子出奇地相像，歷史上多以為《鶡冠子》抄襲〈鵩鳥賦〉，甚至以《鶡冠子》為偽書，討論的人已經夠多了，不再重複。自從長沙馬王堆帛書《黃帝書》出土後，得知《鶡冠子》有引述《黃帝書》的地方，這是假不了的❶，因此《鶡冠子》重新被看重，一般的結論是：這本書是戰國末葉黃老學派的著作，可能與趙國的將軍（與兵學家）龐煖有關。關於〈世兵〉篇與賈誼〈鵩鳥賦〉的糾纏問題，相當複雜，需要另為文討論，這裡暫且不談。

　　目前，學術界多數人傾向於將《鶡冠子》看成一個整體❷，而不是不同材料的雜混，所以如此，其主要原因在於：現行《鶡冠子》的十九篇中，其思想與用字習慣，皆互相有高度的關聯與照應。然而《鶡冠子》文本在傳世過程中，未受重視與良好維護，也是眾所周知的事，一個顯著的例子是：〈泰錄〉篇在明朝之後，又脫去二百餘字，幸虧有《永樂大典》的保存而獲得復原。至於各篇間的字句混淆，恐怕更是免不了❸，而且，誰能保證沒有其他

---

❶ 李學勤著，〈《鶡冠子》與兩種帛書〉。收入《簡帛佚籍與學術史》，臺北時報出版公司，1994 年，pp. 91-104。

❷ 這方面的討論，我主要參考了以下各書：胡家聰著，《稷下爭鳴與黃老新學》，北京中國社會科學出版社，1998 年、白奚著，《稷下學研究》，北京生活、讀書、新知三聯書店，1998 年、丁原明著，《黃老學論綱》，山東大學出版社，1997 年。

❸ 例如〈博選〉篇的第一句，可能由〈王鈇〉篇竄入，〈能天〉篇後面的：「德萬人……謂之英」則可能復由〈博選〉篇竄入。

材料的混入呢？根據晁公武《郡齋讀書志》❹的說法：當時他所看到的《鶡冠子》：「今書乃八卷。前三卷十三篇，與今所傳《墨子》書同，中三卷十九篇，愈所稱兩篇皆在，宗元非之者篇名〈世兵〉亦在，後兩卷有十九論，多引漢以後事，皆後人雜亂附益之。今削去前後五卷，止存十九篇，庶得其真。」僅有中間三卷十九篇可信，可想而知，那「可信」的三卷也不會毫無缺陷。不管從思想史的角度，還是從書籍辨偽存真的角度，將其文本整理順暢，是不可逃避的挑戰，這是我想從事的，本文從最可能有錯簡與其他材料混入的〈世兵〉篇開始。

在研讀《鶡冠子》的時候，我主要參考了下列的三本書：㈠張金城所著的《鶡冠子箋疏》❺，此書很齊全地收集了前人的注釋，省了我很多事。㈡英文的 A NEGLECTED PRE-HAN PHILOSOPHICAL TEXT: HO-KUAN-TZE❻。A. C. Graham 的分析相當尖銳，幫助我將書中的觀念歸納成系統，可是此文中也有些結論是我無法接受的。例如他假設《鶡冠子》的作者在書中陳述三個烏托邦，代表了作者三個不同時期的想法，我認為《鶡冠子》的作者已經在〈王鈇〉篇，把他心目中的盛世講得那樣確定：「與天地相蔽，至今尚在，以鈓面達行。宜乎哉！成鳩之萬八千歲也。」不可能在書的另一部分把這個盛世的信念推翻。㈢《從論辯學的角度解讀《鶡冠子》》譯本❼，戴卡琳的版本研究❽很有價值，她的大部分主張，包括她對〈世兵〉篇的懷疑，我都接受，我也相當欣賞她的「論辯學」分析，可是本文不會用到。她與

---

❹ 宋晁公武撰《郡齋讀書志》卷十一，王先謙校刊本，日本中文出版社影印。請注意：流行的「袁本」沒有所引的那一段，王本兼採衢袁二本，又參考諸家藏本校其異同，故較可靠。

❺ 張金城著，《鶡冠子箋疏》，國立臺灣師範大學《國文研究所集刊》，第十九期，pp. 640–770、787–793，1975 年。

❻ A. C. Graham, A NEGLECTED PRE-HAN PHILOSOPHICAL TEXT: HO-KUAN-TZE, *Bulletin of the School of Oriental and African Studies* 52.3, 1989, pp. 497–532.

❼ 戴卡琳著，楊民譯，《從論辯學的角度解讀《鶡冠子》》，遼寧教育出版社出版，2000 年。

❽ 我自己用的《鶡冠子》版本是收入清張海鵬輯《學津討原》的「子彙本」與世界書局影印之「四部叢刊本」。遇有異文時，以意擇取。

A. C. Graham 似乎都懷疑第十六篇〈世賢〉與第十九篇〈武靈王〉是從縱橫家的《龐煖》混進來的，一個重要的原因，是他們對篇題所設的標準——一定是兩個字，而且至少其中一字在篇中被提到。其實中國古書的篇題，一向是由後代整理者所加的，以方便為主，很少有一致的標準。〈世賢〉篇所討論的：「伊尹醫殷、太公醫周……范蠡醫越、管仲醫齊」，都可算諸世之賢者，如同〈世兵〉的篇題也是會意的，言黃帝以下諸世之用兵而已。如果說〈世兵〉篇至少有提到「兵」字，則還有一個可能：「世賢」的「賢」字，可能原來為「醫」字，因字形相近而誤。至於「武靈王」，本是此篇的開頭，更無問題，當然也有可能當初用的是「武靈」，正像有一個版本的《論語》用「衛靈」代表「衛靈公」一樣，無論如何，篇題不夠做考證的標準。

　　後面的討論，需要我先簡略交代對《鶡冠子》的整體看法，一般說來，此書本身是相當一貫的，唯一重要的例外，也許就在〈世兵〉篇。原書的思想建根於黃老，融合北方齊國與南方楚國的黃老學理念，又加入了兵家的權謀思想，而後反過來影響其治國與治人的觀念。兵家本來重規律與尊卑，無形中已受儒墨的滲透，戰國時又摻雜了陰陽天文星象的學問，有了它自己的哲學系統，發展成為戰國末期黃老學派的一個重要分支。《鶡冠子》一書本身的一貫性，是要仔細閱讀才能體會到的，表面上，第一至第六篇並沒有直接談兵，而第七篇〈近迭〉，則一開頭，就是龐子與鶡冠子的問答，而且還強調「先兵」，後面各篇，兵家味道也很濃厚，因此可能一至六篇原屬於《漢書・藝文志》所謂的道家《鶡冠子》，而第七至第十九篇則被〈漢志〉或〈七略〉（原為任宏所錄）歸入縱橫家的《龐煖》。因為分校的人不同，不協調而將一書分為二，是非常可能的。後來漸多人發現二書的關聯性，當即還原為三卷的《鶡冠子》，而取消《龐煖》的名目，這就是《隋書・經籍志》所記載的。其實劉勰所看到的文本，應該就與現存相差不遠，由全書的協調性，才能誘導他發現：「鶡冠綿綿，亟發深言」。

　　即使最後一篇〈武靈王〉，也不像是外來的。如果第七篇開始出場的「龐子」就是龐煖，則全書當出自他的傳授，他極有可能將他祖先與武靈王的問答，附在全書之後。根據《通志・氏族略》的記載，龐氏本為畢公高之後，為魏國之望族，不僅出了一個龐涓而已，《韓非子・內儲說上七術》就有提到龐恭與龐敬，尤其是前者，他受魏王命，陪伴魏太子質於趙之邯鄲，事先他

就提出「市有虎」的比喻，警惕魏王不要相信讒言，結果魏王還是信讒而疏遠之。龐恭從邯鄲回去，竟然見不到魏王❾，可能龐恭因畏誅，就此投奔趙國，成為龐煖的祖先，這一譜系可能有龐煥其人，仕於武靈王之朝。問答中稱趙襄子毋卹為「襄主」，與《戰國策‧趙策》所載武靈王之言「今吾欲繼襄主之業」相符合，這是一個特殊的稱呼，有其地區與時間的局限性，應該是假不了的。由內容看，此篇也反映了武靈王的抱負與野心，後世也很難仿造。

　　為了不偏離主題，上面的整體交代，必定是濃縮的，下節將專注於〈世兵〉。

## 二、嘗試復原《鶡冠子‧世兵》的錯簡

　　細讀《鶡冠子‧世兵》，可以發現它在整本《鶡冠子》內，的確是相當特別的，它相當長，前面舉一大堆歷史故事，目的似乎在反映用兵的原則，然而出現「海內荒亂，立為世師；莫不天地善謀，日月不息，……」的句子，文意非常不順。「禹服有苗」與後面的「天不變其常，地不易其則」聯起來非常勉強，可是，倘若跳過一段，與後面的「湯能以七十里放桀……」對照，卻是聯接得很自然！「迺成四時，精習象神」很費解❿。後面用了相當篇幅引述曹沫與劇辛兩個例子，引述與發揮還將完未完，突然有一大段「夫得道者務無大失，……欲惡者，知之所昏也」插在中間！想解釋清楚，實在要煞費心力。後面一大串四言韻語，與前面關聯絕少，從「得此道者，驅用世人」以後，其內容與前半部非常不連貫，其中一兩句如「兵以勢勝，時不常使。」等，與前後文的關係，亦顯得勉強。另外，在後面既然要強調「唯聖人而後決其意」，則前面的「至人遺物，獨與道俱」就顯得詞費。最後那句「奚足以疑」，亦無照應。韻文終結，又回到文王、武王、管仲之事，轉為散文，在那些接榫的區域間，文義似乎在幾件事間跳來跳去！這些在在使人懷疑〈世兵〉這篇，文本錯簡的情形很嚴重，韻文與散文的文體相間，並非主要的考慮因

---

❾　此事亦見《新序‧雜事二》與《事類賦》，而《戰國策‧魏策》引以為龐葱之事。《淮南子‧說山訓》提到「市有虎」的故事，而未提人名。

❿　張金城《箋疏》引《論語》與《莊子》，解釋了一大段，始終沒有把「迺成四時」與「精習象神」的關係解釋清楚。

素。本來，戰國後期的文章，也有混合韻文與散文的趨勢，可是，像〈世兵〉篇這樣，文意也在其中跳擺不定的例子，還真是少見，想來想去，「錯簡」應該是較合理的解釋。

我嘗試將全文拆開，整理重新排列，把文意相聯的句子放到一起，流暢的程度似乎稍有起色，我的初步結論是：這原來是兩篇互不相干的文章，因錯簡而相混。下面將我猜測的原狀列出：姑命名為〈世兵前篇〉與〈世兵後篇〉。有一部分句讀，還不是很順暢，似還有改善的餘地。

㈠〈世兵前篇〉：這是一篇散文，文句與賈誼〈鵬鳥賦〉無關。寫成的時期，應當與《鶡冠子》其他篇章相近，由於錯簡厲害，很多地方以猜臆重組：

道有度數，故神明可交也，物有相勝，故水火可用也，東西南北，故形名可信也。天不變其常，地不易其則，陰陽不亂其氣，生死不偝其位，三光不改其用，神明不徙其法。天地善謀，日月不息，微道是行，迺成四時。明者為法，參之天地，孰謂能之？素成其用，先知其故。五帝在前，三王在後。上德已衰矣，兵知俱起。黃帝百戰、蚩尤七十二、堯伐有唐、禹服有苗、湯能以七十里放桀、武王以百里伐紂。海內荒亂，立為世師；莫不寒心孤立，懸命將軍。野戰則國斃民罷，城守則食人炊骸。計失，其國削主困，為天下笑！持國計者，可以無詳乎？類類生成，用一不窮。知一不煩。得失不兩張，成敗不兩立。所謂賢不肖者，古今一也！是以忠臣不先其身而後其君；君子不惰，真人不怠。無見久貧賤，則據簡之！伊尹酒保、太公屠牛、管子作革、百里奚官奴。明將不倍時而棄利，勇士不怯死而滅名。欲踰至德之美者，其慮不與俗同；欲驗九天之高者，行不徑請。固有過計、有嘗試。是以曹沫為魯將，與齊三戰而亡地千里。使曹子計不顧後，刎頸而死，則不免為敗軍擒將！曹子以為：敗軍擒將非勇也！國削名滅非智也！身死君危非忠也！夫死人之事者，不能續人之壽。故退與魯君計。桓公合諸侯，曹子以一劍之任，劫桓公埵位之上；顏色不變，辭氣不悖。三戰之所亡，一旦而反。天下震動，四鄰驚駭，名傳後世。扶杖於小愧者，大功不成。故曹子去忿悁之心，立終身之功，棄細忿之愧，立累世之名。故曹子為知時，魯君為知人。劇辛為燕將，與趙戰，軍敗，劇辛自剄；燕以失五城。自賊以為禍

門，身死以危其君，名實俱滅。是謂失此不還人之計也！非過材之莿❶
也！夫強不能者傯，是劇辛能絕，而燕王不知人也！夫得道者務無大失，
凡人者務有小善。小善積則多惡欲，多惡則不□，不□則多難❶，多難
則濁，濁則無知。多欲則不博，不博則多憂，多憂則濁，濁則無知。欲
惡者，知之所昏也。舜有不孝，堯有不慈，文王枉枯，管仲拘囚。聖人
捐物，從理與舍。事成欲得，又奚足夸？千言萬說，卒賞謂何？勾踐不
官，二國不定。文王不幽，武王不正。管仲不羞辱，名不與大賢，功不
□三王❶。鉦面備矣。

(二)〈世兵後篇〉：這是一篇四言韻文，頗有與賈誼〈鵩鳥賦〉很相近之辭
句。韻文內部的錯簡似乎不多，大致出現在首部與尾部，部分句子與〈世兵
前篇〉糾纏在一起，當我把〈世兵前篇〉的成分拿掉後，不難看出真正的結
尾在那裡，我稍加以重排，結果為：

昔善戰者，舉兵相從。陳以五行，戰以五音。指天之極，與神同方。
千方萬曲，所雜齊同；勝道不一，知者計全。齊過進退，精習象神。
出實觸虛，禽將破軍。發如鏃矢，動如雷霆。暴疾擣虛，殷若壞牆。
執急節短，用不緩緩。避我所死，就吾所生，趨吾所時，援吾所勝。
故：士不折北，兵不困窮。得此道者，驅用路人。乘流以逝，與道翱翔。
翱翔授取，錮據堅守。呼吸鎮移，與時更為。一先一後，音律相奏。
一左一右，道無不可。受數於天，定位於地，成名於人。彼時之至，
安可復還？安可控摶？天地不倚，錯以待能。度數相使，陰陽相攻，
死生相攝，氣威相滅，虛實相因，得失浮縣。兵以勢勝，時不常使。
蚤晚絀贏，反相殖生。變化無窮，何可勝言。水激則旱，矢激則遠。

❶　「莿」字即古「策」字。

❶　「多惡則不□，不□則多難」中間的兩個缺字，我猜可能都是「順」字，以與上文
　　的「多欲則不博，不博則多憂」相排比。「順」字在先秦有時也用作一項德目，不
　　過我對這項猜測沒有多少把握。

❶　「功不□三王」中的缺字，照前後文似應為「逮」字。此處文意相當清楚，有可能
　　採用《戰國策・齊策・燕攻齊取七十餘城》的「業與三王爭流，名與天壤相敝。」
　　來改寫。

精神回薄，振蕩相轉。遲速有命，必中三五。合散消息，孰識其時？
至人遺物，獨與道俱。縱驅委命，與時往來。盛衰死生，孰識其期？
儵然至湛，孰知其尤？禍乎福之所倚，福乎禍之所伏！禍與福，如糾纆。
渾沌錯紛，其狀若一。交解形狀，孰知其則？芒芒無貌，唯聖人而後決
其意。
斡流遷徙，固無休息。終則有始，孰知其極？一目之羅，不可以得雀。
籠中之鳥，空窺不出。至博不給，知時何羞？不肖繫俗，賢爭於時。
細故𧟌蕑，奚足以疑？眾人唯唯，安定禍福。憂喜聚門，吉凶同域。
失反為得，成反為敗。吳大兵強，夫差以困；越棲會稽，句踐霸世。
往古來今，事孰無郵！眾人域域，迫於嗜欲；小知立趨，好惡自懼。
夸者死權，自貴矜容，列士徇名，貪夫徇財。檽枋一術，奚足以游！
達人大觀，乃見其可。块軋無垠❹，孰捶❺得之？天不可與謀！地不可
與慮！
至得無私，泛泛乎若不繫之舟。能者以濟，不能者以覆！

　　如此分開後，句讀似乎通順得多。下面再就此兩篇，分別討論其內涵與
行文特性，試圖定出其歸屬。

## 三、對〈世兵前篇〉的討論

　　這篇文章是散文型態的論說，與後面一篇〈備知〉類似，〈世兵前篇〉稍
長一些，可是相差得不多，兩者都引了一大串歷史人物與事跡。戴卡琳已注
意及此，她統計了各篇所用的專有名詞的數目❻，其中用得最多的四篇為：
〈世兵〉二十九次、〈備知〉二十四次、〈世賢〉二十一次、〈武靈王〉十五

---

❹　「無垠」的「無」字，在原來的文本中，本作「大」字下面「世」字再下面「林」
　　字。這是古體的「無」字，既然現在已不再通行，我就直接用「無」。「垠」義為
　　「限」，這兩字都從「艮」，義相近，有時且可相通。據《莊子‧逍遙遊‧郭注》：
　　「託之於絕垠之外」，《釋文》：「垠，本又作限」可知「垠」原為常用字。

❺　在原來的文本中，此字從火從垂，現在的字書不收這個字，猜想大概是漢初的俗
　　字。今採用《莊子‧大宗師》：「皆在鑪捶之間耳」的「捶」字。

❻　注❼所引書，pp. 234–237，附錄二。

次，其他篇都不超過五次。上述之後兩篇，都是龐煖或龐煥開導時君之言，引用史事，有其必要，前兩篇則用史事立論，更顯得特別。〈世兵〉減去〈世兵後篇〉的內容後，其次數降為二十五❼，更可與〈備知〉篇相比，甚至兩篇撰寫的筆法與風格，也顯示類似之處，例如〈世兵前篇〉一開始就講：「道有度數，故神明可交也；物有相勝，故水火可用也；東西南北，故形名可信也。」就與〈備知〉篇起首的：「天高而可知，地大而可宰，萬物安之，人情安取。」如出一手，使人懷疑這兩姐妹篇的作者相同，而且時間相近，還可發現有些語句，兩篇間且互有照應，例如〈世兵前篇〉的「寒心孤立」，雖亦出現於〈近迭〉篇：「世主懾懼，寒心孤立」，卻在〈備知〉篇的「……昔之登高者，下人代之陵，手足為之汗出；而上人乃始搏折枝而趨杪操木❽。止之者僇。故天下寒心，而人主孤立。……」得到另一層次的闡發，將人君對戰爭又怕又愛的心理，描寫得唯妙唯肖。

〈世兵前篇〉的內容可歸結為：基於天地、陰陽、神明皆有不變的法則，人可以取法，而用之於兵，在歷史或傳說上，屢有大戰役，顯示兵事往往不可避免，可是需要審慎，特別是，為將者要善於處敗，而不放棄一線生機。文中舉曹沫與劇辛之事，作一極端的對比，文末強調，原則上應該避免多欲與多惡，以保持神智清明，反之，即令徼幸事成欲得，亦不足夸。

上述之內容也與《鶡冠子》其他篇呼應，例如〈天則〉篇的「水火不相入，天之制也」、〈道端〉篇的「天者，萬物所以得立也；地者，萬物所以得安也」、〈兵政〉篇的「物有生，故金、木、水、火，未用而相制」、〈天權〉篇的「善用兵者，慎以天勝，以地維，以人成」、〈近迭〉篇的「兵者，百歲不一用，然不可一日忘也。」都與〈世兵前篇〉起首聯繫天地與兵政的段落互有詳略，並互相支援。「微道是行」可追溯到〈泰錄〉篇的：「精微者，天

---

❼ 所減去的專有名詞，為「吳」、「越」、「夫差」與「會稽」。至於「句踐」一名，在〈世兵前篇〉中再出現，故不能被減去。

❽ 韓愈很欣賞《鶡冠子・學問》的：「賤生於無用！中流失船，一壺千金」。三讀其辭而悲之。他會不會也將〈備知〉篇的這句話，聯想到他自己攀登華山的經驗，（故事見李肇《唐國史補》，不知有沒有添油加醋？）心有餘悸，甚至將他自己的仕途也聯想在一起呢？這是個有意思的問題。

地之始也。」與〈度萬〉篇的:「遠之近、顯乎隱、大乎小、眾乎少,莫不從
微始。」「類類生成,用一不窮。」也見於〈泰錄〉篇,並且與〈天權〉篇的:
「戰勝攻取之道,應物而不窮,以一宰萬而不總,類類生之。」相發明。「明
者為法,參之天地。」對應於〈泰錄〉篇的:「明見而形成,形成而功存。」
還有,「聖人捐物」的意義,可在〈天則〉篇的「捐物、任勢者,天也。」中
找到。其實還可以再找下去,不過我感覺到,目前所掌握的關聯線索,已足
夠用來顯示一個結論:〈世兵前篇〉與《鶡冠子》的其他篇關係密切,它們
應該都是整個大著作的一部分。〈世兵前篇〉最後一句,是「鉦面備矣」,
「鉦面」的訓詁不明。然而〈王鈇〉篇有:「至今尚在,以鉦面達行。」我猜
想「鉦面」也與「王鈇」❶一般,是一種儀仗性或誇耀性的傳世器物,可能
與樂器有關。

　　〈世兵前篇〉內還有承襲自別的書籍的材料,最顯著的是:論及魯國的
曹沫暫忍敗軍之辱,而劫持齊桓公一段,就與《戰國策‧齊策‧燕攻齊取七
十餘城》中魯仲連說聊城守將的話,非常接近。今本《戰國策》將此事歸於
樂毅攻齊一役,考慮到魯仲連也涉及趙長平之役,這個繫屬可能是錯的,不
過無論如何,《戰國策》在劉向整理之前,各種策文曾在民間廣為流傳。大
致相同的段落,也見於《淮南子‧氾論訓》,應該就是劉安所採民間流傳之
策文,此外,「舜有不孝,堯有不慈,文王桎梏,管仲拘囚。」一段,似採
自《莊子‧盜跖》篇,加上《戰國策》有關管子之言,其實這些前人的資
料,大家都在傳述與利用,可能很難找到創始人。〈世兵前篇〉的作者,將
它們收進自己的文章內,作為論說的一部分,照當時的慣例,並非不能容許
之事。

---

❶　王鈇一辭,在《鶡冠子》內似乎成一象徵,不可能像陸佃所注:典出自《賈誼新
　　書》。賈誼所提「人主之斤斧」是與他所引《管子‧制分》中「屠牛坦」的典故分
　　不開的,強調漢初諸王有如髖髀般地盤根錯節,必須用斧斤砍斷,才不至於傷害象
　　徵人主仁義恩厚的芒刃。我以為「王」是「大」的意思,《周禮‧考工記》的「王
　　弓」,指的是一種大弓,利於射深用直。〈王鈇〉篇講:「王鈇者非一世之器」,顯示
　　在傳說中,它應是傳承多世的寶器,可能是一種大型的斧鉞,其儀仗之成分多於實
　　用成分。

## 四、對〈世兵後篇〉的討論

　　這篇韻文相當淺俗，而且用辭累贅，似乎不是文學作品，可是它也顯現出其本身特有的結構與邏輯，因此也不宜像柳宗元那樣，用「鄙淺」一辭來一筆抹殺。我們可以感覺到，它很多地方有韻，可是通韻的地方也多，因為我們現在對古韻的研究還不完整，而且也有可能當時的詩歌，是根據地方的方言讀音來押韻的，考究起來，很佔篇幅，因此暫時不去追索韻腳的問題。

　　首先，引起我關注的問題是：到底這篇文章的作者，想要對他的訴求對象，講述與灌輸些什麼呢？

　　表面上看起來，他似乎是在說理，實際上，他訴諸很多直覺性的觀念（至少當時的普通人會那樣認為），以增加說服力。例如「兵以勢勝」、「避我所死，就吾所生」、「發如鏃矢，動如雷霆」、「一先一後，音律相奏」、「一目之羅，不可以得雀。籠中之鳥，空窺不出」等等，以此灌輸了不少戰事常識，他甚至還利用了民間流行的寓言故事「一目之羅，不可以得雀。」現在還可以從《淮南子・說山訓》找到痕跡，可以想像，必定還有其他類似事例，只是現在失傳了而已。

　　在訴諸直覺性觀念之時，他顯然也用了不少當時的軍事口頭禪，像「陳以五行，戰以五音。指天之極，與神同方。」這樣的話頭，在〈世兵〉篇中，只不過是殷切叮囑而已，完全沒有說明內涵。當然，我們可以訴諸〈天權〉篇的同樣句子，可是，〈天權〉篇的玄學味道非常重。「因地利制以五行。左木、右金、前火、後水、中土，……招搖在上，繕者作下。……春用蒼龍、夏用赤鳥、秋用白虎、冬用玄武」似乎僅是〈天權〉篇對別的書的引述，事實上，在《禮記・曲禮》可以找到更恰當的話：「行：前朱鳥而後玄武、左青龍而右白虎。招搖在上，急繕其怒。」總之，「陳以五行」應該是指以五方之旗幟去辨認列陳的方位，這些玄學道理，通常越講越糊塗，可是，《禮記・曲禮》所記載的是真正行軍時的做法。一般兵士，無須懂其道理，只要看得懂旗幟，辨認得出列陳的方位即可，故這裡「陳以五行」必定是當時軍事上習慣用的口頭禪，同樣「戰以五音」是同類的叮囑，〈天權〉篇的玄學解釋，這裡完全不管用。後面引了一段話，說是出於《天權神曲五音術兵逸言》，原書已逸，也無法印證。倒是在《淮南子・兵略訓》中透露出訊息：「鼓不與五音

而為五音主」，這是說戰時用音來指揮進退。春秋時，指揮全用金鼓，到戰國，可能再加上號角之音，「戰以五音」是叮嚀戰士作戰時聽音進退，也是軍事上的口頭禪。「指天之極」相當於代表中軍的「招搖」，講「與神同方」，增加兵士對中軍指揮的信心，這些話頭，現代解釋起來，極為麻煩，而對當時的人來說，卻是常識，不需要多加解釋。還有一些兵家的常用語，如「勝道不一，知者計全」、「齊過進退」、「出實觸虛」、「暴疾擣虛」、「錮據堅守」、「執急節短」等，亦同樣可作如是觀。

　　與此類似，有些句子，如「受數於天，定位於地，成名於人。」似與《鶡冠子》某些篇章有關❷，可是這些話頭，卻是漢初黃老學者的口頭禪，非《鶡冠子》的專利，尤其是《黃帝四經‧十大經‧立命》記載所傳黃帝的話❷：「吾受命於天，定位於地，成名於人。……」更為相近，只是將「命」換成「數」字而已。

　　〈世兵後篇〉的作者也運用同型態的問句，不嫌煩瑣地反覆強調類似的觀念。例如他用「安可復還？安可控搏？」來說明「時」的重要，他也反覆用「孰識其時」、「孰識其期」、「孰知其尤」、「孰知其則」、「孰知其極」的衝擊，逼使讀者反問自己，由此而加深印象。內容上最令人注目的是一再提「時」字，例如：「趨吾所時」、「與時更為」、「彼時之至」、「時不常使」、「孰識其時」、「與時往來」、「知時何羞」、「賢爭於時」。他似乎想替他訴求的對象培養一些把握時機的直覺。另一方面，他也一再強調世事複雜、變化多端、並且具有禍福糾纏、得失浮懸的特性。他借助於：「度數相使，陰陽相攻，死生相攝，氣威相滅，虛實相因」這些重複字眼，警告個人應避免自作聰明，因為「橢枋一術，奚足以游」，這似乎也是一句通俗語❷，他歸結於「唯聖人而後決其意」，以疏解上述兩項主要內容間的矛盾。

　　在用字方面，此篇還有一項特點，用一大堆（雙聲或疊韻）雙音節語去

---

❷　例如：〈兵政〉篇的「用兵之法，天之、地之、人之。」

❷　陳鼓應注譯，《黃帝四經今註今譯》，臺灣商務印書館，1995 年。

❷　很顯然，「橢枋」也是集義複合語，其語義指的是或長或方。「橢枋一術」指死抱著一種法術，不知變通的弊病，以歸結前述各種「徇」，「奚足以游」隨即照應下一句：「達人大觀，乃見其可」的「大觀」。

形容意境，例如「坱軋」（雜亂之意❷）、「芴芒」❷（就相當於現代的「恍惚」）、「翱翔」（逍遙自在貌）❷、「渾沌」❷。這些雙音節語傳統上稱「連綿詞」❷，其本身呈一不可分割單位，其語源來自原來的發音，其意義原始，不能再求其訓詁。另外，重字複合語也用得很多，如「縵縵」（散漫貌）、「域域」（淺狹貌）、「唯唯」（然諾貌）、「泛泛」（飄浮貌）❷。集義複合語用得更多，略舉數例即可：「雷霆」、「浮縣」、「振蕩」、「消息」。這些雙音節語和複合語❷，有一個共通的特徵，就是口語化，代表當時一般人的語彙。其中一部分，活力還保存至今日，另一部分，雖已不再通用，還可透過工具書（如《廣雅疏證》和《聯緜字典》）揣摩其當時意義。其實，由戰國後期至漢初，有許多哲學著作（包括《鶡冠子》其他諸篇）都有口語化的趨勢，可是似都不及〈世兵後篇〉那樣徹底。

　　我們可以得到什麼結論呢？據我的初步猜想，此文是漢初兵家在訓練低級軍官時，反覆叮嚀基本要點的一篇歌訣。我自知這樣的猜想太大膽，然而卻找不到別的說法，可以滿足此文的上述各項特點，下面我稍稍解釋一下這種想法的動機。一般高級將軍，自有《孫子兵法》作為模範，然低級士官的文化程度不高，一般兵書，往往僅強調平日對他們申明賞罰禁令，戰時則善用金鼓旗幟，以指揮與控制。至於在人自為戰的情況下，如何養成他們把握時機的習慣與直覺，而又不至於自作聰明，違反節度，這的確是對兵家的一項挑戰。《吳子兵法‧勵士》曾提出「勵士」的重要性，似有此感受，而歸結為：「故戰之日，其令不煩，而威震天下！」這篇歌訣似乎是「勵士」的一種工

---

❷　「坱軋」二字合成一項雙聲連綿詞，據郭璞注《方言》云其義為「不測」，實有雜亂之意。

❷　「芴芒」或其顛倒的「芒芴」，在《莊子》與《老子》中常見用到；是當時很常用的字眼。

❷　據張揖著、王念孫疏證之《廣雅疏證‧釋訓》：「翱翔，浮游也。」，《疏證》：「翱翔，猶彷徉也。翔古讀若羊，翱翔雙聲。」

❷　「渾沌」為疊韻雙音節語，《廣雅疏證‧釋訓》：「混混沌沌，轉也。」

❷　參閱唐蘭著，《中國文字學》，臺北樂天出版社，1971 年。

❷　據《廣雅疏證‧釋訓》：「汎汎，浮也。」

❷　同注❷。

具。最後提到「聖人決其意」，似乎將「聖人」投射到最高決策階層，用此培養士官們聽命的習性。文中利用或襲取眾所周知的文章片段，而且不避忌類似觀念的反覆陳述，在文學上，這是敗筆，以歌訣來說，卻有加強記憶的效果。

如果我的這項猜測可以成立，則〈世兵後篇〉本與《鶡冠子》無關❸，因為本非文學作品，部分因襲了賈誼的〈鵩鳥賦〉並無不妥，甚至可能是有意的。然而，與此賦密緻結構對應的句子跑到〈世兵後篇〉去後，完全失去原有的韻味，卻另行發展出其自有的結構與邏輯，這本身就是一項成就。〈鵩鳥賦〉用了四個歷史典故，〈世兵後篇〉只保留了夫差與句踐兩個，原因是吳越的故事最通俗，且與戰爭有關，另外李斯與傅說的典故，不合此原則，就被放棄了。戴卡琳猜放棄李斯典故的原因為有意使《鶡冠子》以較早的面目出現❸，可是放棄傅說的典故又如何解釋呢？作為歌訣的〈世兵後篇〉，由於各種原因，後來漸不通行，以致大家不認得了，可能當初有人記下，其竹簡偶混入《鶡冠子》。由於編簡策的繩索朽爛，整理者見到〈世兵前篇〉之「事成欲得，又奚足夸？」與〈世兵後篇〉「細故𧑒蔕，奚足以疑？」語形相近，似乎是一種排比，這誘使整理者將之混同。

## 五、結　語

作為歌訣的〈世兵後篇〉後來不通行的原因，可能很複雜，我現在有一個猜想，可是沒有直接的證據，姑且寫下來供大家參考。在漢初七國之亂之前，各王國的權限❸很大，可自行置兵，事實上，七國之亂就起源於漢廷想

---

❸　《鶡冠子・環流》固有「時命者，唯聖人而後能決之」的句子，似乎與本篇之「唯聖人而後決其意」相類似。然而這是很普通的話，不應被認作是〈世兵後篇〉與《鶡冠子》有關的證據，而且，只要〈世兵後篇〉的著作時間在《鶡冠子》之後，則套用《鶡冠子》的成語也不會造成邏輯上的困擾。

❸　注❼所引書，第四章，以及 p. 262 注❷。如果本文的假設可以成立，則根本無需猜想〈世兵後篇〉的著者在躲避抄襲的嫌疑。

❸　賈誼《新書・等齊》有這樣的觀察：「諸侯王所在之宮衛織履蹲夷，以皇帝所在宮法論之；郎中謁者受謁取告，以官皇帝之法予之；事諸侯王或不廉潔平端，以事皇帝之法罪予之。」七國之亂之後，漢廷漸收回各王國的行政權，國相等於地方的行政首長，這種情形不再繼續。

加強對各王國的控制，而將吳楚等國逼反，不但反叛者兵力強大，忠於漢的梁孝王的兵力也很強。七國之亂時，吳軍就是因為被梁孝王擋住，太尉條侯周亞夫才能從容破敵，在此戰爭中，梁國殺傷敵人的數目，可與條侯相比，可想而知，各國都有自己訓練軍隊的做法，不與漢廷統一，野心大的，還豢養一批戰略與管理的人才，以備奪取天下。《史記·吳王濞列傳》曾記載一位桓將軍所建議的策略：「所過城邑，不下，直棄去；疾西據洛陽武庫，食敖倉粟，阻山河之險。」這顯示各國供養著各種策士，可能某一策士創為此訓練歌訣，以訓練其士官。到七國之亂平後，漢廷加強對各王國的控制，各國當然無法再自行訓練士兵，也無人敢再提起此訓練歌訣，因而導致其失傳。

至於在何種情形下，〈世兵後篇〉會與《鶡冠子》相混？我可以嘗試作這樣的回答，畢竟，《鶡冠子》是一本兵家的著作，值得將軍或策士們抄藏，也許有一位將軍把一篇記錄訓練士官歌訣的竹簡，與他抄寫《鶡冠子》的簡冊存放在一起，後來或因死亡，或因日久遺忘，導致這堆被棄置竹簡的編索朽爛。我當然可以再進一步去推想，可是這需要分析當時的各種背景，較花篇幅，不在本文計畫範圍之內。

如果我的假設可以成立，則可以增進對《鶡冠子》的瞭解，設法將雜訊分離，顯然有助於判讀原有的資訊。另一方面，因為〈鵩鳥賦〉與《鶡冠子》的糾纏只集中在其中的〈世兵後篇〉，解脫了它與《鶡冠子》的關係後，必定有利於解開《鶡冠子》與賈誼究竟誰抄誰的千古懸案，這將是另一篇文章的題材。

# 第二十二章
## 賈誼的學術和他的〈鵬鳥賦〉

### 摘　要

　　本文透過對漢初政學環境分析，為賈誼的學派歸屬定位；又透過他的作品與背景的比照，探索他的內心狀態。結論是：賈誼自覺為儒者，原則上他排斥漢初黃老治術，然卻不自覺地受稷下黃老與陰陽學術影響。他與同朝公卿主張不合，被遠調長沙。為自我寬慰，他訴諸《莊子》的意識形態寫下傑作〈鵬鳥賦〉。後來他任梁王揖太傅，梁王意外死亡，他想起此賦，自訟未能確體禍福相倚的警戒，自傷為傅無狀，以至夭折。

## 寫在前面

　　這兩篇文章（本章與前一章）是針對賈誼〈鵬鳥賦〉與《鶡冠子·世兵》誰抄誰的問題的猜想。按常理賈誼寫賦時應有他自己的感觸，說是抄襲別人實在不像，因此歷史上多不看好《鶡冠子》。然而自馬王堆《黃帝書》出土後，翻案之聲大作。我發現《鶡冠子·世兵》可能因錯簡而夾雜另一首當時軍隊用以勵士的歌訣。我受當時訪問清大的李學勤教授鼓勵，寫了一篇《鶡冠子·世兵》的錯簡問題〉。李教授將此文帶回大陸投稿於《中國史研究》雜誌。唯因我沒有親自校對，以致漏掉最後一大段，漏掉的部分在本書中補足。

　　後來我又詳讀賈誼的文章，發現〈鵬鳥賦〉與賈誼個人的學術修養以及當時的政治生態關係很深，無法用「受某本書的（無意識）影響」之類的遁詞作為解釋。更何況賈誼對兵家著作很少興趣，我又寫了〈賈誼的學術和他的〈鵬鳥賦〉〉作為支援與補充。

　　對此問題我沒有再追索下去，最近想了一下，覺得〈世兵後篇〉若要作為勵士的歌訣，最可能產生的地點應為賈誼任梁王揖太傅所居地的睢陽。若他的〈鵬鳥賦〉在當地廣為傳播，則後來的梁孝王臣僚（可能是韓安國，也可能是鄒陽）也許被啟發套用來寫勵士歌訣，用於抗拒七國之亂的軍隊。

## 一、導　言

　　賈誼在漢初，就像一顆彗星。他十八歲時，以能誦詩屬書揚名，為河南守羅置門下，後又通諸子百家之言，二十餘歲他已學無不窺，為漢文帝召為博士，並參預議政，很快就被超遷至大中大夫，少年得志的他，眼看就要向公卿之位爬升，卻急於推行抱負，不免顯得有些急燥。他對漢初諸侯王的跋扈，朝廷無制御之術，早就憂心忡忡，對因循秦政，也深感不耐，他希望能夠為漢朝建立一套傳世久遠的政制，包括改正朔、易服色、法制度、定官名、而歸結為興禮樂。但他顯然把事情看得太容易，不知制度的變動，往往會影響政治生態，因此受老臣❶排擠，出為長沙王太傅。在長沙沉潛數年以後，命運似乎再度眷顧，他被召回京師，君臣間數度長談，文帝又任命他為愛子梁王揖的太傅。賈誼將他對當時政情的缺陷與畢生的抱負，寫成奏疏，進獻皇帝，雖然不是每件事都能言聽計從，究竟不能說「不遇」❷，可是他所教

❶　據《史記‧屈賈列傳》，排擠他的人為絳侯周勃、潁陰侯灌嬰、東陽侯張相如、馮敬等。周勃與灌嬰都是高祖的功臣，最近又有鏟除諸呂功勞，東陽侯張相如於高祖六年以中大夫討陳豨有功而封侯，算是一位沙場老將。據《史記‧張馮列傳》記載張釋之與文帝的對話，文帝認為絳侯與東陽侯都是長者，僅馮敬於文帝三年任典客，六年在治淮南厲王之獄時，仍為典客行御史大夫事，到七年才真除為御史大夫，在文帝初年，他是比較後進的，可能只是隨聲附和。據如淳的《注》，馮無擇之子名忠直，為御史大夫，然則馮敬就是馮忠直，為博成侯馮無擇之少子。當時嗣博成侯者已因呂黨伏誅，馮敬當從下位重新幹起。《新書‧親疏危亂》謂馮敬為悍，可能他也是由武官出身，當時絳灌等老將自己也將退出政治圈，不會為文帝真正倚賴，唯北平侯張蒼正由御史大夫向丞相攀升。張蒼究竟年紀太大，且太熟悉秦的那套制度，他是不贊成改革的，可是他並沒有排擠賈誼，正相反，他能欣賞賈誼的才華，並傳授《左傳》給他（根據《經典釋文‧序錄》：「蒼傳洛陽賈誼」）。現在看來，文帝並非「屈」賈誼於長沙，不過想讓他多歷練一段時間而已，漢初諸侯王的官屬比照朝廷，當長沙王太傅只是遠離政治中心，並非如後世的「貶官」。

❷　後人往往在賈誼是否「不遇」上做文章。例如《漢書‧賈誼傳贊》說：「誼亦天年早終，雖不至公卿，未為不遇也。」唐王勃的〈滕王閣序〉也說：「屈賈誼於長沙，非無聖主。」宋蘇軾的〈賈誼論〉甚至說：「若賈生者，非漢文之不能用生，生之不能用漢文也！」其實都未能抓到癢處。「遇不遇」是賈誼心中的認知，當他在長沙，何嘗不用「達人知命」以自廣？至於後來自傷以至夭折，顯然與「遇不遇」無關，見本文之結語。

導的梁王，在不到十八歲的年紀，卻忽然墜馬而死，並還絕後！賈誼自己從此悔恨「為傅無狀」，一年多以後也跟著去世，得年三十三。

　　賈誼留下數篇賦，替日後璀璨的漢賦文學，提供一個光輝的開頭，可是對後世影響更大的，卻是他的政論。後人收集起他的奏疏留稿與政論，整理成五十八篇，題為《賈子新書》❸，由這本書，可以考察他的抱負與學術信念。

　　近年來，由於長沙馬王堆帛書《黃帝書》出土，引起一陣研究「黃老學術」的風氣。剛好漢初的丞相曹參，是以黃老治術知名的，漢初與民休息的治術，帶有「黃老」精神，也是史有明文的，因此，漢初許多人都被貼上帶黃老色彩的標籤，熟讀《莊子》的賈誼，當然也是一個鮮明的目標。例如，陳麗桂在她的《秦漢時期的黃老思想》中❹說：「在賈誼的思想言論中，除了儒家的仁、義、禮之外，確是有著濃厚的道法成分，而散發著《管子‧心術》乃至《韓非子》一系的黃老氣質。」丁原明的《黃老學論綱》分析賈誼的思想，結論說：「賈誼是一位與秦漢黃老學有牽涉的學者，他同陸賈一樣，也站在儒家的立場上傳播黃老之學。」❺他又從《賈子新書》中特別舉出了〈道德說〉、〈道術〉、〈六術〉三篇，認為有濃厚黃老思想，我認為丁氏的結論，下得太倉促，這三篇文章，到後面我還要仔細去分析。另外，賈誼在長沙所寫

---

❸　本文所據之《賈子新書》為盧文弨校訂本。《崇文總目》謂此書劉向刪定為五十八篇。由今本考察，其中部分內容，當為奏疏之留稿，後面〈道德說〉、〈道術〉、〈六術〉三篇，還在「尚六」的前提下立論，大概是舊稿。〈先醒〉篇為答梁懷王之問、〈勸學〉篇為對門人之訓話，似皆為後期作品。有關他改制的主張與奏疏，大概當時就已散失，連班固也收集不到，他作的賦，也沒有被收入，他獲得張蒼傳授《左傳》後，轉授趙人貫公所著的〈訓故〉，也不見列於《漢書‧藝文志》。由此觀之，賈誼生前自己並未有意著此文集，今本《賈子新書》包含流傳的散文逸稿，經各方蒐羅，作為中秘書，匯集於內府。後來再經過劉向校訂與整理，才成為傳世的版本。據孫詒讓之考察，「新書」之字眼為劉向校畢奏書時所題，其本名蓋僅為「賈子」。至於前人懷疑《新書》除割裂《漢書》傳文外皆偽撰，我反覆閱讀原書，實在不能苟同，為免離題，故不一一考辨。

❹　陳麗桂著，《秦漢時期的黃老思想》，文津出版社，1997年，pp. 172–173。

❺　丁原明著，《黃老學論綱》，山東大學出版社，1997年，p. 79、pp. 246–255。

的〈鵩鳥賦〉，因包含許多《莊子》書中的語句，故也被引作為向黃老投靠的確據，又因為其中很多句子，也出現於可能在戰國末期問世黃老與兵家著作《鶡冠子》中的一篇〈世兵〉，雖然歷史上很多人因此判定《鶡冠子》為偽書，現在因《鶡冠子》對《黃帝書》的許多徵引，將這點嫌疑平反，反過來讓〈鵩鳥賦〉的原創性也遭到懷疑。丁原明在他的書中如此推斷：「不是《鶡冠子》抄襲了賈誼的〈鵩鳥賦〉，有可能賈誼在撰寫〈鵩鳥賦〉時讀過《鶡冠子》。」然而他並沒有解釋，為何賈誼在〈鵩鳥賦〉中故作廓達的思想與手法，與《鶡冠子》是如此地不協調？《鶡冠子·世兵》將同樣字句，用到戰爭的場合，其強調倚賴「聖人」的思想，在賈誼的賦中，是找不到的，賈誼完全不像是讀過《鶡冠子》並受其影響。

我覺得整個問題，與漢初的政治氣氛，密切相關，不是幾句話就說得清楚的。要瞭解賈誼在學術史上的地位，需要詳細分析漢初的政治背景，以及其學術生態，並找出賈誼在此生態背景下，所真正顯示出來的主張與抱負。本文第二節的目標，在於呈現漢朝初年的「與民休息」政治需求，探討此需求如何影響當時之學術生態。在第三節，本文將探討賈誼的學術範圍與思想傾向，有了這些準備後，才足以探究〈鵩鳥賦〉真正想傳達的訊息。第四節追索賈誼寫此賦的背景，第五節重點顯示他如何善用《莊子》的材料建構此賦。最後，我要討論此賦在賈誼生命中所佔的重要地位。

## 二、漢初的政治與學術生態

秦自孝公時商鞅變法，到滅兩周，百餘年間，政治日益傾向於重刑法，與中央集權制。本來秦國的軍民，對這種轉變，已漸能適應，隨著始皇帝滅六國，領土一下子擴大了數倍，原來游刃有餘的政治運作，到此已顯得捉襟見肘，而且對六國的人民來說，統治方式的改變，是突如其來的，倉促間他們不能習慣於高壓刑政，往往會鋌而走險！李斯被冤殺後，二世與趙高，又無應變之才，故隨著陳涉的揭竿起義，其政權一下子就土崩瓦解，六國遺民與舊日貴族雖然脫離了秦政權的繫絆，短時內自己也不知道如何收場，他們在秦政下也過了十餘年，舊日的規範，也已被破壞殆盡，而新的還有待建立。楚漢相爭數年，舊日貴族差不多都被捲入，民生則少人關心，凋敝之極，這時蕭何高瞻遠矚的一招，就發揮了功效。《史記·蕭相國世家》載：

> 何獨先入收秦丞相御史律令圖書藏之。沛公為漢王，以何為丞相。項王
> 與諸侯屠燒咸陽而去，漢王所以具知天下阨塞、戶口多少、強弱之處、
> 民所疾苦者，以何具得秦圖書也。

從此漢朝初政，以依循秦制為主，特去其太甚，就此已足以休養生息。固然
苛政之後易為治，然秦法的本身，畢竟是通過考驗的，因此漢初的法制政令，
在先天的體質上，就摻有相當程度的秦法嚴苛成分。

後世史家往往將漢初文景之治的思想根源，歸之於黃老，這也不能說沒
有道理，至少當時一個關鍵性人物——曹參，在推行丞相的任務時，有意識
地運用了黃老治術，這是史有明文記錄的。《史記·曹相國世家》載：

> 參之相齊，齊七十城。……參未知所定。聞膠西有蓋公，善治黃老言，
> 使人厚幣請之。既見蓋公，蓋公為言治道：貴清靜而民自定。推此類，
> 具言之。參於是避正堂，舍蓋公焉。其治要用黃老術，故相齊九年，齊
> 國安集，大稱賢相。

後來曹參就將這套治術，用之於漢廷。

漢初政壇上這股主導的勢力，其學術傳承源自蓋公一系，其實與樂毅一
家有關。據《史記·樂毅列傳》載：「安期生教毛翕公，毛翕公教樂瑕公，樂
瑕公教樂臣公，樂臣公教蓋公。」《史記》僅記載樂瑕公為樂氏之族人，我頗
懷疑樂瑕公就是樂毅之子樂閒。「閒」與「間」通，「間」字與「瑕」字意義
相關，合乎古人名字相訓的原則，可能樂閒即字子瑕，其子孫與徒弟，尊之
為「樂瑕公」，也是合理的。

樂毅一家，自樂羊起，屢事王侯，為人作嫁，立大功後，卻往往被棄如
敝屣，官場上的酸甜苦辣，他們已備嘗。伐齊之役，燕惠王中途換將，樂毅
幸虧先一步奔趙，才未受害，其子樂閒顯然滯留在燕，來不及逃出。雖然燕
惠王投鼠忌器，使他襲「昌國君」之封，其實等同典質。他在燕處於無權亦
無事的境遇下，可能學黃老以避嫌，度過惠王、武成王、孝王三個時代，到
燕王喜三年，燕王又不甘寂寞，令其相栗腹攻趙。燕王又想到樂閒可能還有
利用價值，遂向他問計，對樂閒來說，這又是一個性命交關的考驗。雖然他
滿懷忠誠，極力諫阻燕王伐趙，卻不被接受，結果燕軍自己太不爭氣，大敗

於廉頗，樂閒與其族人樂乘遂趁機奔趙，歷史記載僅樂乘仕趙，受封武襄君，樂閒之名卻從此淡出，大概從此隱居於趙國❻，當時樂閒的年齡可能還不到五十歲，卻已備嘗官場苦果，顯然會影響他的人生觀。他所學的黃老之術，因而也蒙上一層消極的陰影，他在隱居這段時間內，可能以此授徒，建立他自己的學派。

上面的推斷，用了樂瑕公就是樂閒的假設。然而即使這個假設不對，樂閒還是樂瑕公的族人，樂閒的不平凡遭遇，仍會對樂瑕公的思想產生衝擊性的影響，所以在一定程度內，本文的推論還是可以成立的。

樂瑕公的傳人是樂臣公，他可能是樂閒的子姪輩。趙國滅亡時，樂臣公率領其族倉促逃到齊國的高密，那塊地方近海，與齊國的政治中心臨淄，相隔較遠。其時齊稷下學風已經衰退，亂世中，大家保命要緊，也談不上學術。到秦亡後數年間，幾個姓田的舉兵稱雄，齊國地方在割據中兵荒馬亂，高密地區也不能避免。好在自從韓信擊敗項羽派遣的龍且軍團後，此地漸安定下來，樂臣公遂能以往日所學的黃帝老子之言，在高密授徒，創造他的名聲。而蓋公為他的得意傳人，蓋公學派出之於齊，只能說是歷史的偶然，與齊國稷下無關，更不能因此將稷下學風扣在蓋公的頭上。

《史記》對樂瑕公之師承，只能追溯到後來曾經遊說過項羽的安期生❼，再追溯上去，就要碰到相傳為神仙的河上丈人，反而找不到一位活躍於齊國稷下學宮的知名人物。這使人懷疑：蓋公曹參一系，似乎不是稷下黃老的嫡傳，只是受其學風影響而已。由曹參施政的作風來看，他著重於虛靜無為，因循已往。固然，這與《管子‧心術》所講的：「心術者，無為而制竅者也！故曰『君』、『毋代馬走』、『毋代鳥飛』，此言不奪能能，不與下誠也。」的主張相通，然而卻與稷下的積極作風，相隔霄壤。漢初所用的法制，其實是繼承了秦的申韓一系，在極力寬大之後，仍有相當程度的秦法嚴苛成分，這與

---

❻ 樂毅可能還有小兒子留在趙國，樂閒歸隱時，未必與他在一起，四十餘年後，漢高祖過趙，封樂毅之孫樂叔於樂鄉，號華成君。按年齡計算，樂叔大概不會是樂閒之子。到樂叔被封，樂閒一系反而成為支系，所以太史公在《史記‧樂毅列傳》中記載：「樂氏之族，有樂瑕公、樂臣公。」好像是疏族一般。

❼ 見《漢書‧蒯通傳》。以年計之，則當時安期生已很老了。

齊法家相對輕刑的主張，亦有很大的差別❽。

　　漢初像蓋公這樣的黃老學派，像雨後春筍般不斷冒出來，他們的學說，並不完全一致，不過都帶有黃老的印記，每派的影響能力，也各自不同，視其領導人的魅力而定，其中以黃生為最有名。他除了主張黃老理論外，還主張尊君卑臣，堅持刑名法制，他曾與儒家轅固生在景帝前辯論，逼到轅固生要舉漢高祖的例子來支持「湯武受命」！他有一個重要的門徒，就是司馬遷的父親司馬談。司馬遷在《史記‧太史公自序》中記下他對黃老道家學說長處的讚揚：

> 道家使人精神專一，動合無形，贍足萬物。其為術也，因陰陽之大順，采儒墨之善，撮名法之要。與時遷移，應物變化，立俗施事，無所不宜。……

顯然司馬遷對他父親的黃老綜評，是原則同意的。我們現在能瞭解漢初黃老學術流傳的情形，大都靠《史記》的記載。

　　目前，我們將戰國黃老學派的誕生與蓬勃，歸根於齊國威宣間稷下學宮各派的百家爭鳴，且認為當時討論所得之共識，即已呈現於《管子》一書內❾。其實這是近數十年研究的成果，對戰國末期至漢初的人來說，這種結論是陌生的。他們的時代已經更新，齊國威宣全盛時期，已是百餘年前的古事，由於齊湣王的倒行逆施，原來的稷下學術集團早已經解散，人員也分散到其他各國，對當地有或多或少的影響。齊襄王時，稷下雖然一度復興，可是一方面聚集人才需要時間；另一方面，齊國的國力也大不如前，無法提供像以往那麼多後勤支援。況且荀卿一度為其主持人（祭酒），所培養的學術氣氛也必與前不同，故戰國末期至漢初的人已不能瞭解稷下的重要性，對留傳

---

❽　見胡家聰，《管子新探》，中國社會科學出版社，1995 年，pp. 55–57 的討論。在《管子》中，「輕刑」與「重刑」都有篇章主張。

❾　部分討論見陳麗桂著，《戰國時期的黃老思想》，聯經出版社，1991 年、胡家聰著，《稷下爭鳴與黃老新學》，中國社會科學出版社，1998 年、白奚著，《稷下學研究》，北京生活、讀書、新知三聯書店，1998 年、陳鼓應著，《老莊新論》，上海古籍出版社，1992 年、及丁原明，注❺所引書。因為這幾本書的主旨就是在談稷下黃老，我將它們列為參考，目的並非要引其中的一言半語，因此指定頁碼，並無意義。

下來的《管子》零篇，漢初的人也單純地當成管仲遺留的著作看待。

最後這句話需要解釋，像《管子》這類諸子書，本在秦廷「挾書律」的範圍之內。到惠帝四年解禁後，這些書才開始由民間隱藏處顯露出來，未免會不完整，而且由戰國通行的小篆到漢初的隸書，文字的變化也非常大，故詩書與諸子的傳授，都要靠師承，某些錯解的地方，因師說如此，也會持續較長的時間。司馬遷在《史記・管晏列傳》的末尾，還寫道：「太史公曰：『吾讀管氏〈牧民〉、〈山高〉、〈乘馬〉、〈輕重〉、〈九府〉、及《晏子春秋》，詳哉其言之也！既見其著書，欲觀其行事，故次其傳……。』」連太史公都將所引諸篇，視為管仲、晏嬰之親著，故知漢初其他人也會有那樣的誤解，不然，太史公必定會被提醒。

不僅《管子》如此，其他的諸子書亦然，其中《莊子》的成分尤雜，目前的共識是：「內篇」大概是莊周手著。然而《史記・老莊申韓列傳》卻說：「其著書十餘萬言，大抵率寓言也。作〈漁父〉、〈盜跖〉、〈胠篋〉，以詆訿孔子之徒，以明老子之術；〈畏累虛〉、〈亢桑子〉之屬，皆空語，無事實。」他也以為諸篇都是莊周自著。漢初，由於黃老屬於「顯學」，故《老子》與《莊子》傳播都很廣，然而其書內容顯然與儒書有異，故亦不會與儒家混淆。

漢初對詩書的傳承情形，具載於《漢書・儒林傳》，顯示儒家的統緒也沒有斷絕，可是戰國末年的儒家，較之孔孟時期，已有很大的差異，到漢初差異更大，只是當事者未必會覺察。戰國後期儒術之中，最能保持原始儒家特色的，是對禮樂的注重。本來，這是儒墨攻防的重點，荀子花了很大一份心力於此，在他以前與其後，也不斷有文章出現，討論禮與樂的精神及細節，有不少這些文章流傳到漢初，被收集入大小《戴記》。也有人熟習禮儀與禮容，這種技術性的學問，專靠師徒間的傳授來延續，反不易受秦火的抑制，故能傳到漢代。當然，討論政府組織的學問，也屬廣義的「禮」，不過這方面，最容易受法家與陰陽家的滲透，原因是，戰國的人口膨脹與手工業經濟發展，已經遠超過西周的情況，原來的貴族封建傳統，不論就其精神，或就其內容細節，早已不足應付，在遊說君王的需要下，各家紛紛托古改制。

稷下學者有一部分以鄒衍為首，企圖將政治制度、道德準則、以及當時新興的陰陽變化、五行方位與天象、四時季節、自然界構成要素、人體對外界的知覺等等，透過了「天人感應」，都聯繫起來，構成一個龐大的系統。這

一類「包含萬物一切的理論」，由於規模弘大，企圖深遠，當時很能迷惑各方
學者與執政人士，孔孟學術本來在這方面是最弱的，後來在這方面也膨脹得
最厲害，他們漸漸改寫歷史，將三代興亡，講成五德的輪替。戰國時，人們
對政權的不能「定於一」，已漸感不耐，革周之命，幾乎已成一致的呼喊！戰
國後期，水德的政制，已是一般人的共識，秦不過順勢加以利用而已。秦既
然失敗，大家還不死心，認為天意微杳，秦只居閏位，不算真正獲天命的政
權，因此直到漢初，替水德政制作各種安排，還是最熱門的話題。漢高祖於
十月至灞上，攻破秦之咸陽，立下以漢代替秦政的基礎，自以為真正應了水
德，擁護他的學者，自然會替他找出各種徵兆，作為證明。剛好，漢廷由於
現實的原因，需要延續秦法，熟悉秦制而又有軍功的北平侯張蒼，就爬上政
府的頂位。

　　戰國的儒家，在這種學術氣氛下，已經開始嘗試將各種德目系統化。戰
國初期的子思，已經匯集仁、義、禮、智、聖五種德行，賦予玄學性的結構，
稱為「五行」❿。這種努力獲得孟子的贊和，雖然一度受《荀子‧非十二子
篇》的強力批判，還是得到廣泛的接受。近年來發現的《郭店楚墓竹簡》，其
中的〈五行〉、〈六德〉、〈天生百物〉等篇，就明顯表現出這種趨勢。另外的
〈君子於教〉、〈忠信之道〉、〈性自命出〉、〈尊德義〉、〈父子兄弟〉、〈唐虞之
道〉等篇⓫，更能顯示出後期儒家的多樣性與寬廣的涵蓋性。《郭店楚簡》入
土的日期，已經是戰國的中後葉，儒家書籍混有他家思想的這種趨勢，後來
更是變本加厲。到漢初，各方極力向民間收集，企圖恢復的儒家詩書，事實
上已成大雜燴，連原來地位較疏遠的《周易》⓬，加上帶黃老氣息的《易

❿　「五行」指五種德行而言，此處「五行」之「行」字音「橫」。漢時諱文帝之嫌名，
　　而將「五行」改為「五常」。到董仲舒的手中，又將「仁、義、禮、智、聖」的五
　　個德目，改為「仁、義、禮、智、信」，後世以此為「五常」，遂不知道思孟與「五
　　行」的關係。本文參考龐樸著，《竹帛〈五行〉篇校注及研究》，萬卷樓圖書有限公
　　司，2000 年，pp. 29–87。

⓫　涂宗流、劉祖信著，《郭店楚簡先秦儒家佚書校釋》，萬卷樓圖書有限公司，2001
　　年，收羅了這些佚書。

⓬　在周室與各諸侯的政府中，不乏善用《周易》占卜之人。這種學問在先秦屬於禮儀
　　的一部分，孔子不會不熟習。（這方面的討論，見王葆玹著，《今古文經學新論》，

傳》❸而組成的《易經》，也成了「五經」的首位。要探討漢初學者的派別傾向，這種基本學術環境的認識，是需要把握的。

## 三、賈誼的學術定位

《史記‧屈賈列傳》謂賈誼「年十八，以能誦詩屬書聞於郡中。」賈誼的確很熟習《詩經》。在《新書》中引《詩》有十五處❹，多用以支援該文前面所提的論點，所引之《詩》，很多出自大小《雅》。比較其所用詩義與異文，可以發現他多用《魯詩》，這與他的時代背景相符，因為《魯詩》傳自浮丘伯，申公與楚王劉郢皆從之受學，申公為博士亦最早。史書未記載賈誼學《詩》之師承，如果他在文帝即位以前就已學《詩》，則可能亦得自浮丘伯。在十五處引《詩》中，唯〈等齊〉篇引《小雅‧都人士》之首章比較複雜：賈誼所引與現行《毛詩》文句不同，而三家詩內《小雅‧都人士》皆無首章，所以可能這是逸詩❺，不過也顯示出漢初《詩經》傳授的多樣。

賈誼引《書》之處則很少❻，我只找到〈君道〉篇有：「《書》曰：『大道亶亶，其去身不遠。人皆有之，舜獨以之。』」以及〈保傅〉篇的：「《書》曰：

---

中國社會科學出版社，1997 年，第一章。）不過孔子自己與卜筮性情不近，對《周易》無所發明，後來的孟荀兩派對《周易》也不注重。到秦焚詩書，當時某些已經變質的儒家學派，才把他們的學說附會到《周易》上。

❸ 現行之《易傳》含〈彖辭〉、〈象辭〉、〈繫辭〉（三者各分上下篇）、〈文言〉、〈說卦〉、〈序卦〉、〈雜卦〉十篇，通稱《十翼》，這種編排方式大概是漢朝文景以後才固定下來的。馬王堆帛書的〈繫〉就與今本〈繫辭〉不同，又有〈易之義〉、〈二三子問〉、〈要〉、〈繆和〉、〈昭力〉諸篇解《易》之文，可見流傳到漢初的《易傳》成分很雜。其中帶有黃老思想，請參閱陳鼓應，《易傳與道家思想》，臺灣商務印書館，1994 年版的討論。

❹ 見王洲明，〈新書非偽書考〉。轉載於鄭良樹編著之《續偽書通考》，學生書局，1984 年，pp. 1258–1273。

❺ 賈誼的引文為：「彼都人士，狐裘黃裳；行歸於周，萬民之望。」今本《毛詩》作：「彼都人士，狐裘黃黃。其容不改，出言有章。行歸于周，萬民所望。」由上下文比較，賈誼其實在引述《禮記‧緇衣》，今本《禮記‧緇衣》引詩與《毛詩》同。王先謙在《詩三家集疏‧卷二十》中，認為賈誼所引是逸詩。

❻ 我可能有疏漏，不過還是可以看出賈誼引《書》之少。

『一人有慶，兆民賴之。』」前者是一句「逸書」、後者則出自〈呂刑〉篇。可以想見，賈誼沒有機會向伏生學《書》，而當晁錯從伏生受《書》，回文帝朝當博士時，賈誼已到長沙去了，他所引的《書》，可能出自第二手資料。我們現在還可以追溯〈呂刑〉篇的那句，是轉引自〈淄衣〉篇。因為〈等齊〉篇也從裡面採取資料，而〈淄衣〉篇在被《小戴禮記》收入以前，是以單獨篇章存在的。《郭店楚簡》也有〈淄衣〉篇，並可由此篇探討上述《小雅·都人士》傳承中的變化❶❼。

賈誼在《新書》內，也偶而引《易》，除了引自現行本外，還有一段「逸易」。在〈胎教〉篇的開頭就是「《易》曰：『正其本而萬物理；失之毫釐，差以千里。』」❶❽上一節已經解釋過，《易傳》是到文景以後才固定下來的。因此在賈誼的文章內有「逸易」，並不奇怪。此外，他也會占卜，有時用來釋疑，當他在京師當博士時，曾經邂逅過日者名家司馬季主。

賈誼更是注重禮，在《新書》內，有題為〈禮〉的一篇，暢言儒家重禮的必要，有題為〈禮容語〉的上下兩篇（上篇已逸），強調內心與外表的一致性，用來突現禮的內心源頭。他也在更多的篇章內，引用了戰國時論禮的單篇。上面已經提到，〈等齊〉篇曾由〈淄衣〉篇裡面採取過資料，我們同樣可以建立〈禮〉與〈曲禮〉篇、〈胎教〉與〈內則〉篇的關連，這些單篇現已被收入《小戴禮記》了。另外，《新書》內〈保傅〉全篇與〈傅職〉、〈容經〉、〈胎教〉的各一部分，被戴德剪裁編成為《大戴禮記》的〈保傅〉篇，成為後世儒家對儲君教育立論的根據。

賈誼在很多地方引用了《論語》與《孟子》，顯出他傳承孔孟學術的企圖

---

❶❼　在《郭店楚墓竹簡》內，抄有〈緇衣〉篇，其內容與現行本大體相合。唯注❶❺所引述的部分，作：「其頌（容）不改，出言有□（字壞不全）。利（黎）民所信。」可見傳承過程中變化之多。請參閱注❶❶所引書 pp. 335-374 所收〈緇衣〉篇。原件圖版見：荊門市博物館編《郭店楚墓竹簡》，文物出版社，1998 年，pp. 17-20。

❶❽　《易》曰：「失之毫釐，差以千里。」亦見於《史記·太史公自序》，亦明言引自《易》，其為「逸易」可知。裴駰《史記集解》謂：「《易緯》有之。」後人遂謂此言出自《易緯》！（如蔡廷吉著，《賈誼研究》，文史哲出版社，1984 年，p. 64）賈誼之時，已有緯書！真是奇聞。明明是解《易》之逸句，未為《十翼》採納，而西漢末出現之緯書，反收納之。如斯而已。

心。他受《孟子》影響尤深。他在〈勸學〉篇中不避諱照錄《孟子》「舜何人也？我何人也？」、「以西施之美而蒙不潔」兩段話，看語氣，頗有仿效孟子的抱負，〈大政上〉篇提倡「民為本」的觀念，顯然出自孟子「民為貴」的思想。

根據《經典釋文‧序錄》，張蒼傳授《左傳》給賈誼，可是並沒有講傳授的時間。可是張蒼在高后八年 (180 BC) 以前一直在做淮南王劉長的相，較少與賈誼會面的機會，因此可能到文帝二年賈誼被召為博士以後，當時張蒼在京師為御史大夫，才得以傳授。那時賈誼已經二十三歲，他在《新書》內的部分文章是早期寫的，因此《新書》內引述《左傳》的地方不如想像之多，可是還是有一些，例如〈禮容語下〉篇引魯叔孫昭子與宋元公甑飲相泣的事，在〈昭公二十五年〉傳。〈保傅〉篇引衛懿公愛鶴而亡國的事，在〈閔公二年〉傳。賈誼對《左傳》的引述並非字字相合，原因可能是議論文中，引一段歷史作證，只要把前因後果講清楚就行了，不像引《詩》、《書》，需要忠於原文字句，有時他為了需要，會引《國語》而不引《左傳》，例如：〈禮容語下〉篇談到在柯陵之會，周單襄公對晉三郤的評語。《左傳‧成公十七年》的記載太過簡略，他就引《國語‧周語下》。〈傅職〉篇的起首，則引自《國語‧楚語上》。現在無法考證出他何時學《國語》，推想也許與學《左傳》相先後。他為《左傳》作〈訓故〉，目的可能就在要傳授給趙人貫公，其事可能發生在他生命中最後一年。貫公為河間獻王博士，已在景帝之時，則他當少年進學時，正值賈誼晚節，也許賈誼感到不夠時間親授，故寫成〈訓故〉，可能完稿後即死，稿留在家，到其孫賈嘉發現後，才交付貫公，這樣可以彌縫《漢書》與《經典釋文‧序錄》間記載的差異❶。

---

❶ 《漢書‧儒林傳》記載：「誼為《左氏傳‧訓故》，授趙人貫公，為河間獻王博士。」而唐陸德明《經典釋文‧序錄》則謂：「誼傳至其孫嘉，嘉傳趙人貫公。」河間獻王劉德在位的時間為景帝前元二年至武帝元光二年。照時間來看，貫公少年時可以趕得上師事賈誼，而賈嘉則無論如何是貫公的後輩，唯一兩面顧到的可能性，是賈誼在一段短時間內，曾為貫公講解過《左傳》，那時他已因自訟積鬱而病弱，恐怕來不及講解完畢，故筆之於書。賈誼的《新書》也是後人編輯的，似乎他本來無意著書，可是《左傳》多古字古言，沒有師傳就不易瞭解，賈誼抱病寫〈訓故〉，也是不得已的事。

　　此外，賈誼還涉獵了許多諸子書與歷史故事，在《新書》內時有徵引。
有些歷史故事後來也被劉安收入《淮南子》，或被劉向收入《說苑》、《新序》，
據此我們可以考其來源，其他的，就不知其出處。賈誼看過的諸子，有些是
很偏僻的，例如〈數寧〉篇引的《髡子》。他當然看過《墨子》、《老子》與
《晏子》，可是他看得最熟的，可能是《莊子》與《管子》。前者，他欣賞其
文章，用其高妙的論調作逆境中的自我安慰；後者，他吸收為經世的學問。
相信他也涉獵過其他黃老與法術刑名之學，不過由他留傳的文章看，這些著
作對他的影響不太大，尤其是他對兵家的學術外行！在〈過秦論〉中，他舉
「吳起、孫臏、帶佗、兒良、王廖、田忌、廉頗、趙奢之朋❷，制其兵。」而
將樂毅與蘇屬等同看待，對與秦軍交過陣的將軍，他僅舉了趙國的廉頗與趙
奢二人，而似乎不知道龐煖與李牧。在〈勢卑〉篇中，他對匈奴的認識是：
「臣竊料匈奴之眾，不過漢一大縣！以天下之大，困於一縣之眾，甚為執事
者羞之！陛下何不試以臣為屬國之官，以主匈奴；行臣之計，必係單于之頸，
而制其命。……」難怪《漢書‧本傳論贊》要批評他：「及欲試屬國，施五餌
三表，以係單于，其術固以疏矣。」

　　可是他對《管子》中的經世學問，是下過工夫的。當時的學者，只會把
《管子》當成管仲自著的書來看待，而管仲，是連孔子也稱讚的。賈誼議政
的奏疏，最關鍵的地方，往往會引《管子》，例如〈俗激〉篇引《管子‧牧
民》的：「四維不張，國乃滅亡」、〈無蓄〉引同篇的：「倉廩實，則知禮節；
衣食足，則知榮辱。」在〈制不定〉篇，則引《管子‧制分》的「屠牛坦」典
故。本來，他也可以用《莊子‧養生主》的庖丁故事，可是他寧取《管子》。
由於他熟習《管子》，故可能透過《管子》受稷下黃老的影響，然而他自己未
必有此自覺。有時他為了突顯一種經世主張，把好幾個人的話引在一起，例
如在〈審微〉篇，他強調：

---

❷　帶佗、兒良、王廖三人，都不似有名的兵家。帶佗無考。《呂氏春秋‧不二》有：
　　「……孫臏貴勢、王廖貴先、兒良貴後。」《高誘注》：「王廖謀兵事，貴先建策也；
　　兒良作兵，謀貴後。」然亦未見歷史上的實事。賈誼大概從某些偏僻的諸子書看到
　　這三個人名，就寫在他的〈過秦論〉內，而不加判斷，這可以反映出他欠缺一般的
　　軍事常識。

彼人也，登高則望，臨深則窺，人之性，非窺且望也，勢使然也。夫事有逐奸，勢有召禍。老聃曰：「為之於未有，治之於未亂。」㉑管仲曰：「備患於未形，上也。」語曰：「焰焰弗滅，炎炎奈何，萌芽不伐，且折斧柯。」智禁於微，次也。事之適亂，如地形之惑人也。機漸而往，俄而東西易面，人不自知也。故墨子見衢路而哭之，悲一跬而繆千里也。

由現代的眼光，不難從這段話內發現稷下黃老的痕跡：尤其插入〈金人銘〉的那幾句話。可是，賈誼的重點，還是在《管子》的「備患於未形，上也；智禁於微，次也。」㉒完全從人性立論，總之，由《新書》綜觀，賈誼始終自命為儒家。而且他主張改定漢廷制度，以漢應屬土德，色上黃，數用五，主要的原由是他對黃老治術（非稷下黃老）的因循秦制感到不耐，這是他自覺性的認知，下一節還會再解釋。

讓我們回頭討論丁原明認為有濃厚黃老思想的〈道德說〉、〈道術〉、〈六術〉三篇。丁原明㉓說賈誼：

> 作為一位儒者，他本應是諱言「道」與「德」的。但他不僅撰寫了〈道德說〉，並且他還把先秦道家關於「道」與「德」的範疇，明確地詮釋成二而為一的不可分割的關係。這顯然是接受了黃老思想的洗禮。

然而儒家本來就談「道」與「德」。《論語・述而》有：「子曰：『志于道，據于德，依于仁，游于藝。』」本來就不像《老子》所講「失道而後德」那樣分

---

㉑　這兩句是引自《老子》王弼本第六十四章。丁原植，《郭店竹簡老子釋析與研究》，萬卷樓圖書有限公司，1999 年，p. 174，認為：「這仍是漢人將《老子》的經文作為箴言性的雋語來領會。」我贊成他的判斷。

㉒　盧文弨之《校注》認為：「『備患於未形，上也』、『智禁於微，次也』本相承接；中間忽橫亙十八字，是後人以習問之語妄增入之。」然在《管子》中最近的引文為〈牧民〉篇：「唯有道者能備患於未形，故禍不萌。」胡家聰在注❽所引書 p. 213 認為：「在賈誼的心目中，管子之言承襲老子道家學說。」我不以為然，理由已見上述，而且這段引語不像賈誼改寫過，我懷疑它出自已逸的〈牧民解〉篇，此篇當劉向校書時仍存，賈誼必定將它看成管仲遺書的一部分。

㉓　注❺所引書，pp. 248–249。

開，稷下黃老的修正，其實正是受儒家的影響。賈誼認為「德有六理」，「六理」是：

> 德有六理。何謂六理？道、德、性、神、明、命。此六者，德之理也。

這些條目，沒有一條不被孟子前後儒者討論過。賈誼的創新，是用玉來象徵「德體」的六理，而且「理」字，原來也源自玉。需要注意的是：「德有六理」的「德」字，與「道德性命神明」的「德」字，是屬於不同層次的。賈誼又提「德有六美」，認為：「道者，德之本也。仁者，德之出也。義者，德之理也。忠者，德之厚也。信者，德之固也。密者，德之高也。」又暢論這些原則與書、詩、易、春秋、禮、樂的關係，細讀〈道德說〉，我只能聞到儒家的氣息。

「德有六理」的命題，也出現在〈六術〉篇的起頭，三篇論文在《新書》中的次序，依次為〈道術〉、〈六術〉、〈道德說〉，本文的討論，則倒了過來，〈六術〉篇從「六理」推衍：

> 內度成業，故謂之六法。六法藏內，變流而外遂。外遂六術，故謂之「六行」。

至於「道」與「術」的關係，〈道術〉篇有解釋：

> 道者，所從接物也。其本者謂之虛，其末者謂之術。虛者，言其精微也，平素而無設施也。術也者，所從制物也，動靜之數也。凡此皆道也。

對「六行」的發揮，則包含：

> 是以陰陽各有六月之節，而天地有六合之事，人有仁義禮智聖❷❹之行。行和則樂興，樂興則六。此之謂六行！陰陽天地之動也，不失六行，故能合六法。人謹脩六行，則亦可以合六法矣！

---

❷❹ 盧文弨校訂本《賈子新書》「聖」字誤校為「信」，明正德長沙刊本（四部叢刊本同）與文淵閣四庫全書本則無誤。替盧文雪上加霜的是，盧文弨的《校注》：「建本性作聖」顯然將「信」字誤刻為「性」字！使人無法由他的《校注》獲得其他版本的資訊，完全失去「合眾本校」的精神！

他把「樂」加到思孟「仁義禮智聖」五行內，構成六行。然後，他又將六行與先王設教之《詩》、《書》、《易》、《春秋》、《禮》、《樂》的六藝相連，並說：「六則備矣！」又牽聯到一歲十二月，分為陰陽，各有六月。聲音有十二鍾，由是出六律。甚至認為人有六親，有次而不可相踰，先王設為昭穆三廟，使宗族不亂，一般人親疏有制，表現為喪服的六服：齉衰、齊衰、大紅、細紅❷⑤、緦、麻。這樣構成一個以「六」為主的龐大系統。

在〈道術〉篇內，他繼續解釋「術之接物」：

> 人主仁而境內和矣，故其士民莫弗親也；人主義而境內理矣，故其士民莫弗順親也。⋯⋯

只引兩句，以顯示其文理組織。他又進一步闡述各種正反德行細目，謂之「品善之體」，原文甚長，姑顯其結構：

> 親愛利子謂之慈，反慈為嚚。子愛利親謂之孝，反孝為孽。愛利出中謂之忠，反忠為倍。⋯⋯期果言當謂之信，反信為慢。⋯⋯

而歸結為：

> 守道者謂之士，樂道者謂之君子，知道者謂之明，行道者謂之賢。且明且賢，此謂聖人。

倫理道德，在賈誼的筆下，像童玩積木一般，構建得層次好不分明！上一節我們已談到，戰國後期的儒家，專喜歡作這種理論建構。漢初繼承秦政，以「六」為尚，以賈誼的天才，優而為之，無怪張蒼要賞識他！

戰國中期思孟的仁、義、禮、智、聖「五行」，到後期為了因應尚「六」，需要改變。在孟子以前，就有各種德目「內」、「外」之分的討論，孟子不贊成「仁內義外」的說法，在這個論題上，孟子似乎站在少數的一邊。從《郭店楚簡》❷⑥兩篇文章，可以看出這兩種趨勢的匯合。〈六德〉篇先給出德目：

---

❷⑤　「大紅、細紅」當是後來的「大功、小功」。

❷⑥　見注❶❶所引書有關各篇。龐樸（注❾所引書，pp. 177–196）也有文討論〈六德〉篇。

> 何謂六德？聖、智也。仁、義也。忠、信也。

這個選擇，可以將六德分配給夫、婦、父、子、君、臣三親❷，又與六位六職等名目聯接起來，這裡也可以意會到儒家學者，在陰陽家的影響下，開始聯繫不同範疇名目的努力。〈天生百物〉篇也就此六德發揮：

> 天生百物，人為貴。人之道也，或由中出，或由外入。由中出者，仁、忠、信。由外入者，智、義、聖。仁生於人，義生於道。或生於內，或生於外。

那麼原來的「禮」呢？〈六德〉篇如此解決：「仁，內也；義，外也。禮樂，共也。」把「禮」和「樂」放在一起，算是另外一組，這種解決辦法，究屬勉強！上面我們看到賈誼所提供的另一種方式，他繼承思孟的仁、義、禮、智、聖「五行」❷，並索性將「樂」加進來，把「忠」與「信」這一組請出去，和其他各種正反行為的描述匯合，放在「品善之體」內，算是另一層次的德行。在前面，我們已經領教過他的建構才能了，他確實提出一個漂亮理論模型。而且，這樣做也避免了孟子所不贊成的「內」、「外」之分，賈誼作為一個儒家理論學者，的確是當之無愧的。

## 四、賈誼寫〈鵩鳥賦〉的背景

自從賈誼入朝為博士，開始議政後，他很快就發現，漢初因循秦政的制度有很多缺陷。首先，秦廷實行高度的中央集權制，廢除諸侯，漢初封王，無可借鏡，故諸侯王廷比照漢帝，結果是諸侯尾大不掉，漢朝廷對諸王控制力弱，常弄得要兵戎相見！其次，高帝雖然將秦律太苛刻的地方去除，一般老百姓可以透一口氣，然而對官吏並沒有多大的改善，朝臣常有因微罪而被

---

❷　「三親」與「五倫」不同，它不包括「兄弟」與「朋友」。

❷　梅廣教授在朱子學與東亞文明研討會（2000 年 11 月 16–18 日）所提出的論文：〈釋「修辭立其誠」：原始儒家的天道觀與語言觀——兼論宋儒的章句學〉中，論及「五行」本來面目應為「仁、義、禮、智、聖」。他認為把「信」提到五行的地位當是戰國晚期思想，其實在《新書》內，「五行」仍為「仁、義、禮、智、聖」，參見注❷。

廷尉侮辱，徒使大臣以犬馬自居，頑頓無恥，這些還只是表現出來的症狀。賈誼漸漸覺得，整個秦政都要不得，漢革秦命後，本來就不應該因循秦政，應該大幅變動，使人耳目一新。

賈誼自己深受陰陽家五德輪替理論的影響，認定將正朔、服色等與政權聯繫起來，是順理成章的事，他可以把握以往用水德的那一套說法，可是他究竟比張蒼年輕得多，不甘受前人的拘束，他逐漸說服自己，漢政權不應該自我認同於水德。為要明確標示漢室所受的天命是嶄新的，根據五德相勝的原則，漢應屬土德，對應的政制變革，是色上黃、數用五。當然還要變動曆法與一連串官制與服制，以作配合。

賈誼自己，並不覺得這種改革有多困難。以往水德尚六，賈誼就寫過好幾篇闡釋的文章，一點也不難，現在需要土德尚五，不過是依樣畫葫蘆，再寫幾篇應景文章，況且有許多用「五」的名目：如五方、五音、五經、五倫等，都是現成的，當他發現改革的困難超乎想像，一定大吃一驚。

首先是漢高帝親自定下的水德歸屬。劉邦於十月至灞上，破咸陽，從此就決定繼續以十月為歲首，可是其旗幟還用原來的赤色，到二年擊項羽後再入關，發現秦有白、青、黃、赤帝之祠，而獨缺黑帝之祠，他特別立黑帝之祠，命曰「北畤」，把水德的尚黑一個關目，又補起來了，漢廷的傳統一向注重孝道，文帝如何敢變動高帝的決定？

其次是曆法。漢的頭十餘年，把精力都用到戰爭上，沒有好好培養曆法的人才，曆法與賦稅息息相關，停頓不得，只好倚賴熟悉秦曆法的張蒼為計相。曆法的變動，牽涉到人民的權益。張蒼年齡已大，雖然當時月朔與天象已有差池❷⁹，日蝕多發生在晦日，張蒼還是勉強繼續用秦曆，若要放棄水德，也需要改動以十月為歲首的曆法，老狗已學不會新把戲，張蒼當然不贊成。

再其次是功臣的忌妒心理。絳灌等武夫，身經百戰，好不容易再鏟除諸呂的勢力，爬到政權的頂端，可是歲月不饒人，自己也沒有多少掌權的日子。看到從洛陽來的二十餘歲的小伙子，什麼事都要出主意，日漸侵蝕自己的權

---

❷⁹ 我曾考察過秦與西漢初年的曆法，發現與實際的天象嚴重脫節，這可由日蝕看出。《西漢會要》所載從惠帝至景帝時之日蝕，固然有在朔日的，我重新推算，發現那些朔日的記載，都是錯的，漢初的日蝕，都發生於晦日或甚至先晦一日。

力根基，心裡當然不會痛快，總要想辦法將這根眼中釘拔除。

　　漢文帝自己，當然是欣賞賈誼的，可是大臣間的不能合作，他也得處理。絳灌諸人功高震主，文帝早就不自在，此時趁機請周勃解相就封，為平衡起見，也將賈誼調離京師，做長沙王太傅。賈誼一直認為「傅職」非常重要，而漢初諸侯王的臣佐比照朝廷，請賈誼當諸侯王的太傅，總不能說虧待他。另一方面，長沙靖王吳著是當時唯一非劉姓的王，勢力最弱，只有二萬五千戶，將賈誼調到那裡，對老臣也有交代。其實文帝對改制並非完全不動心，只是賈誼的理由完全是理論上的，對外界無震撼的效果，後來公孫臣以「黃龍見」的符徵為說辭，果然得勝❸，那時賈誼已經死了。

　　至於賈誼自己，對被調離政治中心，當然認作是一項挫折，至少無法再得君行道，可是他還不見得受不了。宋蘇軾〈賈誼論〉說他：「縈紆鬱悶，趯然有遠舉之志；其後以自傷哭泣，至於夭絕，是亦不善處窮者也。」都沒有抓到癢處。以賈誼的聰明，當然不會不瞭解「留得青山在，不怕沒柴燒」的功效，他所擔心的，是長沙國在洞庭湖之南，地勢卑溼，天氣悶熱，可能會水土不服，而罹致疾病夭折❸，把身體保養好，是最重要的事。

　　先估計一下他赴長沙的年歲。〈鵩鳥賦〉一開始就交代日期：單閼之歲、四月孟夏、庚子日，「單閼之歲」指卯年，我們推斷其可能作賦的時間，是漢文帝的六年或七年，這兩年的四月都有庚子日，文帝六年在二十三日，文帝七年在二十八日。漢初的太歲與干支紀年（非干支紀日）的記載，因為「超辰問題」❸而不太確定。《漢書‧目錄》（殿版）：「西漢十二帝，起高祖元年

❸　公孫臣以「黃龍見」的現行符應為說辭，當時為一新發明，戰國時，僅追溯歷史上的符應而已。然而張蒼還是抵抗了三年，剛好文帝十二年，河決酸棗，東潰金隄，張蒼持以為漢室「水多」的徵兆！雖然用這件事將公孫臣壓下去，可是聽在文帝耳中，未必很痛快，三年後水患平定，而傳聞「黃龍見成紀」，張蒼馬上被疏。這個「徵兆」，其實人為造假的可能很大（反正神龍一瞥，見首不見尾，誰又能將牠留下來作證？），造成的副作用是，別人也紛紛學步。新垣平假造玉杯，固然暫得富貴，然終於破敗，文帝恥於被騙，雖然已廢族誅之刑，還是將新垣平族誅！而改制之議亦作罷。

❸　太史公兩度提到：「長沙卑溼，自以壽不得長。」可見司馬遷也判斷這是賈誼最擔心的事，這是認知上的擔心，我看不出有悲觀的意念。

乙未……」。若高祖元年 (206 BC) 為乙未，則文帝六年為丁卯，合「單閼之歲」，這是一般人所接受的，由此推算太初元年 (104 BC) 為丁丑。然《漢書‧律曆志上》記載：「十一月甲子朔旦……太歲在子，已得太初本星度新政。」《漢書‧律曆志下‧世經》記載：「漢曆太初元年，……前十一月甲子朔旦冬至，歲星在星紀婺女六度，故漢志曰：『歲名困敦，……』」顯與丁丑不合。若太初元年照〈漢志〉本身記載，定為丙子年，則《漢書‧目錄》(殿版) 以高祖元年為乙未，恐怕是後人用三統曆的「超辰法」追改的結果，因此應以文帝七年為丁卯，我反覆考慮，覺得後一說稍勝。寫〈鵩鳥賦〉時，賈誼在長沙已經待了三年，因此他赴長沙的年歲，為文帝四年。賈誼死於漢文帝十二年，享壽三十三歲，回推文帝四年他年二十五歲，這正是年輕氣壯的年紀，他可能有所怨忿，可是不會憂鬱，更沒有理由悲觀，他自負高才而受絳灌等人排擠，貶為長沙王太傅 (雖然漢廷不見得以此為貶謫)，路過相傳屈原投水之處，感慨二人的遭遇類似。他作賦弔屈原，卻故唱反調：「瞗九州而相君兮，何必懷此都也！」終結語為：「彼尋常之汙瀆兮，豈能容吞舟之魚？橫江湖之鱣鯨兮，固將制於螻蟻！」顯示他根本看不起那些排擠他的人，這些，其實都是他的心理防禦機制。

　　〈弔屈原賦〉的末句顯然用了《莊子》的典故。〈庚桑楚〉篇曰：「吞舟之魚，碭而失水，則蟻能苦之❸！」《莊子》的文章洸洋自恣，最善於用比喻，用來指桑罵槐，再適宜不過，後來中國的士大夫，得意則儒，失意則道，賈誼已開其端。

---

❷　所謂「超辰問題」，起源於用木星在黃道上的位置以定年。古時以為木星 (太歲) 每隔十二年繞天球一次，故用「困敦、赤奮若、攝提格、單閼」等名目，來表示當年的「子、丑、寅、卯」等地支。然而到西漢後葉，天文學者已經瞭解：太歲的實際週期不足十二年，故每隔一百多年 (數目視測量的準確度而不同) 需要超一辰。在三統曆採用期間，「超辰」照規定實行，而且往往追改以前歷史的記載。到東漢採用四分曆以後，發現用「超辰」非常不方便，不如將「干支紀年」與天象的關係解開，然而以前被誤改的記錄，還有漏網之魚，後世需加考證。

❸　賈誼或許也兼用了《呂氏春秋‧慎勢》的：「吞舟之魚，陸處則不勝螻蟻！」以及《文子‧上仁》的：「鯨魚失水，則制於螻蟻！」先秦時各書往往互相襲用，很難判斷誰的最原始。

下面的描述，包含對賈誼心理的揣測。賈誼在長沙過了三年不受重視的日子，雖故作廓達，可是水土的不服，始終未完全適應。他經常懷念往日在京師的日子，又覺得文帝並非那樣對他不滿，不知何日可被召回，剛好有一隻鴞鳥（楚人稱之為鵩）飛進他的房間，站在座位一角，好像很舒適的樣子，賈誼正在患得患失，心生疑慮，突然看到這個別人認作「異物」的鳥，更怕會有什麼凶兆！他用占卜來釋疑，然而占卜的結果卻使他更疑，原來繇辭說：他將離去。離去後是吉是凶呢？是回京師，還是被貶得更遠，甚至「大去」呢？為怕瀆神，他不敢再卜，可是能問誰呢？能問鳥嗎？他正喃喃自語，猛聽那隻鳥啼叫起來（他聽作歎息聲）。但見牠揚翼仰頭，側目對他瞪視，露出很不屑的神情❸❹，他頓然觸機，認為鵩鳥啟示了他，那就是：不必胡亂妄猜吉凶，因為吉凶是互相倚伏的。他想到《莊子》上，尤其是〈大宗師〉與〈齊物論〉兩篇，所講的道理，覺得必須用一篇賦來闡述這些感悟，一方面作為自我寬慰，避免一直患得患失，另一方面也留作日後的紀念。賈誼很欣賞《莊子》的文章，在失意的時候，這是他抓在手中的法寶，用了這些好原料，他顯露高超的文學組織能力，成了一篇傑作。

這是他寫〈鵩鳥賦〉的緣起。盧文弨校訂《賈子新書》附傳，說他「為賦以自哀」，那是錯的，《史記》的原文是：「為賦以自廣」，是實話。其實，他占卦所預言那個「將去」的「將」字，要到一年多以後才兌現，占卜很難說靈驗（總有一天會去），不過這是後話，目前至少讓他日子過得比較舒服一些。

〈鵩鳥賦〉的文學表達手法，是令人讚佩不置的，全賦結構密緻，沁人心懷，下一節我將提出一些關鍵的地方，作為賞析。

---

❸❹　據吳惠國等所編：《鳥類》，臺北科學月刊社，1974 年，p. 106：「鴟鴞……，眼睛朝向前方，形成完整的雙眼視覺。眼睛不能轉動，因此每當獵物在牠的樓枝周圍兜圈子的時候，牠就整個頭部跟著上下四方轉動。……叫聲古怪，變化多端：或似狂笑，或似尖叫，或似口哨、打鼾、咳嗽等。」因為牠的眼睛不能轉動，當頭仰起時，給旁觀者的印象，就像是在側目蔑視，牠的叫聲古怪，好似打鼾、咳嗽聲等，也容易被人聽成歎息聲。

## 五、〈鵩鳥賦〉的重點賞析

　　下面對〈鵩鳥賦〉只作重點的欣賞與分析，因為〈鵩鳥賦〉的注解很普遍，所以本節不會去逐句解釋，只著重在反映賈誼的思想與文學手法的片段，遇到他精心選用的典故，我也會特別提出來討論❸。

　　單閼之歲兮，四月孟夏，庚子日斜兮，鵩集予舍。止于坐隅兮，貌甚閒暇。異物來萃兮，私怪其故。發書占之兮，讖言其度，曰：「野鳥入室兮，主人將去。」請問于鵩兮：「予去何之？吉乎告我，凶言其災。淹數之度兮，語予其期。」鵩乃歎息，舉首奮翼；口不能言，請對以臆：

這是起頭，交待了鵩鳥來集的日期，與作賦原因，在上一節已討論過，不再重複。他寫「請對以臆」，當然是故作狡獪，借此開展下文。

　　萬物變化兮，固無休息。斡流而遷兮，或推而還。形氣轉續兮，變化而嬗。沕穆無窮兮，胡可勝言！禍兮福所倚，福兮禍所伏；憂喜聚門兮，吉凶同域。

下面是他借鵩鳥的話以自寬，說無所謂吉凶，因為萬物變化無窮，且禍福相倚，這觀念本是出自《老子》❸的，而《莊子・則陽》的「安危相易，禍福相生，緩急相摩，聚散以成。」也相配合。

　　彼吳彊大兮，夫差以敗；越棲會稽兮，句踐霸世。斯游遂成兮，卒被五刑！傅說胥靡兮，乃相武丁。

這兩句是引歷史作憑證，強調暫時的困厄不妨礙後來的成就，暫時的得意也不保證後來不會一敗塗地。

　　夫禍之與福兮，何異糾纏；命不可說兮，孰知其極！水激則旱❸兮，矢激則遠；萬物回薄兮，振蕩相轉。雲蒸雨降兮，錯繆相紛；大專槃物

---

❸　我根據的版本以《史記》所載為主。遇到文字差異，則通俗與合理為選擇的原則。

❸　《老子・五十八章》曰：「禍兮福之所倚，福兮禍之所伏。」

❸　「水激則旱」的「旱」字，應讀若「悍」，謂水受激則泛濫。

兮❸，块軋無垠❸。天不可與慮兮，道不可與謀！

由前引四件歷史事實，凸顯出禍福關連的複雜性，有如繩索間的絞纏，無法
預測。而且，即使能預知而努力抗拒，也不見得生效，因為萬物振盪相轉，
而變化的原則，也不容易瞭解與把握。抗拒不得其法，有時還會生出反激，
與所期適得其反，所以最好不要去強為謀求。

　　遲數有命兮，惡識其時？且夫天地為爐兮，造化為工；陰陽為炭兮，萬
　　物為銅！合散消息兮，安有常則？千變萬化兮，未始有極。

上面先輕輕地提一句：「命不可說」，下面以「遲速有命」應之。這裡「命」❹
的觀念，近於西周初期的「天命」，而剝去其「天諭」的成分。《莊子・大宗
師》在對「命」的解釋上，建立了另一個隱喻❹：「今一以天地為大鑪❹，以
造化為大冶。」世上萬物的變動，受造化的操控，就像金屬在熔鑪中，受冶煉
一般，無法自主，亦無一定規則（惡乎往而不可哉？），最好澹然視之。（以汝
為鼠肝乎？以汝為蟲臂乎？）

　　忽然為人兮，何足控搏；化為異物兮，又何足患！

繼續發揮《莊子》同篇的隱喻：「今一犯人之形，而曰：『人耳！人耳！』夫造
化者，必以為不祥之人！」而又巧妙地過渡到「女媧搏土為人」的另一典
故❹，謂女媧搏土造人，如此之費力，是否值得？由鵩鳥這個異物的眼中看

---

❸　「大專槃物」：《漢書》作「大鈞播物」，義為世上各種物質的分布與變遷。

❹　「块軋無垠」的「垠」謂「限」，這兩個字都從「艮」，義亦相近。「块軋」二字合
　　成一項雙聲連綿詞，據郭璞注《方言》云其義為「不測」，實有雜亂之意，此連綿
　　詞不能被分割，原來言語的發音即為如此（其聲母屬喻三），意義原始，不能再求
　　其訓詁。

❹　《莊子・大宗師》有對「命」的解釋為：「父母於子，東西南北，唯命之從。陰陽
　　於人，不翅於父母。」如同父母對子女所發命令一般。《莊子》一向著重「自然」，
　　他用父母的命令作比，只是一項隱喻，增加其說服力而已。

❹　在此隱喻中，人對天地的瞭解為：「夫大塊載我以形，勞我以生，佚我以老，息我
　　以死。」

❹　《莊子・大宗師》後段的「皆在鑪捶之間耳」可以與此言對照。

來，被造成異物，也沒有什麼不好，患得患失，其實是小知自私的觀點。

小知自私兮，賤彼貴我；通人大觀兮，物無不可。

「小知自私」不但總結上句，又拿來與「通人大觀」對比。「賤彼貴我」典出〈秋水〉篇：「以物觀之，自貴而相賤；以俗觀之，貴賤不在己。」下兩句轉入〈齊物論〉的成毀觀點：「物固有所然，物固有所可，無物不然！無物不可！……其分也，成也；其成也，毀也。凡物無成與毀，復通為一。唯達者知通為一。」這種境界，正是小知自私的反面，上面確立「命不可說」，而有修養的人如何能夠「大觀」？下面用一連串的對比來說明。

貪夫徇財兮，烈士徇名；夸者死權兮，眾庶馮生❹。怵迫之徒兮，或趨西東；大人不曲兮，億變齊同！

頭兩句典出〈駢拇〉篇：「小人則以身殉利，士則以身殉名。」後兩句則作補充，先用「貪夫」至「眾庶」四句，來描述「怵迫之徒」的窘況。這些人表面上作為所趨不同，實則都被環境或誘惑牽著鼻子走，其無奈則一。反過來用「大人」作對比，其操守不阿則一。「大人」作有道之士解，典出〈秋水〉篇❹：「至德不得，大人無己。」

愚士繫俗兮，僆❹如囚拘；至人遺物兮，獨與道俱。

---

❹ 此句之「異物」一詞，若與前面「異物來萃兮」相較，其用意不似如《史記集解》所注之「形化為鬼」，而是由鵩鳥眼中所看的「非人的異物」。「女媧摶土為人」的神話現在固然僅見於《太平御覽》(七十八、又三百六十)所輯的《風俗通義》逸文，可是〈天問〉已提及：「女媧有體，孰制匠之？」的問題，可見此神話原型出現甚早，所輯逸文中有「務劇！力不暇供。」的辭眼，就是賈誼「何足控摶」問句發揮的根據。「足」指「值得」，「控摶」則指造人所花費的精力。在此典故中，「控摶」與「為人」是分不開的。

❹ 《漢書》作：「品庶每生」，不如《史記‧伯夷列傳》所引自然通順。

❹ 先秦時，用「大人」代表有道之士的篇章不少。如《周易》、《論語》、《孟子》等，可是以本文所引《莊子‧秋水》最純，其他地方每每兼「有位」之義。有些用法甚或專稱高官或尊親。清趙翼《陔餘叢考‧卷三十七》有考證。

❹ 「僆」，《漢書》或作：「窘」，困也。

又用「拘士」來和「至人」作對比。「拘士」典出〈秋水〉篇的「拘於虛也」。「至人」典出〈齊物論〉的「至人神矣」**❹**，強調其不為物累，歸結於「道」。

　　眾人惑惑兮，好惡積意；真人恬漠兮，獨與道息。

繼續又以「眾人」與「真人」對比，節奏顯然在加快。〈大宗師〉篇曰：「古之真人，不知說生，不知惡死。……不以心捐道，不以人助天，是之為真人。」〈刻意〉篇曰：「能體純素，謂之真人**❹**。」一般人的意識中充滿了喜惡愛憎，獨真人能體純素，故能恬漠而免受其累，再歸結於「道」。

　　釋知遺形兮，超然自喪；寥廓忽荒兮，與道翱翔！乘流則逝兮，得坻則
　　止；縱軀委命兮，不私與己。

由以上數句，引導出〈齊物論〉中「吾喪我」的境界，原已歸結於「道」。〈山木〉謂：「乘道德而浮遊」。能與道翱翔，則不會患得患失，隨意乘流得坻，縱軀委命，已經歸結至此，再回應前段之「命」，這裡可體會到賈誼一面對比，一面收束的手法。

　　其生若浮兮，其死若休；澹乎若深淵之靜，泛乎若不繫之舟。不以生故
　　自寶兮，養空而浮。

前兩句典出〈刻意〉篇：「其生若浮，其死若休。」有此意境，自然安如深淵之止水，不以生為貴，故能逍遙自在。〈列禦寇〉篇曰：「飽食而敖遊，汎若不繫之舟。」

　　德人無累兮，知命不憂。細故蒂芥兮，何足以疑！

歸結至「德人知命」。典出〈天地〉篇：「德人者：居無思，行無慮，不藏是非美惡。」與〈刻意〉篇：「無天災，無物累，無人非，無鬼責。……心不憂

---

**❹**　《莊子》講到「至人」的地方甚多，姑以〈齊物論〉之句為代表。另外〈逍遙遊〉
　　的「至人無己，神人無功，聖人無名。」亦可作參考。

**❹**　《莊子》講到「真人」的地方更多，姑以〈大宗師〉與〈刻意〉兩篇之句為代表。

樂，德之至也！」無累故知命，知命故不憂，再度用「知命」回應前段之
「命」，以之自勉，破除吉凶得失之心後，原來的蔕芥，亦不足疑矣。

全篇可分前後兩段，前段到「又何足患」為止，比較舒緩，主題是禍福
相倚、遲速有命；後段則節奏加快，連用「小知自私」、「怵迫之徒」、「拘
士」、「眾人」來與「通人」、「大人」、「至人」、「真人」對比。而且一面對比，
一面收束。此處有點像音樂中的對位手法。最後歸結到「德人」，由「委命」
進到「知命」，曲終繁聲促節，止於不得不止。

全賦無累贅之言，不像後來漢賦之著意鋪陳，也比賈誼的一般散文來的
團緊。前面我們已經領教過賈誼整齊建構的本領，因此還不太奇怪，可是在
建構中他卻有所保留：他從《莊子》中取用了「達人」、「大人」、「至人」、
「真人」乃至「德人」，卻始終不用「聖人」，因為在賈誼的心目中，正如他
在〈道術〉篇末尾所強調的，「聖人」始終是他努力追求的儒者終極目標。雖
然他在賦中運用了大量《莊子》的名目與辯辭以自廣，幾乎可以說他已接受
了《莊子》，可是他卻不願意利用「聖人」❹這個名辭，作任何違心之論，由
此我們可以確信：賈誼的內心是非常真誠的，他不會自欺。他是大規大模地
在使用《莊子》，而非信服《莊子》，其間之差別，他是分得很清楚的。

## 六、結語──〈鵩鳥賦〉的反諷

賈誼在〈鵩鳥賦〉中寫下的許多精闢的道理，其實他自己也是「見得到，
做不到」，或者，可以說他借《莊子》的話以自廣，然對《莊子》其實是口服
心不服，暫時，寫賦的反思，當然會對他有安慰的作用。過了一年多，當他
二十九歲的時候，果然被漢文帝召回，這時他大概以為：「野鳥入處兮，主人
將去。」的預言兌現了，興高采烈地回到京師長安。

一別數年，京師的政治生態已有改變，灌嬰已死，周勃已失勢，張蒼仍
為丞相，馮敬已升御史大夫。文帝很看重賈誼，接見他時，文帝正在未央宮
接受祭祀福胙，與他有很長的問答。文帝問他鬼神之事，以賈誼對史事的熟
悉，應對綽綽有餘，當然也趁機對時政的弊端提諫言，他觀察到漢廷有兩項

---

❹　「聖人」一辭在《莊子》裡出現次數不少。例如〈逍遙遊〉說：「至人無己，神人
無功，聖人無名。」這只是諸多例子之一而已。

弊端，已到燃眉的地步。其一為諸侯王的尾大不掉，淮南厲王的自殺，似乎不能給吳楚等國君以警惕；其二為匈奴的騷擾，始終不斷，而高帝平城之恥，則仍未能雪！他的諫言，文帝相當嘉許，只是前者的改革非一朝一夕所能奏效，文帝也有自己感情上的包袱，後者則本非他之所長，文帝被他提醒，也不敢放鬆軍備。在這些諫言內，他未再強調改正朔、易服色的主張，似乎在增長了數年見識後，對這類外表問題興趣已淡，他雖沒有馬上被任為公卿，其得君之專已為異數。

　　不久，文帝又請他擔任梁王揖的太傅，雖然還是太傅，卻與前不同。梁王是文帝所鍾愛的少子，當時大約不到十五歲❺⓿，愛好讀書，賈誼有很好的機會實施自己的抱負，培養出一位賢王。在《新書・先醒》內，有一段追記賈誼與梁懷王的問答：懷王問他「先生」的意義，賈誼答以「先醒」，並且引楚莊王、宋昭公、虢君等史實，來開導他，問與答都相當夠水準，十餘歲的學生能夠接受這樣的教育，顯示梁王揖相當有天分。而且梁國的都城在睢陽，離京師不太遠，賈誼若有意見，還是可以向文帝上奏疏，不會再有被忽視之感。賈誼在梁國，還收有自己的門徒，照內容看，《新書・勸學》應為他對門人的訓話，得天下英材而教育之，一樂也，此時賈誼應該感到一切都大有可為，會為之躊躇滿志才對。

　　賈誼的境遇大概太順暢了！得意之餘，竟忘了自己所寫下的警句：「禍兮福所倚！福兮禍所伏！」他忙於向文帝上「可為痛哭者一、可為流涕者二、可為長太息者六。」的長篇奏疏，卻疏忽了文帝託付給他照顧愛子的工作。不到三年，梁王揖墜馬而死❺❶，未到十八歲，而且絕後！那時賈誼忽然發現出之於他筆下的「憂喜聚門兮，吉凶同域」、「萬物回薄兮，振蕩相轉」竟然換了一副面目呈現！回想他自己「見得到，做不到」的賦辭，悔恨之情，別人可

----

❺⓿　根據《漢書》，景帝生於惠帝七年；梁懷王揖是他的幼弟，上面還有兩個哥哥。揖倘若生於高后二年，則當文帝八年，他年僅十五歲。

❺❶　蔡廷吉：注❶所引書 p. 6 謂梁懷王於文帝十一年入朝不謹，墮馬死，將入朝與墮馬連在一起，可是不見出處。按《史記》與《漢書》之梁懷王本傳，皆不如此講，僅《史記・漢興以來諸侯年表》有：「來朝、薨、無後。」因為表的空間有限，故幾件事寫在一起，而無標點！其實數事相先後，正如淮陽王欄（下第四行）亦有：「來朝、徙梁、為郡。」梁懷王若果因來朝不謹而墮馬，本傳不容不載。

能難以意會。以前他僅發現老莊在逆境中有安慰人心的功效，到這時候，他才體會到在順境中，老莊的哲理也是有用的。

當然，賈誼也不是沒有推託之辭，他寫過〈傅職〉篇，闡述有關天子保傅的職責，其中太傅之職為：

> 天子不姻於親戚、不惠於庶民、無禮於大臣、不忠於刑獄、無經於百官、不哀於喪、不敬於祭、不誠於戎事、不信於諸侯、不誠於賞罰、不厚於德、不強於行；賜予侈於左右近臣，希授於疏遠卑賤；不能懲忿忘欲，大行、大禮、大義、大道不從太師之教：凡此其屬，於太傅之任也。古者，魯周公職之。

其中少保之職為：

> 天子居處燕私，安所易、樂而湛，夜漏屏人而數，飲酒而醉、食肉而飽、飽而彊食，飢而悁、暑而喝、寒而懦，寢而莫宥、坐而莫待、行而莫先莫後。帝自為開戶、自取玩好、自執器皿，亟顧還面，而器御之不舉不減，折毀喪傷。凡此其屬少保之任也。

如果對親王的保傅，其職責也可比照此標準，則梁王的「折毀喪傷」，應屬少保之任，可是賈誼憑良心，能這樣推託嗎？賈誼的內心是非常真誠的，他用高標準來責備別人，也會用同樣的高標準來責備自己，自己的確有所疏忽，所以責備自己為傅無狀。他不會自欺，文帝或其他人是否諒解，根本無關，像張蒼後來那樣，當帝眷已衰而仍靦顏尸位！他是做不來的❷。

一切都太遲了！賈誼所能做的，只是上書給文帝，為梁王立後❸，這僅可算是聊勝於無的措施。他在「為傅無狀」的自訟下，欲哭無淚，這次真的

---

❷ 《史記‧張丞相列傳》載：「文帝召公孫臣……，張丞相由此自絀，謝病稱老。蒼任人為中候，大為姦利，上以讓蒼，蒼遂病免。」要等所保用的人出了漏子，才肯辭丞相之位。張蒼的面皮，也未免太老一些，他不會像賈誼那樣自責的！難怪他長命，活到百歲以外。

❸ 見《漢書‧賈誼傳》。《新書‧益壤》亦載此，此篇可能源自流傳的奏疏稿，因多次抄寫而出錯，其中「為梁王立後」一句誤為「梁即有後」，用意盡失。

是積鬱成病，什麼安慰都沒有用了，他不久即去世，得年僅三十三。

　　賈誼的文學傑作〈鵬鳥賦〉，竟成了一個反諷，他也屬於「烈士徇名」的範圍。太史公司馬遷顯然是看得懂的，他對這件事也很有感觸，他用這樣的話結束〈屈賈列傳〉：「讀〈鵬鳥賦〉同生死、輕去就，又爽然自失矣!」他並且將〈鵬鳥賦〉中的警句：「貪夫徇財，烈士徇名，夸者死權，眾庶馮生。」引入他的首篇列傳——〈伯夷列傳〉。然而太史公自己呢? 不也屬於「烈士徇名」的範圍嗎?

# 第二十三章
## 《鹽鐵論》雜考三則

### 一、魏相在哪一年舉賢良？

王利器的《鹽鐵論校注》（北京中華書局，1992 年），認為魏相是在昭帝始元五年 (82 BC) 舉賢良（前言 4–6 頁，正文 623–624 頁中又述及），而且參與了鹽鐵會議：「參加這次召對的賢良，在《漢書》唯一有傳可查的，僅有魏相其人。……我們可以斷言，參加這次會議的賢良，還有魏相其人；……」。他引用魏相本傳的資料，也對韓延壽傳的記載做了一些考證，認為魏相所說的一段話，是他在舉賢良時對策的一部分；此外，他也認為「魏相以文學對策」裡的「文學」，應是「賢良」之誤。王利器對魏相的生平並沒有詳細的討論，我覺得魏相在始元五年舉賢良的可能性並不大，倒是在始元元年至二年 (86–85 BC) 之間的可能性要大一些，理由如下。

昭帝時有兩次舉賢良，一次在始元五年秋，僅限於三輔與太常（郡國另舉文學高第），所舉的賢良和文學都參與了鹽鐵會議。另一次在始元元年至二年❶，因為武帝後期有很長一段時間沒有察舉賢良，所以魏相的應舉不會比這次更早。《漢書・昭帝紀》說：「閏月，遣故廷尉王平等五人持節行郡國，舉賢良，問民所疾苦、冤、失職者。」因為是在年底閏月，所以實際察舉的時間，可能就延到了次年。有一點需要先澄清：始元五年那次的察舉，賢良和文學是分開舉行的，所以那次所謂的「郡國」，並不包括三輔與太常。始元元年至二年那次的察舉則遍行郡國，三輔與太常並沒有分別的名目，因此這次的「郡國」應該包括全漢的地方單位。讓我們先看一下《漢書・魏相丙吉傳》：

> 魏相，字弱翁，濟陰定陶人也，徙平陵。少學易，為郡卒史，舉賢良，以對策高第，為茂陵令。頃之，御史大夫桑弘羊客詐稱御史止傳，丞不

❶ 王利器說「昭帝時『徵郡國賢良、文學問以得失』，僅有這一次」。這句話如果是指「既徵賢良、又徵文學」，那是對的。可是魏相的本傳上只說他舉賢良，所以這樣的前提和魏相的察舉並沒有絕對的關係。

以時謁，客怒縛丞。相疑其有姦，收捕，案致其罪，論棄客市。茂陵大
治。後遷河南太守，禁止姦邪，豪彊畏服。會丞相車千秋死，先是千秋
子為雒陽武庫令，自見失父，而相治郡嚴，恐久獲罪，乃自免去。……
武庫令西至長安，大將軍霍光果以責過相。……後有人告相賊殺不辜，
事下有司。河南卒戍中都官者二三千人，遮大將軍，自言願復留作一年
以贖太守罪。河南老弱萬餘人守關欲入上書，關吏以聞。大將軍用武庫
令事，遂下相廷尉獄。久繫踰冬，會赦出。復有詔守茂陵令，遷楊州刺
史。考案郡國守相，多所貶退。……居部二歲，徵為諫大夫，復為河南
太守。數年，宣帝即位，徵相入為大司農，遷御史大夫。……

魏相的本籍是濟陰，本傳上沒說他是何時遷到平陵（在右扶風，為太常屬
縣），因此無法判斷他適用於哪一次的賢良察舉，但也未嘗不可做個猜測。
《漢書·宣帝紀》本始元年載：「正月，募郡國吏民訾百萬以上徙平陵。……
二年春，以水衡錢為平陵，徙民起第宅。」按平陵為昭帝之陵，平陵的經營與
徙民，到昭帝死後才開始❷，所以魏相由濟陰郡定陶徙平陵，似乎是在宣帝
本始元年。這樣的話，魏相的郡籍在始元年間應該是在濟陰。因為始元五年
在濟陰郡只舉文學，所以魏相舉賢良的時間，也只能在始元元年至二年之間。
　　再查一下《漢書·百官公卿表》，可以看到河南太守魏相在宣帝本始二年
(72 BC) 為大司農，本始三年 (71 BC) 遷御史大夫，地節三年 (67 BC) 任丞
相，神爵三年 (59 BC) 薨。根據本傳，可以大致推算他被徵為諫大夫、復為
河南太守的時間，約在昭帝元鳳六年至元平元年 (75–74 BC)。他下廷尉獄時
是在元鳳四年 (77 BC)，亦即車千秋丞相過世之年，元鳳五年 (76 BC) 被赦
出。他初任河南太守，就做到禁止姦邪，豪強畏服，名聲大到連車千秋的兒
子也怕他。得罪後，大批郡人為他請願，如此得民心，非數年功夫不行。我

---

❷　這可以和雲陵、茂陵、杜陵來相對比。《漢書·昭帝紀》始元三年載：「……秋，募
　　民徙雲陵，賜錢田宅。……」。始元四年載：「……夏六月，……徙三輔富人雲陵，
　　賜錢，戶十萬。」據《漢書·武帝紀》太始元年顏師古的注，「雲陵」的名字是昭帝
　　母親被追尊為皇太后之後才有的。武帝在太始元年經營茂陵，徙郡國吏民豪桀到此
　　地。昭帝死時太年輕，未能及身經營平陵；後來宣帝的杜陵，就趕在元康元年定規
　　下來。

估計他首次任河南太守的時間，大約是在元鳳元、二年之際 (80–79 BC)，這可以幫助我們探討他是在何年舉賢良的。

如果魏相在昭帝始元五年舉賢良，則他以對策高第被任命為茂陵令的事，應在始元六年（即鹽鐵會議之年），離元鳳二年最多只有一年多，根本沒有時間來達到那些政績。始元六年時，上官桀傾霍光之謀已開始破露，桑弘羊理應急於圖謀挽救❸，其門客難道不會約束收斂一些嗎？王利器認為魏相是在昭帝始元五年舉賢良，上面的論點顯示此年的可能性並不大。

如果魏相是在始元元年至二年間察舉賢良，則任茂陵令應是在始元二年。霍光的堅強支持者金日磾死於始元元年 (86 BC)，這使得桑弘羊少了很多顧忌，所以他的門客才比較有可能顯露出囂張的動作。魏相這時正在茂陵打擊豪強，捕殺了桑弘羊的這個門客，使得茂陵大治。他升任河南太守的時間，應當是在昭帝元鳳元年與二年之際，這才合乎本傳「後遷河南太守」的語氣，而且也和前面的幾項估計相符。

所以魏相的茂陵令任期，應該是在始元二年始任，一直到元鳳元、二年遷河南太守，約有五至六年，這樣說來才順暢合理❹。我的推論是：魏相對

---

❸ 《漢書·昭帝紀》元鳳元年載：「……初，桀、安父子與大將軍光爭權，欲害之。詐使人為燕王旦上書言光罪。時上年十四，覺其詐。後有譖光者，上輒怒曰：『大將軍國家忠臣，先帝所屬。敢有譖毀者，坐之。』……」。昭帝即位時八歲，至始元六年時十四歲，可推測上官桀傾霍光之謀，在始元六年時已經破露。此事是在元鳳元年補載，錄上官桀與桑弘羊等伏誅之事，霍光本傳內對此事詳載。開始時，昭帝所懷疑的人是上官桀父子，桑弘羊應已有所警覺而多方圖謀挽救。

❹ 漢朝的縣令或（小縣的）縣長並沒有固定的任期，通常應會久任。《漢書·循吏傳》稱：「……數變易則下不安，民知其將久，不可欺罔，乃服從其教化。……」。這雖然是宣帝對郡守的心得語，但也應可通用於縣令長。事實上，縣令的政績每年需要經過上級守相的考課，上其計（大約可以比擬為現代的考績，但更嚴格、更正式）於中央，作為獎懲的根據。因此，總要有一段觀察的時間（除非犯了罪）。《漢書·蕭望之傳》載：「……（蕭育）為茂陵令，會課，育第六。而漆令郭舜殿，見責問。育為之請，扶風怒曰：『君課第六，裁自脫，何暇欲為左右言？』……」，可見考課的嚴格。若得到褒獎可以晉升時，往往僅調升大縣，例如《漢書·薛宣朱博傳》載：「……（王鳳）舉博櫟陽令，徙雲陽、平陵三縣，以高第入為長安令」。也有時可能遷為都尉（比二千石，次於太守）。魏相能從茂陵令直升為河南郡的太守（這是一個重要的郡，洛陽在其屬下），可以算是很受賞識了。

霍光進言的時間，顯然是在燕王旦自殺之後，也就是在昭帝元鳳元年冬季以後（參閱下一節〈韓延壽是否與鹽鐵會議有關係?〉）。所以，這也不會是他在舉賢良時的對策。結論是：魏相在始元元年至二年被舉為賢良的可能性，要比在始元五年的可能性大。

## 二、韓延壽是否與鹽鐵會議有關係?

王利器很注重《漢書》中韓延壽傳的一段記載，用它來作為魏相曾經參與鹽鐵會議的佐證；然而他卻認為其中的一個關鍵性字眼「文學」是錯的，我覺得可以再考慮一下。首先錄下《漢書‧趙尹韓張兩王傳》的相關記載：

> 韓延壽字長公，燕人也，徙杜陵。少為郡文學。父義為燕郎中。剌王之謀逆也，義諫而死，燕人閔之。是時昭帝富於春秋，大將軍霍光持政，徵郡國賢良文學，問以得失。時魏相以文學對策，以為「賞罰所以勸善禁惡，政之本也。日者燕王為無道，韓義出身彊諫，為王所殺。義無比干之親而蹈比干之節，宜顯賞其子，以示天下，明為人臣之義。」光納其言，因擢延壽為諫大夫。遷淮陽太守。……

王利器從《漢書‧武五子傳》考證出❺，韓義被殺的時間，是在雋不疑任京兆尹（始元元年）之前，這一點可以接受。可是在邏輯上，卻不能由此推論說，魏相的話是出自他的對策。王利器的斷句是依照中華書局的標點本：「時魏相以文學對策，以為『賞罰所以勸善禁惡、政之本也。……』」。其中最關鍵的是「時魏相以文學對策」這句話。因為王利器認為魏相是賢良，不是文學，所以就說《漢書》上的「文學」這兩個字是錯的，可是他又沒有校勘上的根據來支持這個論點。

我們姑且認為魏相所說的話，是他在始元五年被舉為賢良對策時的一部分言論。他在那段話裡，指摘「日者燕王為無道」，並把韓義的事來和比干相

---

❺ 《漢書‧武五子傳》載：「……郎中韓義等數諫旦，旦殺義等凡十五人。會斷侯劉成知澤等謀，告之青州刺史雋不疑，不疑收捕澤以聞。天子遣大鴻臚丞治，連引燕王。有詔勿治，而劉澤等皆伏誅。益封斷侯。久之，旦姊鄂邑蓋長公主、左將軍上官桀父子與霍光爭權有隙，皆知旦怨光，即私與燕交通……。」

比擬，用以凸顯燕王旦的作為就像是紂王。這是很嚴重的指摘，必須有充分的證據才能得到霍光的採信。我們知道，劉澤陰謀的破敗，暫時並沒有牽連到燕王旦❻。事實上，在此前後，燕王與鄂邑蓋長公主都時獲賞賜❼。一直到上官桀傾害霍光的陰謀破露，昭帝都還只是懷疑燕王旦的上書是假造的，並沒有懷疑燕王真的要造反。如果魏相確實掌握到燕王的謀反證據，而且寫在他的賢良對策上，這對霍光與昭帝會產生怎樣的效應呢？霍光會馬上提升韓延壽嗎？那豈不是打草驚蛇，置燕王於疑慮中，甚且將他逼反？如果提升韓延壽的動作是在燕王自殺之後，則魏相所說的「燕王為無道」，豈不是成為告發燕王的文件？為什麼歷史沒有魏相因此而受獎的記錄（像缾侯劉成那樣）？這些分析顯示，把魏相進言的時間定在始元五年，是講不通的；王利器對「魏相以文學對策」這句話的解釋，認為魏相是參加鹽鐵會議的賢良之一，我認為這一點也是不符史實。

那麼，班固在韓延壽傳中到底想講什麼？請注意他所用的兩個轉折辭：「……燕人閔之。是時昭帝……問以得失。時魏相以……」。這種「……是時……時……」的句法，往往是在替後面的敘述，提供當時的背景資料。班固用「……是時……時……」的手法，把背景資料夾在當中，藉以解釋為何提起這件事情可以引起聽者的正面聯想。從這個角度來分析這段文字，可謂言通句順，也不需要把「文學對策」硬解釋成是「賢良對策」的誤植。魏相進言的時間，顯然是在燕王旦自殺之後，也就是在昭帝元鳳元年冬季以後，所以這絕不會是魏相的對策。上一節❽推測魏相是在元鳳元年到二年之間，從茂陵令升遷為河南太守，有可能就是在路過京師述職時，他對霍光所作的獻策。

然而，是不是可以進一步把韓延壽和參與鹽鐵會議的「文學對策」拉上關係呢？有一個可能是：始元五年韓延壽在燕國以郡文學的身分被舉為文學高第，參加鹽鐵會議，但事後並沒有受到特別的重視。一年多以後，霍光才因魏相的進言，任他為諫大夫。因為韓延壽在鹽鐵會議上沒有特殊的表現，

---

❻ 同前注。注意「連引燕王。有詔勿治，」這幾個字。這顯示昭帝仍信任燕王，因此不採信劉澤的供詞。

❼ 見《漢書・昭帝紀》。

❽ 〈魏相在哪一年舉賢良？〉。

所以班固在他的本傳中並沒有特筆書出。當然，這只是一個附帶的假設。我的原論點（魏相所提到韓延壽的進言，並不是魏相舉賢良時對策的一部分）並不需要它，可是有了它會顯得更暢順：因為魏相進言中的「文學對策」，可以和韓延壽有更強的牽連。說韓延壽參與了鹽鐵會議，還能有助於解說兩件事：㈠除了韓義之外，其他因諫而被燕王所殺的十四個人，如何去獎賞他們的後代？㈡再說，霍光把韓延壽從郡文學❾提升到比八百石的諫大夫，即使說是特典，也未免太突然了一些。如果是因為韓延壽經過文學高第的察舉，同時也參與了鹽鐵會議，之後才有這種賞賜，這樣就通情合理一些。如果這個猜想成立，則我們對參與鹽鐵會議的五十多位文學，總算可以猜測出其中一位較明確的身分。

## 三、「小舉」乎？「軍興」乎？

王利器的《鹽鐵論校注》，在〈四二擊之〉中作了一個令人困惑的校改：他把「今欲以小舉擊之，何如？」的「小舉」兩字，校改為「軍興」，再用一長段的附注（注 9，p. 474）來解釋理由。從他的附注得知，這個更改並無校勘上的根據，主要是強調「夫以所謂盜賊尚以《軍興法》從之，況其為抗擊匈奴而顧可以『小舉擊之』耶？則『小舉』為『軍興』之誤必矣。……」。這條附注的主要部分，都在說明「軍興」或「軍興法」用在此處的合理性。我覺得這項論點可以再辯，以下分三點說明。

㈠伐擊匈奴的軍事活動，當然不可能是真的「小舉」。〈四二擊之〉所要爭辯的主題，並不是歷史的事實，而是桑大夫在推銷討伐匈奴的主張時，有意把事情講得「很容易」，所以這是口氣上的問題。桑大夫在〈四二擊之〉以下的十多篇內，一直在強調打匈奴並不是困難的事。見之於語氣者甚多，不具引；見之於明文者，姑引幾條較明顯的：「……匈奴壞界獸圈，孤弱無與，此困亡之時也。」（〈四二擊之〉）、「況萬里之主與小國匈奴乎？……」（〈四三結合〉）、「……故群臣議以為匈奴困於漢兵，折翅傷翼，可遂擊服。會先帝棄

---

❾　郡文學應該是很低的官。《漢書‧楊胡朱梅云傳》載：「……梅福，……為郡文學，補南昌尉。……」因為縣尉的秩約為二百石，所以可推測郡文學的秩大概在一百石左右。

群臣，以故匈奴不革。……」（〈四六西域〉）。最重要的是，文學抓住了桑大夫說大話的小辮子，大作揶揄之辭：「……前君為先帝畫匈奴之策：兵據西域，奮之便勢之地，以候其變。以漢之強，攻於匈奴之眾，若以強弩潰癰疽；越之禽吳，豈足道哉！……」（〈四五伐功〉）。桑大夫大概是在天漢年間（或其前後），在武帝面前講了大話，把武帝說服了；他在鹽鐵會時又想重施故技，不料文學們並沒有忘記這段往事。我認為王利器校改「小舉」為「軍興」，並無內文邏輯上的基礎。

　　(二)「興」字的原義是「起」。《說文》：「興，起也。」「軍興」的「興」字，其語義是由此引申而出的。王氏已經詳引出典：《周官・地官・旅師》有「平頒其興積」，《鄭注》：「縣官徵聚物曰興。今云軍興是也。是粟縣師徵之，旅師斂之而用之，以賙衣食。」至於《軍興法》，則是漢朝對軍興的規定。桑大夫在推銷他的伐匈主張時，有必要拿軍興出來強調嗎？又，〈四六西域〉中「……然後遣上大夫衣繡衣以興擊之。」的「興擊」兩字，亦無須委婉引用《軍興法》為解。若把「興擊」理解為「發起攻擊」，豈不更順？這可以拿《史記・西南夷列傳》的「西南夷又數反，發兵興擊，耗費無功。」作為旁證。無論如何，我們的解釋應無損原文的文義。

　　(三)王利器說：「……蓋『興』以形近而誤為『舉』。『軍舉』不詞，傳寫者遂以臆改為『小舉』也。」「興」與「舉」的確形近，誤抄的可能性很大；然而在字義上，「興」字與「舉」字也可相通。《周官・夏官・大司馬》的「進賢興功」，《鄭注》：「興，猶舉也。」《國語・晉語五》的「舉而從之」，《韋注》：「舉，起也。」這和上引《說文》：「興，起也。」可以對照。換言之，「興」字若誤抄為「舉」字，在字義上並不會引起不可逆的損害。「軍舉」既然不詞，何以見得傳寫者就會「以臆改為」「小舉」？「小」字與「軍」字在真草隸書上皆不相近，如果傳寫者一定要臆改，何以不臆改第二個字，改回「軍興」？如果一定要更改第一個字，何以不臆改為字形較近的「重舉」？❿如果臆改的範圍可以擴大，則何以不索性改為「大舉」？

　　根據以上三點理由，我認為還是保持原來的「小舉」兩字，於義為長。

❿　魏武帝〈孫子兵法序〉有「審計重舉，明畫深圖，……」顯示這是可用之詞。

# 第二十四章
## 《鹽鐵論》的臆造考釋——一個值得辯解的公案

## 一、前　言

　　1996 年 12 月號第 14 期的《中國文化》，刊載賴建誠的〈《鹽鐵論》的結構分析與臆造問題〉，此文於 1998 年重刊在他的一本文集《綠野仙蹤與中國》（《三民叢刊》第 186 號）。這篇文章提出了一些合理的懷疑，但也引發了一些可以再辯駁的議題。本文從其他角度提出不同的證據與說法，一方面和賴文的論點相辯難，二方面也希望能引發出不同的討論。因為不易得到新的證據，所以這個議題在性質上，是屬於從既有的材料中提出不同的解說；這個題材將來或許仍無定論，但總是一個值得辯解的公案。

　　以下略述賴文的論點旨要。此文把《鹽鐵論》內五九篇的內容，以篇名為單位分成經濟問題、社會問題、政治問題、意識思想、匈奴問題、相互譏諷等六類，製表分析後得到一項結構性的觀察：談論經濟問題的篇數只佔 12% 左右，而與意識形態爭執（儒法對立）相關的篇數最多，將近全書的三分之一。然後根據這個結構分析表，列舉四項理由說明《鹽鐵論》內的四二～五九篇有可能是桓寬所擬，而不是根據會議實況推衍增廣的。全書六十篇內，除了〈六○雜論〉是作者桓寬的「跋」（記載編著此書的經過、參與者、以及桓寬對鹽鐵會議的人事評論），其餘五十九篇大約可分成兩個階段。第一～四一篇可稱為本論，因為主題是在爭論是否要「罷鹽、鐵、酒榷、均輸」（〈○一本議〉）；到了〈四一取下〉所得到的結論是：「請罷郡國榷沽、關內鐵官。」皇帝（一說是丞相）批准了這項結論，所以主題到此告一段落。

　　依姚鼐的見解：「……四二篇以下，乃異日御史大夫復與文學論伐匈奴及刑法事，此殆尤是桓之設言」（《惜抱軒全集・筆記・卷七・鹽鐵論》）。這句話說明兩件事：㈠四二～五九篇的主題移轉為匈奴與法律問題，與鹽鐵本議無涉，所以是「餘論」而非主論；㈡這一八篇是桓寬臆造的。主題轉移是有目共睹的事實，這十八篇內國防問題佔了十一篇、刑法問題與意識思想問題（如〈五六申韓〉、〈五八詔聖〉）佔了七篇，經濟問題、社會問題、政治問題等全未涉及。

　　四二～五九篇是否為桓寬臆造，則較易引起爭辯。姚鼐的論點出自他的《惜抱軒文後集》卷二〈跋鹽鐵論〉。姚鼐評《鹽鐵論》冗長不實：「其明切當於世，不過千餘言，其餘冗蔓可削也。……（桓）寬之書，文義虜闊無西漢文章之美，而述事又頗不實，殆苟於成書者與!」❶冗長的部分，讀此書的人大都有同感；而不實的部分，姚鼐的證據是：〈四二擊之〉的開頭說「賢良、文學既拜，咸取列大夫，辭丞相、御史。」姚鼐認為西漢的賢良與文學很不容易取列為大夫，證據是：「按漢士始登朝，大抵為郎而已，如嚴助、朱買臣對策進說，為中大夫，乃武帝不次用人之士，豈得多哉？昭帝時，惟韓延壽父死難，乃自文學為諫大夫，魏相以賢良對策高第，僅得縣令，其即與此對者，固未可決之。要之，無議鹽、鐵六十人取大夫之理，此必寬臆造也」。他的論點是：文學朱買臣能當上大夫，是武帝破格取用，賢良魏相對策高第，也只能當縣令，參加鹽鐵會議的六十多位文學與賢良，怎麼可能「咸取列大夫」？

　　賴文提出四點理由來推測四二～五九篇是桓寬臆造的。第一是雙方代表人物方面的問題。如果是官方正式的會議，怎會在四二篇開頭說「辭丞相、御史」，而只剩文學、賢良、大夫三方？四二～五九篇中的主要對話者是大夫與文學雙方，但到了〈五五刑德〉倒數第二段時，御史竟然出現了，之後的〈五六申韓〉、〈五七周秦〉、〈五八詔聖〉也都是以御史主問，由文學應答，到了〈五八詔聖〉的最後以及〈五九大論〉時才又由大夫主導。這和〈四二擊之〉所說的「辭丞相、御史」不合：既已辭御史，為何御史又出現？此外，賢良在四二～五九篇中全未出現。總之，御史實未辭，而賢良雖未辭，但亦未贊一詞。若說這是官方的會議，在形式上也奇怪；若說是桓寬臆造，也不無可能。

　　第二是主題方面的問題。鹽鐵會議的主題在〈四一取下〉時已有結論：「罷郡國榷酤、關內鐵官」。主題至此已畢，為何要另日再有四二～五九篇之議？況且四二～五九篇的主題，在一～四一篇中也都已論過，何必重複？若要再論，何必「辭丞相、御史」？再說，四二～五九篇並未得出具體政策性的

---

❶　這句話的主旨，和上面引述的《惜抱軒全集・筆記・卷七》，兩者大略相同，但〈跋鹽鐵論〉的行文稍帶保留。

結論，也毫無經濟方面的主題，與本書的名稱《鹽鐵論》不符。

第三是匈奴問題。或曰：本書雖以鹽鐵之議為題，然而鹽鐵官賣的根源問題，是由於匈奴邊患導致國防支出過高，所以與匈奴相關的國防問題，才是前提性的主題。一～四一篇中若以經濟社會政治問題為主，四二～五九篇轉以匈奴問題為主，兩者是相貫通的。反論：若國防問題為首要，何以在全體出席爭辯的一～四一篇中才只佔三篇，反而在「辭丞相、御史」之後，才在四二～五九篇中大論特論（十一篇）？況且匈奴問題在武帝晚年時的威脅已大減，昭帝霍光主政時匈奴問題的重要性並不高，所以在一～四一篇的「主論」內，只有三篇談匈奴問題，這麼低的比例 (3/41) 和當時的實情較吻合；四二～五九篇中的高比例 (11/18) 反而違反當時的問題優先順序。再說，一～四一篇中談論匈奴問題的篇名都是防衛性的：〈十二憂邊〉、〈十六地廣〉、〈三八備胡〉，這和昭帝時對匈奴採取防守和平的路線相符；而四二～五九篇的篇名則較積極主動，例如〈四二擊之〉、〈四五伐功〉，這和一～四一篇的立論在氣息上大異。若四二～五九篇為桓寬所擬，則有可能是桓寬時（宣帝）的匈奴問題再度吃緊所致。（《漢書・宣帝紀第八》本始二年 (72 BC) 夏之後，「匈奴數侵邊，又西伐烏孫。……凡五將軍，兵十五萬騎，校尉常惠持節護烏孫兵，咸擊匈奴。」）所以，恐怕是桓寬寫書時，對匈奴問題另有切膚之感，才在四二～五九篇中大幅地託事立言。

第四是內容的順序問題。若依六大主題來分類，每類內的篇序參差不齊，以經濟類為例，〈〇一本議〉、〈〇二力耕〉、〈〇四錯幣〉是鹽鐵會議的經濟性主題，排在前面是合理的，之後就跳到〈一四輕重〉、〈一五未通〉，然後到〈三五授時〉、〈三六水旱〉才再出現，中間差隔甚遠；這種順序跳躍的情形，在其他五類中都可以見到。而在四二～五九篇中，順序則相當井然整齊：四二～五二篇連續地都是與匈奴相關的題材；在意識思想類內也同樣：五三～五九篇連續。若這項分類大致可信，我們可以猜測，由於當時會議激辯，偏離主題的情況時常出現，所以在一～四一篇內的順序自然會參差不齊。四二～五九篇的秩序未免過於井然，較像是個人作品的推理。此外，在一～四一篇中激烈人身攻擊的部分，在四二～五九篇中竟然不見了，這通常是單一作者抑壓激情轉化為理智語言的結果，而非政治對立雙方的常態。

從以上的四點，賴文推論一～四一與四二～五九篇在結構上是不連續的，

下半部可能是桓寬自己的「續論」。再就四二～五九篇的內容來看，與一～四一篇相較之下，這下半部書所提出的新論點甚少，基本上是在重複一～四一篇的論點，飾以不同的文句而已；辭多而義寡，屬於續貂之作。姚鼐說「（桓）寬之書，文義膚闊」，大部分的讀者想必同意。又云：「其明切當於世，不過千餘言，其餘冗蔓可削也」；此言或許稍過，但刪去四二～五九篇必無礙主題，刪去一～四一篇內的一半文句（尤其是文學的發言部分），反而較能顯出「西漢文章之美」。摘述賴文的旨要之後，以下是本文所提出的辯駁。

## 二、與會者和發言狀況的問題

　　參與鹽鐵會議的人士共有六十餘人，一～四一篇內（正式會議）和四二～五九篇內（會後會）的參與者，基本上是同一批人。只是在會後會時，因為是非正式的會議，所以丞相田千秋（或稱車千秋）和他的屬員丞相史等人就沒參加；此外，文學和賢良的人數也應該少了一些。

　　代表政府的與會者有四種身分：丞相車千秋、御史大夫桑弘羊、丞相的屬員丞相史（有數人）、御史大夫的屬員御史（有數人）；代表民間的有文學和賢良兩種身分。全體與會者六十餘人，扣除丞相和他的屬員丞相史數人，以及桑弘羊和他的屬員御史數人（假定共計十人），則剩下的文學和賢良，大約有五十餘人。

　　丞相田千秋的事蹟，詳載於《漢書》卷六六，不贅。至於為何又稱為車千秋，那是因為「千秋為相十二年，……千秋年老，上優之。朝見，得乘小車入官殿中，故因號曰車丞相。」其子孫此後改姓車。丞相之下的丞相史（即丞相長史），《漢書‧百官公卿表》說：「文帝二年，復置一丞相，有兩長史，秩千石。」所以照編制應有兩人。

　　御史大夫桑弘羊的職責是：「內承本朝之風化，外佐丞相，統理天下。」御史大夫的地位僅次於丞相，在漢代往往會補丞相之缺❷。他的生平事蹟，

---

❷ 昭帝之前的例子有孝文四年張蒼、後元二年申屠嘉、孝景二年陶青、中元三年劉舍、後元元年衛綰、武帝元狩二年李蔡、元鼎五年石慶。後人對此慣例亦有深刻的觀察，例如鄭樵在《通志‧職官略》：「凡為御史大夫而丞相次也，其心冀幸丞相物故，或乃陰私相毀害，欲代之。故史記謂鄭弘為大夫，守之數年不得；匡衡居之未滿歲而丞相死，即代之。」在這種政治背景下，丞相史多少也要對御史大夫禮讓三分。

正史內並無專傳記載，只能從其他人的記述中拼湊出一個大略的形象。王利器在《鹽鐵論校注》的前言裡 (pp. 22–30)，對桑大夫的生卒年和重要事蹟有相當的描述；此外，馬元材（1982 年）《桑弘羊年譜訂補》（河南：中州書畫社，p. 194）也有補充性的資料，在此不擬重述。御史大夫的屬員御史，據《漢書・百官公卿表第七上》的說法是：「御史大夫，秦官，位上卿，銀印青綬，掌副丞相。有兩丞，秩千石。一曰中丞，……內領侍御史員十五人，受公卿奏事，舉劾按章。……」漢代通稱的「御史」，就是御史大夫之下的這些官。《續漢書・百官志三》說這十五位御史的官俸是六百石，他們的職責是：「掌察舉非法，受公卿群吏奏事，有違失舉劾之。」

　　據《漢書・昭帝紀》，始元五年六月詔：「其令三輔、太常舉賢良各二人，郡國文學高第各一人。」所以賢良應有八人：三輔（京兆尹、左馮翊、右扶風）各推薦二人（計六人），太常推薦二人，合計八人 ❸。文學（這是「文學高第」的簡稱，是學經書的儒家）約四十餘人，由各郡國推薦。《漢書・地理志》所載的郡國數遠不止此數，若每個郡國各推一人，則可能有某些郡國並未推薦。

　　已知的賢良，只有茂陵（地在右扶風，當時可能歸太常管轄）的唐生和一位被桑弘羊稱之為「子大夫」的人。「子大夫」是一種尊稱，《漢書・董仲舒傳》說，董仲舒對策時，武帝在「制曰」中，數度用「子大夫」來稱呼他。同樣地，在鹽鐵會議中，桑弘羊也用此稱呼某位特定的賢良。而這位賢良前後發言的語氣相當一致，甚似為同一人（詳見王利器 1992:341 的考證）。現在可知姓氏與出處的賢良只有一人：茂陵的唐生，「子大夫」可能就是指他而言。已知的文學，只有魯（國）的萬生、中山（國）的劉子雍、九江（郡）的祝生，這是根據〈六〇雜論〉的說法。此外，提供許多與會議相關消息給桓寬的汝南郡朱子伯（〈六〇雜論〉：「汝南朱子伯為予言」），是否也是參與會議的文學之一呢？

　　以下分述參與者的角色和發言狀況。依王利器（1992 年）集注本的分段方式，一～四一篇內共有二四二段 (73%)，四二～五九篇有八七段 (27%)。有

---

❸　《漢書・昭帝紀》元鳳二年有如淳的注曰：「《百官表》太常主諸陵，別治其縣，爵秩如三輔郡矣。」是「三輔太常」連言，則太常管轄縣的功能，應與三輔類似。

二一段未計入這三二九段內，都是屬於狀況描述、開頭語或結束語者，如：大夫曰：「御史！」御史未應；大夫不說，作色不應也。

六種身分的參與者當中，最高的是丞相（車千秋），他在一～四一篇內共發言四次 (2%)，他在四二～五九篇中缺席，未發言。他的隨屬丞相史（有數人），在上篇中發言十二次 (5%)，在下篇內未出席。御史大夫桑弘羊在上篇內發言七七次 (32%)，下篇三六次 (41%)；他的隨屬御史（有數人）在上篇發言十一次 (4.5%)，在下篇八次 (9%)。文學在上篇發言七九次 (37.5%)，下篇四三次 (50%)；賢良在上篇內有五九次 (24%)，在下篇應有出席但未發言。若從上下篇合計的三二九次發言數來看，最多的是文學一二二次 (37%)，其次是御史大夫桑弘羊一一三次 (34%)，賢良五九次 (18%)，御史一九次 (6%)，丞相史一二次 (4%)，丞相車千秋四次 (1%)。以上的統計，是以每段計算一次。

丞相車千秋的發言次數最少，一方面是他的政治成熟度與個性的關係，二方面因為他是會議的主席，發言次數少也合乎會議的常情。然而，車丞相的角色並非無關緊要，其實他發揮了相當重要的功能，只是做得清淡，容易被人忽略。另見附錄〈車丞相的重要發言〉，內有舉例說明。

桑大夫的發言次數不少，一～五九篇內共發言一一三次 (34%)，在此不易綜述他的發言手法。但大致可以說，他相當熟悉經史與歷代掌故，而且論點精準銳利，桓寬稱許桑弘羊的表現是：「然巨儒宿學惡然，不能自解，可謂博物通士矣。」（〈六○雜論〉）他單獨一人舌戰群雄，在一～四一篇內可以說是不分上下，相互僵持，但是四二～五二篇內，桑大夫雖然鬥志旺盛，但也漸露不耐態，時常會把論點扯離主題，熬到了〈五二論功〉之後，就把話題轉到〈五三論鄒〉、〈五四論菑〉、〈五五刑德〉等等較屬於意識形態的題材上，而他最在意的匈奴問題，也就因而不了了之了。在四二～五四篇中，全都是桑大夫一個人和文學雙方在爭執，到了〈五五刑德〉的下半篇時，桑弘羊已因厭倦而放棄了對話（「大夫俛仰未應對」），改由他的屬下御史接手和文學再戰。御史和文學從〈五五刑德〉的下半篇，一直論戰到〈五八詔聖〉的下半篇才結束（「御史默然不對」）。之後桑大夫才又接著辯下去，但文學仍不肯鬆手，所以到了〈五九大論〉時，「大夫憮然內慚，四據而不言。」雙方既然僵持不下，桑弘羊就說：「請與諸生解。」結束了這場會後會的爭論。

文學的人數和發言次數都相當多（一～五九篇內共一二二次，37%），內容雖然繽紛但立場大致相似：反官營、反獨佔、反奢靡、主寬刑、反對討伐匈奴、反對社會性的所得不均，等等。賢良的人數較少（八人），發言次數也少（五九次，18%）。這五九次的發言有不少集中在〈二九散不足〉內（計三四段），原因是王利器把賢良大論散不足的事，依文句分成了這麼多段落。若把賢良在此篇內的發言只算成一次，那麼他們在全書中則只發言二六次（9%）。桓寬對文學和賢良的評價很高：「舒《六藝》之風，論太平之原。智者贊其慮，仁者明其施，勇者見其斷，辯者陳其詞。……斌斌然斯可謂弘博君子矣。……推史魚之節，發憤懣，刺譏公卿，介然直而不撓，可謂不畏強禦矣。」（〈六〇雜論〉）

丞相史和御史都是隨從，他們的發言立場基本上有兩種型態：㈠幫上司解危，㈡緩和爭論的場面。他們較少觸及政策性的議題，可論性較低。所說的論點也多是在重述桑大夫的旨意（尤以御史為甚），但是也有精彩的場合，例如在〈二三遵道〉到〈二六刺議〉之間，丞相史意圖為桑大夫解圍，但也因而飽受了文學的流彈攻擊。另一個例子是，在〈二六刺議〉內，文學就毫不留情地對丞相史說：「子非孔氏執經守道之儒，乃公卿面從之儒，非吾徒也！」然後「丞相史默然不對」❹。桓寬對丞相史和御史的評價很低：「若夫群丞相史、御史，不能正議，以輔宰相，成同類，長同行，阿意苟合，以說其上，斗筲之人，道諛之徒，何足算哉。」（〈六〇雜論〉）

為何在〈四二擊之〉到〈五九大論〉這下半部內的討論，顯得秩序井然，而且在態度比上半部一～四一篇更和平理性？那是因為在會後會裡，桑弘羊希望文學和賢良能支持他要討伐匈奴的主張（詳見第四節「匈奴的問題」），而文學和賢良對桑大夫卻已無所求（當初所訴求的鹽鐵問題在〈四一取下〉

---

❹　此外，在〈二五孝養〉的倒數第二段內，丞相史說：「上孝養色，……」，這段話應該是丞相史而非丞相所講的話，原文漏一「史」字，張之象、張敦仁、王利器都同意這項校改。這一點其實相當明顯，因為接下來是文學所說的：「今子不忠不信，巧言以亂政……」，正是針對丞相史所說的「上孝養色，……」而發。這樣的轉折，也才能接得上下一篇（〈二六刺議〉）的首段，內容是丞相史氣急敗壞地替自己辯護：「……使文學言之而是，僕之言有何害？……」

時已有定論），所以在態度上可以從容反駁桑弘羊。在第四節裡可以看到，桑大夫和文學用了十一篇（四二～五二）的長度，激烈爭辯是否應該討伐匈奴，但因為文學堅持不讓，所以桑大夫氣得把話題轉到表面上看來不相干，且無實質政治、經濟、社會主題的〈五三論鄒〉、〈五四論菑〉等問題上。所以，四二～五九篇的題材其實只有一個：是否應討伐匈奴，這才是桑大夫要召開會後會的主因，可惜碰了一鼻子灰。

## 三、會後會的問題

要辯清有無會後會的問題，第一項要解決的是如何解釋〈四二擊之〉第一段的不合情理：「賢良、文學既拜，咸取列大夫，辭丞相、御史。」以下分幾點解說此段所產生的困擾。

㈠從與會者的角度來說，既然御史已辭，他就不應該出現，但從〈五五刑德〉的倒數第二段起，御史竟然出現了，直到〈五八詔聖〉的第三段才停止發言（「御史默然不對。大夫曰：……」）。再說，御史是御史大夫桑弘羊的屬下，既然桑大夫出席，則御史也應出席才對，所以御史其實未辭。況且，御史的地位並不是很高，若要退席，也不應該和丞相車千秋用同位格的「辭」，只要用「退」即可。所以這段話可能是由於其中尚有逸文，或是學者在斷句上的不當。我們認為，這段話應該到「辭丞相」就結束了，「御史」這兩個字應該和下一段起頭的「大夫曰：」合在一起，成為「御史大夫曰：」。這樣比較講得通的原因，是因為既然有了會後會，而桑弘羊又是官位最高者，所以由他帶頭發言是合理的。再說，既然是會後會的首次發言，所以用他的官職全稱「御史大夫」來描述，也是合理的。或曰：〈○一本議〉的首次發言是文學，但也沒稱他們為「文學高第」，所以硬要把〈四二擊之〉的大夫說成應該是全稱「御史大夫」才正確，似乎有點勉強。這或許是有點勉強，但總比「辭丞相、御史」這句話所產生的兩項矛盾（⑴在官方用語上奇怪；⑵御史其實有出席，並未退場）合理多了。

㈡比較麻煩的「咸取列大夫」這句話。很有可能在〈四二擊之〉的開頭有逸文，才會造成後世讀者的困惑，但也有可能是由於傳抄上的錯誤。有一種可能的斷句法是：「賢良、文學既拜，咸取（通「聚」）列。」（因為〈六○雜論〉裡有「咸聚闕庭」這種用法❺）之後的句子是：「大夫辭丞相。御史大

夫曰：……」。依照這種斷句法，「大夫」這兩字就重複了。我們也可以把全段讀為：「賢良、文學既拜，咸聚庭，辭丞相。御史大夫曰……」這樣讀起來就暢順了。這種解讀方式的關鍵在於，我們認為「取列大夫」這四個字，有可能是「聚庭」這兩個字經過累次傳抄而漸誤的。請看下列的文字模擬變化：

這當然只是一種揣測，但看來也有點道理。

　　接下來的問題是，正式的會議是在始元六年 (81 BC) 二月召開的，那麼會後會是在同年的幾月？會後會的時間，應該是在始元六年二月到七月之間。二月的會議結論是：「請且罷郡國榷沽、關內鐵官」（〈四一取下〉），此奏已上而昭帝之詔並未立刻傳下，所以可能有一部分賢良和文學還留在京師候訊，桑弘羊就利用這個時機召開會後會。一個設想是，可能在五、六月。上官桀用假造的燕王旦上書來傾害霍光，這項陰謀在那時已破露，昭帝開始懷疑上官桀那批人。這件事一方面會逼桑弘羊想利用召開會後會討論伐匈之事，來挽救政治危機的壓力；另一方面，朝廷發生了這件大事，所以昭帝遲延到七月才下「罷郡國榷沽、關內鐵官」的詔書。（「秋七月，罷榷酤官，……」）

## 四、匈奴的問題

　　武帝時因與匈奴火拼，以致兩敗俱傷，在武帝、昭帝之際，漢朝經過休養生息，已稍恢復活力。為何在四二～五九篇中，雙方有十一篇（四二～五二）大論討伐匈奴之事，而在一～四一篇中卻只有三篇（十二、十六、三六）和匈奴相關？

---

❺　〈二八國疾〉：「……鄙人固陋，希涉大庭，狂言多不稱。……」此處之「庭」字，可以和〈六〇雜論〉的「咸聚闕庭」對比。

　　如果四二～五九篇是會後會的記錄，那麼，既然丞相和丞相史不參與會後會，依官階而言，就應該由桑大夫來主導會議。桑弘羊在〈四二擊之〉的第一段，就把主題帶到匈奴問題上，而且主張採取攻勢：「今欲以小舉擊之，何如？」他的用意大概是，既然在正式的會議內（一～四一篇），對鐵稅和酒稅兩項已作出讓步，所以他希望文學和賢良能在伐匈政策上投桃報李。

　　昭帝初年匈奴的威脅已弱，為何桑弘羊這麼積極伐匈之事？主要是他已經意識到昭帝和霍光想鏟除他的政治勢力，如果能夠把全國的注意力轉移到討伐匈奴上面，若有小功，說不定還可以藉機翻身重導國政。這是藉外亂以平內危的手法，沒想到文學完全不給面子：「地廣而不德者國危，兵強而凌敵者身亡。……方今縣官計，莫若偃兵休士，厚幣結和親，修文德而已。若不恤人之急，不計其難，弊所恃以窮無用之地，亡十獲一，非文學之所知也」（〈四二擊之〉）。

　　這種厭戰的氣氛，是自從李廣利全軍覆沒之後，已彌漫朝野，所以文學才會向桑弘羊潑冷水❻。然而桑大夫並不輕易放棄這項意圖，和文學從〈四二擊之〉糾纏到〈五二論功〉，互不相讓。桑大夫的主張和論點一貫，例如：「匈奴無城廓之守、溝池之固，……上無義法，下無文理，君臣嫚易，上下無禮，……夫以智謀愚，以義伐不義，若秋霜而振落葉，……」（〈五二論功〉）。文學的反戰態度也堅定如一：「匈奴車器無銀黃絲漆之飾，素成而務堅，……車省而致用，易成而難弊。……一旦有急，貫弓上馬而已。……群臣為縣官計，皆言其易，而實難，是以秦欲驅之而反更亡也。故兵者凶器，不可輕用也。……」（〈五二論功〉）。雖然桑大夫的姿態和要求都不高（「今欲

❻　《漢書‧武帝紀》征和三年：「……三月，遣貳師將軍（李）廣利將七萬人出五原，……廣利敗，降匈奴。」戰敗的責任應該歸在武帝，因為他憑一己的喜好選將，憑一時的衝動出兵，又在大軍已出之後，因巫蠱案收李廣利之妻子。數萬兵士的性命，就這樣被武帝送掉了，而他並沒有自我檢討，據《漢書‧西域傳》：「……朕之不明，以軍候弘上書言匈奴縛馬前後足，置城下，……公車方士、太史治星望氣，及太卜龜蓍，皆以為吉。匈奴必破，時不可再得也。……卦諸將，貳師最吉。故朕親發貳師。……乃者貳師敗，軍士死略離散，悲痛常在朕心。……」。在這篇輪臺之詔中，武帝把責任推給卜卦，而看不出一點悔禍之心。在這種情形下，人民自然厭戰。

以小舉擊之，何如?」)，但文學仍然毫不假以辭色。

　　《鹽鐵論》下半部的十八篇內，就有十一篇在激辯是否應該討伐匈奴。若說下半部是桓寬臆造，他何必讓雙方拉扯不清，反覆地各自表述? 以他的反桑立場和反戰的見解，如果真是要臆造的話，只要醜化和矮化桑弘羊即可，不必要讓他有機會大發議論。以下再分三種狀況析論。

　　㈠如果宣帝時期（即桓寬著撰此書時）匈奴的問題嚴重，國人討伐匈奴的意願必高，文學也應無反戰心理。桓寬若以臆造手法，用反戰的觀點撰寫下半部，豈不是自絕於國人? 桓寬在全書內的立場，都是在支持文學和賢良的論點，可以說是反戰派，那麼他又何必臆造四二～五二篇，大談討伐匈奴的事情? 所以，很有可能真的是有過會後會，而且桑大夫一開始就把主題導入伐匈問題，然而文學卻堅定地反對到底，雙方相持不下。

　　㈡相反地，如果宣帝時的匈奴問題不嚴重，桓寬以臆造手法，用反戰觀點來譏評桑大夫的主戰思想不當，這樣說才比較合理。所以關鍵就在於桓寬撰寫時，匈奴問題是否嚴重。《漢書・宣帝紀第八》說本始二年 (72 BC) 夏之後，「匈奴數侵邊，又西伐烏孫。……凡五將軍，兵十五萬騎，校尉常惠持節護烏孫兵，咸擊匈奴。」有一種見解認為，漢軍此時雖然無法抓住匈奴的主力，但常惠和烏孫兵已足夠應付匈奴;此時的匈奴已非漢朝大患，只是騷擾而已。若匈奴問題真的不嚴重，那桓寬何必耗費四二～五一篇的精神大論此事?

　　㈢荀悅的《漢紀》卷十七宣帝三年載:「……初，匈奴數侵邊，又西伐烏孫。武帝欲與烏孫共擊匈奴，故以江都王建女細君為公主，妻烏孫昆彌。……於是匈奴復侵烏孫昆彌。昆彌與公主上書，請擊匈奴。……」。可見「匈奴數侵邊」是在武帝時。《漢書・宣帝紀》載:「……匈奴數侵邊，又西伐烏孫。烏孫昆彌及公主因國使者上書。……」，因為內容較簡化，容易使人誤為「匈奴數侵邊」是在宣帝時。《漢紀》的記載條理分明，不似誤抄，亦不似臆測。荀悅的《漢紀》雖是根據《漢書》而作，但荀悅亦有所刪潤，常可補《漢書》的缺陷❼。《四庫全書提要》稱:「……蓋以悅修《紀》時，固書猶未舛。……」。由此可知宣帝本始三年之役，並非由於匈奴侵邊。

❼　荀悅是漢獻帝時的秘書監侍中，應該可以看到很多原始文獻。

那為什麼在正式會議內（一～四一篇），只有三篇談到匈奴問題，而在會後會時才大幅討論此事？那是因為正式的會議是以鹽鐵問題為主軸，所以文學和賢良把論點放在寬賦減稅這類的事項上，對匈奴問題只是跳躍性地應答（第十二、十六、三八篇）。而在會後會時，既然桑大夫一開始就談匈奴問題，文學就不客氣地反駁了。在正式會議時，在〈十二憂邊〉和〈十六地廣〉內，都是文學和桑大夫對答，到了〈三八備胡〉時，就完全由賢良應答。一方面賢良的人數少，二方面是他們的意見已表達完畢，所以在四二～五二篇內就完全沒發言，只由文學和桑大夫雙方拉鋸對峙。

## 五、記載方式的問題

桓寬在〈六〇雜論〉說，鹽鐵會議的內容是「汝南朱子伯為予言」，所以有可能是汝南郡的朱生（他可能是參與會議的文學之一），把當時的情景告訴同郡的後輩桓寬，但恐怕也難免地加上了自己的見解。桓寬在宣帝時 (71–49 BC) 舉為郎（皇帝的侍從官），史稱桓寬習《公羊春秋》，他有可能是宣帝時的博士弟子（可能師事顏安樂或嚴彭祖），後任盧江太守丞，但他的生平事蹟以及生歿年尚無法確知。鹽鐵會議的正式發言記錄，應該是由太史令執掌，《漢書‧公孫田等傳贊》說鹽鐵會議「當時詰難，頗有其議文」，以桓寬的身分未必能見到這些記錄，他的記載是靠別人轉述的。《漢書‧公孫田等傳贊》稱桓寬「推衍鹽鐵之議，增廣條目，極其論難，著數萬言，亦欲以究治亂，成一家之法焉」，這句話說明了桓寬撰寫《鹽鐵論》的手法與性質。

目前《鹽鐵論》最好的版本，只能追溯到明代的涂禎本，離漢代已遠，傳抄的錯誤可想而知。歷代都把它當作儒家的諸子書之一，科舉功名上的用途遠不及群經和正史，也因而得不到應有的校勘整理。有些文字看來矛盾，可能是由於衍文或脫誤的關係。例如，〈六〇雜論〉與《漢書‧公孫田等傳贊曰》所記載的就有差異。〈贊曰〉至「其辭曰」以下當為原文，若拿此段話來和《鹽鐵論》相對應的部分比較，則《漢書》應較少有傳抄錯誤的可能。然而也不能完全排除班固作了整段的刪節。某些引經據典的地方，也往往出現異文，其中有些可能是因為經書傳承上的差別，但也有些地方是明顯的衍誤，例如「異乎吾所聞」就誤成「異哉吾所聞」❽。類似這樣的地方，尚需要多作考證。

　　前面提到姚鼐說「寬之書，文義膚闊無西漢文章之美，……其明切當於世，不過千餘言，其餘冗蔓可削也。」桓寬的文體，恐怕與西漢的經學傳統有關。博士傳經，本期於致用，往往多方收集例證，不嫌雜廡。元帝以後，各家博士皆有「章句」，往往動輒至數萬言，用之於「應敵逃難」 ❾。昭、宣之時，此風已開（宣帝時的小夏侯《尚書》已有章句），桓寬大概受到這種文風的影響。

　　桓寬在還原鹽鐵會議記錄的過程中，難免會把自己的議論和見解摻入其內。基本上他和桑弘羊的思想格格不入，如果要臆造的話，大概是著重於描述桑弘羊的窘境，如〈一〇刺復〉的「大夫繆然不言，蓋賢良長歎息焉。」和〈五九大論〉的「大夫憮然內慚，四據而不言。」這類的描述將近有二十條之多。若桓寬真要臆造桑弘羊的言論，在手法上應該是把他的說辭極端化，引人反感，而比較不會去虛擬他的論點，因為能揣摩得這麼前後一致，唯妙唯肖，也不容易。

　　若說《鹽鐵論》的後半部是桓寬臆造，也可以用另一種說法來反駁。雖然桓寬是在宣帝朝才撰寫此書，但昭帝朝的老官，以及當時參與鹽鐵會議的賢良和文學，也一定還有人健在。所以一方面是桓寬未必敢這麼做，二方面是同時代的人若看到桓寬臆造，以當時私家著述的風氣已逐漸蓬勃，難道不會留下抱怨此事的記載或傳聞嗎？

　　還可以從另一個角度，來看桓寬在處理下半部（四二～五九篇）時落筆的謹慎態度。在〈五四論菑〉裡，桑弘羊把論點從鄒衍的五行轉到陰陽災異

---

❽　「異乎吾所聞」典出《論語・子張》：「子夏之門人問交於子張。……子張曰：『異乎吾所聞。……』」。在《論語》中的原意是：「子張聞自孔子的話與子夏門人所說的不同。」桓寬用此典故來表示，朱生（朱子伯）告訴他的話（內幕消息）和外間所傳不同。至於「異哉吾所聞」則非典故，用現代話講就成了：「（朱子伯）告訴我的事好希奇哦！」顯然前一說為長。

❾　《漢書・睦兩夏侯京翼李傳》：「……勝從父子建字長卿，自師事勝及歐陽高，左右采獲，又從五經諸儒問與尚書相出入者，牽引以次章句，具文飾說。勝非之曰：『建所謂章句小儒，破碎大道。』建亦謂勝為學疏略，難以應敵，建卒自顓門名經，為議郎博士……」。《漢書・藝文志》：「……後世經傳既已乖離，博學者又不思多聞闕疑之義，而務碎義逃難，便辭巧說，破壞形體；說五字之文，至於二三萬言……」。

問題上。他的問話相當主動，特別強調：「妖祥之應，鬼神之靈」，而且用「不知則默，無苟亂耳。」來反激文學。他的用意一方面是想替兵刑找出理論的根據，但另一方面似乎也想趁機找碴子，要從文學的答辯辭中引出犯忌的話，看是否能扳回一城。陰陽災異在西漢是個大熱門的題材，熟悉《公羊春秋》與《尚書・洪範》的文學們很容易見獵心喜。從戰國末期到西漢談論災異的人，很著重「天人感應」，一聽到怪異的現象，往往會聯想到政治人物的命運。若把這種信念用到實際問題上，而且認定自己的見解，就很容易產生悲劇。

　　然而文學們也不是省油的燈，他們熟知前朝董仲舒的遭遇。《漢書・董仲舒傳》載：「……仲舒治國，以春秋災異之變推陰陽所以錯行，故求雨，閉諸陽，縱諸陰，其止雨反是；行之一國，未嘗不得所欲。中廢為中大夫。先是遼東高廟、長陵高園殿災，仲舒居家推說其意。艸稿未上，主父偃候仲舒，私見，嫉之，竊其書而奏焉。上召視諸儒，仲舒弟子呂步舒不知其師書，以為大愚。於是下仲舒吏，當死，詔赦之。仲舒遂不敢復言災異。」在這種背景下，桓寬所記述的文學應答辭，就顯得非常低調：勿用嚴刑、順天、寬民。他們用「天道好生惡殺，好賞惡罪。」（〈五四論菑〉）來躲閃桑大夫的陷阱，同時也反擊性地說：「……故臣不臣，則陰陽不調，日月有變；政教不均，則水旱不時，螟螣生。此災異之應也。」（〈五四論菑〉）文學在此巧妙地影射桑大夫「臣不臣」，這種勾心鬥角，後世的讀者不一定容易體會到。

　　桓寬是個公羊學者，在重建這段對話時，顯然也很意識地在控制自己的筆端，保持低調的態勢。那是因為有眭孟的覆轍在前，更提醒他要用這種謹慎的手法書寫❿。如果他真要臆造《鹽鐵論》的下半部，那他根本就應該迴避這個題材。

---

❿　《漢書・眭兩夏侯京翼李傳》載：「……眭弘，字孟，……從嬴公受《春秋》，以明經為議郎，至符節令。孝昭元鳳三年正月，泰山……有大石自立，……又上林苑中，大柳樹斷枯臥地，亦自立生。……孟推《春秋》之意，……有從匹夫為天子者。……漢帝宜誰差天下，求索賢人，禪以帝位，……奏賜、孟妄設襖言惑眾，大逆不道，皆伏誅。」

## 六、結 論

　　賴文的旨意是在呼應姚鼐的論點，說《鹽鐵論》的下半部（四二～五九篇）有可能是桓寬臆造的。姚鼐的論點是直覺性的，並沒有提出結構性的證據，也沒有外部性和內部性的邏輯檢驗；賴文從全書上下兩部結構迥異的角度，提出四項理由來呼應他的觀點。這當然是個有趣的議題，賴文的懷疑乍看之下也有些道理，但主要的缺失，是他單從全書的結構來看，忽略了從內文找出細微的證據來檢驗這個問題。

　　本文提出相反的論點，說此書的上下兩部之間應該是有機的關聯，關鍵點在於是否有會後會。姚鼐和賴文認為沒有會後會，主要是質疑〈四二擊之〉的首段文字。我們認為此段可能有逸文，因而導致解讀困難；若無逸文，則在斷句上應有其他的解讀方式。我們在第三節提出新的斷句法，並考證會後會的可能日期，這兩點可以用來支持很可能有過會後會，而不是桓寬臆造的，也不是他在託事立言。

　　如果真的有會後會，那就回答了賴文的第一項質疑（雙方代表人物的問題）。我們的回答是，丞相和丞相史並未出席會後會，出席者有御史大夫桑弘羊、他的屬下御史（數人）、文學（五十人以下）、賢良（八人或更少）。

　　第二項疑點是四二～五九篇的主題，與鹽鐵會議的主旨不相干。是的，桑大夫的主要目的，是希望文學和賢良能夠支持他的伐匈主張，因為鹽鐵問題在〈四一取下〉時已有定論，所以會後會的主要議題就轉到伐匈問題，但雙方因相持不下，怨怒而散。

　　第三是匈奴問題的比重，為何在一～四一篇內所佔的比例不多（只有三篇），而在四二～五九篇內卻有十一篇？此事在第四節已有詳論，不贅。

　　第四個問題是：一～四一篇內的言辭激昂，各篇之間的主題跳躍不連貫，而在四二～五九篇內卻是論點平穩理性，諸篇之間的秩序井然？那是因為一～四一篇所論的主題紛雜，各方相持不讓，焦點不易集中；而四二～五二篇中的主題是單一的（伐匈問題），五三～五九篇的題材是次要的，是輔助性的言談，不是桑弘羊的主要訴求。再說，一旦進入〈五五刑德〉、〈五八詔聖〉這些論題時，桑大夫當然不是文學們的對手，再論下去必然自討無趣，所以就不歡而散了。

　　針對四二～五九篇是否為桓寬臆造的問題，我們在此提出另一些可能性的論點，希望能引發更多不同角度的討論。

## 七、附錄：車丞相的重要發言

　　丞相車千秋在鹽鐵會議內的發言次數最少：在〈二九散不足〉有兩次單句型的話，在〈三一箴石〉開頭有一段六行的論述，在〈三九執務〉有一段四行的表述，如此而已。一方面這是他的政治成熟度與個性的關係，二方面因為他是會議的主席，發言次數少也合乎會議的常情。然而，車丞相的角色並非無關緊要，其實他發揮了相當重要的功能，只是因為做得清淡而容易被人忽略。

　　在〈二九散不足〉的前兩段內，桑大夫其實已被賢良駁倒，以致「大夫默然」。事情本來可以到此為止，轉談他題，但車丞相卻再度挑起這個會讓桑弘羊更難堪、更處於下風的題材。他只輕淡地說了一句：「願聞散不足」，這就給了賢良一個大幅發揮的空間。從第五段一直論到第三八段，大論奢靡之不當以及節儉的重要。這些話都是針對桑派人士平日的作為而發，車丞相表面上是在關心時政和民弊，但更深沉的用意卻是在使桑弘羊難堪：車丞相在政治上陰黨霍光，但在鹽鐵會議上又不便直說，就利用這種單句挑撥法借刀殺人。另一個類似的例子，是在〈三一箴石〉的首段，丞相說了一段六行的話，再度藉著賢良、文學的事來批評主政者（桑弘羊）：「……使有司不能取賢良之議，而賢良、文學被不遜之名，竊為諸生不取也。……縣官所招舉賢良、文學，而及親民偉仕，亦未見其能用箴石而醫百姓之疾也。」

　　這兩處已可以顯現車丞相的手法與立場。《漢書·車千秋傳》說：「昭帝初即位，……政治壹決大將軍（霍）光，千秋居丞相位，……終不有所言。光以此重之。」桓寬在〈六〇雜論〉的末段也盛讚車丞相，說他「當軸處中，括囊不言，容身而去，彼哉！彼哉！」

　　車丞相這種「終不有所言」的形象，和上面所引述兩段借刀殺人的話，並不一致。他藉著輕描淡寫的挑撥手法，來表達他對桑派人士的不滿，以及對賢良與文學的支持，確實能讓他「容身而去」，這種高超的政治身段，真是「彼哉！彼哉！」

　　車丞相的四次發言，幾乎全都是在配合賢良的論點。從〈二八國疾〉到

〈四一取下〉，有某位賢良大出鋒頭，他的語氣平緩堅定，層次清楚，舉例豐富，多方面都能顧慮到。此次會議最後能達到部分目標（「罷郡國榷沽、關內鐵官」），這位賢良的功勞不小。開始時他完全沒有發言，直到桑大夫在〈二八國疾〉時受了困（「大夫視文學，悒悒而不言也。……大夫色少寬，面文學而蘇賢良曰：……」），並尊稱這位賢良為「子大夫」，向他求援而碰了一鼻子灰時，才知道他的厲害。然而，如果沒有車丞相在旁邊撐腰、打邊鼓，這位賢良的作用可能就小多了，此事的前後過程很值得欣賞❶。

　　這位賢良在〈二八國疾〉開始講話，在此篇末段作了二十行的大議論，這股大氣勢在場面上把桑大夫壓了下去。這位賢良在此篇的結語是：「故國有嚴急之徵，即生散不足之疾矣。」「不足」這個名辭，後面也數度用到。針對這個論點，桑大夫的初步反應是恐嚇性的：「患至而後默，晚矣！」（〈二九散不足〉首段）接著，賢良以不亢不卑的態度回應。桑大夫一時也沒有話講，若非車丞相再挑起這個話題來，恐怕這個論題就這樣放過了。車丞相的用語很講究，他沒有接續剛才的那句話，而是巧妙地趁之前一回合的印象還沒有消失時，說了一句具有挑撥性的話頭：「願聞散『不足』」，這就開啟了賢良的長篇大論。這篇大論，是全書內最長的，依照王利器的分段方式，共有三四段（段五～三八），其結語是：「故國病聚不足即政危，人病聚『不足』則身危。」這時，丞相說了一句結束語：「治聚『不足』奈何？」這句話表面上看來是不關痛癢的發問，但臨場效果卻不止如此。賢良立刻又接著說：「蓋橈枉者以直，救文者以質。……」結果是桑「大夫勃然作色，默而不應」（〈三〇救匱〉）。這時候丞相才假裝責備幾句：「……使有司不能取賢良之議，而賢良、文學被不遜之名，竊為諸生不取也。……」（〈三一箴石〉）賢良趁機把論點拉開，說：「君子之路，行止之道固狹耳。」希望藉此來緩和場面。然而此時桑大夫已被引起鬥志，身不由己地辯起這些話題來：「己不能故耳，何狹之有哉？」（〈三二除狹〉）為了避免無謂的衝突，賢良趁勢談起「選賢」。

　　一直到〈三八備胡〉，桑大夫和這位賢良之間的辯論有如短兵相接，針鋒相對。論點有時偏離主題，有時又回到會議的主要議題上：廢除鹽鐵專賣。

---

❶　從桓寬的文字裡，當然無法確切判斷是否只有一位賢良發言，可能是八位賢良內有一位意見領袖，匯總其他賢良的意見之後，所作的統一發言。

　　到了〈三八備胡〉的尾段，桑大夫又「默然不對」，此時丞相又介入了：「願聞方今之急務……」（〈三九執務〉）這句挑撥性的問話，再度把桑大夫逼得圖窮匕現：「利歸於下，而縣官無可為者」（〈四一取下〉）。這個說法再度引起賢良的最後一擊：「安者不能恤危，飽者不能食饑，……從軍者暴骨長城，戍漕者輦車相望，生而往死而旋，彼獨非人子邪?」場面急轉直下，「公卿愀然，寂若無人。於是遂罷議止詞。」（〈四一取下〉）

　　綜觀車丞相在鹽鐵會議內的四次發言，我們的評語是「清淡」之外，還有「精準」、「老到」。

# 第二十五章
## 梁啟超論古代幣材

這篇文章是我與賴建誠教授合作的最後一篇。我的主要貢獻是經由古籍的考證來澄清有關的各項觀念，例如：占卜用龜的價格、春秋時「幣」與「薦」的含義，以及先秦時用「泉」字作為「錢幣」用法的原由。這些見解多放在各個長腳注中。

為什麼梁要寫〈中國古代幣材考〉(《飲冰室文集》20:58–72，1910 年)？他有一項獨特的論點：從演化的觀點來看，中國的幣材從上古的貝幣到皮幣、到珠玉、到銅銀，他認為這是一系列歷史進化的過程；到了廿世紀，中國「今日之必當用金以為主幣」(20:58)，才符合歷史的潮流。此外，他認為貨幣有四大職務，要完成此四大職務的幣材需具備八德，「金則八德咸備」(20:71)。他心中真正要說的話，是當今列強皆採金本位，而「顧頗聞廷臣之議，猶復有主銀而不主金者。此猶生秦漢以降，尚矜矜然欲貨貝而寶龜也，蔑有濟矣。」(20:72)

1910 年時中國應採金本位或銀本位，是個可以爭辯的大議題，牽扯的主客觀條件甚雜，難以片言斷決。梁若從幣材進化的觀點，認定採金本位才合乎演化論的原則，那必然引諭失當。雖然主論難成，但純就知識的觀點而言，其中亦有趣論可述者。梁認為中國古代幣材經過貝幣、龜幣、皮幣、粟與帛布、禽畜、器具、珠玉七項之後，才演進到用金屬作為幣材，而且金屬終必能凌駕諸品獨佔優勝。

說明了幣材的諸種考證之後，梁的要點是論證黃金為最佳幣材：「貨幣有四種職務（一曰交易之媒介，二曰價值之尺度，三曰支應之標準，四曰價格之貯藏），惟最能完成此職務者，最適於為幣材。欲完此職務奈何？是當具八德。一曰為社會人人所貴而授受無拒者。二曰攜運便易者。三曰品質鞏固，無損傷毀滅之憂。四曰有適當之價格者。五曰容易割裂，且不緣割裂而損其價值者。六曰其各分子以同一之品質而成。七曰其表面得施以模印標識者。八曰價格確實而變遷不劇者。……金則八德咸備矣。銀亦幾於具體而微，而其所缺憾者，則以晚近數十年來，全世界銀塊之出產太盛，而需要之增進不

能與之相應，故其價漲落無常。……今則惟金獨尊，而銀則夷而為從與銅同位；原則所支配，大勢所趨赴，雖有大力，莫之能抗也。……」(20:71–72) 這段話所談的貨幣四種職能與八德，皆中肯之論，但若據以主張金本位卻失之公平，因為中國若有足夠的黃金，何必主張用銀？若黃金不足，主金奈何？

梁在論七項幣材時，有些說法是眾所熟知，但也有些說法甚可辯駁，或有待補論，現依梁文的節序逐一析述。

## 一、貝　幣

梁對貝幣的解說有幾項要點。

㈠古代濱海之國、地中海沿岸諸民族用貝之跡歷歷可稽，今日印度洋、南太平洋諸島民尚多用貝者；「而用之最盛者，則莫我中國古。」(20:58) 這個論點的前半段無疑，但若要宣稱中國古代是「用之最盛者」，則需要從古代遺址推測三件事：⑴某個地區的可能貝幣總數量；⑵同一地區的可能人口數；⑶據以推測平均每人可能使用的貝幣數。要有這三項指標，且能據以和其他文明對比，才能證實梁的宣稱。

㈡他提出古代人民喜用貝的六項原因，因文長不擬具引，大意為：貝質堅緻，可經久不壞；文采斑斕，民所同嗜；質輕體小，適為交易媒介；不能以力製造，價格較穩定；比採礦范金為事較易，用貝易於用金。由於有這些優點，所以被公認為媒介之良品，「故古代之貨幣，雖命為貝本位制焉可也。」(20:59) 這是解說性的敘述，說得很精彩，但內容不具爭辯性。

㈢接下來，梁根據《說文》對「貝」字的解說：「周而有泉，至秦廢貝行錢」，進而推論：「若此說確，則用金屬為貨幣，實自周始。前此實皆用貝，即周代亦不過貝錢並用，貝之不為幣，實自秦而始然耳。」(20:59) 貨幣史學者對這項過於簡要的敘述，有較詳細的解說：「貝和中國人發生關係很早。在新石器時代的初期，便已經有貝的使用，相當於傳說中的夏代。但夏代使用貝，並不是說夏代就有了貨幣。自貝的使用到它變成貨幣，應當有一個相當長的時間上的距離。因為貨幣的產生要以商品生產為前提，而且一種物品必須具備各種社會條件，至少要有用途，才能成為貨幣。……貝幣在中國的演進，大概經過兩個階段：先是專用作裝飾品，這應當是殷商以前的事；其次是用作貨幣，這大概是殷代到西周間的事。但在它取得貨幣地位之後，仍可

被用作裝飾品，正同後代的金銀一樣。貝殼本身有天然的單位，這在鎔解術不發達的古代，正是它作為貨幣的一種優越條件。到了春秋戰國時期，貝幣應當已不再流通，尤其是真貝，在市面應已絕跡，因為那時已有其他各種鑄幣了。奇怪的是：在這一時期的墓葬中，還有真貝出現。這不一定意味著當地還有貝幣流通，雖然也不能完全否定這種可能性，因為秦始皇才正式廢貝。但更可能的是：人們由於傳統觀念，還把它當作貴重品，特別是當作裝飾品，用來伴葬。」（彭信威 1965:12, 14, 28）

　　㈣從《說文》內列舉與貝字相關的 47 個字（另有未錄者約 20 字），推論說「我國凡生計學上所用之字，無論為名詞、為動詞、為形容詞，十有九皆從貝，……則貝為古代最通行之貨幣，且行之最久，其事甚明。」(20:59–61) 這一點大致上可以接受，但梁接著說：「後世貨幣，皆以金屬鑄為圓形，名曰圜法，亦取象於貝也。」❶(20:61) 貝非圓形，何以圓錢會「取象於貝」呢？彭信威 (1965:52–55) 另有解說：「環錢在戰國時期的幣制中是……個重要的體系，它是一種承上啟下的貨幣形態。……特點是它的圓形，中間有一圓孔。……大抵初期環錢的孔小，後期環錢孔大。一般錢幣學家把環錢叫作圜金或圜錢，這是不大恰當的。……實際上這些錢幣學家正是以為太公所作的所謂圜法是指環錢，這是錯上加錯。……班固所說的圜法，顯然是指一種貨幣制度，他明明說：這種圜法包含三種要素，即黃金、銅錢和布帛。而錢幣學家們卻把圜法兩個字理解為環錢。總之，圜字容易引起誤解，不如環錢這名稱包含有內外皆圓的意思。……關於環錢的時代，還是一個沒有解決的問題。……最早的環錢是垣字錢和共字錢，垣和共應當都是地名，所以它們的上限不可能早於紀地的空首布，下限是戰國末年。大概鑄於公元前第四世紀到第三世紀。」從這些說明看來，梁所理解的「圜法，亦取象於貝也」，還有待證實❷。

---

❶　「圜」通「圓」（聲亦同）。《墨子·經上》：「圜，一中同長也。」《集韻》：「圜，或作圓。」

❷　關於環錢與貝殼的關係，由許進雄《中國古代社會》頁 492 右上角的圖，可以得到一些啟發。在比較後的時期，所用的海貝往往磨去背部，成扁平形狀，其外邊就成了環形，只是不太圓而已。後來的環錢可能仿此製造。彭信威 (1965)《中國貨幣史》頁 53–54 對環錢有很好的解說與辯證。

## 二、龜 幣

梁以一頁的篇幅(20:64)解說龜幣,其中有多項敘述或是過於簡化或是有誤,以下逐項引述辯駁。

㈠「《說文》云:『古者貨貝而寶龜』;《禮》云:『諸侯以龜為寶』;《史記‧平準書》云:『人用莫如龜』;《漢書‧食貨志》云:『貨謂布帛及金刀龜貝』。是古代以龜為幣(以其介為幣也),歷歷甚明。據杜氏《通典》,言神農時已用之。其信否雖不可考,然《漢書‧食貨志》言:秦并天下,凡龜貝皆不為幣,然則秦以前皆用為幣甚明。《易》曰:或錫之十朋之龜,然則殆與貝子母相權。十朋云者,謂所錫之龜,價值十朋,即二十貝也。」這段話需要拆開來逐一析述。

⑴梁所徵引的《周易》文句有誤。他寫:「《易》曰:『或錫之十朋之龜』,然則殆與貝子母相權。十朋云者:謂所錫之龜,價值十朋,即二十貝也。」首先,《周易‧損‧六五》以及《周易‧益‧六二》爻辭都有:「或益之十朋之龜,弗克違。」而整部《周易》內並無「或錫之十朋之龜」的句子,梁將它與《詩‧小雅‧菁菁者莪》中的「錫我百朋」搞混了。此處「益」作「增益」解。《周易‧訟‧上九》爻辭另有:「或錫之鞶帶,終朝三褫之。」此為《周易》中僅有的「或錫之……」句子,「錫」字在此處作「賞賜」解。其次,梁對「朋」字的解釋亦未詳考。據王國維《觀堂集林‧卷三‧說珏朋》謂:「古者五貝一系,二系一朋,後失其傳,遂誤謂五貝一朋耳。」故「十朋」值百貝。「十朋之龜」表示龜的價值。❸梁解釋「十朋之龜」,竟謂龜與貝「子母相權」,亦匪夷所思。龜之價值視取得難易而定,並無一定標準,更無「相權」之聯繫。

---

❸ 古時占卜用的「神龜」必須夠老夠大,不可能來自飼養,通常是漁者從(長)江水中網得。《尚書‧禹貢》載:「九江納錫大龜。」《莊子‧外物》載:「……(宋)元君覺,使人占之。曰:『此神龜也。』……(漁者)余且朝,君曰:『漁何得?』對曰:『且之網,得白龜焉,其圓五尺。』……龜至,……心疑,卜之曰:『殺龜以卜,吉!』乃刳龜,七十二鑽,而無遺筴。」諸侯貢龜常購自漁者,因產量稀少故價昂。由周代金文銘辭判斷,西周初期(估計為《周易》卦爻辭成形之時),十朋為非常高的價值;《詩經‧小雅》結集的時期(西周後期至春秋初期)貝的價值已貶,當時的「百朋」已大致相當於西周初期的十朋。〈菁菁者莪〉中的「既見君子,錫我百朋」,其實也是誇張的描述,旨在形容享宴中賓主之融洽,友情之可貴而已。

⑵《說文》和《禮記》都以龜為寶，龜甲是用來占卜的，既為寶，怎麼會「淪落」成交易性的貨幣呢？梁引《史記・平準書》說「人用莫如龜」，似乎隱含人所用的幣材是以龜為最上等。查《漢書・食貨志》全文是：「又造銀錫白金。以為天用莫如龍，地用莫如馬，人用莫如龜，故白金三品：其一曰重八兩，圜之，其文龍，……直三千；……三曰復小，橢之，其文龜，直三百。……」《索隱》引用《禮記》「諸侯以龜為寶」的說法，來注解這句話，所以從這整句話的意思來看，並沒有把龜甲當作幣材的意思，而是屬於「天、地、人」中的第三位階：白金依龍、馬、龜分為三品。「人用莫如龜」是在解釋白金幣上鑄龜形紋飾之象徵意義（「其文龜」的「文」即「紋」，與「復小，橢之，」同為對外形的描述）。如淳對「又造銀錫白金」的注解，是「雜金銀錫為白金」，可見那是一種特殊成分的合金，加銀與錫使合金呈白色光澤。「白金」之光澤受各種成分含量多寡的影響，若不知成分，短期內不易模仿得唯妙唯肖，可以阻卻仿造。

⑶接著梁引《漢書・食貨志》說：「貨謂布帛及金刀龜貝」，用以說明「是古代以龜為幣（以其介為幣也），歷歷甚明。」〈食貨志〉首段的原文是：「貨謂布帛可衣，及金刀龜貝，所以分財布利通有無者也。」顏師古對此句的注解是：「金謂五色之金也。……刀謂錢幣也。龜以卜占，貝以表飾，故皆為寶貨也。」可見歷來皆以龜為寶，而梁卻誤以為錢幣，其實毫無「歷歷甚明」的證據。

⑷接著他說：「秦并天下，凡龜貝皆不為幣，然則秦以前皆用為幣甚明。」查〈食貨志〉原文是：「秦兼天下，幣為二等，……而珠龜貝銀錫之屬為器飾寶藏，不為幣，然各隨時而輕重無常。」據此，龜貝在秦皆不為幣，這是對的，但從此句並無法推論「然則秦以前皆用（龜）為幣甚明」。

㈡接著梁提出三點理由，說明何以「龜之所以適於為幣材者。⑴以其質經久不壞，⑵以其得之甚難，⑶以其可以割裂也。以其得之較貝為難，故可高其值，以與貝相權。然亦以此故，其用不能如貝之廣。其可以割裂，雖便於貝，然經割裂，則其價必損，又不如貝之有常值也。」若真的有龜幣，則第一、二點都可接受，第三點則顯得自我矛盾：若以可割裂為其優點，但又說「經割裂，則其價必損」，那麼這是優點或缺點呢？

㈢然而最牽強的證據，是他附了兩個古龜幣的拓本圖片，說明這是「光緒二十五年，河南湯陰縣屬之古牖里城，有龜板數千枚出土，皆鐫有象形文字。為福山王氏懿榮所得，推定為殷代文字，而莫審其所用。余以為此殆古代之龜幣也（參觀拓本）。」(20:64) 以現代的常識來看這兩張拓本，直覺地會認為這是甲骨文而非貨幣，理由是：⑴兩片的形狀都相當不規則；⑵每片都有 8 個（或更多）字，且字字不同。哪有一種貨幣需要寫這麼多字，且個個都有不同的意思？⑶甲骨文專家對這兩個拓片的文字應已能解讀，我們外行人也可看出一個「貞」字和「臣」字。梁所提供的拓片圖，應是龜板甲骨文的殘片，而他指鹿為馬硬說是龜幣。

司馬遷在《史記‧平準書》末段說：「農工商交易之路通，而龜貝金錢刀布之幣興焉。」他把龜當作貨幣的一種，恐不確，或許梁就是因此被誤導而作出上述的論述❹。

## 三、皮　幣

梁對皮幣的見解是：「故皮幣之用於民間者，不甚可考見。言幣制者，亦罕道焉（《漢書‧食貨志》、《通典》記古代錢幣皆不及），然尚行之於聘享餽贈，其用亦等於貨幣。」(20:65) 我們來看貨幣史專家的看法：「近代中外一些學者，由於誤解『皮、幣』二字的意義，……說中國古代曾使用過用獸皮製造的貨幣，或以獸皮為貨幣，甚至有人說得更具體，說是以牛皮為貨幣，這是不確的。在先秦文獻中，『皮、幣』二字雖然不止一次出現在一起，但所指是皮和幣兩種不同的東西，皮是獸皮或皮毛，不一定是牛皮；幣是幣帛，不是貨幣。皮、幣兩種物品在當時也只是作為支付工具，不是作為正式的貨幣。」（彭信威 1965:7 與 p. 11 的注 29, 30）

---

❹ 梁誤解此為「龜幣」，可能是誤信了《周官》的「既事，則繫幣以比其命」，且望文生義。其實此處之「幣」根本不作「貨幣」解。《周官‧春官‧占人》（梁誤為「龜人」）所繫之「幣」為禮神之幣（帛）。《鄭注》：「繫其禮神之幣而合藏焉」，對此事已經講得很清楚。至於「比其命」之「命」，應指命龜之辭，梁自作聰明另生別解。然而《周官》為戰國末年之書，作者不知道殷時命龜之辭是刻在兆旁，而僅根據戰國時卜龜的禮節敘寫，因而又讓梁將這個「幣」字誤解為「龜幣」。

《史記・平準書》和《漢書・食貨志》都記載，漢武帝時以「白鹿皮方尺，緣以繢，為皮幣，直四十萬。王侯宗室朝覲聘享，必以皮幣薦璧，然後得行。」這種白鹿皮幣只在特定場合（朝廷）做特殊用途，並非民間通行的貨幣。漢武帝時的「王侯朝賀以璧，直數千」，若璧只值數千，而鹿皮竟值四十萬，那應是在象徵高貴與特殊，非貨幣也。〈武帝紀〉載：元狩「四年冬，……縣官衣食振業，用度不足，請收銀錫造白金及皮幣以足用。初算緡錢。」應劭對此句的注釋是：「時國用不足，以白鹿皮為幣，朝覲以薦璧。」❺也就是說：你若想上朝廷見皇帝，先決條件是要買鹿皮幣，價格四十萬。這種皮幣的本質是為了彌補國用不足，是向富人或高官敲榨勒索的手法。蕭清(1984:105) 說皮幣「是一種完全新的貨幣制度」，恐不確。

## 四、布帛幣

「中國以布帛為幣材，其歷史最長，唐虞以前，殆已有之。三代及春秋戰國間，其用蓋極盛，故錢謂之布，亦謂之幣。布者布也，幣者帛也。貨幣二字，今成為交易媒介物之專名。貨之材則貝，幣之材則兼布帛而言也。然則貝與布帛，殆可稱古代幣材之二大系統矣。」(20:66–67) 我們再以彭信威(1965:6–7) 的說法來對比：「幣、帛在春秋時期是重要的支付工具，尤其是在統治階級之間。周末用幣、帛的時候很多，天子以幣、帛待賓客，侯以幣、帛獻天子。……私人間的餽贈以及國與國間的往來，也多以幣、帛為工具，所謂『主人酬賓，束帛、儷皮』，所謂『事之以皮、幣』，都是這個意思。就是庶人嫁娶，也要用幣、帛。這恰好證明當時鑄幣還不大通行。」

傳統上「幣」有數義：㈠「絲織物繒帛之類的總名」(《說文》：幣，帛也)。㈡「古代用以祭祀的繒帛」(《周官・天官・太宰》：「及祀之日，贊玉、幣、爵之事。」《注》：「玉、幣所以禮神。」)。㈢「用以聘享的禮物。車馬玉帛等的總稱。也指婚喪時朋友相餽贈的禮物。」(《孟子・梁惠王下》：「事之以皮、幣」；《左傳》中有多處提及此義❻) 彭信威 (1965:7) 也說：「關於幣字，

---

❺　薦璧的「薦」字應訓「陳」，見《廣雅・釋詁》。漢武帝規定要用白鹿皮「薦璧」，這和《儀禮・覲禮》內「四享，皆束帛加璧，庭實唯國所有」的「束帛加璧」類似，僅是加璧於鹿皮之上。

在戰國時期，前面已說過，是指皮、帛，根本不作貨幣解。」曾與梁在清華國學院同事的王國維，寫過一篇 70 多頁的長文〈釋幣〉，對幣帛的起源、意義與用途，從古代至元朝的演變，作了詳細的考證與圖表解說，至今仍有相當的參考價值。這篇考證基本上支持彭信威的說法：在戰國時期幣字根本不作貨幣解。

如果「幣」是指布帛，根本不作貨幣解，那麼梁就不能說：「由此觀之，則周代八百年間，幣制殆可稱為布帛本位時代。其他物雖亦兼為幣材，而為用總不如布帛之廣，此實中國古代史一特色也。各國古代所用金屬以外之幣材，雖有多種，惟未聞有用布帛者，則以蠶業為中國專有之文明故也。」(20:68)

---

❻ 《孟子·梁惠王下》所記孟子的話：「昔者大王居邠，狄人侵之。事之以皮、幣，不得免焉！事之以犬、馬，不得免焉！事之以珠、玉，不得免焉！……」中的「皮、幣」，顯然應作「獻贈品」解，這由「事之」的動詞就可以瞭解。先秦時期，這種以「幣」作「貢獻」的用法很普遍，以下是《左傳》中可見到的例子：

《左傳·襄公二十四年》：「范宣子為政，諸侯之幣重，鄭人病之。……」

《左傳·襄公三十一年》：「子產相鄭伯以如晉。……子產使盡壞其館之垣，而納車馬焉！……對曰：「……逢執事之不閒，而未得見；又不獲聞命，未知見時。不敢輸幣，亦不敢暴露。其輸之，則君之府實也；非薦陳之，不敢輸也！其暴露之，則恐燥溼之不時，而朽蠹，以重敝邑之罪。……是無所藏幣，以重罪也。……若獲薦幣，修垣而行，君之惠也。……」」顯示進貢的幣帛，要用很多馬車來搬運。在這段文字內，「薦」字的意義很顯然。

《左傳·昭公十年》：「晉平公卒。……鄭子皮將以幣行，子產曰：「喪焉用幣？用幣必百兩，百兩必千人，千人至，將不行；不行，必盡用之！……」」顯示動員人馬之可觀。

《左傳·昭公二十六年》：「……楚人以皇頡歸，……楚人因之，以獻於秦……，秦人不予，更幣，從子產，而後獲之。」

《左傳·昭公二十八年》：「寡君是故使吉奉其皮、幣，以歲之不易，聘於下執事……」。

這些例子已足夠顯示「幣」字的用法。上面引述的文句都與鄭國有關，其實也顯示了小國事大國的通例。只是《左傳》對鄭國子產與子大叔應付這種無厭誅求的手法，記載得特別詳盡。

## 五、禽畜幣

「皮帛既為貨幣，則羔雁等亦為一種之貨幣無疑。聘禮言幣或用皮或用馬，士昏禮言納徵用束帛儷皮，而納采納吉請期皆用雁，是皆古人以禽畜為幣材之證。孟子言：事之以皮幣，事之以犬馬，事之以珠玉。皮幣、珠玉既皆古代貨幣，則犬馬亦為古代一種之貨幣明矣！漢武帝鑄幣鏞馬形於其上，亦猶希臘古幣鏞牝牛形，皆沿古者用畜習，而以金屬代表之也。」(20:69) ❼

然而，根據楊寬《西周史》第 6 篇第 9 章〈「贄見禮」新探〉的解說，梁把禽畜視為「貨幣」恐怕不確。《周禮・大宗伯》的記載是：「以玉作六瑞，以等邦國：王執鎮圭，公執桓圭，……。以禽作六摯，以等諸臣：孤執皮帛，卿執羔，大夫執雁，士執雉，庶人執鶩，工商執雞。」為什麼要拿玉、帛、禽這類的東西作為「贄見禮」的儀品呢？「應該起源於氏族社會末期的交際禮節。……就是起源於原始人手執石利器的習慣，和互相贈送獲得禽獸的風俗。」(1999:758, 768)

## 六、器具幣

「故古代錢謂之刀，而齊太公所鑄法貨，作刀形而小之。後儒不察本末，乃謂刀之名取義於利民，失之遠矣。民習於以刀為幣，故雖鑄新幣，而猶作刀形，凡以代表刀而已。其意若曰：此幣一枚，即與刀一柄同值也。……古者以農具之錢，為一種交易媒介之要具，後此鑄幣，仍象其形而襲其名曰錢。……錢為本字，周代或稱曰泉者，乃同音假借字，後儒妄以如泉之流釋之，實嚮壁虛造也。……」(20:69–70) 這段話包括兩項可以進一步查證與解說的論點：

㈠錢真的是「本字」嗎？後儒以「泉之流」釋之，真的是嚮壁虛造嗎？先看先秦對「錢」的解釋。根據王毓銓 (1990:29) 的說法，古錢中確有「鏟幣」的稱號，鏟形的農具被用來當作貨幣的形狀是可能的，「錢」字的來源應

---

❼　也可以這樣反問梁：「漢武帝亦鏞龍形於其所鑄之幣上，難道表示龍亦為古代之一種貨幣嗎？」事實上，漢武帝離古代原始社會已經很遠了，原始的習俗與圖騰的遺留，會對漢武帝產生怎樣的影響，不是一兩句話就可以推斷，梁似乎將整個問題過分簡單化了。

該就是「鏟」(可用來鏟地除草,是有用的農具)。梁說「周代或稱曰泉者」,其實說「周代」未免太泛。先秦「泉」與「錢」拉上關係的地方,主要只有《管子·輕重丁》與《周官》兩處,而且在此二書中的用法也大有差異❽。

在以農具為幣形的貨幣中,布錢是古代主要的金屬貨幣之一,依據彭信威 (1965:31) 的說法:「布幣是由農具鏟演變出來的,可能是鎛字的同聲假借字,……」。布幣有各種形狀,發展的時期不一,這在王毓銓(1990 年)的第三、四章內有詳細分述。從上面引述的資料,可以看出的變化是: 錢=鏟 ⇒ 鎛 ⇒ 布(參見許進雄 1995:492 的圖片)。在這個理解下,梁說「錢為本

---

❽ 泉在《周官》和《管子》內的用法有下列特點。「泉」字在整部《周官》中只出現 4 次,都與「府」字相聯,作「泉府」,「府」是源自「府庫」。但考察一下「泉府」的職掌,幾乎比現在的財政部加中央銀行還龐大。它的地位是財貨的始點與終點,大有「泉源地府」的味道。《周官》屢用「罰布」、「廛布」、「征布」等名詞性的「布」字來代表錢的觀念,卻沒用過「錢」字來代表貨幣(事實上,整部《周官》沒有一個「錢」字,有人說:《周官》無錢偏理財)。可見「泉府」的「泉」字,並非「錢」的借用字,與貨幣無關。

另一方面,《管子》中的「泉」字,卻從未與「府」連用。以「泉」字來表示貨幣的地方,也僅在〈輕重丁〉一篇。《管子》中的「泉」字一共出現 62 次,其中的〈地員〉篇就佔了 36 次。〈地數〉、〈山至數〉、〈輕重乙〉、〈輕重丁〉皆屬於〈輕重〉的篇章,而獨有〈輕重丁〉篇顯得很特別:篇中用「泉」字達 11 次,其中 10 次皆作貨幣解,其他篇中則無一例作貨幣解。然而此篇亦有「則鉅二錢也」一處用「錢」字,若與以上的 10 次相比,似乎可用「抄寫筆誤」來解釋。此篇的作者與《管子》其他諸篇不同,然而亦不能因而就判斷此篇是偽造的。目前可知結論是:《管子》中的「泉」字,與《周官》中的「泉府」無關。〈輕重丁〉篇慣用「泉」字作「錢」解,亦可能透露出此篇作者的籍貫。「泉」的名稱,有可能是「五行相次轉用事」學說的產物,此篇作者可能是來自燕國的稷下弟子。當時燕昭王意圖自稱「北帝」,建議秦稱「西帝」、趙稱「中帝」,事見《戰國策·燕策一》。鄒衍《主運》所倡導的「五行相次轉用事,隨方面為服也。」(見《史記集解·封禪書》所引如淳的話)其中所對應的「五行的相生系統」大行其道,而以朝代更替興廢為主的「五德終始」,在當時尚未成氣候。《史記》記載鄒衍曾應燕昭王之聘赴燕,那時他很可能替燕昭王設計一套以「水德」為主的「北帝」政制:其中包括在燕國境內用「泉」代「錢」,以應北方的「水德」,取代西方之「金德」。這當然只是個大膽的猜想。

字」是正確的。高婉瑜（2002 年）對布幣的起源有很好的釐清。她認為錢、鎛都是除草器，錢是鏟的別名，鎛是耨的異稱（小鋤為鎛）。布幣有兩支起源：一支是由耒發展而來的尖足布，另一支是取象於鏟的弧足布；兩支並行於世，各自演變，又交互影響，再演變出不同的布幣。

真正以「泉」作為貨幣單位的，是王莽的「泉貨六品」（彭信威 1965:118）。秦漢以後雖然錢泉兩字混用，但以泉字用得較多且廣，例如宋朝洪遵（1120–1174 年）著《泉志》，清朝李佐賢著《古泉匯》，1940–1945 年間在上海有個專業刊物《泉幣》（王毓銓 1990:4–8）。

梁說「錢為本字，周代或稱曰泉者，乃同音假借字。」其實說「假借」是有語病的。據《說文》，「假借」是「本無其字，依聲托事。」「泉」與「錢」本有其字，謂其為「假借」，非許慎本意，較正式的用法應是「通假」。

㈡為何古幣要作刀形？真的是「此幣一枚，即與刀一柄同值也」嗎？彭信威 (1965:4) 說：「刀幣也和殷墟出土的刀一樣」，可見刀、布這類貨幣的形狀，都是做生活用品來造形的，可議之處不多。較可疑的是「刀幣與刀一柄同值」的說法，梁有何根據作此說呢？或許當初的設定是兩者同值，但梁何以能確知？假若不能的話，我們現在知道的刀貨約有 15 種，分布的地理範圍很廣，重量從 41.2 克到 50 克都有（詳見王毓銓 1990 第五章、彭信威 1965:42–51）。再說，刀子也有各式各樣，長短輕重價格各異，沒有「此幣一枚，即與刀一柄同值」的道理❾。

## 七、珠 玉

梁說：「《管子》稱古者以珠玉為上幣，《漢書·食貨志》言秦并天下，始不以珠玉為幣，則珠玉之充幣材久矣。」查《漢書·食貨志》的原文是：「秦兼天下，幣為二等：黃金以溢為名，上幣；銅錢質如周錢，文曰半兩，重如其文。而珠玉龜貝銀錫之屬為器飾寶臧，不為幣，然各隨時而輕重無常。」從

---

❾ 戰國的刀幣大概是在鐵刀流行、銅刀漸無實用價值以後，才成為貨幣。以前即使用於交易，亦是用於以貨易貨。此外，那時也不可能讓一枚小刀幣與一把大銅刀等值，否則格里森原則效應（劣幣驅逐良幣）亦會顯現，民眾會爭著將銅刀改鑄為刀幣。

此文看來，並沒有梁所說「珠玉之充幣材久矣」的意思。

其實梁也知道珠玉並非理想幣材：「然其為物，所值太奢而毀壞極易。一有破損，價值全失，實幣材中之最不適者也。故雖在前代已不普行，群治稍進，遂受淘汰。遺跡所存，無甚可考，大率以供藏襲之資，備享餽之用耳。朝覲會盟聘饗必以圭璧為禮，蓋猶是玉幣之遺意。」(20:71)

彭信威 (1965:19–20) 對此點有很好的解說：「至於玉，乃是一種美石，質硬難雕，在古代為貴族階級所珍視，可是沒有天然的單位。如果隨其大小美醜來決定它的交換價值，那就仍然是一種實物交換，不是貨幣流通。歷來也不見有大量的玉片出土。所以在錫圭、錫璧的時候，是作為貴重品，不是作為貨幣。後來玉發展成為貴族階級的瑞品或禮器，作佩帶用，有一定的形式；而且其形式和花紋往往表示佩用人的爵位或身分。就是在貴族階級內部，也不能隨便使用。至於一般人民，自然不能攜帶。當時有所謂『匹夫無罪，懷璧其罪』的話。有這樣的嚴格限制，怎能作流通工具呢？」

## 八、結　語

梁這篇〈幣材考〉內有兩條主軸，一條主論清末 (1910) 的幣制要迎頭趕上列強，改採金本位制。他以古代中國的七種幣材，論證「金屬之用，實最後起，然遂能凌駕諸品獨佔優勝者何也？」依他的推論，金幣是這條進化線的頂端，因它具有「八德」，且能完成貨幣的「四種職務」。他以此項「進化」論，批評當時主張中國採銀本位者，「尚矜矜然欲貨貝而寶龜也」。

然而，這個問題基本上是「非不為也，不能也」。以晚清的國力，在鴉片戰爭之後有一連串的敗象，以及鉅額的甲午和庚子賠款，對不產金且國庫枯竭的中國，若硬要趕上時代潮流，暫且不說國庫的能力，單是要把各地成色不一的銀兩和銅元整理劃一，改發行具有信用基礎，且能為各省接受的新幣制，這項龐大的工程就不知要耗掉多少人力與財力。

清末政局動盪，各省的自主性強，對中央的貨幣政策服從度不一，所以這也不是說改就能改的事。再說，若 1910 年時清廷依了梁的主張改採金本位，到了 1931 年英法諸國逐漸脫離金本位制時，中國是否也要跟著脫離？到時又要改成哪種本位制呢？金的「八德」又何去何從呢？要改革中國幣制，先要考慮它的特殊老虛體質，若強要與世界同步，吃虧在眼前。

　　此文的第二條主軸，是析述中國幣材在進入金屬幣（銅、鐵、銀、金）之前的七項幣材。依本章的分析，從第一項的貝殼到第七項的珠玉，其實都不能算是幣「材」，因為它們都不是、也不曾是「貨幣的材料」，而是貨幣本身（交易的媒介）。暫且不計較「幣材」這個字眼的用法妥當性，在這七項當中，能發揮貨幣性交易功能的只有貝和器具型的錢幣兩項。依本章的論證，龜「幣」並未存在過；帛布「幣」的幣字，原意是指布、帛，根本不作貨幣解；皮幣也無貨幣的功能；禽畜則完全不是貨幣；珠玉從古至今都一樣，以「寶物」的意義為主，絲毫沒有交易性的貨幣功能。

　　1910 年時梁對中國改採金本位極為熱中，寫了好幾篇相關的長文力挺此制，並對張之洞等反金制者極力抨擊；在博引諸國眾證的同時，也不忘從中國歷史找例證支持。但這種獨特的幣材進化論，在「內證」上有明顯的邏輯失誤，在「史實」上也有嚴重的疏漏與錯誤，在「外證」上（中國應否隨列強改採金本位），更有硬上弓的霸氣。

# 第二十六章
## 「清秋節」的意義

「清秋節」這個名詞,在詩詞中,出現次數不算多,可是其意義卻分歧:其一為重九,其二為中秋。

「清秋」的本義為清淨爽朗的秋天。在中國的北方,秋天晴朗的時日較多;而中秋與重陽,前後相差僅二十餘日,氣候及景色差異不大,這兩個節日似乎都有資格被稱為「清秋節」。不過中華學術院出版的《中文大辭典》對「清秋」一條,有另一個釋義:「陰曆八月之別稱」。可惜未給其依據。若此釋義屬實,則「清秋節」應指中秋。

在辭書中,據我所知,只有東華書局的《漢語大辭典》有「清秋節」這一條,釋為「指農曆九月九日重陽節」,舉「李白」〈憶秦娥〉為例。可是卻也未提出如此解釋的依據。在時人的著作中,我只知道周汝昌在《千秋一片心》(中華書局,2006年)中寫道:「都人士女,每值重陽九日,登樂遊原,以為觀賞。」(p. 195) 也釋之為重九,可是也沒有給出這樣寫的依據。中秋佳節,難道不能登樂遊原賞月嗎?

由兩闋僅知包含「清秋節」的詞中,我們發現也都與「月」有關。這卻將猜想的箭頭指向中秋。重陽的上弦月恐怕引不起詞人騷客多少興趣。

李白〈憶秦娥〉——
簫聲咽,秦娥夢斷秦樓月。秦樓月,年年柳色,灞陵傷別。　樂遊原上清秋節。咸陽古道音塵絕。音塵絕,西風殘照,漢家陵闕。

柳永〈雨霖鈴〉——
寒蟬淒切。對長亭晚,驟雨初歇。都門悵飲無緒,留戀處,蘭舟催發。執手相看淚眼,竟無語凝噎。念去去,千里烟波,暮靄沉沉楚天闊。多情自古傷離別。更那堪,冷落清秋節。今宵酒醒何處?楊柳岸,曉風殘月。此去經年,應是良辰好景虛設。便縱有千種風情,更與何人說?

〈憶秦娥〉描述作者登樂遊原時,受某些情景激發而懸想「秦娥夢斷秦樓月」。受那些情景激發?最可能的答案是在夕陽西下後,天邊已現明月,因

而聯想到「秦樓月」。此一情景宜發生於中秋登高賞月之時。樂遊原雖算是一高地，李商隱在傍晚時，一個心血來潮就可以驅車登上（見李商隱絕句〈樂遊原〉），可見此地不見得是重九登高的理想地點。《漢語大辭典》的解釋，恐怕有問題。

　　〈雨霖鈴〉的情景在江邊舟中，與登高無關。傍晚時柳永與友人訣別，寫此詞以記述他的惜別情緒。登舟前友人在長亭替他餞行，詞中用寒蟬鳴聲「知了知了」來襯托叮嚀的絮語；到臨登舟，又「執手相看淚眼，竟無語凝噎。」可以想見此「友人」一定是他風塵中的知己。本來今晚是「清秋節」之夜，兩人可以共度佳節，卻因離別而將此佳節冷落了。更嘆息一去經年，日後之良辰美景將因乏人共賞而減色。這裡的「清秋節」，應就是中秋；本是個團圓佳節，卻在此夜分離，還有什麼比這更反諷呢！倘若被冷落的是重陽節，決不會有如此強烈的情緒波動。柳永繼續他的懸想：「今宵酒醒何處？楊柳岸、曉風殘月。」他懸想在舟中酒醒時，天將破曉，天邊仍留有殘月，憑其微光，依稀看到岸邊的楊柳。由此句可以推知，當晚屬於望日。因為望日地球位於太陽與月球之間，故整晚可以看到月亮；若是初九的傍晚天頂沒有雲，上弦月於日落前就會出現在天頂（因天還未黑，故其形極淡，然而仍可以清楚看得到，上弦月的圓弧部分朝西。）；隨著夜深，此上弦月向西行，而在半夜後不久落到地平線下。故在破曉之前，上弦月早已在地平線下，決不會留下「殘月」。柳永在外面旅行，決不會不知此事。由此可以推想，至少在宋時，「清秋節」不會是重陽。

　　還有一闋詞值得一提：史達祖〈臨江仙・閨思〉。

　　愁與西風應有約，年年同赴清秋。舊游帘幕記揚州。一燈人著夢，雙燕月當樓。羅帶鴛鴦塵暗澹，更須整頓風流。天涯萬一見溫柔。瘦應因此瘦，羞亦為郎羞。

「年年同赴清秋」固指「愁與西風」，亦雙關指她與情郎。「清秋」固沒有「節」字，然既云「年年同赴」，當隱含節日之義。後面寫明「月當樓」，顯示同赴的「清秋」應指中秋節。

　　總結一句：「清秋節」在宋以前指中秋節的可能性居多。

　　到宋之後，就不能那樣確定。此名辭的意義甚至可能有所改變。承蒙胡

承渝教授告知，《徐霞客遊記‧粵西遊日記》於閏四月二十九日記載：「亭臨皇灣之上，後倚虞山之崖。」後面有小字的注釋：

刻詩甚多，惟正德藩桌王驥與同僚九日登虞山一律頗可觀。詩曰：「帝德重華亙古今，虞山好景樂登臨。峰連五嶺芙蓉秀，水接三湘苦竹深。雨過殊方霑聖澤，風來古洞想韶音。同遊正值清秋節，更把茱萸酒滿斟。」

據此記載，則至遲到明朝，「清秋節」就有「重陽」的意義。然而這一段是否真的為徐霞客的手筆，仍不無疑問。市面上買得到的《徐霞客遊記》版本雖眾，然其所根據的祖本大致有二。首先，徐霞客於崇禎十三年回家後不久即去世，遊記存稿仍有待整理。不久明亡兵亂，存稿賴友人搶救出來，輾轉抄錄。真正整理結集，為清康熙四十九年由楊名時完成（下面簡稱「甲本」）。此本為兩江總督採錄進獻大內；此即「四庫全書本」。臺灣世界書局、臺灣鼎文書局（丁文江校本）、大陸中州古籍出版社即用此為祖本印行。後來又出現另一文本頗為某些書局接受為祖本（下面簡稱「乙本」）；臺灣文化圖書公司、臺灣民主出版社（維明書局）、大陸上海古籍出版社、大陸雲南人民出版社皆用之。當然，每一家書局本身也或多或少做過一些校勘的工作。然而，這兩種祖本有些地方卻相當不同，例如：甲本沒有上引那一段，而乙本卻有。把問題更複雜化的是：大陸上海古籍出版社的文本（2007 年版），還做了一些實地勘察。就上面所引的那一段而言，其詩句卻作：

帝德重華亙古今，虞山景好樂登臨。峰連五嶺芙蓉秀，地接三湘苦竹深。涼雨過時霑聖澤，薰風來處想韶音。行遊況值重陽節，更把茱萸酒滿斟。

閱此書之注知是實地勘察的結果。又據他們的判斷「正德」應為「正統」之誤。這就提示作詩的王驥即是明英宗時的兵部尚書，這卻令到「藩桌」兩字費解，可能記載有誤。

在短期內我當然無法詳細比較各版本的文字，我卻意識到：甲乙兩祖本的差異何以如此之大，恐怕沒有簡單的解釋。由各本的序，可知經手徐氏手稿者有多人，其水準參差不齊，不能排除有妄增或妄刪者；甚至也有整本遺失的事例。到目前為止，我還沒有看到夠分量的考證文章分辨兩本的優劣。然而就上面所引詩而言，真是起於徐霞客的誤抄嗎？我們從徐霞客傳世詩篇

可知，以他對詩的瞭解水準，決不會將眼前景色「薰風」（亭名）遺漏！「風來古洞」恐怕是乙本傳抄者憑道聽途說所妄寫的吧！

　　因為大陸上海古籍出版社的文本較為正確，故上引那一段就失去為「清秋節」作證的價值；然而，畢竟錯誤的詩句也是清代的人傳出來的，顯示清代有人將「清秋節」當重陽節。故不論上引那一段是否徐霞客的手筆，至遲到清代「清秋節」的意義就可能逐漸轉變為「重陽節」，只是無法用《徐霞客遊記》作權威的例證罷了。

# 第二十七章
## 〈祭公之顧命〉與《穆天子傳》

    《清華大學藏戰國竹簡（壹）》中有一篇〈祭公之顧命〉，讓我們重新評估周穆王時的歷史。本篇原收於《逸周書》，然錯奪之處太多，閱讀起來很吃力；即使透過歷代學者的注解，勉強讀通，也沒有把握確定是否原來的真象。現在《清華簡》的版本出現，使原來可疑的地方豁然貫通，引起我研討這一段歷史的興趣。

    我們原來對周穆王的印象，很受《國語・周語上》的影響。從那裡我們看到一個好治遊且愎諫的君王，不聽祭公謀父的勸說，執意要征犬戎，結果僅獲四白狼四白鹿以歸，自是荒服者不至。由《清華簡》版本的〈祭公之顧命〉，我們看到周穆王對祭公謀父非常尊敬，親自去探他的病，尊稱他為「祖祭公」，殷切地向他求教治國方針。而謀父亦不吝於對穆王與三公提出他最後的警戒；並用一連串「汝毋以……」來加深印象。最後，穆王與三公皆為這些「舉言」而下拜。

    《清華簡》版本的〈祭公之顧命〉給出當時三公之名為「畢𩵩、井利、毛班」。可是在《逸周書》中的那篇，卻誤為「畢桓于黎民般」。除了「桓」與「般」可能是通假外，顯然誤「井」為「于」，又將「利毛」兩字合併認作「黎」字，又衍了「民」字。朱右曾在作《逸周書集訓校釋》時，不得不挖空心思為此六字勉強寫下如是的注解：「桓，憂也；言信如王言，君臣當悉心以憂民，使民和樂般樂也！」教人看了哭笑不得！然而這三個不見經傳的名字卻有兩個（井利、毛班），出現於往日視為小說的《穆天子傳》。事實上，在《穆天子傳》中，還有一個「畢矩」（「矩」可能是「桓」之誤否？），一併引在下面：

> 先豹皮十、良馬二六，天子使井利受之。（卷一）
> 乃命井利、梁固，聿將六師。（卷一）
> 西膜之人乃獻食馬三百、牛羊二千、穄米千車，天子使畢矩受之。（卷四）

命毛班、逄固先至于周。（卷四）

井利□事後出而收。（卷六）

井利典之，列之喪行，靡有不備。（卷六）

另外還出現「毛公」（卷五）、「井公」（卷五兩次），雖未書名，由上下文可知指毛班與井利。事實上《穆天子傳》也出現了祭公謀父多次，列在下面：

先白□，天子使祭父受之。（卷一，「祭」字或帶「邑」字邊）

亓獻酒千斛于天子，食馬九百、羊牛三千、穄麥百載，天子使祭父受之。（卷二）

祭父自圍鄭來謁。（卷五）

見許男于洧上，祭父以天子命辭。（卷五）

夏庚午，天子飲于洧上，乃遣祭父如圍鄭。（卷五）

庚寅，天子西遊，乃宿于祭；壬辰祭公飲天子酒。（卷五）

天子夢羿射于塗山，祭公占之。（卷五）

祭父賓喪。（卷六）

可以看出祭公雖然反對穆王北征與西遊，他仍參與穆王之行列，替他接待進貢者。卷五述穆王東遊，經過祭公的封地，祭公更是主要的陪伴人物。《穆天子傳》中尊稱他為「祭父」或「祭公」，從未如井利等人那樣稱名，可見對他的尊敬。我判斷祭公在穆王朝的官職是最高位的卿士。

因為《穆天子傳》有上述之配合，使此書的可信度增加了不少。甚至可以藉由此書來解決〈祭公之顧命〉篇中的「三公」職位問題。祭公臨終時，穆王特別為他召來了三公到祭公病榻前，一同領受祭公的遺言。似乎「三公」在官職上自成一單位。然而在《穆天子傳》中，卻沒有「三公」的名稱。穆王帶同群臣與六師作西北遊，卻沒有提「三公」，似乎很奇怪。在《穆天子傳》中，只有「正公」，一共出現了三次：

丙寅，天子屬官效器，乃命正公郊父受敕憲。（卷一）

己酉，天子大饗正公、諸侯、王吏、七萃之士于平衍之中。（卷二）

天子大饗正公、諸侯、王勤、七萃之士于羽琌之上。（卷三，「勤」疑為「吏」之誤）

從上面第一例，還看不出來「正公」是否某一特定人物之爵位，可是後兩例則沒有問題。這裡「正公」指所有在場具公爵身分之人，並無特定的數目。這使我們懷疑當穆王時是否會有「三公」此一名辭。《清華簡》中的〈祭公之顧命〉篇畢竟是由戰國中期的人所抄錄的，有可能受當時慣用語的影響。事實上，至春秋後期，「天子之下有三公」之說已出現。可徵於《老子‧六十二章》之「故立天子，置三公。」到戰國末期，始有「太師、太傅、太保」之名目，其實完全無據。周初僅召公為太保。至於「師」，一向為武職（《詩經‧大明》「維師尚父」可徵），到西周後期，始有武職之「大師」秉國鈞者。至於「太傅」，則全不見於西周。因此，〈祭公之顧命〉篇中的「三公」職位，的確是一個問題。好在《清華簡》中的〈祭公之顧命〉篇有一處提供瞭解決此問題的線索：

> 曰：「三公，事，求先王之恭明德；刑，四方克中爾罰。……」

這一段特別對「三公」所提的警戒卻是《逸周書》版本所遺漏的。其中所提的抽象原則講明是針對「三公」所執的「事」與「刑」而言。這使我注意到《詩經‧小雅‧十月之交》中的「皇父孔聖，作都于向，擇三有事，亶侯多藏。」與《詩經‧小雅‧雨無正》中的「三事大夫，莫肯夙夜。」也讓我聯想到〈毛公鼎銘文〉中的「三有司」。這些都是西周時經常出現的官位名稱。尤其是「三有司」，在金文更常看到。在〈盠方尊銘文〉中，有如下之記述：

> 王冊令尹……用司六師，王行，參有司：司土、司馬、司工。

我認為這就是〈祭公之顧命〉篇中的「三公」。可能在戰國時，就有學者將「三有司」等同於「三公」，卻未被廣泛接受，到漢時已為大多數人所遺忘。僅班固在《漢書‧百官公卿表》中附帶一句：

> 或說：司馬主天，司徒主人，司空主土，是為三公。

將「三公」與「三才」拉上關係，才保存了這個解釋。

因此，值得進一步研究《穆天子傳》，解脫它「妄誕不經」的印記。

# 第二十八章
## 「陽貨」與「陽虎」

　　重讀杜正勝教授的〈流浪者之歌——重新認識孔子〉與〈從歷史到歷史劇〉兩篇文章，（皆收入《古典與現實之間》一書，臺北三民書局，1996 年版。）覺得他所提出的「歷史人物主體性格的體會」的觀念，很具啟發性。杜教授文中特別談到春秋末期一個性格鮮明的角色——陽虎。杜教授認為他不失為一個梟雄，後世應該跳出傳統戲劇臉譜的批評型態，去體會他的性格；杜教授也認為「陽虎的人格的確有孔子不及之處」。這些觀點，很值得我們深思。

　　我只有一點異見，就是「陽貨」與「陽虎」不見得是同一個人。現在提出來，希望能夠引起討論。

　　本來，將「陽貨」與「陽虎」畫上了等號，是一個一向被轉述的觀點；由何晏《論語集解》所引「孔（安國）曰」的注，就已經這樣認定了。朱熹的《四書集注》也採用此說，使後世的讀書人，受了先入為主的影響，大多無條件地接受。只有清代的崔述，在他的《洙泗考信錄》中，表現了懷疑的論點（見卷一），很值得我們注意：

　　……又按《論語》有「陽貨」而無「陽虎」，《左氏傳》有「陽虎」而無「陽貨」。《傳》記陽虎凡數十事，獨無饋豚一事；《傳》稱陽虎凡百數十見，皆稱為「陽虎」，未嘗一稱「陽貨」；則似乎「貨」自一人，「虎」自一人也。《左傳》稱人好錯舉其名字、謚號。如隨會又稱士會、范會，又稱隨季、士季，又稱隨武子、范武子。巫臣又稱屈巫，又稱子靈。胥臣又稱臼季，又稱司空季子之類。獨「陽虎」未嘗一稱「陽貨」，則似乎「貨」自貨，非虎；「虎」自虎，非貨也。《孟子》書稱「陽貨」者一，「陽虎」者一；其於「歸豚」則稱為「陽貨」，與《論語》合，不稱為「陽虎」也；其於「為富不仁」，則稱為「陽虎」，與《春秋傳》鮑文子之言合，亦不稱為「陽貨」也。後之人何以知「虎」之即「貨」，而「貨」之即「虎」也哉？今若以「貨」與「虎」為二人，則《孟子》之言了然分明，無可疑者。但經傳皆無明證，未敢驟變舊說。

　　崔述在考證上，表現出他一貫尖銳的眼光。然而，他的謹慎卻阻止他驟然下斷語。可是我覺得這段文字，能夠注意到前人一直忽視的問題，值得我們進一步去思考。他的論點之中，最堅強的一點，在於用《孟子》的記載來補充《論語》與《左傳》。《論語·陽貨》的記述太簡單了：

> 陽貨欲見孔子，孔子不見。歸孔子豚，孔子時其亡也而往拜之，遇諸塗。謂孔子曰：「來，予與爾言。」曰：「懷其寶而迷其邦，可謂仁乎？」曰：「不可。」「好從事而亟失時，可謂知乎？」曰：「不可。」「日月逝矣，歲不我與。」孔子曰：「諾。吾將仕矣！」

只說孔子不願意見陽貨，並沒有解釋理由。《孟子·滕文公下》則有進一步的資訊：

> 公孫丑問曰：「不見諸侯何義？」孟子曰：「古者不為臣不見。段干木踰垣而辟之，泄柳閉門而不內，是皆已甚；迫，斯可以見矣。陽貨欲見孔子而惡無禮。大夫有賜於士，不得受於其家，則往拜其門。陽貨矙孔子之亡也，而饋孔子蒸豚；孔子亦矙其亡也，而往拜之。當是時，陽貨先，豈得不見？」

可知陽貨先用造假的方式，來逼使孔子往謝。又可知陽貨當時為魯國大夫。當然有一個可能的疑慮是：孟子會不會犯錯？他會不會在吹牛？對這個特例而言，應可排除此類顧慮。孟子是在討論「不見諸侯何義」時引陽貨的事。孟子可用的例證很多，本來並非絕對需要引用孔子與陽貨的故事。（在後面〈萬章下〉篇中，答萬章同樣的問題時，就沒有引用；而基本論點不變。）可是既然引用了，就需要顧慮例證不實，會減弱論點的可靠性。孔子與陽貨的時代，距孟子約一百多年，對孟子及其同時代人來說，可算是「近代史」。傳訛的可能性並不大。孟子有時的確好辯，可是這件事孟子即使想吹牛，聽的人也容易發覺。孟子涉及陽虎的那一段話，則載於《孟子·滕文公上》篇中：

> ……是故賢君必恭儉禮下，取於民有制。陽虎曰：「為富不仁矣！為仁不富矣！」

後面就接下去談三代田制。孟子引用這句話的目的，似乎在用當時眾所周知

的話來說明：人君如以富己為目標，則必淪於不仁。如果這解釋不錯的話，則陽虎的這句引語，一定是他廣為世知的口頭禪。孟子引此，比《左傳》鮑文子的評語，更為直接。

孟子說陽貨是魯國的大夫，孟子可沒有說陽虎是大夫。由《左傳》看來，陽虎雖然權傾一時，只不過是季氏的家臣；與公斂陽在孟孫氏之家的身分，沒有差別。《公羊傳》也明言「盜者孰謂？謂陽虎也。陽虎者曷為者也？季氏之宰也，季氏之宰則微者也。」《穀梁傳》則僅提過一次陽虎的名字。也沒有說陽虎是大夫。謂陽虎為大夫，可謂全無文獻上的根據。《春秋經》更看輕陽虎，只在定公八年與定公九年，分別記載著「……盜竊寶玉大弓」、「得寶玉大弓」；不提陽虎的名字，更不用問是否大夫。不過《春秋經》可能有故意貶其稱呼的嫌疑，如《左氏·昭公二十年傳》所釋經文「……秋，盜殺衛侯之兄繁」的例子（可參閱〈昭公三十一年傳〉的補充的解釋），不能用為證據。然而，三傳記載的本身，應已足夠作陽虎沒有大夫的身分的確定根據。

崔述的論點其實已經探驪得珠，只是證據還嫌薄弱。今日我們在沒有新證據的情形下，要超過崔述，很不容易。杜教授所提「歷史人物主體性格的體會」，提示我們一個新的思考方向。

陽虎出現於歷史，始於《左氏·昭公二十七年傳》的記載：「……孟懿子、陽虎伐鄆。……公徒敗于且知」。那時他以家臣的身分替季平子統軍攻打鄆邑。而當時魯昭公正為季平子所逼，在鄆邑避難；攻打鄆邑，當然是向魯昭公施以壓力。可是，壓力需要施得恰到好處。太重了，也會引起大眾以至諸侯的反感的。季平子信任陽虎負責這件事，使命可謂吃重。當時孟懿子還未滿二十歲，雖名義上可能是主帥，實際的戰事當落在陽虎的身上。他於這次戰爭立功後，直至魯定公五年季孫意如去世，沒有什麼特殊事績留下來。可以想像，他在季平子的駕御下，可以發揮他的才幹。然而季平子一死，他就作怪了。

《左傳》對陽虎那幾年的描述，非常精彩。摘錄如下：

〈定公五年〉：……季平子……卒於房。陽虎將以璵璠斂，仲梁懷弗與。……陽虎欲逐之。……乙亥，陽虎囚季桓子及公父文伯，而逐仲梁懷。冬十月乙亥，殺公何藐。……

〈定公六年〉：……公侵鄭，取匡。……往不借道於衛，及還，陽虎使季
孟自南門入，出自東門。……獻子謂簡子曰：「魯人患陽
虎矣，孟孫知其釁。」……陽虎又盟公及三桓於周社，盟
國人於亳社，詛于五父之衢。……

〈定公七年〉：齊國夏伐我。陽虎御季桓子，公斂處父御孟懿子。……處
父曰：「虎不圖禍，而必死。」……虎懼，乃還，不敗。

〈定公八年〉：公侵齊，門于陽州；士皆坐列，曰：「顏高之弓六鈞。」皆
取而傳觀之。……主人出，師奔。陽虎偽不見冉猛者，
曰：「猛在此，必敗。」猛逐之，顧而無繼，偽顛。虎曰：
「盡客氣也！」……陽虎欲去三桓。……陽虎劫公與武叔，
以伐孟氏。……陽氏敗。陽虎說甲，如公宮，取寶玉大弓
以出，舍于五父之衢，寢而為食。其徒曰：「追其將至！」
虎曰：「魯人聞余出，喜於徵死，何暇追余？」從者曰：
「嘻！速駕！公斂陽在！」……陽虎入于讙陽關以叛。

〈定公九年〉：……六月，伐陽關，陽虎使焚萊門。……奔齊，請師以伐
魯。……鮑文子諫曰：「臣嘗為隸於施氏矣。魯未可取也；
上下猶和，眾庶猶睦，能事大國，而無天菑；若之何取
之？陽虎欲勤齊師也。齊師罷，大臣必多死亡；己於是乎
奮其詐謀。夫陽虎有寵於季氏，而將殺季孫；以不利魯
國，而求容焉。親富不親仁，君焉用之？君富於季氏，而
大於魯國，茲陽虎所欲傾覆也。魯免其疾，而君又收之，
無乃害乎！」齊侯執陽虎。……又以蔥靈逃，奔宋，遂奔
晉，適趙氏。仲尼曰：「趙氏其世有亂乎！」……

由《左傳》的記載看來，陽虎是否夠資格被稱為「梟雄」，雖然仍有待商
榷；可是他卻不失為一個相當有個性的人。陽虎生在魯國，可謂生錯了地點；
季平子之後在魯國沒有人能夠用他。當時魯國的朝野人士，流行著虛矯浮誇
的習氣，很令陽虎看不起。例如，《左氏・定公七年傳》所載陽州之役，在戰
鬥隨時可以爆發的時刻，武士們還在傳觀顏高的弓，簡直是把戰爭當兒戲！
冉猛之死要面子而作假的醜態，也令人嘆為觀止。無怪乎陽虎要批評：「盡客
氣也！」

另一方面，由《論語》與《孟子》所描寫的陽貨來看，他正是那種死要面子而寧可作偽的人。如果容許我「體會」他的性格，可以看出他希望向當時漸有「知禮」聲望的青年孔丘顯示：他也知道什麼叫做「仁」、什麼叫做「知」。可是作為一個前輩大夫，他又不願意真的禮賢下士。因此，他拿出偽飾的本色，趁孔丘不在家的時候送禮，害得孔丘也學他，趁他不在家的時候去拜謝。可是年輕的孔丘，究竟是太嫩了；那裡是老於官場的陽貨的對手！一下子就被等在路上的陽貨逮著了。吃他抓住「應出仕」的話柄，老聲老氣地教訓一頓，還得向他虛心認錯。陽貨滿足了教訓後輩的虛榮心後，恐怕很快就會將這件事淡忘掉。

這一切的做作，似乎和陽虎的本色正相反。他如果真的想攏絡孔丘，一定會主動找機會與孔丘接近；很難想像他會賣弄欲擒故縱的手法，還要孔丘去拜訪他。我懷疑他是否想攏絡孔丘。當時他正忙於建立他自己的勢力，可能根本沒有把孔丘放在眼內。他的那句名言「為富不仁矣！為仁不富矣！」一定是經常掛在他口頭的話，以至流傳到百餘年後，孟子還加以引述；而與他同時代的齊國鮑文子（國），除了行動的事例外，可能也根據這句話，來斷定他「親富不親仁」。他那裡會看上提倡「仁」的孔丘！

當陽虎叛亂時，魯國實在找不到一個人可以駕御得了他；他也不見得服任何魯人的駕御。就軍事的才幹來說，公斂陽勝他一籌；可是公斂陽較像一個傳統的封建武士，只知忠於孟氏，與陽虎的意態根本不合。當然，在季孫意如還活著的時候，陽虎是服他駕御且甘心供獻自己才幹的，這就是季平子不簡單的地方。可是現在季平子已死，季桓子斯顯然太嫩弱，問題變成要替陽虎找到一個能心服的人，可以管得住他不作怪。這樣的需求，魯國的其他人也意識到了。《左氏·定公六年傳》載：

> ……孟孫立于房外，謂范獻子曰：「陽虎若不能居魯，而息肩於晉，所以為中軍司馬者，有如先君。」

已透露出這樣的訊息：孟懿子急著想要擺脫陽虎這個禍根，已到了不惜降格向鄰國懇求的地步。而陽虎自己，也以「魯人聞余出，喜於徵死，何暇追余？」而顯得有恃無恐。當陽虎終於投靠了趙簡子，魯齊的朝野人物，在慶幸「禍害」遠離的同時，也未嘗不替趙簡子捏一把汗。孔子就預言：「趙氏其世

有亂乎!」他的所謂「趙氏」，指的當然是趙簡子。可是這個預言卻成了《左傳》少數不能兌現的預言之一。趙鞅（又名志父）顯然不是一個簡單的人（反諷的是，他的諡號卻是簡字）。陽虎顯然又找到了一個能駕御他的人，可以投靠而發揮他的才幹。哀公二年，陽虎助趙鞅納衛太子蒯聵於戚，又在車少的情形下，獻策敗鄭罕達於鐵。哀公九年，陽虎筮以周易，諫止伐宋。《左傳》以後再沒有陽虎的消息。當然，他的年齡也大了。不過可以猜想，他會成為趙鞅手下重要幹部之一，並且在趙氏贏得對范氏與中行氏的鬥爭中，應有一份他的力量。由陽虎日後在趙簡子集團內所立的功績，正可以突顯先前魯國人才的不足。

《論語》所描述的陽貨，以他倚老賣老的口氣看來，年齡大概比孔子大。陽虎的年齡，雖然不見於《左傳》，然而由他從定公五年至八年積極參與各項戰鬥，以及定公九年從齊國的拘禁中脫逃所表現的機警與迅捷來看，大概比孔子為小。他以叛逆來表達對同僚的看不起，由這一點觀察，他也許可算是當時的新新人類。

陽虎可算是春秋到戰國過渡時期的人。在戰國，像他那樣的人，多少有些較正規的管道，可以找到知音，發揮他的才能。在春秋末期，貴族的世官制還沒有完全崩潰，在下位的人，比較不容易出頭。當然真正懷才的人，還是會脫穎而出的；可是，有時也會造成禍害，使社會付出成本。至於陽貨，可算是一個典型的魯國傳統官僚，繼承了當時魯國官場虛矯的習氣。他沒有留下可稱述的功績，如果不是擺了孔子一道而被《論語》記下，可能就會與草木同腐。這樣的人，居然會因同以「陽」為氏而沾陽虎之光，獲得不虞之譽，也實在夠反諷的。

# 第二十九章
## 《尚書·禹貢》導水段落的異解

　　導河部分:「導河積石,……又北播為九河,同為逆河,入于海。」所謂「九河」,根據《爾雅·釋水》,為徒駭、太史、馬頰、覆鬴、胡蘇、簡、絜、鉤盤、鬲津。其實這些名稱皆為後人所附會。所謂「徒駭河」,必須要等「河」字作一般的「江河」來解,才有可能出現。至於「西河」、「南河」,則本來為河水本身之片段。實則「九河」皆由原來之「河水」分出,迎河入海,故皆名為「逆河」。「逆」即「迎」。後世猜作九河入海前復會為一河,未免膠柱鼓瑟。

　　導江部分有錯簡,前面導漢的部分:「嶓冢導漾,東流為漢;又東為滄浪之水,過三澨,至於大別,南入于江。」語意已完。正如後面導渭部分到「入于河」為止,不提河之入海。故「東匯澤為彭蠡,東為北江,入于海。」一段,顯然為錯簡;尤其「入于海」一辭重複出現,必有一衍。反覆考慮,覺得「東匯澤為彭蠡,東為北江,入于海。」應在導江一段之結尾處。因為江水出彭蠡後,即向東北行;下游一段,相對於整條江水為偏北。稱之為「北江」,應屬合理。至於「東迆北會于匯,東為中江」,應在「東別為沱」之後。所謂「東迆北」,地理上指江水在四川盆地為東偏北行;所謂「會于匯」之「匯」,應指出西陵後之雲夢大澤。春秋時此地湖泊叢聚,沼澤與洲渚相錯,並有眾川流(包括漢水)會集,稱之謂「匯」,相當傳神。至於「北江」、「中江」之名,亦猶河水之有「西河」、「南河」,指江水本身之片段。此「江」字,並無像後世解作「江河」之義。至於揚州之「三江既入,震澤底定」之「三江」,亦猶河水下游之有「九河」,為入海處之分叉,不必指實其名。經整理後,導江一段應作:「岷山導江,東別為沱,東迆北會于匯,東為中江;又東至于澧,過九江,至於東陵;東匯澤為彭蠡,東為北江,入于海。」

　　有人引「荊及衡陽惟荊州:江漢朝宗于海」之「江漢」以支援原解釋。其實這裡形容荊州江漢之水大,僅次於海,以諸侯與天子為喻。

# 第三十章
## 替《孟子‧滕文公上》上有關地理的一段話辨誣

　　「當堯之時，天下猶未平；洪水橫流，氾濫於天下，草木暢茂，禽獸繁殖，五穀不登，禽獸逼人。獸蹄鳥跡之道，交於中國。堯獨憂之，舉舜而敷治焉。舜使益掌火，益烈山澤而焚之，禽獸逃匿。禹疏九河、瀹濟漯，而注諸海；決汝漢、排淮泗，而注之江。然後中國可得而食也。」《朱熹集注》說：「據禹貢及今水路，惟漢水入江耳！汝泗則入淮，而淮自入海。此謂四水皆入於江，記者之誤也。」歷來考史者，或以為是「記者（萬章與公孫丑）之誤」，或以為是孟子自己的錯誤，其為「錯誤」也則一。其實仔細想一下，也有可能是當時有一種傳說如此，而為孟子所採信。孟子所採信的這段傳說，與《堯典》所載不同。《堯典》載禹受命：「汝平水土」，是在堯殂落以後；而《孟子》說「當堯之時」。《堯典》載益的任務是「汝作朕虞」，而《孟子》說「益烈山澤而焚之，禽獸逃匿」。孟子當然看過《堯典》，他在〈萬章上〉篇中就引過《堯典》。可是他對古書的信否，自有權衡。他在〈盡心下〉篇中就說：「吾於武成，取二三策而已。」戰國時，有關古史的傳說叢出。問題是：孟子的採信，是否合理？上面的引述，對汝水與漢水用「決」，對淮水與泗水則用「排」，而皆注之於江水中。漢水在南陽盆地老河口附近，當水大時很容易氾濫；目前經由襄陽的出口，受荊山與大洪山所約束，很有可能是在此「決」出一條道路入雲夢澤。對比之下，汝水會淮水與潁水後，在壽春附近也會氾濫成沼澤。淮陽山的丘陵地帶對東流與南流，都造成不太大的障礙。春秋時，楚國的孫叔敖，曾將壽春附近的沼澤開闢為芍陂，灌溉農田。那裡離江北之南巢附近的低地很近。南巢附近的低地在漢時就陷為巢湖，到晉時並有水路可通至芍陂。因此汝水古時也有可能在那一地帶「決」過。汝水既決而入江，則淮水水量大減；主要為泗水及其支流沂水由北向南灌注。故可將「淮泗」向南「排」放入江，而其排放道路，春秋時吳國國君夫差曾拓為邗溝，用之於行軍。由此可見，在戰國孟子的時代，採信禹曾經「決汝漢、排淮泗，而注之江」的這段傳說，絕非不合理。

# 第三十一章
## 甘英的「西海」在何處

《後漢書・西域傳》有如下之記載：

和帝永元九年，都護班超遣甘英使大秦，抵條支。臨大海欲度，而安息西界船人謂英曰：「海水廣大，往來者逢善風，三月乃得度；若還遲風，亦有二歲者。故入海人皆齎三歲糧。海中善使人思土戀慕，數有死亡者。」英聞之乃止。

一般人以為當時甘英一眾（甘英既然代表班超出使，當然會有隨從。）已經抵達地中海的東岸，卻誤信了船人的謊言，乃中止其使命，真是可惜之至。還有一些學人（尤其是大陸的）看到「安息」的地名，以為甘英真正到達的地點是兩河流域下游的波斯灣。此兩說都有講不通的地方，值得提出來檢討。

永元九年是 AD 97，當時羅馬帝國早已將敘利亞建為屬省。這一年羅馬皇帝圖密善 (Domitian) 雖然在多瑙河地區戰爭受挫，然在敘利亞始終留有重兵，（主要原因是要對付猶太人。）且在沿海有好幾個大都市，為交通與商業樞紐。甘英一眾如果到了那裡，不可能不知道該地已是羅馬的轄地。而且羅馬派駐敘利亞的總督身負治安之責，有外國人來到，不可能不驚動到他，當然會主動與甘英連繫。由這些考慮，故知甘英未到地中海東岸。

可能就是這些考慮使某些學者另提波斯灣作為甘英面臨的大海。可是這個講法也有缺陷。最主要的是《後漢書・西域傳》只說甘英和一些「安息西界船人」打交道，並沒有講他抵達了安息的京城。固然，安息幅員廣闊，甘英可能經過安息某些地方，可是如果他到了兩河流域下游的安息京城，《後漢書》決不容不記。其次，波斯灣向西，還有陸路可走。甘英與他的隨從，由都護府旅行至此，決不會連方向也弄錯。而且，安息人好好地為何要騙甘英呢？一般的講法，是安息人不願意失去貿易中介的利益，故企圖用謊言阻擋甘英至羅馬建立直接關係。事實上，當時安息與羅馬正處在和平時期，貿易發達。（差不多二十年後羅馬圖拉真才大舉攻入安息，直至波斯灣。）安息人應該知道，處於地理上的中間地位，他們根本無懼於貿易中介被侵犯；正相

反，讓漢帝國與羅馬帝國彼此相知，更會增加貿易的需求。即使安息人愚蠢到不懂這層道理，也總得考慮甘英的隨從不可能一直被矇，由此所生的反感。要阻擋甘英其實也有更具說服力的藉口，好比戰爭將起，道路不靖之類。學者們對動機猜想的支絀，反映了波斯灣說的不合理。

我認為《後漢書》有一個重要的記載：甘英到臨大海之前，先到了「條支」。關鍵的問題是，甘英在出使之前，他心目中的「條支」為何？他出使到達之地，與他認定的是否同一地？如非同一地，又是何處？第一個問題易回答。甘英出使之前，他與班超對「條枝」的認識，都是源自張騫，而記述於司馬遷。張騫回國之年為漢武帝元朔三年 (126 BC)，司馬遷親見張騫，將他帶回的西域資料記載於《史記‧大宛列傳》中。班固死於永元四年，而且他的《漢書‧西域傳》寫成於此年之前，此一部分全依《史記》，沒有很新的資料。茲將《史記‧大宛列傳》中講條枝與大夏的部分抄錄在下面：

> 條枝在安息西數千里，臨西海。暑濕。耕田，田稻。有大鳥，卵如甕。人眾甚多，往往有小君長，而安息役屬之，以為外國。國善眩。安息長老傳聞條枝有弱水、西王母，而未嘗見。大夏在大宛西南二千餘里媯水南。其俗土著，有城屋，與大宛同俗。無大王長，往往城邑置小長。其兵弱，畏戰。善賈市。及大月氏西徙，攻敗之，皆臣屬大夏。大夏民多，可百餘萬。其都曰藍市城，有市販賣諸物。其東南有身毒國。

張騫通西域的主要目標為大月氏，希望連同它攻擊匈奴。到了那裡才知道，大月氏在西方已經另創一番局面。張騫並未來到條枝，可是他已差不多到大夏了，因為那時大月氏正在征服大夏。他記載大夏國位於印度（身毒）的西北方。我們最好用西方的歷史來比對。無疑此國正是由希臘民族所建立的 Bartrian Kingdom。而且此國正是由 Seleucid Empire 分裂出來的。自從亞力山大死後，他的帝國迅即瓦解。經過內戰後，地中海東岸以及伊朗高原歸於亞力山大的部將塞琉克斯 (Seleucus I, Nicator) 及其子孫，建立了 Seleucid Empire。在過了全盛時期以後，此國不斷衰弱並喪失領土。其中包括於 239 BC 在東方分裂出一大塊土地成為大夏王國。到 223 BC 明王 Antiochus III（安提阿三世）接位，一度有中興之望。他大幅減少國內屬省的面積，並且建立統治的階層。這可能就是《史記》所記載「往往有小君長」的張本。在這一

段時間前後，原來居住在裏海東南一隅的 Parthians 民族也日漸壯大，奪取了（包括蠶食與鯨吞）它不少的土地。中間雖然出過幾個明君力圖振作，勉強拖了二百多年，最後僅能保有地中海東岸一隅之地苟延殘喘，到 64 BC 才亡於羅馬大將龐培之手。因為其衰亡過程是緩慢的，中間還有反覆，故附近的人都知道這個國家。張騫也是由大夏的遺民知道的，並留下國名的漢譯——條枝（或條支）。

由《史記・大宛列傳》所記的方位看來，將「條枝」認定作 Seleucid Empire，是毫無問題的。其中所提及的「安息」，就是 Parthian Kingdom（後來也成為帝國），這個漢譯名，是從其建國名王 Arsaces I 得來的。當張騫通西域的時候，安息正在膨脹之中；而殘存的條枝，正在被它逼迫，僅保有幼發拉底河以西的地盤。許多條枝原來的地域，都被它征服。張騫由間接得來的傳聞得出的結論，是「安息役屬之，以為外國」，可算是不太離譜了。

關於何以將 Seleucid Empire 漢譯為「條枝」，歷來的學者各有說法，我卻都有所保留。我們知道漢代在音韻學上屬於上古時期，與後世相差甚大。經過乾嘉以降無數音韻學者的不斷努力，我們開始明瞭各上古音的音值。「條」字从「攸」，古音屬於「喻四」，通常會帶流音「l」；而由「攸」字衍生出的字如「修」、「脩」、「悠」、「條」、「鯈」、「儵」、「倏」、「筱」、「篠」等字，或帶「s」音，或帶「sh」音，不然就保留「喻四」之聲。統括來考慮，這些字，以及同類的「條」字，其上古音很可能都是複輔音，其音值頗類似於「sl」。再考慮敘利亞原地的習慣，元音並不重要，有時含糊帶過，所以「條」字音很可能就是「Seleu」的對音。而羅曼語系中的「c」音相當於英語中的「ch」音，強烈地暗示：「條枝」的漢音與「Seleucid」很相近；「條枝」是音譯的結果。

我對以上的推想相當有把握，可是本文的主體並不倚賴它。根據《史記》對方位的記述，已足以判定「條枝」即 Seleucid Empire；此判定由司馬遷傳給班固，也傳給甘英。這就是甘英出使前心目中所存有的「條枝」。

可是班超與甘英都沒有料到，經過了二百多年，原來的那個「條枝」早就不存在了。可是他還是到了一個他稱為「條枝」的地方，與司馬遷所描述的很不同。他也有他的描述，被記載到《後漢書・西域傳》內。我們不妨一覽：

……復西南馬行百餘日,至條支。條支國城在山上,周回四十餘里。臨
西海。海水曲環其南及東北,三面路絕,唯西北隅通陸道。土地暑濕,
出師子、犀牛、封牛、孔雀、大雀,大雀其卵如甕。轉北而東,復馬行
六十餘日至安息。後役屬條支,為置大將,監領諸小城焉。

有一個不重要的差異:《漢書》與《後漢書》都用「支」代「枝」。下面
會混用此兩字而不另申明。有一個大差異:城在山上,周回四十餘里。固然
地中海東岸有一些丘陵,可是一些大都市,如安提阿、泰爾、西頓等,都不
能算築在山上。《後漢書》所描述的,倒像是一個位於高加索山上的山國!另
外,動物也多了不少,除了大雀其卵如甕,(其駝鳥乎?可能此地也有。)還
有師子、犀牛、封牛、孔雀。其中師子(獅子)確像是山地產物,這加強山
國的印象。還有一點值得注意:記載中進出條支皆用馬,而且動輒百十日,
似乎當地的交通不是很方便。這些特色,都有助於讓我們猜測甘英所到的條
支在那裡。

《漢書》與《後漢書》都用烏弋山來定條支的方位的出發點。由於此山
在闐實之西,可知它一定在蔥嶺的附近。這啟示我們,甘英一眾由都護府出
發向西行,走的很可能是北線;他們經過裏海以南的一小條平地走廊,再繞
過高加索山區邊緣,而到達亞美尼亞 Armenia。亞美尼亞也是一個現存的古
國,當時的面積要遠比現在為大;至少包含了現代土耳其的東北部以及喬治
亞國的一部分。其西邊則濱鄰於黑海。甘英一眾,如果抵達了亞美尼亞,會
不會以為那就是所期望的條支,並且以黑海為他心目中的「西海」呢?我認
為這個可能性是很大的。我希望下面的討論能夠增強這個假設,也希望能化
解某些疑慮。

當條支在安提阿三世的統治之下,開始時兵力甚強,使遠近國家聞風臣
服。212 BC 安提阿三世與亞美尼亞國王結親,並趁機將之收為藩屬。可惜好
景不常,安提阿三世後來為羅馬所敗,導致身亡,不久條支本身也受安息侵
蝕而衰弱。亞美尼亞事實上等同獨立,然而仍與條支有藕斷絲連的關係(包
括文化以及王族的血統);而且在名義上它還算是條支的一個部分。由於條支
的衰亡是逐漸的,它的獨立反不明顯;當羅馬大將龐培征服敘利亞後,面對
安息的日益強大,使他一時沒有興趣北轉到高加索山區用兵。因此亞美尼亞

就在羅馬與安息兩強的夾縫中留存下來。歷來此地也是羅馬與安息兩國外交竭力爭取的對象；可是由於地勢易守難攻，此地也始終維持自主。羅馬在敘利亞建立屬省並駐有重兵一百餘年，使此地的幾個重要都市十分繁榮，可是卻令原有的經濟與文化狀況產生大變化。因此敘利亞漸失條支的原有風貌。

讓我們設想一下：倘若附近國家的居民碰到一些陌生的外地人詢問如何去「條支」，被問者一定會以為：這些外地人會對古「條支」國的文化及生活情況有興趣。在語言溝通有限的情形下，他們所指的路徑可能朝向亞美尼亞地區；畢竟名義上亞美尼亞還算是條支的一部分。尤其是如果甘英及他的隨從一開始就走了北線，當向南的路線為崎嶇的山脈所阻時，更不可能轉向敘利亞。當他們最後遇到一個大海時，自然就會認作他們心目中的「西海」了。

至於所言「安息西界船人」，不過是表明那些船人來自安息的西界而已。安息帝國的幅員廣大，其邊界亦多不整齊；「西界」並不一定意味著兩河流域的西界。我們知道裏海西南沿岸一帶，本來就是安息人的老家。當安息人向西南拓土，建立廣大的帝國時，總不會去放棄老家。亞美尼亞既然始終未被安息征服，它的東界當然與安息比鄰，其界線大致在今日亞塞拜然的國境內。所謂的「安息西界」，正是指與亞美尼亞的邊界而言。本來安息人和亞美尼亞人就常會有來往，有一些安息人來到黑海的邊緣作渡船生意，也是很合理的事。因為山路往往難走，本來由亞美尼亞與小亞細亞往來，就常會利用到渡船。對老於路途的商人來說，海行的風險必定早在意中，無須船人來提醒。現在有一些外地人說要渡海，船人一定以為他們是探險者，向他們警告風險的存在，也是必要的事。何況黑海地區比較偏僻，不會像地中海那樣有大而且快速的渡船，以適應大都市的需要。說需要三個月時間，也可能是事實。當然，船人所說時限可能指抵達羅馬城所需，那就更為合理。（因需要通過達達尼爾海峽經愛琴海再繞行地中海。）甘英一眾不明地理，也可能有所誤解。

有人批評甘英生性懦弱，不敢去冒險。對這些批評我也有所保留。甘英和他的隨從住在西域，大概大半輩子都生活在馬背上，對大海當然不會太適應。而且他奉命出使，也必有一定時日的限制；如果真的在大海上漂流三年而無法回去復命，他當然不會願意。當然，他們也的確有準備不周的地方。在他的隨從之中，顯然無人有足夠的語言能力和當地人溝通，以瞭解詳盡的地理情況。他所記載的：「臨西海，海水曲環其及東北，三面路絕，唯西北隅

通陸道。」就不是很清晰的資訊。很難找到一個地方為「西海」環繞三面！
（倒有些像克里米亞半島，唯方位不太對，而且我也不相信甘英一眾能走這
麼遠。）如果說是「周回四十餘里」的城被水環繞，則高加索山區儘多有半島
的大湖。我比較喜歡後一說，卻無法由他的記載辨明。當然，也有可能當地
人告訴他東有裏海、西有黑海、而南阻大山，因語言的隔閡，讓甘英誤以為
三面環海。

　　甘英出使大秦的使命雖然算是失敗了，卻還是有好的影響。即使在黑海
之邊，我相信一群外地人來到的消息還是會傳到羅馬人的耳中。只是在那一
年，羅馬本身被多瑙河地區的戰爭弄得焦頭爛額，沒有餘力它顧；前面所說
的影響要到六十九年以後才出現。《後漢書·西域傳》記載：「桓帝延熹九年，
大秦王安敦遣使自日南徼外獻象牙、犀角、瑇瑁，始乃一通焉。」延熹九年
是 AD 166，「安敦」是 Marcus Aurelius Antonius 的音譯，也是羅馬五賢君的
最後一位。五賢君收拾了圖密善的爛攤子，屬精圖治數十年，使國力達到頂
點，這才有餘力通使漢帝國。他們顯然做好了準備工作，經海路到日南，那
時還是創舉，可是他們卻做到了。

　　那位使者也顯然很盡職。除了送禮之外，他還盡力介紹了羅馬國內的政
治經濟情況，當然他的敘述必定帶有誇張。《後漢書》對大秦情況的記載相當
詳細，其資料來源顯然出自這位使者。下面引一小段，以見一斑：

> 置三十六將，皆會議國事。其王無有常人。皆簡立賢者。國中災異及風
> 雨不時，輒廢而更立，受放者甘黜不怨。

　　不知道使者誇大了多少或記述者誤解了多少，不過其中顯然有元老院的
影子。歷來讀《後漢書》者似乎多視而不見！大概以天方夜譚看待罷。

# 第三十二章
## 《公羊傳》「伯于陽」臆解

### 摘 要

　　本文(1)批駁何休對《公羊傳》「伯于陽者何? 公子陽生也。」的注釋, (2)判斷原經文沒有誤脫之處,(3)並透過史實的排比,建議一個新的解釋: 齊悼公陽生可能誕生於魯昭公十二年,其父景公以入陽之役為他命名。

## 一、前 言

　　《公羊・昭公十二年經》載:「十有二年春,齊高偃帥師納北燕伯于陽。」〈傳〉:「伯于陽者何? 公子陽生也。子曰:『我乃知之矣。』在側者曰:『子苟知之,何以不革?』曰:『如爾所不知何?《春秋》之信史也,其序則齊桓晉文,其會則主會者為之也,其辭則丘有罪焉耳!』」何休在注中解釋:「子: 謂孔子。乃: 乃是歲也。時孔子年二十三,具知其事; 後作春秋,案史記知『公』誤為『伯』、『子』誤為『于』,『陽』在、『生』刊滅,闕。」❶

　　這段傳文曾廣為學者討論。有人以此為證據,證明孔子沒有修訂《春秋》。例如楊伯峻的《春秋左傳注・前言》就這樣說❷:「姑不論這點的是非; 據《何休注》和《徐彥疏》,孔子親見其事。魯史有誤而不改,那麼,明知史文有誤而不訂正; 孔子到底修了《春秋》沒有? 這不是不打自招,孔子只是沿舊史文麼?」針對這段話,張以仁❸在《春秋史論集》中反駁說:「維護《公羊》者也可以說: 這一資料,適足以證明孔子曾修作經文。他如果沒有那樣的事,『在側者』也不會問他『何以不革』了。」有趣的是,雙方都願意「姑且承認」《何休注》中寫下的解釋是對的。張以仁並且明言:「也許正如何休所說:『公』與『伯』由於義近(同是爵名)而誤、『子』,『于』則形近而誤、『生』字則脫漏。既誤且脫,校勘上是有這樣的例子的。」

---

❶　本文所引之《春秋》三傳根據清嘉慶重刊宋本。

❷　楊伯峻,《春秋左傳注》,臺北源流出版社,1982 年, pp. 13-14。

❸　張以仁,《春秋史論集》,臺北聯經出版事業公司,1990 年, pp. 28-30。

　　本文根本懷疑何休的解釋，且認為這個注是不正確的。因為如果何休所講的這種解釋方式是正確的，則經文在未誤之前就成了：「十有二年春，齊高偃帥師納北燕公子陽生。」所納的是北燕的公子陽生。可是納到什麼地方？沒有講。而且這裡還不能說原文有脫誤，只好勉強說納回北燕，有點像莊公九年「夏，公伐齊，納子糾。」的書法。納成功了沒有？如果成功了，應有像「北燕陽生入于北燕」的記載；如果失敗了，也應有像「齊師敗績」，或至少像文公十四年「弗克納」的記載。這些話頭都沒有出現，由此可以推想，用「公子陽生」來代替原文的「伯于陽」是一個錯誤。

　　再說，原來「齊高偃帥師納北燕伯于陽」的經文，與哀公二年的「晉趙鞅帥師納衛世子蒯聵于戚」有相同的書法；它又和昭公三年「北燕伯款出奔齊」（《公羊》無傳）相配合，實在不應該認為有脫誤。何休當然也不會沒有注意到《公羊‧昭公三年經》所記載北燕伯款出奔齊國的事。可是他被自己所認定的《公羊》書例所迷惑，使他寫出這樣一段，犧牲史實以遷就微言大義的話來：「即納上伯款，非犯父命，不當言于陽；又微國出入不兩書，伯不當再出，故斷三字問之。」這項飾說，顯然是他在偏見矇蔽之下，力求自圓其說所產生的。當然，另外還有昭公六年的「齊侯伐北燕」與昭公七年的「春王正月，暨齊平」（《公羊》皆無傳）；也都是與昭公十二年相關的經文，不過如沒有別的史實作參考，單從經文本身，還不容易看出來。

　　那麼是不是公羊家的先師們傳錯了呢？王夫之在《春秋稗疏》❹中，是這樣寫的：「納北燕伯于陽，《公羊》作納公子陽生，其謬明甚。」在《春秋公羊傳今注今譯》中，李宗侗也寫道：「事實俱在而《公羊傳》解釋為公子陽生，可見漢朝人的《公羊傳》已經對古史不太明白；變成了不通順的文章。」❺單純排斥《公羊傳》的這段傳文，確實可使整個問題消失，也許是最簡單的做法。可是，畢竟《公羊傳》是戰國時一群齊魯學者的心血成果，就算錯也應該錯得有譜。如果有別的辦法可以講通，則亦未必要走上那最後一條絕路。本文嘗試替這段傳文找出合理的解釋，不止為了替前賢辨誣，也希望有助於澄清一些歷史上的懸案。

---

❹　王夫之，《春秋稗疏》卷下，《船山遺書全集》，臺北自由出版社，1972 年，p. 3932。

❺　李宗侗，《春秋公羊傳今注今譯》，臺北商務印書館，1973 年，p. 521。

下面先寫出本文的基本臆想，在以後的小節中，再逐項考驗其合理性。第一，本文原則上接受《左傳》所提供的歷史背景；至於細節，則對不同的傳言有所斟酌。第二，根據歷史記錄，可以推算齊悼公有可能生於齊景公十八年（即魯昭公十二年，430 BC）。本文主要的臆測是：齊景公把納燕簡公入陽地的成功，當作一件很得意的事；假設新公子誕生於此際，他有可能因而用「陽」字來為新生兒命名，以資紀念。這項逸事，孔子可能知道，也可能成為師弟間對話的題材。第三，公羊家師弟相傳之言，可能雜有公羊學派自己發揮的話，也可能有傳誤的地方；可是發揮必定會有思想上的依憑，傳誤也必定涉及獨特的致誤因素。本文企圖盡量將這些思想的依憑，以及致誤因素發掘出來。第四，對於陽的地望，本文以為：杜預判定其位置在今河北完縣西，唐縣東北，這項意見是對的；本文不贊成王夫之《春秋稗疏》中所說：其位置在今文安、大城之間。

## 二、歷史背景

本來，《春秋經》分散寫在昭公三年、六年、七年、十二年項下的四條經文，三傳的傳承都是一致的。這項事實可以說服我們：從儒家的祖本分傳開始，到西漢隸定為止，三家對這四條經文的傳承是忠實的。因此，比較三家的傳，應該可以發掘出經文背後所涉及的歷史背景。可惜，《公羊傳》前三條根本沒有傳。《穀梁傳》的傳文稍多一些，引在下面：

〈昭公三年〉傳：其日北燕，從史文也。

〈昭公六年〉傳：（無傳）

〈昭公七年〉傳：平者，成也。暨猶暨暨也；暨者，不得已也。以外及內曰暨。

〈昭公十二年〉傳：納者，內不受也。燕伯之不名何也？不以高偃摯燕伯也。

傳文除了咬文嚼字外，並無多少歷史的參考價值，也無須去發掘范甯的《注》與楊士勛的《疏》了。而《左傳》就不同，記載雖然簡單，可是明白分曉：

〈昭公三年〉傳：燕簡公多嬖寵，欲去諸大夫而立其寵人。冬，燕大夫

比以殺公之外嬖；公懼，奔齊。書曰：「北燕伯款出奔齊」，罪之也。

〈昭公六年〉傳：十一月，齊侯如晉，請伐北燕也。士匄相士鞅逆諸河，禮也。晉侯許之。十二月，齊侯遂伐北燕，將納簡公。晏子曰：「不入！燕有君矣，民不貳。吾君賄，左右諂諛，作大事不以信，未嘗可也！」

〈昭公七年〉傳：七年春王正月，暨齊平，齊求之也。齊侯次于虢，燕人行成，曰：「敝邑知罪，敢不從命；先君之敝器請以謝罪。」公孫晳曰：「受服而退，俟釁而動，可也。」二月戊午，盟于濡上。燕人歸燕姬；賂以瑤罋玉櫝、斝耳。不克而還。

〈昭公十二年〉傳：十二年春，齊高偃納北燕伯款于唐，因其眾也。

由這裡可以看出一個大致的歷史輪廓。燕（以後為簡明起見，都不加「北」字）伯款無道，得不到民心，為其國之大夫所廢，出奔到齊國。齊景公本來想用武力支持他回國，可是不久就發現用武的代價太大，燕國又用寶器與女色來賄賂齊君；因此虎頭蛇尾，與燕國媾和而退兵。可是把已廢的燕君長期留在齊國也不是辦法。因此用兵將他送進一處燕國邊地，企圖利用當地的民眾資源培植勢力，以等待回燕的機會，而齊國也趁機把這個燙手的蕃薯脫手。

單由《左傳》看來，上面的歷史敘述明白而可信❻。可是問題出在《史記》的記述卻與此不同，所以還不能就此下結論。《史記》的資料，主要出現在〈十二諸侯年表〉與〈燕召公世家〉，兩篇都把魯昭公三年奔齊的那位燕君，稱為「惠公」。〈世家〉作：「惠公元年，齊高止來奔（按此為魯襄公二十九年，544 BC）。六年，惠公多寵姬，公欲去諸大夫而立寵姬宋；大夫共誅姬宋。惠公懼，奔齊。四年，齊高偃如晉，請共伐燕，入其君；晉平公許與齊伐燕，入惠公。惠公至燕而死。」〈年表〉六年記作：「公欲殺公卿，立幸

---

❻ 由清末起，一度有許多學者對《左傳》失去信心，認為其中雜有大量劉歆偽造的部分。這一點經過許多人深入研究與澄清後，現已有相當把握說：《左傳》的絕大部分是先秦傳下的寶貴史料。請參閱沈玉成、劉寧所著之《春秋左傳學史》（江蘇古籍出版社，1992 年）。

臣。」按清張照的《考證》，〈世家〉中「姬」字應為「臣」字之誤。故這一點《史記》與《左傳》並無不符。至於晉國有沒有參與伐燕，則可能緣於不同的傳聞，並無大礙。《左傳》記齊君伐燕以前，曾親自到晉國請求同意。這固然是尊敬盟主應當做的事，然而齊也可能與晉達成某些默契（這在下一節還會討論到）。如果按照〈年表〉排出由燕惠公至燕簡公的相關大事記，可條列如下：

魯襄公二十九年 (544 BC)：燕惠公元年。

魯昭公三年 (539 BC)：燕惠公奔齊。

魯昭公六年 (536 BC)：齊晉伐燕，納惠公。

魯昭公七年 (535 BC)：惠公至燕，卒。燕悼公元年。

魯昭公十四年 (528 BC)：燕共公元年。

魯昭公十九年 (523 BC)：燕平公元年。

魯昭公二十四年 (518 BC)：燕平公如晉請納王。

魯定公六年 (504 BC)：燕簡公元年。

魯哀公二年 (493 BC)：燕簡公卒。

　　《史記》當然不免會有錯，例如：魯昭公二十四年〈年表〉記燕平公如晉請納王；應是當年鄭定公赴晉請伐王子朝、納周敬王的事。又魯宣公十二年記被楚圍、哀公十三年記燕獻公敗宋；〈世家〉皆不載，也應都是同年鄭國的事。這三件事可能因〈年表〉中鄭、燕兩行相鄰而誤混，張照的考證是對的❼。又根據司馬貞《史記索隱》的引述，《竹書紀年》中，簡公之後跟著是孝公，而沒有獻公。司馬貞本人並不相信此記載。可是現在看來，《史記》錯的成分居多。然而，除了這些可理解的錯誤外，司馬遷手中或許也有些後世看不到的資料。

　　燕國處於北部邊陲，春秋時一向不參加中原諸侯的會盟活動，只是與齊

---

❼　見張照的《史記考證‧十二諸侯年表‧燕》。此處之「獻公」誤刊為「簡公」，本文已改正。

　　本文所引之《史記》皆用清武英殿版，張照的《考證》皆分刻在各卷之末，司馬貞的《索隱》則連同《集解》、《正義》，皆以雙行夾注方式附刻於文內。

還算親近。以前齊桓公就幫過燕國的大忙。齊國的大夫，也往往以燕為出亡目的地。然而燕國的史事，通常都不會赴告至魯國，因此現在保留在《春秋》上的零碎記載，多半與齊國有關；而《左傳》為了配合《春秋》，記載得也不完整。整體看來，太史公接受《左傳》相當多；只是他的手中還有一份記載燕君世諡的譜諜，寫〈世家〉時需要調停其間。在譜諜中，司馬遷發現簡公以前，還有好幾位國君，不得不把款的初期歷史給了「惠公」。（顯然再前面的史蹟會亂了，不過燕初的史料更缺乏，後人不會發現。）然而他又受了《公羊傳》「伯于陽」的影響，認為魯昭公十二年的事與款無關。因此他記載「惠公」的歷史，就結束在魯昭公七年的「歸至燕而卒」。這就造成了《左傳》與《史記》的衝突。其實，這全都可以用款終於回燕復辟來解決。

燕伯款的後半段歷史，很可以成為另一個考證對象，與本文沒有直接關係；這裡提起它的目的，只為了要解決《左傳》與《史記》的衝突。因此本文只列舉其初步大綱，而將部分重要的支援理由，放到注內。

燕伯款終於回燕復辟的證據有：第一、《左傳》記下了「簡公」這個諡號。款如果至死流亡在外而沒有歸葬，不太可能會有諡號❽，可是偏偏《左傳》就記載了。第二、《墨子・明鬼下》記載燕簡公死在車上，而當時他的車子還正在馳祖的途中。墨子❾將他的死歸於莊子儀鬼魂的杖擊，這當然不可信，不過至少他死時正在燕君位上。第三、司馬貞在《史記索隱・燕召公世

---

❽ 例如，魯莊公六年，衛惠公（朔）回衛復辟，因而被趕走的公子黔牟，雖然在位長達七年，當時且得到周王的支持，只由於沒有機會再當衛君，就沒有諡號。當然，不能完全排除日後的追諡，（例如衛出公輒出亡而最後死於越，《左傳》不載其諡號，然而《孟子》稱他為「孝公」，當是日後的追諡。）不過歷史上這種追諡的機會並不多。

❾ 《墨子・明鬼下》記載得活神活現：「昔者燕簡公殺其臣莊子儀而不辜。莊子儀曰：『吾君王殺我而不辜，死人毋知亦已，死人有知，不出三年，必使吾君知之。』期年，燕將馳祖。燕之有祖，當齊之社稷、宋之有桑林、楚之有雲夢也，此男女之所屬而觀也。日中，燕簡公方將馳於祖塗，莊子儀荷朱杖而擊之，殪之車上。」《墨子》並說這件事載於《燕之春秋》，以顯示其可靠。當時燕簡公大概已是六十多歲的老人了，又因莊子儀死前的話始終哽在心中，不無愧懼感。很可能他在馳車時忽然中風而死，卻替《墨子》增加了一個「明鬼」的例證。

家》中，無意間留下一條異常寶貴的史料：「《紀年》作簡公四十五年卒，妄也。」他把這條繫於「釐公卒」後❿。四十五年是相當長的時間。如果由《史記》所載的「惠公」首次即位之年（魯襄公二十九年，544 BC）算起，則他死時當為魯定公十年 (500 BC)，還是在《史記》所載：中間經過的悼公、共公、平公三個國君之後。因此可以判斷：司馬遷所根據那份「其辭略」的譜諜，確有相當高的可靠性。假設他當魯襄公二十九年首次即位，那時他應當相當年輕，姑且定在大約二十歲。六年後奔齊，則出亡時約為二十五歲，正是血氣未定、自信心強的年齡。他已經知道用寵臣，可是經驗不足，鬥不過政壇上的老臣，故遭罷廢失位。然而在忠於他的那批人的眼中，他還是燕君，而坐在薊都君位上的那些人，反而是篡偽。這樣算起來，他在約三十四歲時被送到唐邑，正是力圖振作的年齡，一切都很合理⓫。

　　把燕國的歷史背景交待清楚以後，齊國的部分就容易了。由《左傳》的記

❿　司馬貞對這一條，引是引了，可是他自己實在不信，故加上「妄也」的斷語。這表明當時他看到的《竹書紀年》，的確有這一條。現在我們已充分瞭解古本《竹書紀年》的歷史價值，當然應該加以重視。關於《古本竹書紀年》的輯佚與其價值的討論，請看方詩銘、王修齡所合著之《古本竹書紀年輯證》（臺北華世出版社，1983年）。

　　當燕伯款奔齊時，應該帶有一些死忠於他的侍臣，後來在唐邑安定下來，也一定有一個行政體系。他手下的人當然奉他的正朔，承認他的統緒從即位後並未斷絕，即使在流亡期間亦是如此。而支持他的外國政府，如齊與晉，當然也與他維持著外交關係。其中晉國，由於地緣關係，與他的來往當更密切。《竹書紀年》的前身是晉國的歷史，記載他的在位年數，當然也不會中斷。這就是為何在《竹書紀年》中會有他在位期間長達四十五年的記載。反而由燕國的觀點，不能將他離燕後幾位國君的年數，一筆勾銷，這段記載就由太史公所繼承。可能燕平公死後無後，燕國人才將他迎回。他雖然勉強復國成功，卻又擅作威福，無罪而殺大臣，在燕國的史書中可能不孚人望，當然也不會追認他流亡在外的年數。

⓫　司馬遷參考過燕君世諜譜諜而整理在〈年表〉上的記載，如果可以接受，則一直到魯定公五年 (505 BC) 燕平公死後，款才有機會回去；依前文估計，他已年高達五十九歲了。在復辟後，他又當了六年國君，死時約六十四歲，死後總算獲得一個正式的諡號（簡）。燕簡公坐在燕君位上前後共計十二年，這也許就是為什麼《史記》將他在位的年數定為十二年的原因了。

載，（平公之名諡《左傳》不載，姑從《史記》。）可以整理出下列的世系表：

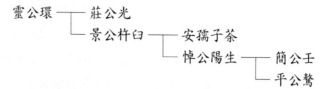

各人即位與薨逝的年代如後：靈公於魯成公九年 (582 BC) 即位，於魯襄公十八年 (554 BC) 薨。接著莊公即位，於魯襄公二十五年 (548 BC) 被崔杼所弒。接著景公即位，到魯哀公五年 (490 BC) 才薨，在位五十八年。接著安孺子荼即位，不久被陳乞所廢，後被弒。悼公於次年立，到魯哀公十年 (485 BC) 為免吳難被國人所弒。簡公立，到魯哀公十四年 (481 BC) 被陳恆所弒；立其弟平公。納北燕簡公款於陽的，是齊景公杵臼。當時為他的第十八年。

也許應該敘述一下齊景公的歷史背景。齊景公在位的時間長達五十八年，後面一段，是如《孟子》所說的：「既不能令，又不受命」❷，相當不得意；可是前面一段，他是力圖振作的。他死後傳位給所鍾愛的安孺子荼。既言孺子，則年齡必小，可能不到十五歲。景公生他的時候，總不會老到六十歲以後，推測景公自己即位的時候也一定很年輕，也許不到二十歲。當魯襄公二十五年，崔杼弒莊公光，然後與慶封擁立杵臼，一定以為他年輕易制，然而他居然能從眾權臣的夾縫中存活下來。即位後第二年，他就能在國景子 (弱) 的陪伴下赴晉，為衛獻公講情；以後數年，他也積極參與國際活動，一點也沒有給人以幼弱的印象。崔氏滅於魯襄公二十七年，慶封亡於二十八年，然後景公開始召回流亡在外的齊國公子，歸還他們的采邑，顯出新的氣象。到魯昭公十年，景公在晏嬰與陳、鮑兩家的支持下，逐欒氏、高氏，政權也進一步穩定下來。他相當聰明，也知道任賢，可是不能勝其奢侈與好財賄之心；他往往虐使齊國民眾，致有「屨賤踊貴」之譏。他有時也能聽晏嬰的勸諫而略為改善，可是不久即會故態復萌，錯失了中興的機會。他能夠意會到陳氏即將坐大，而且知道不能用高壓的方式解決，可是他就是克服不了自己的弱點，最多只能設法拖延發作的時機而已。這些都是後話。

❷　此語出自《孟子・離婁上》，原來是景公被迫屈服於吳國勢力下的自責語。用以形容景公晚年時的行事，也相當貼切。總之，是老糊塗了。

## 三、陽地與公子陽生

　　《公羊傳》的先師們，認為昭公十二年的《春秋經》，與「公子陽生」有關。因為《公羊傳》的傳承，多在齊魯地區，是不是有哪個「公子陽生」，為此地區的人所熟悉呢？答案很明顯；唯一的可能，就是齊悼公陽生。他是齊景公的兒子。他在魯哀公六年 (489 BC) 取代安孺子荼即位以前，一直是「公子」的身分。當魯哀公五年，老糊塗的齊景公為了要傳位給所寵的幼兒荼，將他與其他公子放逐到齊東的萊邑。結果，景公死後，他也未能參與葬禮。終於趁管制鬆懈的時候，從萊邑逃奔到魯國。當時，萊邑還傳出一首諷刺歌：「景公死乎不與埋，三軍之事乎不與謀。師乎！師乎！何黨之乎？」在魯國當然會傳為新聞。公子陽生在魯國寄居了不到一年的時間，季康子（肥）把妹子嫁給他；到次年，齊國的陳乞趕走了擁護安孺子荼的高張與國夏，派人召陽生回國。陽生為怕夜長夢多，恐當不上國君，沒有告訴別人，就和公子鉏（和他一起奔魯的）趕緊駕車回去，把兒子與新婚夫人都留在魯國。結果就在這空窗時期，不甘寂寞的新婚夫人，竟和她的叔父鮑侯偷上了，還惹出一場戰禍。這些事蹟，齊人和魯人的印象一定會很深，談到「公子陽生」時，不可能還指別人。

　　歷史上沒有留下陽生的生年。可是他逃到魯國時，至少有兩個已成長的兒子（王與驁），王確定和他在一起。從魯溜回去的時候，他將王託給家臣闞止；後來回齊，四年後繼位為簡公，因寵闞止而又惹出一場政變。要做到這些，年齡一定不能太小。估計陽生奔魯時，不會小於四十歲。另一方面，季康子肯把妹子嫁給他，而且從魯國開溜時，兩個人居然能勝任長途跋涉，則亦不會太老；也許不到五十歲。換言之，他出生之年，應該介於魯昭公三年與十三年之間。他的名中有一個「生」字，通常總是指出生時某一件事或情景與命名有關（例如鄭莊公寤生）。如果從公羊家的傳言著想，則「陽生」的「陽」字，需要與地名的「陽」字連上關係。最適宜的猜想，就是他生於昭公十二年，適當齊國將燕款成功送入陽地以後，因而留下這個「陽」字的銘記。

　　這個猜想合理嗎？由年齡看，配合得正好。陽生四十一歲時奔魯，四十二歲時即位為齊君，四十六歲時被弒。如果陽生比他的兒子王大二十五歲，

則簡公壬於二十一歲時即位，二十五歲時被弒。那時，壬的弟弟驁大概也有二十餘歲；已長大到可以當國君了。一切都很順暢。

歷史上有沒有這樣命名法的先例？《左傳》上的確有幾個例子：父親參與了某一項戰役，就以和此戰役有關的人或地名來為新生兒命名。較早的是，晉武公伐夷，執夷詭諸，以命其子獻公❸。然後是魯叔孫得臣殺長狄僑如，以命其子宣伯。可注意的是，叔孫僑如為齊景公的外祖父❹。齊景公對這個先例應該很熟悉。較後的有，魯苦越以陽州之役生子，名之曰陽州❺。雖然納燕款入陽地並非齊景公親自參與，可是高偃是他派出去的上卿，一樣會有成就感。

我們也可以考量一下齊景公的心態。當魯昭公十二年時，齊景公在位已十八載，年齡當有三十五六歲，血氣方剛；他在晉投壺之辭❻，透露出企圖心。燕簡公款寄食在齊也將近十年，總得要有個交待。燕國與齊聯親，並盡量保持低姿態，一時也沒有像公孫晳所說「俟釁而動」的時機。可能在晏子的協助或參預謀劃下，終於擬出將簡公款送進陽地的計畫。能夠因此解決這個棘手的問題，景公一定很得意。

表面上，只送簡公款至燕的邊地，以等待「俟釁而動」的機會，不過是聊勝於無的動作。清高士奇就批評說❼：「燕款之納，僅至唐邑未能即其國都，與仲父之城三亡國者，殆霄壤矣！」然而，那時款在燕國很不得民心；晏子已經預言過：「不入！燕有君矣，民不貳。」要打進去非花大代價不可。再說就算花了九牛二虎之力替款重獲政權，而且款也痛改前非，重獲民心，以

---

❸ 這件事以前似乎無人指出過，而且與《左傳》同傳的《春秋經》上所記晉獻公之名為「佹諸」。可是分別與《公羊傳》以及《穀梁傳》同傳的《春秋經》，卻皆記載獻公之名為「詭諸」，與《左傳·莊公十六年》所記的「夷詭諸」的「詭」字合。

❹ 《左傳·文公十一年》記載叔孫莊叔（得臣）殺長狄僑如的事，宣伯就是叔孫僑如。多年以後的《左傳·襄公二十五年》，則追記叔孫還納叔孫僑如之女於齊靈公生景公的事。

❺ 《左傳·定公八年》記載此事。

❻ 《左傳·昭公十二年》：「齊侯舉矢曰：『有酒如澠，有肉如陵，寡人中此，與君代興。』」

❼ 高士奇，《左傳紀事本末》，卷二十。

後對齊也不見得有利。秦穆公連送兩位晉君回晉，結果卻是秦的東進之路被堵。將款送到一塊燕的邊地，一方面齊國不用馬上與燕扯破臉；另一方面，對款也保留部分控制力量，未嘗不是高招。款如果想復國，應該會想到春秋初期，鄭厲公（突）以櫟為根據地，終於獲得成功的例子❶。據《左傳》解釋，唐地的民眾還相當多，可資款利用以增加其聲勢。而且從頭齊就得到晉的默契甚至協助❶。陽（唐）地鄰近鮮虞，鮮虞為白狄種，當時其國力相當衰弱，時常為晉所侵伐而往往不知戒備，款甚至有機會瓜分一些鮮虞的土地，以壯大其力量。事實上，晉國的上軍將荀吳（中行穆子）已經逐漸侵蝕鮮虞，並沒有受到大挫折；如果不是不久以後范氏中行氏與趙氏交惡，則很可能在春秋時期晉就會把鮮虞滅掉。

如上所述，將簡公款送進陽地的行動相當高明，景公這個力圖振作的齊君，看到這個計畫被順利執行，怎麼能不感到興奮；甚至學他的外祖父的父親，用「陽」字來為他的新生兒命名呢？

## 四、《公羊傳》傳聞的解釋

《公羊傳》在「公子陽生也。」之後，寫道：「子曰：『我乃知之矣。』」在前一節，我們建立了公子陽生與陽地相關的可能性，目的是在解釋：為何公羊學的傳承者會認為孔子知道公子陽生的事。我們已經解釋過，魯國對於公子陽生絕不陌生，當然會有些逸事傳播著。陽生居魯將近一年，一定會與魯國的朝野人物交往，也總會談及自己命名的來由。當時孔子雖然不在魯國（可能還在陳蔡間），可是到魯哀公十一年（當時他已有六十九歲了）回魯後，自然會聽到正確的消息。戰國時代的公羊學傳承者認為孔子知道有關公子陽生的事，是合理的。然而何休認為孔子當昭公十二年已具知「伯于陽」之事，

---

❶　鄭厲公於魯桓公十五年居櫟，到莊公十四年才復入鄭，居櫟共十七年。

❶　《史記》載晉國實際參與了伐燕，雖與《左傳》不合，也許可看作是一項「事出有因」的傳聞。見第二節的引文。馬王堆帛書《春秋事語‧燕大夫章》的殘文中，有晉燕交兵之事，晉燕壞土接近到可交兵，應在春秋後期。如這是晉的單獨行動，就不算與《左傳》違異。見《文物》1977 年第 1 期 p. 32〈馬王堆漢墓出土帛書《春秋事語》釋文〉及其後張政烺的〈解題〉。

因為孔子當年已有二十三歲（見第一節的引文）；則是不合理的。事情發生遠在燕國邊境，當時又無傳播媒體，孔子從何得知？如果消息得自燕國或齊國之赴告，則魯國太史記錄在竹簡上的資料會傳錯，反而不如孔子得自傳聞正確，那無論如何是講不通的。何休別出心裁，解「乃」字為：「乃是歲也」。可謂望文生義。其實在《公羊傳》的傳文本身，就已經有「乃」字的解釋。〈宣公八年傳〉解釋：「『而』者何？難也。『乃』者何？難也。曷為或言『而』或言『乃』？『乃』難乎『而』也。」這也可以用〈桓公十二年傳〉的「內不言戰，言戰乃敗矣！」來印證[20]。「乃」譯成現代語，常可適用「就」字；最多，如《公羊傳》所言，「乃」字後所繫之事，較為罕見而已。可見何休也沒有什麼根據，完全是飾說而已。

《公羊傳》是到漢初才寫定的。當在口耳相傳的時期，這樣一句問答：「伯于陽者何？公子陽生也。」可以因傳述者語氣的輕重而有不同意義。可能原來的兩個「陽」字講的時候加重了語氣，其本意是在說：「『伯于』後面那個『陽』字是什麼呢？那就是『公子陽生』的『陽』。」《公羊傳》通常用這種問答語句「……者何？……也。」來解釋經文，大多用於闡述名分的關係上。例如，〈桓公三年〉的傳文有：「仍叔子者何？天子之大夫也。」用這種語句以解釋地名的不太多；就算有，也是很簡單的記述。如〈哀公二年傳〉的「戚者何？衛之邑也。」有少數場合要描述比較複雜的關係，就顯得不太自然。例如〈僖公二十八年傳〉解釋經文：「衛元咺自晉復歸于衛」中的「自」字，也用這種形式：「自者何？有力焉者也。」就需要在頭腦裡轉個彎，才能瞭解它的意義。對「伯于陽」的問答，也可作如是觀。

這是假定沒有傳誤的情況。如果允許有些常會發生的傳誤，也可使句子更順暢一些。若原來的問答句為：「陽者何？公子陽生也。」而「伯于」兩字，涉上而衍；那就更像上引那段〈僖公二十八年傳〉的句法。原傳文問答句甚至也可能為：「陽者何？命公子陽生也。」而「命」字因與「公」字形近而脫

---

[20] 其實《春秋經》中，「乃」字的用法很簡單。如〈襄公十一年經〉的「四卜郊不從，乃不郊」、〈宣公八年經〉的「至黃乃復」、〈昭公二年經〉的「至河乃復」等條所出現的「乃」字，都可用「就」字來翻譯。僅〈定公十五年經〉的「戊午日下昃，乃克葬。」以及類似的經文，稍帶點《公羊傳》所稱「難」的味道；可是用「就」來解，還是講得通的。可見《公羊傳》已開望文生義之端，何休則更形變本加厲。

漏，那就更為自然。這些脫誤的假設，與原來何休以「伯于陽」為「公子陽生」之脫誤不一樣。第一節所引《春秋》之四段經文，其本身或與歷史背景，皆無牽強矛盾之處。又有三傳獨立的傳授結果可資比對❹；與《公羊傳》此處既不自然又沒有別本可資校勘的情況，不可同日而語。

　　下面一句：「在側者曰：『子苟知之，何以不革？』」本來沒有大問題。那是公羊學家傳說之中，隨侍孔子的人的問話，問他何以不刪改。可是，用「革」字來表示刪改一條「朝報」式的記錄，未免有點不倫不類。一般描述孔子修《春秋》，總是用「筆則筆，削則削。」的字眼。「革」字通常作名詞用：如「皮革」、「金革」等；另外，也用作人的名或字：如「子革」。其他的用法，古書中並不常見。「革」字作為動詞，在《易經・革卦》內，當然有多次用到；在《春秋》和三傳中，除《公羊傳》此例外，僅《左傳・襄公十四年》有「失則革之」，用以對人、《左傳・哀公九年》「今又革之」一句，則為吳王用以抱怨齊君對請求的改悔；這兩處都要比《公羊傳》此例自然得多。《公羊傳・成公二年》還另有「革取清者」一處。那裡出現的「革」字是副詞，因雙聲通「更」；其義為「另」。因此，本文認為這裡的「革」字大概是錯的。至於由何字錯成「革」字，則不容易猜。本文初步建議：「革」字很可能是「言」字之誤。「革」、「言」兩字的小篆❷分別為：「革」、「言」，它們的字形相近，尤其當「言」中間一豎寫得太長而穿過下面的「口」字時，就有認錯而致誤的可能。「言」字在《公羊傳》中經常作「記述」來解，用到的頻率相當高，不過似乎總會連上其他的字，因此這個假設也有勉強的地方❸，暫時還需要存疑。

---

❹　前面已強調過，《春秋經》分散在昭公三年、六年、七年、十二年項下的四條記載，三傳的傳承都是一樣的。唯一的不同，是《公羊傳》內的「奔」字寫作三隻「牛」的俗體，那只是字體的不同。這顯示《春秋經》這四條自分傳之後，還保存無恙。分傳之前至昭公中葉，則為時無多，竹簡又受太史保管，傳誤的機會應會更少。

❷　分別見《說文解字》卷三下與卷三上。

❸　《公羊傳》通常在「何以不言」後聯一個賓詞。若要勉強講通，可假設此賓詞因前面已提過而省略，或假設本來繫有「公子陽生」四字，當「言」字被誤為「革」字之後刊去。還有一個可能：原傳文可能為：「何以不言之」，而「言之」二字寫得太靠近，被誤讀為「革」字。

整段問答：「子曰：『我乃知之矣。』在側者曰：『子苟知之，何以不革?』曰：『如爾所不知何?』」也許真的發生過，而被弟子記下來；也許只是公羊學家的傳聞。假定真的有過，孔子的用意，也許是：在《春秋》中通常不載逸聞。因為如果要載則通通要載。可是大部分逸聞不為人知，無法通通載下。這應該就是「如爾所不知何?」較可信的詮釋。這不同於如「大雨雹」等記異的場合，有客觀的資料可循。

再下一段：「『《春秋》之信史也，其序則齊桓晉文，其會則主會者為之也，其辭則丘有罪焉耳!』」雖然表面上是上引孔子的話的繼續，實際上卻是公羊學家進一步的發揮；而且深受《孟子》的影響。與下面兩段引文❷比對一下：「……其事則齊桓晉文，其文則史；孔子曰：『其義則丘竊取之矣。』」、「……是故孔子曰：『知我者，其惟春秋乎! 罪我者，其惟春秋乎!』」就知道他們吸收並重組了《孟子》的話。《孟子》對孔子的引述也許別有來源，卻著重在「其義」上。而《公羊傳》變作「其辭」，卻與孟子自己的話「其文」有抵觸，顯然這是《公羊傳》在抄襲《孟子》而失其意。我們也可找到類似的旁證，如《公羊傳・宣公十五年》有：「多乎什一，大桀小桀；寡乎什一，大貉小貉。」這也是取自《孟子・告子下》的「欲輕之於堯舜之道者，大貉小貉也；欲重之於堯舜之道者，大桀小桀也。」然而《公羊傳》是在批評「初稅畝」，偏重在取得太多，與「寡乎什一」無關。抄襲《孟子》的跡象非常顯然。

## 五、「陽」的地望

「陽」的地望，本來沒有問題。《左傳杜注・昭公十二年》謂：「『陽』即『唐』燕別邑，中山有唐縣。」❷❺「陽」字與「唐」字，本可相通。金文之〈齊侯鎛鐘銘〉有：「虩虩成唐，有嚴在帝所……」；「成唐」即「成湯」。王國維認為「唐」字之古文以「易」從「口」，故易與「湯」字相混❷❻。若用作

---

❷ 分別引自《孟子・離婁下》與《孟子・滕文公下》。

❷❺ 亦別見：杜預，《春秋釋例》，卷六，中華書局四部備要版。

❷❻ 見王國維，《觀堂集林》，臺北河洛出版社，1975 年，p. 429。

丘陵地的地名，則亦可因加上「阜」字邊旁，脫去「口」而成「陽」。據《杜注》並與歷代史的地理書志比較，可知「陽」地在今河北完縣西、唐縣東北，當時可能為燕之地。大致隔滱水與鮮虞相鄰。相傳為唐堯初封之地，有很多假古蹟❷，這些都與本文無關，可不用管。

　　王夫之《春秋稗疏》❷以為：「中山之唐在燕之西，飛狐口、倒馬關之左。自齊而往，絕燕而過之；高偃不能懸軍深入，北燕伯亦不能遠恃齊以為援。……按《漢書》涿郡有陽鄉縣，當是燕地，在文安、大城之間；為燕、齊孔道。」楊伯峻贊成此說❷。本文則持不同看法，謹提下述之論點以資商榷。

　　王夫之的論點，完全從形勢出發；因此本文所提的商榷，也以形勢為主。請看章末所附地圖❸。《杜注》所定的唐邑，與王夫之所建議的陽鄉，都畫在上面。唐邑的位置，約在陽鄉之西，相隔約一百四十公里左右。陽鄉大致在燕都薊的正南，地當燕齊門戶。問題是，燕國是否能容忍大門前面一塊土地落入齊手，以培養其傀儡政權？燕國的當局，固然極力保持低姿態，可是總不能做得太絕。照王夫之的建議，燕伯款需要「恃齊以為援」。從地圖上看，從齊都臨淄到陽鄉，還是太遠；除非派軍隊戍守在陽鄉附近，才能就近援助。可是，齊國的軍力，如果勝過燕國很多，則不如直接打進薊都。否則長期把軍隊放在人家門口挑釁，徒然老師耗財而得不到好處，實在令人疑惑王夫之到底是怎樣想的。唐邑則等於是燕國的後院，離燕薊都較遠，不那麼有切膚之感。高偃可沿鮮虞與燕之邊界線行軍，無需懸軍深入，絕燕而過之。在第三節已經講過，齊與晉有默契；齊軍得晉之助，亦可借鮮虞之境而到達唐邑區域。齊軍在支援燕伯款征服該地後，即可撤軍。款藉晉之助力，應能自立，無須齊軍再為戍守。細看《左傳》，晉荀吳於齊軍入唐之同年偽會齊師，假道於鮮虞，輕易滅肥，次年晉荀吳的上軍旋風般地突襲唐邑西北的中人，那已

❷　見酈道元，《水經注》，卷十一。

❷　同注❹。

❷　注❷所引書，p. 1330。

❸　所附之地圖根據里仁書局所編之《中國文史地圖》（1984 年）改繪。

經離唐邑相當近了；再兩年後，又把鼓滅掉❸，鼓與肥相近，約在唐邑之南。很像晉國在配合齊國的行動。王夫之對燕伯會孤立無援的顧慮，完全不成問題。

從以上的分析，我認為沒有理由懷疑杜預對陽或唐的地望判斷。

## 六、結語──小問題的啟示

以上數節就《公羊傳》的一段傳文提出新解釋，主要是辨駁何休將《春秋經》上的「伯于陽」三字，認定為「公子陽生」誤文的注解。本文提出一種新的可能，即公子陽生可能誕生於昭公十二年，適當其父齊景公派上卿高偃，將流亡在齊的燕國廢君款護送到陽地，以待機復辟。齊景公為紀念此功績而以「陽」字為其新生兒命名。在第二節與第三節，本文透過歷史記載的排比，與對齊景公當時心態的考察，建立起這種可能的可信性。第四節則解釋為何公羊學的傳承者會有此傳聞。第五節是一個附帶的小考證，與《公羊傳》無關，可是「陽」的地望判定可與第三節的歷史架構相印證，因此仍放在本文內。

本文認為由先秦到漢初，學術傳承所生的紛擾，總不會空穴來風，往往有其所遭遇的特定因素存在；漢代學人有時不明白其因素，常會望文生義，給學術界添加困惑。不妨替何休設身處地，檢討一下他的注解致誤的原因。我認為：主要是「伯于陽」三字與「公子陽生」四字的巧合，誘使人產生原經文脫誤的聯想。何休在作注解時，接受它為注文的一部分。他當然想利用有孔子對話的傳文來發揮他的信念；可是不久他就發現這個注釋與公羊學家的基本精神並不合拍。在力求自圓其說的壓力下，不得不訴諸飾說。這可能是他始料未及的。

---

❸ 分見於《左傳》昭公十二年、十三年與十五年的有關記載。尤其須注意十二年六月所描寫的：「晉荀吳偽會齊師者，假道於鮮虞，遂入昔陽，秋八月滅肥。」及次年的：「鮮虞人聞晉師之悉起也，而不警備，且不修備。晉荀吳自著雍以上軍侵鮮虞，及中人，驅衝競，大獲而歸。」昭公十二年六月荀吳要「偽會」的齊師，只有高偃在陽之師，可見晉也利用此默契擴張領土；亦可顯示若陽地即雍鄉，則晉師只要從東邊晉齊邊界經齊境北上即可，無須借道於鮮虞。次年之行動，則顯示晉軍對唐邑附近的鮮虞土地所採騷擾戰的措施。

　　就漢代公羊學派的主要精神來看,「大一統」與「異內外」都與何休此注拉不上關係。「存三統」則甚至有所抵觸。(將周初重臣召公奭所封之北燕國貶為「微國」! 是新周乎? 親周乎? 抑黜周乎? 蓋難言已!) 勉強只能訴諸「張三世」。因魯昭公時代屬於「所見之世」,當代的事蹟孔子應該最熟悉; 故不得不認定當孔子年二十三之時,已具知有關「伯于陽」之事。何休當然沒有覺悟到,這樣會給人一種印象: 以為孔子具有「超能力」! 這反而把原來很有啟發性的「所見異辭,所聞異辭,所傳聞異辭。」神祕化了。可見何休寫下這一條傳文的注解,對他所深信的「三科九旨」毫無印證之效,反為自圓其說而導致越陷越深的弊病。何休為了進一步配合傳文之「如爾所不知何?」而引了《論語》上描述孔子的話:「子絕四: 毋意、毋必、毋固、毋我。」固然所引的很有道理,可是他有沒有想過,「絕四」與「三科九旨」的精神並不容呢?

　　何休這條注解的缺失,顯而易見,歷代都有人拒絕他對「伯于陽」的解釋,然而卻少人作進一步的探討; 也許嫌這個題材太淺顯了。就因為沒有替代的解釋,使這個問題始終還存在,甚至有人還願意姑且承認何休是正確的。本文試著填補這個缺陷,所處理的雖然只是一個小問題,可是過程絕不順暢。由於原始資料的缺乏,被逼要用整個歷史背景將可能的解答襯托出來。而目前所確知的歷史背景又不完整,甚至千瘡百孔; 當然影響到所襯托出的解答的可靠性。似乎是在原來眾多臆測之外,又多加了一項臆測。

　　我們現代看到的歷史,顯然有很多失真的地方。有些失真是無法恢復的,只好歸之闕疑。可是也未嘗不可盡量憑較可靠的記載,加上最合理的假設,設身處地以建構出一幅圖像; 多少能對歷史的瞭解,增加一點幫助。只要不把這幅圖像當作絕對的真相看待,則這樣做應是有益無害的。這也可以反襯本文對何休所作的針砭,因為他的注解,奠基在他所判定的「微言大義」上。他用所認可的一點歷史骨架(他當然不信任《左傳》),以《公羊》書例作為基本信念,來揣摩出這些「微言大義」。他的這些信念,如果作為假設來用,當不會有流弊; 因為假設在研討過程中是可以調整的。不幸何休將這些信念看成不可動搖的真理! 面對結論的不合理,只知加上更不自然的飾辭,以圖補救,結果當然是越陷越深! 後世應引為鑑戒。

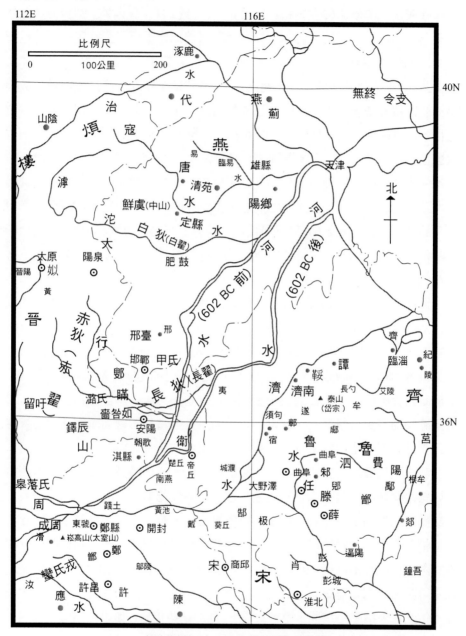

春秋後期河水下游諸夏與諸狄形勢圖

# 第三十三章

## 論孟子的井地說——兼評梁啟超的先秦田制觀

### 摘要

　　梁啟超對先秦田制的見解，包括下列題材：(1)貢，(2)助，(3)徹，(4)初稅畝與用田賦，(5)孟子的井田制。本文析述梁對上述題材的諸項說法，提出我們的見解來相對比，並對這些議題作較深入的解說與論證。井田之說源於《孟子》，本文最重要的論點，是在辯明孟子當初的用意，要替滕國規劃「井地」，而非倡議「井田」制。後儒誤解了這點，而導致不必要的「井田有無」之糾葛；梁因襲前說，也沒能跳出這個陷阱。其實「井字田」和「井田制」是兩回事：把土地劃成「井」字型，目的是要「正經界」；井字型的耕地，和傳說中的井田制（一種政治、社會、經濟之間的複合關係），是不相干的。

## 寫在前面

　　這篇研究「井田制」的文章，大約開始於兩年前（本文刊出的時間為2002年，開始研究大約在2000年），問題是賴建誠教授提出來的。當時他剛結束我們對《鹽鐵論》問題的討論，正全力進行一系列梁啟超思想的研究，涉及了梁所持先秦田制的認識；賴教授不滿意梁太缺乏獨特見解，似乎完全在炒傳統講法的冷飯。此後一段時間，我們就此事深入探討。這個問題實在盤根錯節！經過一段時間研讀前人成果（尤其是錢穆與齊思和的論文啟迪最大）與原始文獻，一個想法終於成型：《孟子》中「井地」的「井」字，應回歸到最原始「效法」的訓詁，宜讀為「型」，有「規則化」之義。這與《孟子》中所強調的「正經界」相配合。

　　文章的主要考證工作是我做的，前後大約花幾個月的時間，可是都與賴教授詳細討論過。因為我的電腦軟體不夠標準化，也沒有聯繫的電子通訊，故定稿與投稿的工作都是賴教授負責的。為了要配合他對梁啟超思想的研究，每一節都藉對梁的批評來開展，故多少有些不太自然。我們的工作並沒有獲

得人社院同仁的欣賞，自認本行「專家」的人，為抗拒觀念改變而做的抨擊，更不在話下！我們曾對同仁作過一次公開的演講，也沒有很多反應。投稿的過程，初時並不順利；好在最後《新史學》雜誌的審稿意見相當正面，經過部分修正與補強後，終於被接受刊登於《新史學》雜誌 2002 年 12 月出版之第 13 卷 4 期，總算是有始有終。遺憾的是，編者在英文摘要頁竟把我頭銜：「退休教授 (Retired Professor)」妄自更動為：「Professor Emeritus」，以維護他的「統一規格」！這種「編者權」反常膨脹使人對台灣學術刊物的水準憂心不已。

　　我們是踏著前人的足跡前行的，可是文章內卻有幾點新見解我相當得意。除了上述對「井」字訓詁的澄清外，我相信已掌握了孟子當年必須將理想「什一」的原則妥協為「九一」的苦衷，大致歸納在下一段中。另外如「助」的神聖性、「徹」的「整治」意義為孟子「徹者：徹也」解釋的關鍵、「其實皆什一也」中「實」字的訓詁需要參照《孟子》獨特的用語習慣來敲定、古書中提及「水井」之稀少顯示「井田」一名辭有戰國的時代背景、孟子對管理策略的倚重以及管理效能的遞減（上有政策，下有對策！）等等，多少有助於廓清井田問題的歷史糾纏，可稱得上實際「攻堅」的主力。

　　孟子的首要目標是「正經界」。在勝國獨特平衍地形的條件下，將經界線設計成超整齊「井」字範型，以求面積評斷不受人為因素影響；（中國古代的幾何不夠發達，往往非後世所能理解。）而且很容易被準確重建，不怕天災人禍毀損。至於實施有「公田」的「助」法稅制，只是次要目標，可以為「正經界」順利推行而稍作妥協，成為「九一」。因為一方里剛好等於九百畝，劃成「井」字型方塊，如下圖一，則每一塊剛好一百畝，符合孟子心目中「周制」的標準。如果勉強求「什一」而劃成長方塊，如下圖二，圖形稍

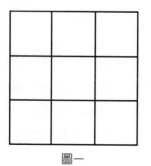

圖一

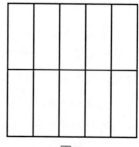

圖二

複雜還不是主要的困擾因素；問題是每一塊的面積卻減縮為九十畝！孟子當然不願意使每家的田少於他心目中「周制」的標準。如果整個「一井」的單位擴大，成為大長方形，則其中一邊之長為一又九分之一里，不容易劃得準確。如果整個單位還需維持正方形，則更要涉及開方的問題！孟子大概不願意求簡反繁，才決定在稅率上對「野人」稍苛一點。反正這已經比往日的稅率低很多了。

## 一、導　言

　　梁啟超 (1873–1929) 對先秦田制的意見，主要集中在《先秦政治思想史》（臺北臺灣中華書局，1973 年）一書，但分散數處：⑴「前論」第八章「經濟狀況之部分的推想」(pp. 50–54)；⑵隨後的「附錄四：春秋『初稅畝』（誤植為「作」稅畝）、『用田賦』釋義」(p. 55)；⑶「本論」第六章「儒家思想（其四：孟子）」(pp. 89–90)；⑷第二十一章「鄉治問題」(pp.174–177)。梁並未以田制為主題作系統地探討，而是在提到相關問題時附言幾段或幾句。在這種結構下，我們不容易掌握他對先秦田制的完整看法（他當時並無此意圖），因而也不易對他的說法提出系統性的評論。這是個龐雜的大論題，在此只能在較小的幅度與較低的深度上，就梁在《先秦》內的一些片斷論點，摘引整理出幾個議題，就我們所知道的不同見解，提出對應性的解說與評論。

　　1918 至 1919 年間，《建設雜誌》曾經對「井田制度有無」這個議題刊登過一系列的辯論文章，主要的參與者有胡適 (1891–1962)、胡漢民 (1879–1936)、廖仲凱 (1877–1925)、朱執信 (1885–1920)、季融五 (?–1940)、呂思勉 (1884–1957) 等人。這些文章在 1965 年由臺北的中國文獻出版社匯印成書《井田制度有無之研究》（147 頁，本書原由上海華通書局出版），對井田有無的各種看法，以及與先秦田制相關的論題已大致有具體的呈現。梁在 1922 年編寫講論《先秦》時，不知是否已聽聞胡適等人的爭辯，然而從《先秦》內相關的論點看來，感覺不出梁對那項辯論有所反應。民國以來，對先秦田制與井田說爭辯的文章很多，有些是單篇專論，有些是在土地制度史內附帶論述，有些像梁一樣在論先秦史時帶上一筆。我們認為其中最有力的辯解，是錢穆 (1932) 論述《周官》的著作年代時，在第三節「關於田制」的詳細深入解說；以及齊思和 (1948) 在〈孟子井田說辨〉中，將孟子論三代田制的一段文字，

與回答畢戰的一段文字作出區分，認為後者是專替滕國設計的方案，這幫助我們澄清不少混淆的觀念。

從民國初年胡適與胡漢民等人辯論「井田有無」以來，這場大爭辯至今仍未止息，學術期刊上還不時出現各式各樣辯解井田的文章。以專書形式探討井田制的研究，在 1970 至 80 年代就有陳瑞庚 (1974)《井田問題重探》、金景芳 (1982)《論井田制度》、徐喜辰 (1982)《井田制研究》、吳慧 (1985)《井田制考索》。這些專著以及無計其數的單篇論文，各自從獨特的角度出發，論證井田問題的各個面向，可說是眾說紛紜，至今尚無能相互信服的定論。日本學界對井田制的研究，請參考佐竹靖彥 (1999a)〈日本學界井田制研究狀況〉，和佐竹靖彥 (1999b)〈從農道體系看井田制〉。佐竹的基本見解是：「筆者明確地認為井田制確實存在」(1999a, 240)。

在這些龐雜的文獻中，以「孟子井地」為主題的論文並不多見，在此僅舉兩例。木村正雄 (1967)〈孟子の井地說：その歷史的意義〉是較早的一篇，他認為「井地說」是孟子獨創新倡的 (p. 167)。方清河 (1978) 的碩士論文〈孟子的井地說〉，基本論點和本文的看法相近：孟子的原意是井地「方案」而非井田制，井田制是後儒誤會、附會、強加注釋而仍無法求自圓其說的「人工產品」。可惜這篇論文沒有整理發表在期刊上。雖然本文和方先生的基本路線契合，但在論證方式與佐證資料上仍有相當差異，各自有側重的面向。若舉一例以說明差別，則本章第六節的附論〈從井字的根源看井田說〉，是歷年來否證井田說較獨特的方式。

本文從一個較特定的觀點來探討這個問題：井田說是源自《孟子》，而孟子當初替滕國所規劃的是「井地方案」（即「井字田」），目的是在「正經界」，這與後儒所談論的、理想化的井田制無涉。把「井地」和「井田」混為一談，是日後爭訟井田有無的肇端。整體而言，井田有無的辯論，是自樹稻草人的虛擬型「空戰」，正如胡適在《井田制度有無之研究》(p. 30) 所說的：「『日讀誤書』是一可憐。『日讀偽書』是更可憐。『日日研究偽的假設』是最可憐。」1950 年代之後，有許多學者從馬列史觀的角度，探討先秦田制與井田說；從較寬廣的角度來看，本文的論點也可以視為我們對這兩個主題，以及對各種不同詮釋的回應。

現在來看梁的切入點。他說：「吾儕所最欲知者，古代田制（或關於應用

土地之習慣）變遷之跡何如。」他引用《孟子·滕文公上》的說法：「夏后氏
五十而貢，殷人七十而助，周人百畝而徹。」並「認孟子之說為比較的可信」，
原因有三❶。他所說的三項理由，是印象式的一般論點，不具爭辯性；在此
要和他互論的是，他在 pp. 51–52 對三種田制（夏之貢、殷之助、周之徹）
內容的解說。其次，他在 p. 55 對「初稅畝」和「用田賦」各寫了一段釋義，
內容值得作較深入的評述。再次，他在 p. 89 說「孟子於是提出其生平最得意
之土地公有的主張，即井田制度」，但梁對孟子的井田（其實應該是「井地」）
主張認識並不夠深刻，值得補述與辯正。

　　以下分五節來評議上述的子題：⑴貢，⑵助（附論——助與藉），⑶徹，
⑷「初稅畝」與「用田賦」，⑸孟子的井地方案（附論——從井字的根源看井
田說），此節是全文的核心重點。第六節綜述本文的五項主要論點，並用以對
比學界對這些論點的認識。

## 二、貢

　　先引述梁對「貢」的解說全文：「貢者，人民使用此土地，而將土地所產
之利益，輸納其一部分於公家也。據孟子所說，則其特色在『校數歲之中以
為常』而立一定額焉。據〈禹貢〉所記，則其所納農產品之種類，亦因地而
殊。所謂『百里賦納總，二百里納銍，三百里納秸服，四百里粟，五百里米』
是也。〈禹貢〉又將『田』與『賦』各分為九等，而規定其稅率高下。孟子所
謂『貢制』，殆兼指此。但此種課稅法，似須土地所有權確立以後始能發生，
是否為夏禹時代所曾行，吾不敢言。所敢言者，孟子以前，必已有某時代某
國家曾用此制耳。」(p. 52)

　　梁對「貢」的解說太濃縮，讀者不易充分理解。其實「貢」的賦稅方法，
龍子已經講得清楚（龍子曰：「治地莫善於助，莫不善於貢。貢者，校數歲之

---

❶　⑴農耕既興以後，農民對於土地所下之勞力，恆希望其繼續報酬，故不能如獵牧時
　　代土地之純屬公用，必須劃出某處面積屬於某人或某家之使用權。⑵當時地廣人
　　稀，有能耕之人，則必有可耕之田。故每人或每家有專用之田五七十畝乃至百畝，
　　其事為可能。⑶古代部落，各因其俗宜以自然發展，制度斷不能劃一。夏殷周三
　　國，各千年世長其土，自應有其各異之田制。(p. 51)

中以為常。樂歲粒米狼戾，多取之而不為虐，則寡取之；凶年糞其田而不足，則必取盈焉」，〈滕文公上〉）。孟子沒有解釋「貢」，可能因為這對當時的人而言是明顯的事。現在一般的瞭解，以為「貢」是由下呈上，其實由上賜下也可以稱為「貢」。《爾雅・釋詁》說：「貢、貢、錫、畀、于、貺，賜也。」在〈滕文公上〉內，「貢」與「助」、「徹」相比，大約是較單純的：「上以地賜下，下以農作物呈上」。古時的耕種技術容易耗損地力，貴族以土地賜給民眾，目的是利用民力來開墾土地；可想見除了稅收之外，「貢」還包含土地開墾的用意。然而與「助」、「徹」相比，「貢」顯得較簡陋而無精心規劃的內涵。《孟子・萬章上》：「象不得有為於其國，天子使吏治其國，而納其貢稅焉。」在孟子的心目中，似乎比夏還早的舜時，就已經有「貢」了。

其實「貢」字出現得並不早，應該不會是夏代的制度，可是在戰國初期普遍將「貢」歸之於夏后氏，例如同時期出現的〈禹貢〉即是。再說，〈禹貢〉中的「貢」僅指特產，與普遍徵收的「賦」不同。梁說孟子所謂的「貢制」兼指〈禹貢〉的「賦」，其實〈禹貢〉已逐州將「田」與「賦」的等級分好了，哪裡還有《孟子》內龍子所謂的「『貢』者，校數歲之中以為常」之餘地？戰國時諸家的傳說雜出，如果硬要調停其間，將治絲益棼，不圖梁氏亦蹈此弊（詳見齊思和，〈孟子井田說辨〉，p. 105）。

# 三、助

梁對「助」的解說是：「孟子釋助字之義云：『助者藉也』。其述助制云：『方里而井，井九百畝，其中為公田，八家皆私百畝，同養公田。』此或是孟子理想的制度，古代未必能如此整齊畫一，且其制度是否確為殷代所曾行，是否確為殷代所專有，皆不可知。要之古代各種複雜紛歧之土地習慣中，必曾有一種焉。在各區耕地面積內，劃出一部分為『公田』，而藉借人民之力以耕之。此種組織，名之為助，有公田則助之特色也。公田對私田而言，《夏小正》云：『初服于公田』。《詩》云：『雨我公田，遂及我私』（大田）。據此則公田之制，為商周間人所習見而共曉矣。土地一部分充公家使用，一部分充私家使用；私人即以助耕公田之勞力代租稅，則助之義也。」(p. 52)

梁對「助」的解說並不夠充分，補充如下。孟子在〈滕文公上〉所說的「夏后氏五十而貢，殷人七十而助，周人百畝而徹，其實皆什一也」，其基本

用意是為了要配合「民事不可緩也」與「取於民有制」這兩句話。這大概是當時的傳說，未必是古代真正的史實。以下論證孟子在這段話中，所提到的兩個關鍵字（「助」與「徹」）的內涵與意義。孟子說：「徹者，徹也；助者，藉也」。此句內的後一個「徹」字，應當「治」解，因為在當時那是訓詁上很淺顯的字，所以孟子才用重複字「徹者，徹也」來解釋。而「助」這個字的意思，似乎是氏族社會所留傳下來的共耕制；孟子用「藉」來解釋它，「藉」字同「耤」，是周代具有神聖性的耕田儀式。

　　據孟子時代儒者的共識：「助」的特點是有公田。可惜由目前的考古資料，很難追究這項共識有多少歷史根據。如果假設戰國這種普遍的信念不會無風起浪，則唯有猜想這是由初民的氏族社會中❷，一種慣例演變出來的。當初地廣人稀，具優勢的氏族會鼓勵其他氏族的成員為他們耕作，以增加收穫。起先應該是以餘地的使用權，來作為耕作者的酬勞；後來因為人口漸增，可耕地漸少之後，才成為一種「勞力賦稅」。「助」字原先帶有神聖性，這可由《周書・小開武第二十八》顯示：「……順明三極、躬是四察、循用五行、戒視七順、順道九紀。……七順：一順天得時、二順地得助、三順民得和、四順利財足、五順得〔德〕助明、六順仁無失、七順道有功。」《周書》又稱《逸周書》，其中有極古的材料（例如〈世俘〉）。此段內的「一順天得時、二順地得助、三順民得和」，值得注意：作者把「時、助、和」這三件事相提並論，可見「助」不應作「輔助」或「助益」解，而應當理解為「由地力所衍生的成果」。

　　有另一個附帶性的關鍵字意義應澄清。上引〈滕文公上〉內，有一句「其實皆什一也」，其中的「實」字，應作算法中的「被乘數」解，與曆法中「歲實」的「實」義近，在此引申為「稅率」，也符合孟子自己的文意❸。

---

❷　這裡所謂的「氏族社會」是古史家的慣用語，請參考杜正勝，《古代社會與國家》，1992 年，pp. 67–83。

❸　如果照傳統解釋法，「其實」二字相聯成一個單位，作副詞用；而前文的「五十而貢」、「七十而助」、「百畝而徹」卻直聯到後面的「皆什一也」。可是，這就意味著「貢」、「助」、「徹」本身（而非屬性）「皆」為「什一」。這顯然不合《孟子》用語的慣例，應該不會是孟子的用意。《孟子》全書中，「實」字凡見於十處：除〈滕文公上〉的「其實皆什一也」一處暫不論外，有三處普通用法：〈梁惠王下〉的「而

## 附論——助與藉

　　《孟子・滕文公上》說「助者，藉也」，他用「藉」來解釋「助」。「助」基本上是殷商時期推行的一種農田耕作制度。「助」似乎是由氏族社會留傳下來的共耕制，孟子對「助」有相當瞭解，不吝於表示他的讚美。除了〈滕文公上〉之外，他在〈公孫丑上〉也說：「耕者，助而不稅，則天下之農，皆悅而願耕於其野矣。」我們現在無法得知這項說法有哪些史實背景，然而當時人應該聽得懂他的話，而且還有些同時代的人（例如龍子）支持他對「助」的讚美，可見這是戰國初期的一種共識。

　　此外，孟子在〈滕文公下〉引述《禮》曰：「諸侯耕助，以供粢盛，夫人蠶繅，以為衣服。犧牲不成，粢盛不潔，衣服不備，不敢以祭。」這裡所引的《禮》，大概是《逸禮》。現存的《禮記・祭統》有類似的說法，可是文字都不同。孟子並不贊成許行的「與民並耕而食」，可是孟子引用《禮》，表示他同意其中的說法。他所引用的「諸侯耕助」云云，大概只是倡導性的儀式，類似藉禮；實際的「粢盛」，則為庶民耕作的結果，類似《國語・周語上》的「庶民終於千畝」。這或許是孟子用「藉」來解釋「助」的原因。

　　然而，「藉」字的本身意義，並不是孟子討論的主要目標，他只是用「藉」來襯托「助」的內涵。他雖然用「藉」來解釋「助」，但並沒有說「殷

君之倉廩實」為形容詞、〈滕文公下〉的「實玄黃於篚」為動詞、〈滕文公下〉的「食實者過半矣」作果實解；其餘六處：〈離婁上〉的「仁之實……義之實……智之實……禮之實……樂之實」、〈離婁下〉的「言無實……不祥之實」、〈告子下〉的「先名實者……後名實者……名實未加於上下」、〈盡心上〉的「恭敬而無實」、〈盡心下〉的「充實……充實而有光輝」、〈盡心下〉的「無受爾汝之實」，都代表抽象觀念。對比之下，將〈滕文公上〉的「其實皆什一也」的「實」字，也歸入此一抽象觀念的範疇，於義為長。比起「實」字在《論語》中僅出現兩次（〈泰伯〉的「實若虛」、〈子罕〉的「秀而不實」），《孟子》以「實」單一個字作抽象觀念用，顯現了此書記述者特有的用語習慣；而將「其實」相聯成一個單位，應非《孟子》的本意。顯然領格代名詞「其」字代表「貢」、「助」、「徹」諸事，所領的是「實」；而這些「實」皆是「什一」。本文基於以上的分析，猜想「實」代表「稅率」，為一特殊意義，當然是用後來的觀念去比附。文中舉「歲實」之「實」作旁證，用意在襯托「實」字的確可以有類似用法。

人七十而藉」。後人往往把「助」與「藉」等同起來，其實是項大誤解。

「助」字一般都作「幫助」解，這只是引申義，原義反而被晦隱了。《周書‧小開武第二十八》說：「一順天得時、二順地得助……」，這裡的「助」是在顯示「由地力所衍生的成果」。北魏賈思勰《齊民要術》的卷一內引《周書》曰：「神農之時，天雨粟，神農遂耕而種之。作陶冶斤斧，為耒耜鉏耨，以墾草莽。然後五穀與助，百果藏實。」朱右曾《逸周書集訓校釋》（1971年，p. 260）認為，這段話是從已逸的《周書‧考德第四十二》引來。《太平御覽》卷八百四十 (p. 4253) 引作：「神農之時，天雨粟，神農耕而種之。作陶冶斤斧，破木為耜鉏耨，以墾草莽。然後五穀興以助，果蓏之實。」其中的字眼稍有不同，當以較早期的《齊民要術》所引為正。此處的「助」字，顯然有「收成」之意，與「順地得助」相呼應。

再由字源來看。「助」字從「且」從「力」，甲骨文的「力」字，好像是有踏板的尖木棍，是一種相當簡陋的翻土工具；若作動詞用，則表示耕種。「助」由「且」（這是古代的「祖」字）得聲，由其意符「力」，可推斷其初義與耕種有關。「助」字似未出現於甲骨文與金文。〈師虎簋銘文〉有一個從「又」從「且」的字，以往認為是「助」字，新的隸定為「詛」，借作「祖」字用（見全廣鎮，《兩周金文通假字研究》，1989年，p. 103）。然而，另有兩個在「且」字邊，分別加上屬於農具「耒」或「刀」的字，還保留有「耕田而起土」的字義；而「鋤」字則演變成描述另一種起土的方式與工具。另外，「葅」、「藉」與「鉏」字，則有「取黍稷以茅束之以為藉祭」之義。

我們推測「助」字的本義為：耕種收穫並薦於祖廟，以答謝祖先的保佑，類似《周書‧嘗麥第五十六》所記：「維四年孟夏，王初祈禱于宗廟，乃嘗麥于大祖。」然而「助」字很早就有「幫助」的引申義，作為「耕」或「耕種」解的語義，後來大致附在比較新的形聲字上；它的「且」聲符，給了「助」字一點神聖感。當「助」與田賦聯上關係後，與其相關的「葘」與「耡」字，也被賦與井田的「助」義；另一個簡化了的「租」字，則被引申為廣泛的「租稅」之義。

事實上，甲骨文還有幾個象徵耕作的會意字（見許進雄，《中國古代社會》，1995年，pp. 111–114）。例如從三個「力」的「劦」字，像是眾人以上述的工具挖土耕作，後來又演變為「協力」的「協」字。「襄」字像是雙手扶

住插入土中之犂，前面有動物拉曳，激起土塵之狀，顯示較進步的耕作方式。還有「耤」字，像是一個人用手扶犂柄，用腳踏犂板以耕作狀；甲骨文此字並不從「昔」，然而因為踏板與另一隻腳的形狀過於複雜，至金文時此部分演變為「昔」字。

以上這幾個字在後來的引申義裡，都有「借助」之意。其引申的方向，基本上是表示使用工具而深得助益；然而也有把工具神聖化的傾向，例如「劦」字（有時下面亦從「口」），代表商代後期的一項重要祭典。又如「耤」字與稍後的「藉」字，在周代就演變成帶有神聖性的耕田儀式。「藉」字亦有「祭」的釋義（見《說文》），所以前述的「助」字被神聖化，並不是奇怪的事。後人一方面誤解了「藉」字的初始意義，進而又把「藉」與「籍」這兩個字混同起來，這需要釐清。首先，《詩・大雅・韓奕》有「實墉實壑，實畝實藉」。「實」字通「寔」，義為「是」；「藉」字通「耤」，義為耕作。「畝」與「藉」皆為動詞，都涉及田功，與稅收無關，因為在《詩》裡根本不必談到課稅這類層次的事。根據阮元《十三經注疏・校勘記》，此詩中出現的「藉」字，是根據宋本的《毛詩注疏》，唐石經小字本也有同說；而閩本系列（包括明監本與毛本）則把「藉」訛為「籍」，所以應該是唐石經本較有依據。

另一項常被引用的段落，是《國語・魯語下》的：「季康子欲以田賦，使冉有訪諸仲尼。仲尼不對，私於冉有曰：『求來！女不聞乎？先王制土，藉田以力，而砥其遠邇；賦里以入，而量其有無；任力以夫，而議其老幼；於是乎有鰥寡孤疾。有軍旅之出則徵之，無則已。其歲收：田一井出，稯禾、秉芻、缶米，不是過也。先王以為足。若子季孫欲其法也，則有周公之籍矣；若欲犯法，則苟而賦，又何訪焉？』」要瞭解這段話，最好與《左傳・哀公十一年》的記載相比：「季孫欲以田賦，使冉有訪諸仲尼，仲尼曰：『丘不識也！』三發，卒曰：『子為國老，待子而行，若之何子之不言也？』仲尼不對，而私於冉有曰：『君子之行也，度於禮。施取其厚、事舉其中、斂從其薄，如是則以丘亦足矣。若不度於禮，而貪冒無厭，則雖以田賦，將又不足。且子季孫若欲行而法，則周公之典在；若欲苟而行，又何訪焉？弗聽。』……十二年春，王正月，用田賦。」也就是說，《國語》內的「周公之籍」，是相當於《左傳》中的「周公之典」，由此也可見「籍」字可當作「典籍」解。

至於「先王制土，藉田以力」中的「藉」字，因為《國語》與《左傳》

中相對應的文字相差甚遠，所以意義不夠明確。可是仔細玩味兩處的語氣，《左傳》的「施取其厚」，可能相當於《國語》的「於是乎有鰥寡孤疾」；《左傳》的「事舉其中」，可能相當於《國語》的「藉田以力，而砥其遠邇」。此處的「藉」字還是應該解釋為「耕作」，並不帶有「賦稅」的用意。此句中的「力」是指「民力」，重點在「砥其遠邇」。在「其歲收」之後的那幾句話，才是談到「賦稅」這項問題；如果不這麼解釋，那麼前後句之間會起衝突❹。

「藉」字很早就有「借助」的引申義，「藉田」應該是對田地的借助，包括地力與工具這兩個面向，其實這也是從「耕作」引申得來的。除了訓詁的面向外，這裡還涉及校勘的問題。「藉田以力」的「藉」字，在明金李刊本、日本秦鼎《國語》定本、董增齡《正義》本、宋公序《國語補音》裡，皆從「艸」，在天聖明道本裡則從「竹」。「周公之籍」的「籍」字，眾本皆從「竹」，並無例外。由此可見，「藉田以力」的「藉」字以從「艸」為愈（參閱張以仁，《國語斠證》，1969 年，p. 175）。

《國語・周語上》還有一大段關鍵性的文字，從「宣王即位，不藉千畝」起，一直到「王師敗績于姜氏之戎」，此段文長不具錄。此篇中有好幾個「藉」字，皆應作「藉禮」或「藉禮所在地」解，這在陳瑞庚《井田問題重探》（1974 年）內已有充分討論，不再重複。這裡也有校勘上的問題。全篇內的「藉」字，明金李刊本、日本秦鼎《國語》定本、宋公序《國語補音》，皆從「艸」；天聖明道本、董增齡《正義》本則從「竹」。同樣地，此處也是以從「艸」的「藉」字為愈（參閱張以仁，《國語斠證》，1969 年，p. 30）。

《左傳》裡還有一些「藉」字，通常都可用「耕作」來解，例如〈昭公十八年〉所載「郇人藉稻」等。唯〈宣公十五年〉所載「初稅畝，非禮也。穀出不過藉，以豐財也。」似乎用了引申義。「稅畝」是履畝而稅，不論收成之豐歉，故曰非禮；因為如果這樣濫用下去，對地力就會產生「過藉」（過度

---

❹　我們不否認，這兩處的句子不見得完全對應，可是《左傳》與《國語》的兩段話，顯然有同一來源。《左傳》作者在戰國中期採集各種史料，以配合《春秋經》，下筆時當已考訂過。《國語》的各部分雖然是史料，傳承者的謹慎程度反而可能不如《左傳》。《國語》的寫定本大致出現於漢初，且頗為蕪雜，不能排除部分用語受戰國思想的影響。在雙方不符的場合，似乎取《左傳》來得保險。

借助），如此則非豐財之道。這樣的解釋自然而順暢，似乎比《杜注》為愈。第四節還會回到這個問題上。

統括來看，「耤」本為耕作，後來演變成「耤禮」，凸顯了它的神聖性。後來加上「艸」字頭成為「藉」，「藉」與「耤」完全互通。然而在戰國之前，「藉」或「耤」又發展出「借助」之意。故孟子用「藉」來解釋「助」，取意於這兩個字都由「耕種」而來，且都有神聖化的傾向。起初「藉」字似乎並不通「籍」，因為「籍」字開始時只是一個簡單的形聲字，字義也是圍著「典籍」來引申。但不論是「藉」或是「籍」，開始時都沒有「賦稅」之義。自從戰國「藉」與「助」被等同起來之後，「籍」字因其本義為「典籍」，所以就很容易被聯想成「稅籍」，因此「籍」字就被附上了「賦稅」的釋義❺。在《正義》中，亦用「助法」來解釋「實畝實藉」，這就更造成了偏差。漢代之後，因為井田說已深入人心，再加上「藉」與「籍」兩字也漸通用，因此在後世的引文中，二字往往錯出。我們現在只能根據較早的版本，來分析其演變趨勢，並逆推這兩個字的原義❻。

## 四、徹

梁對徹的見解較無把握：「《詩》『徹田為糧』（〈公劉〉）所詠為公劉時事，似周人當夏商時已行徹制。徹法如何，孟子無說，但彼又言『文王治岐耕者九一』，意謂耕者之所入九分而取其一，殆即所謂徹也。孟子此言，當非杜撰，蓋徵諸《論語》所記：『哀公問有若曰：「年饑用不足，如之何？」有若對曰：「盍徹乎？」公曰：「二吾猶不足，如之何其徹也？」……』。可見徹確為九分或十分而取其一。魯哀公時已倍取之，故曰『二吾猶不足』。二對一言也。

---

❺ 可惜現在的證據很難確定，「藉」與「助」在戰國的那一段被視為同一意義，因此無法確定「藉」或「籍」何時取得賦稅的釋義。對於上一段「過藉」與前面「藉田以力」的詮釋，我們只能站在最嚴格的立場，假設「藉」字當時還沒有賦稅的釋義，看看能不能講得通？會不會有矛盾？若此假設鬆弛，應該不會影響最後的結論。

❻ 請參閱楊寬，《西周史》，1999 年，第 2 篇，第 4 章〈「籍禮」新探〉，對「藉」、「耤」、「助」、「租」的解說；另見錢穆，《〈周官〉著作時代考》，1932 年，pp. 408-426，對「貢」、「徹」、「助」的見解。

觀哀公有若問答之直捷，可知徹制之內容，在春秋時尚人人能了。今則書闕有間，其與貢助不同之點安在，竟無從知之。《國語》記：『季康子欲以田賦，使冉有訪諸仲尼，仲尼不對。私於冉有曰：……先王制土，藉田以力，而砥其遠近。……若子季孫欲其法也，則有周公之籍矣』（〈魯語〉）。藉田以力則似助，砥其遠近則似貢，此所說若即徹法，則似貢助混合之制也。此法周人在邠岐時，蓋習行之，其克商有天下之後，是否繼續，吾未敢言。」（《先秦》，pp. 52–53）

我們對「徹」的看法如下。孟子用重複字「徹者，徹也」來解釋「徹」字，乍看之下似乎是同字互解，其實不然，值得進一步考察。「徹」字的甲骨文無「彳」字邊，而從「鬲」從「攴」，這是一個以手治陶器的會意字，可訓為「治」。此字後來加上各種偏旁，產生出不同的引申意義，例如加「手」成「撤」，訓「取」；加「彳」成「徹」，訓「通達」；加「車」成「轍」，訓「車跡」；加「水」成「澈」，訓「澄」。其他較罕用的字可略過不談。從這四個例子來看，都指涉到「用人力對自然物加工所得到的效應」。春秋戰國時期，諸字分化未久，常可互通；尤其是「徹」字，還保留有原來未加「彳」邊而從「鬲」從「攴」那個字的意義，最通行作「整治」解。

以《詩經》為例，《大雅·公劉》有「徹田為糧」、《大雅·江漢》有「徹我疆土」、《大雅·崧高》有「徹申伯土田」與「徹申伯土疆」。在此四處，《毛傳》皆以「治」來解釋「徹」，文意清楚自然。此外，《豳風·鴟鴞》有「徹彼桑土，綢繆牖戶」，《小雅·十月之交》有「徹我牆屋」與「天命不徹」，《小雅·楚茨》有「廢徹不遲」。在〈鴟鴞〉中，《毛傳》雖以「取」釋「徹」，但仍以「治」最為合理，因為〈鴟鴞〉全詩仿鳥呼冤，鳥在失去雛鳥後，要趁天晴趕緊修補鳥巢。桑枝與泥土，在鳥的眼中都是原料，需要加工才可「綢繆牖戶」，可見仍應解釋為「治」。至於〈十月之交〉內的兩個「徹」字，一般人常將「徹我牆屋」的「徹」解作「毀壞」，其實仍有整治加工之意；「天命不徹」的「徹」，一般解作「道」或「均」，其實應通「澈」（訓「澄」）。還有，〈楚茨〉中「廢徹不遲」的「徹」可通「撤」，學者間大致無異言。

現在回過頭來看「徹者，徹也」的後一個「徹」字。如果訓為「取」或訓為「通」，那孟子應該說：「徹者，取也」或「徹者，通也」，豈不更明白？

因為「取」或「通」在《孟子》中都是常用的字眼，例如〈滕文公上〉的「取於民有制」與〈滕文公下〉的「子不通功易事」。然而孟子為什麼不直講「徹者，治也」呢？因為「治」字在《孟子》裡也是個常用字。在孟子的時代，「治」可用於治天下、治國、治人、治水、治政、治事，例如〈梁惠王下〉的「士師不能治士」、〈公孫丑下〉的「既或治之」、〈滕文公上〉的「門人治任將歸」、〈萬章上〉的「二嫂使治朕棲」等等。就算是龍子說：「治地莫善於助」，也還只是「治地之政」。這些當作動詞用的「治」，都有「管理」之意。〈告子下〉的「土地辟，田野治」中，當作形容詞用的「治」字，也有「管理良善」之意。

我們找不到一個例子，是把「治」當作開墾或耕種農田解的。最顯著的兩個例子，是〈滕文公上〉的「以百畝之不易為己憂者」，與〈盡心上〉的「易其田疇」。這兩句話都有能用「治」字表達的地方，而在《孟子》卻都用「易」字替代，那麼是否可用「易」來訓「徹」呢？按「易」通「剔」，又借作「狄」，由此間接獲得「治」的意義。在孟子的時代，這也許是尋常的用法，但卻不宜用來作為對名詞的解釋，因為太紆曲了。還不如直接用「徹」字為愈，因為在《詩經》中，最古老的〈鴟鴞〉與稍後的〈大雅〉三篇中，所用的「徹」字都應該作「對自然物的加工整治」解。

至於「徹者，徹也」的前一個「徹」字，一方面涉及稅制，另一方面也包括土地的墾殖與整治。所謂的整治，或許就含有封疆與溝洫的建構。在人少地多時，「經界」不是大問題；當耕作技術進步到一定程度，農田的灌溉、排水、對野生動物以及他族侵犯的防護，都需要相當的土工作業，這些都包含在「徹」的涵義內。

至於在稅制方面的涵義，可以從《論語‧顏淵》內，有若對哀公之問的回答來理解。他說：「盍徹乎」，這顯示「徹」至少在魯或在周實行過。孟子認為徹的稅率是什一，這可以從哀公的懷疑語「二，吾猶不足，如之何其徹也？」得到一些支持。但徹稅的具體方法，在〈滕文公上〉內並沒有交待，這件事可以在另一處找尋答案。孟子在〈梁惠王下〉內回答齊宣王：「文王之治岐也，耕者九一，仕者世祿。」這個回答涉及孟子所相信的周初制度。如果孟子的「請野九一而助」，僅是在替滕國作規劃時的說法，那麼他對齊宣王的回答應該是「徹」而非「助」。「耕者九一」如與「仕者世祿」相較，其重點應

在「耕者」而非文王。要把這句話講通❼，唯一的可能是耕者與文王雙方，對耕作的成果作九一分配：耕者取九，文王取一。這可能就是「徹」的方法。

## 五、「初稅畝」與「用田賦」

梁對初稅畝的見解是：「《春秋・宣十五年》，『初稅畝』。《左傳》云：初稅畝，非禮也。穀出不過藉，以豐財也。《公羊傳》云：……譏始屨（履）畝而稅也，何譏乎始屨（履）畝而稅，古者什一而藉，……。後儒多解初稅畝為初壞井田，似是而實非也。古代之課於田者，皆以其地力所產比例而課之，無論田之井不井皆如是。除此外別無課也。稅畝者，除課地力所產外又增一稅目以課地之本身（即英語所謂 Land Tax）。不管有無所產，專以畝為計算單位。有一畝稅一畝，故曰屨（履）畝而稅。魯國當時何故行此制，以吾度之，蓋前此所課地力產品以供國用者。今地既變為私人食邑，此部分之收入，已為『食』之者所得。食邑愈多，國家收入愈蝕，乃別立屨（履）畝而稅之一稅源以補之。『稅畝』以後，農民乃由一重負擔而變為兩重負擔，是以春秋譏之也。」（《先秦》，p. 55）❽

梁對用田賦的解說是：「《春秋・哀十二年》，『用田賦』。後儒或又以為破壞井田之始。井田有無且勿論，藉如彼輩說，宣十五年已破壞矣，又何物再供數十年後之破壞？今置是說，專言『稅畝』與『田賦』之區別。賦者，『出車徒供繇役』，即孟子所謂『力役之征』也。初時為本屬人的課稅，其性質略如漢之『口算』、唐宋以來之『丁役』。哀公時之用田賦，殆將此項課稅加徵於田畝中，略如清初『一條鞭』之制。此制行而田乃有三重負擔矣，此民之所以日困也。」（《先秦》，p. 55）

我們對這兩件事的綜合見解如下。「貢、助、徹」之法，到孟子時只剩下傳說，而這些傳說是那個時代所能認同的。尤其是什一的徵稅率，當時的仁人志士認為是保民的最重要措施，甚至還有人主張要比什一還少。〈告子下〉

---

❼　因為〈滕文公上〉的「其實皆什一也」講得太斬釘截鐵。如果孟子真的看過某些資料，說當文王治岐時的稅率為九中取一，則他在懷疑「雖周亦助」時，就應該引為證據，而不會勉強引《詩經・小雅・大田》為說。我們認為這項可能性應可排除。

❽　梁將「履」字誤為「屨」字。「履畝而稅」即「計畝而稅」，「屨」字並不能通用。

記載白圭的話：「吾欲二十而取一，何如?」孟子雖然駁斥這一點，但也可以顯示當時的見解。這項傳說大概不會毫無根據，可是這些根據有多可靠呢？從《左傳》所記載的後世議論可以瞭解到，至少在西周時期，已經沒有普遍適用於整個周天下的統一稅制。《左傳·定公四年》記載，分封魯衛時「皆啟以商政，疆以周索」，而分封唐叔時，則「啟以夏政，疆以戎索」，可見一開始就沒有統一稅制的規劃。後儒用天下大一統的觀念，去揣摩三代的事，會產生大誤解。

其實孟子對這些傳說的細節也不太能掌握，他一方面大談「夏后氏五十而貢，殷人七十而助，周人百畝而徹」、「惟助為有公田」，似乎看過一些可靠資料。另一方面，他誤解了《詩經·小雅·大田》的「雨我公田，遂及我私」這句話，懷疑可能「雖周亦助也。」我們現在瞭解，「雨我公田」的「公田」，指的是「貴族的田地」，不是孟子心目中「惟助為有公田」內「八家共同貢獻勞力」的「公田」（陳瑞庚，1974 年，有詳細的分析）。從此處也可看出，孟子對這些資料的解釋有揣測的成分。

若用分析的眼光來看「助」法，這種以耕作勞役來代替稅收的辦法，如果能受到孟子及其同時代人士的傳頌，可能是有些根據。在人口不太密集、耕作工具與技術初始開展、交易性通貨稀少、人力還是主要生產力時，有可能出現這種「助」法。不過這和孟子心目中的「雖周亦助」顯然有別，所以我們還得要從戰國初期的歷史背景，來探尋孟子思想的來源。

春秋時期的租稅，其實都還相當重，絕不止什一。《左傳·昭公三年》晏子批評齊景公：「民參其力，二入於公，而衣食其一。公聚朽蠹，而三老凍餒。」這是大國的聚斂，小國則為籌措對大國的貢獻而疲於奔命，這可從《左傳·襄公三十一年》子產對晉所發的牢騷見其困境：「誅求無時，是以不敢寧居，悉索敝賦。」此外還有力役，例如《詩經·唐風·鴇羽》就抱怨：「王事靡盬，不能蓺稷黍，父母何怙。」針對這些情況，《孟子·盡心下》提出他的看法：「有布縷之征、粟米之征、力役之征。君子用其一，緩其二。用其二，而民有餓莩。用其三，而父子離。」孟子想要提倡什一之稅以舒民困，所以需要找例證來說服當時的君主，他把這些例證附會在三代的始創者身上，也是可以理解的。但這種「附會」很可能也不是源自孟子，他只是接受戰國初期廣為流傳的歷史故事而已。

春秋末期的魯國，人民的負擔絕不比子產時期的鄭國輕。三桓聚斂於上，此外還得應付「盟主國」（先是晉楚，後來又加上吳越）的誅求。「初稅畝」與「用田賦」就是對民力的重重榨取。《春秋》對魯國的秕政，在可能的範圍內總是「為尊者諱」，到了形諸簡策就相當嚴重了。前面的〈附論——助與藉〉中，討論過《左傳》內「穀出不過藉，以豐財也」的意義。「過藉」的結果，首先是地力大耗，繼而農民收成更歉；隨後農民被都市吸引，農村失血導致缺糧。到戰國時各學派紛紛提出解決方案，孟子所提的「仁政」就是其中之一。

幾乎到每一朝代的季世，統治者就會習於奢侈，稅收會加重。三代創始時期，在天災或戰亂之後，往往地廣人稀，亟需人民開墾荒地。傳說中的貢、助、徹之法，起初都像是招徠農民墾荒的獎勵辦法❾，稅率當然不會高。這些辦法傳到孟子的時代，就被歆羨為典型的「仁政」。實則大亂之後易於為治，日久人口增加，一定會有新問題產生。孟子替滕文公所策劃的助法，作為短期的舒困方案，或許會有一時之效，長久之後也一定會有問題。有許多實際上的問題，例如耕牛由誰供應、鐵製農具由誰維護等等，必然都有待解決，也有可能會造成大困擾。滕文公的壽命不長（詳見第五節末），滕國在不久之後就被征服，所以這些問題沒有機會浮現。後來的《周官》不取用公田的辦法，可能就已經考慮到這些複雜問題的困擾。

大致說來，梁對「初稅畝」的瞭解還算正確，只是他對實際的稅負還低估了一些。春秋末期，魯國人民所受的榨取，恐非「食邑愈多，國家收入愈蝕」所能完全解釋。即使不講個別的聚斂，單看魯君對晉楚的貢獻、魯國卿大夫對晉楚卿大夫的賄賂，這些財貨從哪裡來？還不是對人民「悉索敝賦」嗎？他對「用田賦」的瞭解，也有同樣的弊病。「用田賦」以前的「力役之征」，後來似未因「加徵於田畝中」而免除，否則孟子也不會那樣講了。梁似乎忽略了孔子所說「有軍旅之出則徵之，無則已。」的用意。「賦」從「武」，原為非常時期的「軍旅之徵」，後來則連平日也「用」了。

---

❾ 傳說越久，變形就越多。「貢」制到孟子的時代，所賸的內容已不多。「助」制所留下來的，只是「有公田」的內涵與「對地力倚賴」的神聖感。「徹」制的時間比較近，還保存不少「墾田」的原意。

## 六、孟子的井地方案

梁說:「當時唯一之生產機關,自然是土地,孟子於是提出其生平最得意之土地公有的主張,即井田制度。其說則『方里而井,井九百畝,其中為公田,八家皆私百畝,同養公田』(〈滕文公上〉)。『五畝之宅,樹之以桑,五十者可以衣帛矣。雞豚狗彘之畜,無失其時,七十者可以食肉矣。百畝之田,勿奪其時,八口之家,可以無飢矣』(〈梁惠王上〉)。……在此種保育政策之下,其人民『死徙無出鄉,鄉田同井,出入相友,守望相助,疾病相扶持,則百姓親睦』(〈滕文公上〉)。孟子所言井田之制,大略如是。此制,孟子雖云三代所有,然吾儕未敢具信。或遠古習慣有近於此者,而儒家推演以完成之云爾。後儒解釋此制之長處,謂『井田之義,一曰無泄地氣,二曰無費一家,三曰同風俗,四曰合巧拙,五曰通財貨』(《公羊傳‧宣十五》,何注)。此種農村互助的生活,實為儒家理想中最完善之社會組織。……漢儒衍其意以構成理想的鄉治社會曰:『夫飢寒並至,雖堯舜躬化,不能使野無寇盜,貧富兼并。雖皋陶制法,不能使強不陵弱,是故聖人制井田之法而口分之一。一夫一婦,受田百畝,……五口為一家,公田十畝,……廬舍二畝半,八家……共為一井,故曰井田。……因井田以為市,故曰市井。……別田之高下善惡,分為三品,……肥饒不得獨樂,墝埆不得獨苦。故三年一換土易居,……是均民力。在田曰廬,在邑曰里,一里八十戶,八家共一巷,中里為校室。選其老有高德者名曰父老,其有辯護伉健者為里正,皆受倍田得乘馬。父老比三老孝弟官屬,里正比庶人在官者』。」(《先秦》, p. 89、90、176)

梁似乎將戰國末年純憑理想所建構的井田制,與孟子為滕國所做的土地規劃混淆了。我們對此事另有看法,要點是認為孟子所提議的是「井地方案」,而不是「井田制」。《孟子‧滕文公上》滕文公問為國,孟子曰:「民事不可緩也。《詩》云:『晝爾于茅,宵爾索綯,亟其乘屋,其始播百穀。』民之為道也,有恆產者有恆心,無恆產者無恆心;……夏后氏五十而貢,殷人七十而助,周人百畝而徹,其實皆什一也。徹者,徹也;助者,藉也。龍子曰:『治地莫善於助,莫不善於貢。貢者,校數歲之中以為常。樂歲粒米狼戾,多取之而不為虐,則寡取之;凶年糞其田而不足,則必取盈焉。』……《詩》云:『雨我公田,遂及我私。』惟助為有公田。由此觀之,雖周亦助也。」這段對話引發了孟子的井地說,後儒常將井地說與井田說混為一談。我們先釐清

井地的意義，之後論證井地與井田之間毫無關係。

㈠井地的意義

　　滕文公使畢戰問井地，孟子曰：「子之君，將行仁政，選擇而使子，子必
勉之。夫仁政必自經界始。經界不正，井地不均，穀祿不平；是故暴君汙吏，
必慢其經界。經界既正，分田制祿，可坐而定也。夫滕，壤地褊小；將為君
子焉，將為野人焉；無君子莫治野人，無野人莫養君子。請野九一而助，國
中什一使自賦。卿以下，必有圭田，圭田五十畝。餘夫二十五畝。死徙無出
鄉，鄉田同井，出入相友，守望相助，疾病相扶持；則百姓親睦。方里而井，
井九百畝；其中為公田，八家皆私百畝，同養公田。公事畢，然後敢治私事；
所以別野人也。此其大略也。若夫潤澤之，則在君與子矣。」

　　從這段話看來，似乎滕文公已經知道有「井地」這回事，只是不知如何
實行，所以要畢戰去請教。孟子的回答要點是：「……夫仁政必自經界始。經
界不正，井地不均，穀祿不平；……經界既正，分田制祿，可坐而定也。」可
見孟子的重點是在「正經界」。如果孟子不是答非所問，那麼「井地」的重
點，應該就是「正經界」；這和後世所強調的「井田」應該沒有直接的關係。
事實上，孟子從來沒提過「井田」這個名詞。「地」與「田」固然關係密切，
可是他一再講「公田」、「冀其田」、「分田制祿」、「圭田」、「鄉田同井」，卻以
「經界不正，井地不均」來回答畢戰，可見「井地」不可能是「井田」的同
義語❿。「井地」究竟應作何解？滕文公所關心的到底是什麼？當時滕國所急
需的是什麼？這幾個問題應該先弄清楚。

　　孟子很高興滕文公瞭解「正經界」的重要性⓫，這樣就有希望實施他所

---

❿　陳瑞庚，《井田問題重探》，1974 年，第 2 章，第 1 節(十)提出：「如果當時沒有以井
　　劃地的制度，滕文公怎會想到提出這個問題呢？」這句話已經很接近問題的焦點，
　　可惜他沒有進一步分辨「井地」與「井田」。

⓫　關於何以當時「正經界」的問題會凸顯出來，請參閱第六節〈附論——從井字的根
　　源看井田說〉。這裡要強調的是：「經界亂」不是局部性的症候，戰國初年已到處發
　　作。然而在不同的地區或國家，會因人口分布或其他經濟環境的不同，而表現出不
　　同症狀。各處應付（不能說是解決）「經界亂」的辦法，往往因地制宜，沒有一致
　　的丹方。滕國因為地方小，田地的肥瘠差異不大，分配上的爭議較少，情形比較單
　　純。請參閱第七節「綜述」部分的「問題(5)」。

提倡的「仁政」。可是勝國很小，總面積不到 2500 平方里。根據考古資料，一周尺約等於 19.91 公分❷，而一周里為 1800 周尺，算得一周里約等於 0.358 公里。假設勝國的總面積約 2500 方里，只比新竹市的面積稍大。勝國位於泗水近旁，地勢平衍（但也因而易遭洪泛），有較大塊平坦的野地（估計不到 1000 平方里）可用。因此孟子設計了一個「井地」範型，將每一平方里的耕地，用「井」字形的阡陌分割成九塊，每塊面積約一百畝。以當時的耕作水準（用鐵犁，也許還用牛），大約可供一個七、八口之家食用（《孟子‧萬章下》：「百畝之糞，上農夫食九人，上次食八人，中食七人，中次食六人，下食五人」）。

　　孟子給這種一平方里的田地，取了一個單位名稱：「一井」❸。這種範型的設計符合孟子的兩項基本要求：⑴容易計算面積，井地均而穀祿平；⑵經界不怕損壞，經界的標誌就算因泗水泛濫流失，或被暴君汙吏毀損，因為形狀「超整齊」，日後也容易重建。如果孟子的構想僅停留在「正經界」的層次，這樣的設計確是恰當。然而孟子還想把屬於賦稅制度的「助」法附益上去，企圖將兩項改革一次解決。所以他把公田放在一井的中間（稅率等於九分之一），但這就違反了他先前所主張的什一稅率（十分之一）理想。如果孟子將標準一里見方的「一井」地，分割為十塊長方形小單位如圖二，而非「井」字型的九塊如圖一，也許就可以避掉這個缺陷。可是一方里剛好等於九百畝，劃成如圖一的方塊，則每塊剛好為一百畝，正好符合孟子心目中的「周制」標準。

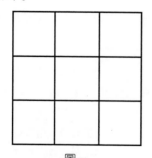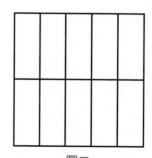

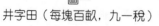

圖一　　　　　　　　　　　　　　　圖二
井字田（每塊百畝，九一稅）　　長方田（每塊 90 畝，什一稅）

---

❷　吳洛，《中國度量衡史》，臺灣商務印書館，1975 年，p. 64。

❸　如果《國語‧魯語下》的「田一井出稷禾」的「一井」有所傳承，則孟子這個名詞就不是自創的，但這不是本文的重點。

　　圖一和圖二的面積相等（等邊等高），差別在於切成九塊或十塊。若孟子用圖二的劃分法，圖型稍複雜還不是主要的困擾，問題是每塊的面積就必須縮為九十畝（而非每塊百畝）。孟子當然不願意使每家的田地，少於他心目中「周制」的百畝標準❶。現在我們設身處地替孟子著想，他的確不容易各方面都兼顧到。孟子大概不願意求簡反繁，所以決定對「野人」的稅率稍苛一點（「請野九一而助，國中什一使自賦。」），反正這已經比往日的稅率低很多了。

　　此外，他又主張對卿大夫在世祿采邑之外，另給奉祭祀的圭田五十畝，給餘夫（可能是未成家的男子）田二十五畝。這些零碎的田地，究竟位於滕國的何處或出自何方呢？《孟子》中沒有交待，他把這些枝節問題留給滕國君臣潤澤了（「此其大略也。若夫潤澤之，則在君與子矣」）。以常識來意度，野地的可耕部分不會太整齊，既然大的方塊已劃作井字田，剩下邊緣不規則的部分，就可以切成小塊分給餘夫。這大概相當於《左傳‧襄公二十五年》所說的「町原防」❶。圭田則可能位於城外郭內的「郊」，以便照顧。這兩種土地的面積都比較小，價值較低，對公平性的要求也不太嚴格，所以孟子就把稅收的方式留給滕君自定了。孟子的這項策劃，滕文公似乎是接受而且實行了，否則孟子不會在滕國繼續留一段時間❶，還能看到滕國「徠遠民」的效果，甚至還有時間與陳相辯論許行的「共耕」主張。

---

❶　若要用圖二的劃分法，而且又要讓每家的耕地面積維持百畝，則必須將一井的標準單位擴大為大長方形，讓其中的一邊長為一又九分之一里。可是那多出來的九分之一里，就不容易測量準確了。若要將擴大後的一井還維持正方形，則每邊的長度必須為 1.054 里；這在「正經界」時，會產生難以預期的困擾。

❶　按《杜注》，「原防」是隄防間的零碎地，「町」是動詞，意為分割成小頃町。

❶　根據錢穆，《先秦諸子繫年》（香港大學出版社增訂版，1956 年，pp. 345–352）的考證，孟子在滕的時間大概是西元前 323 年至 320 年，計三年，然後遊梁遊齊。孟子在滕的事蹟不少，除了〈滕文公上〉所載之外，尚有〈梁惠王下〉，以周大王故事回答文公所問應付大國之道，頗顯得捉襟見肘。〈盡心下〉載：「孟子之滕，館於上宮。」然則孟子初到滕國，並無久居之意，因受文公知遇而延長逗留時間。然而滕的國力畢竟太弱，孟子亦無法在此施展其「王道」理想。或許這就是他日後在國力雄厚的齊國不受齊宣王重用，而深感惋惜的理由。參見方清河，〈孟子的井地說〉，1978 年，pp. 21–22，對孟子在各國遊歷的過程與年代的解說。

　　後儒對《孟子》的這一章頗有誤解。朱熹 (1130–1200) 認為「周時一夫受田百畝，鄉遂用貢法，十夫有溝；都鄙用助法，八家同井，耕則通力而作，收則計畝而分，故謂之徹。」顯然他是受了《周官》的影響，把孟子的話套在《周官》的「鄉遂」與「都鄙」龐大系統上。甚至連崔述 (1740–1816) 也沒能跳出這個圈套，他對朱熹的修正只是鄉遂仍用徹法，而都鄙因已實行「助」法，劃分公田與私田，故沒有「通力而作、計畝而分」的需求❼。從現代的眼光看來，孟子只是替滕這個小國，設計一套經界範型與稅收制度。滕國卿大夫（包括然友與畢戰）的世祿采邑，也有部分土地分布在城郭外的野地上，這是朱熹與崔述所講的「都鄙」。然而，滕國的總面積不到 2500 方里，其中的「野」就算佔三分之二，也經不起每人數百方里采邑的瓜分；如果這些都鄙的封疆再佔去一些地，那就更不夠了。

　　文王的庶子叔繡初封於滕，為侯爵，封地方百里。《春秋經》載隱公十一年滕侯朝魯，此時還是侯爵；在兩年之後的桓公二年，《春秋經》載「滕子來朝」。從此《春秋經》就一直用「滕子」來稱呼滕君。《杜注》對這項差異的解釋，是「蓋時王所黜」，這項說法有可能成立。當時周桓王正力圖振作，以擺脫鄭莊公的控制，可能藉口滕君不朝而貶其爵以立威，但我們還不知道是否因而削地。滕與宋相鄰，一直受到宋的侵蝕；僖公十九年，宋襄公為立霸業，會諸侯而執滕宣公，大概也侵佔了不少滕的土地。日後滕君雖竭力巴結盟主晉國，會盟幾乎無役不從，但這麼做也只徒然耗損國力，本身並未得到多少的實質保護。

　　到了孟子的時代，滕國只剩下始封國土的四分之一弱❽。在損失國地的過程中，分布在野地上的卿大夫采邑，當然首當其衝。在孟子的時代，一方面卿大夫的數目不會太多；另一方面，他們在野地的采邑莊園，也不可能再浪費許多面積在封疆上。換言之，應該不會有一般結構的都鄙。在這種狀況下，野地還是可以規劃為井字型的方塊，然後把某些井字型內公田的收成，作為特定卿大夫的俸祿。

---

❼　見崔述，《崔東壁遺書》，第 5 冊，〈三代經界通考〉（臺北世界書局，1963 年）。

❽　據《史記索隱・越世家》引《古本竹書紀年》，越王朱勾曾經滅滕，時間在春秋與戰國之間，細節無可考。唯越國在淮北的勢力大起大落，孟子時滕國必已復封，可是經過這次兵災，城郭封疆的殘破也可想而知。

至於鄉遂，因為城郭的範圍小，所以近郭牆內外的土地面積就不大，不可能再分出多少鄉多少遂。《周官》基本上是以戰國後期大國的心態，去建立複雜而多層次的地方制度。甚至僖公時的魯國，也比孟子時代的勝國大過二十倍，因此《尚書‧費誓》才會有「魯人三郊三遂，峙乃楨榦」的要求。後儒往往不考慮個別的背景差異，把這些文獻混而用之，遇到互相牴觸的地方，就牽強飾說，越講越繁複，反而離真相越遠了。

其實，孟子的重點還是在於「鄉田同井，出入相友，守望相助，疾病相扶持」。他希望當地盡量能自給自足，死徙無出鄉。因為當時的城市經濟已經萌芽，吸收了不少農民往外移出，以往閉鎖性的氏族社會，已逐漸失去規約農民的功能。在春秋初年，《詩經》內已不乏抱怨生活痛苦而企圖遷移的心聲，但那些有可能還是個別的事例。到了戰國初期，農村人力大量失血，迫使各地諸侯用「徠遠民」的策略來挽救缺糧危機。從梁惠王問孟子：「察鄰國之政，無如寡人之用心者。鄰國之民不加少，寡人之民不加多，何也?」就可以覺察到這種趨勢。孟子經常強調的「仁政」，也是以此為目標而發揮的，確實也能針對當時的弊病創議；他所說的「法先王」，只是作為包裝的外衣而已。

後儒往往認為「井田制」的主體是「計夫授田」，這和《孟子》在此章所說的話並不吻合。因為孟子僅說：「八家皆私百畝，同養公田。」這是以「家」為單位，而以餘夫之田作為補充；並未如後儒所說，規定多少歲始受田、到幾歲要還田。當然，畢戰當時應該也會「潤澤」一些細節；其中有多少流傳到後世，被吸收入後儒的「井田制」，正不易言。但我們確定，這一點不在孟子的原方案之內。還有：在周代的封建架構下，「授土」原是對諸侯受封的特定用語，在〈大盂鼎銘〉裡，曾有「受民受疆土」的記載。《左傳‧定公四年》也記載王室對康叔：「聃季授土、陶叔授民，命以康誥，而封於殷虛。」不過後來對授受的用字，已不再那樣講究，因此在《孟子》也可以看到許行所說的：「願受一廛而為氓」。這裡的「受」字，顯然已經是普通用語了。「授田」一詞，並不是孟子「井地」理想中的專門術語，這和「井田」說中的幾歲始受田，在觀念上差別很大。

## ㈡孟子的管理思想

《孟子》中有些屢次強調的主張，可以視為孟子的基本思想。孟子似乎

認為，良好的管理可以開源節流，所謂「勞心者治人」，亦取其擔負管理重責之意。例如，〈公孫丑上〉：「尊賢使能，俊傑在位，則天下之士，皆悅而願立於其朝矣。市廛而不征，法而不廛，則天下之商，皆悅而願藏於其市矣。關譏而不征，則天下之旅，皆悅而願出於其路矣，耕者助而不稅，則天下之農，皆悅而願耕於其野矣。廛無夫里之布，則天下之民，皆悅而願為之氓矣。」再如〈梁惠王上〉：「不違農時，穀不可勝食也。數罟不入洿池，魚鱉不可勝食也。斧斤以時入山林，材木不可勝用也。……五畝之宅，樹之以桑，五十者可以衣帛矣。雞豚狗彘之畜，無失其時，七十者可以食肉矣。百畝之田，勿奪其時，數口之家，可以無飢矣。謹庠序之教，申之以孝悌之義，頒白者不負戴於道路矣。」這些論點，在在反映孟子注重管理的基本態度。

其實，這種見解也不是孟子創發的。在孟子之前，李悝為魏文侯作盡地力之政，以斂糴之法為調濟，取有餘以補不足（見《漢書》，卷二十四〈食貨志〉）。稍後，衛鞅也為秦孝公作了大改革。這些改革都訴諸有效率的管理，也都取得一定的成就。這方面孟子只能算是後輩。他較創始性的部分，是用「法先王」來包裝他的管理方案。戰國初期，有幾個「明君」的確能以較完善的管理政策來改善民生，增加糧食生產使國力膨脹。當時手工業技術的急速發展與商業的逐漸蓬勃，也讓管理者有用武之地。這對後世有重大的影響，例如《周官》就是在周公制作的包裝下，所建立的一個龐大官僚管理系統；井田制也在這種情況下被吸納進去，而且還改得面目全非，讓漢代的注釋家傷透腦筋。後世若要仿效井田制的種種做法，其實最多只能在短期收效，長期的效果恐怕不佳，因為再有效率的管理，效果也是有限度的：當被管理者逐漸適應規範而發展出對策之後，管理的效果就會遞減。

然而這種遞減的效應，卻沒有機會在滕國顯現，因為滕文公沒幾年就去世了（參見注**⑯**）。《孟子·公孫丑下》載：「孟子為卿於齊，出弔於滕。」孟子在齊國也沒有多少年，以卿的身分出弔於滕，所弔者恐即文公之喪，故文公在位很可能只有六、七年。其所推行的新政，在他身後恐將不保。即使沒有人亡政息，滕國不久即亡於宋。《戰國策》卷三十二載：「康王大喜，於是滅滕伐薛，取淮北之地。」估計其時間不會晚於西元前 295 年。再不久，齊湣王滅宋，滕城歸齊。再數年，燕將樂毅下齊七十餘城，滕當然亦在內；這些變動會把滕文公的政績（包括成效與後遺症在內）都消滅掉。到了戰國末期，

僅剩孟子為滕規劃的方案載於《孟子》書內；《周官》採之，其他託古改制者亦採之，因而滋生出多少不必要的糾葛。

## 附論——從井字的根源看井田說

一般多認為是由於共用水井，或是因為阡陌的形狀像似井字，所以才名之為「井田」。孟子為滕國策劃時說：「方里而井，井九百畝，其中為公田；八家皆私百畝，同養公田。」恐怕就是從「井」字的形狀所得來的靈感。其實井字還有一些原始意義，卻被大多數人忽略了。

### ㈠井字原義

在曹魏張揖的《廣雅・釋詁》中，有一條古訓：「閑……臬井括……梲略，法也。」（見《廣雅疏證》，卷一上）井有「法」之義，雖不見於《爾雅》，但在金文中卻可常見。例如〈大盂鼎銘〉文有「命女盂井乃嗣且（祖）南公」。這裡的井字，有「效法」之意。井字也可作為名詞，當「法則」解，如〈毛公鼎銘文〉內的：「女毋弗帥用先王作明井」。這個用法很快就被引申作為「刑法」，而且在漢初隸定的古書中，都被改寫為「刑」字。如《詩・大雅・文王》有「儀刑文王，萬邦作孚」、《詩・大雅・思齊》有「刑于寡妻，至于兄弟，以御于家邦」，都顯示這個作為「效法」的原義，在春秋以前還很時興。據全廣鎮《兩周金文通假字研究》，1989 年，pp. 203–208：「井」字與「刑」、「邢」等字，其古音聲母雖遠（「刑」、「邢」為匣母，「井」為精母），而韻同在耕部，故可通假。在《說文》中，「刑」字下有：「刑，罰罪也。從刀井。《易》曰：『丼者，法也。』」《段注》：「此引易說從井之意。」其所謂《易》，不見今日《周易》之經傳，疑為漢代所通行之《易緯》之一。此引文亦見晉司馬彪之《續漢書・五行志》（現已成為《後漢書》之部分），與唐沙門玄應之《一切經音義》卷二十，可能即錄自《說文》。漢應劭之《風俗通義》則作「井，法也，節也。」（不見於今本，似逸，此為由《太平御覽》輯佚之文）可見此義亦流傳得相當廣。

事實上，這還可以溯源到殷商甲骨文中的「井方」。考證的結果指出，這就是「邢國」（朱芳圃，《甲骨文商史編》，1972 年，p. 126 考證，此「井方」乃殷之諸侯，殷亡為周所吞）。此外，還有些從井字衍生出來的意義，在隸定之後沒有被改寫為「刑」字，最顯著的例子，就是《周易・井卦》卦辭的「往

來井井」。王弼的《注》釋為「不渝變也」，這講得有些含糊，但也可見井字可以有多種引申的意義。《荀子・儒效》也有「井井兮，其有理也」，楊倞的《注》則解釋為「良易之貌」。這和下文的「嚴嚴兮，其能敬已也」相比，「嚴嚴」形容「其能敬已」的形貌，則「井井」應含「有規則」的意義。《周易》中的「井井」釋作「不渝變」，與此意義也不違背，都是把井字當作動詞用，作為「效法」原義的引申。

在西周初期武裝殖民時代，統治者的主要作為是建造城郭封洫，封疆之內的田地經界還不是大問題。那是因為地廣人稀，農業技術尚未發達，每家的耕作範圍有限，暫時不發生耕地分配公平的問題。後來人口漸密，耕種技術漸漸進步，各家的田地彼此接壤，所以經界的劃分就逐漸重要了。然而中國古代的數學，對幾何圖形的研究不夠發達，形狀不夠規則的田地面積，不易準確估計❶。到了春秋後期，在人口較密的地區，就有了田地經界規劃的壓力。《左傳・襄公二十五年》載：「甲午，蒍掩書土田、度山林、鳩藪澤、辨京陵、表淳鹵、數疆潦、規偃豬、町原防、……井衍沃，量入收賦。」顯示已經開始對各類型的土地作整體規劃。其中的「井衍沃」，大概就是把田地的經界，規範成較整齊的格式，方便估算面積。這裡的井字，是「規則化」的意義。也因為這條「井衍沃」的記載，使我們明瞭當時「土地規劃」已成了一種施政方針。

到了滕文公的時代，田地規則化的需求更加迫切，所以孟子才對「井地」的問題，發揮了一大篇「正經界」的議論，也因而使得「井地」成為一個特有名詞。漢初隸定時，未把這個井字改寫為「刑」字，反使它的本義隱晦了。

㈡丼與井

《說文解字注》第五篇下的「丼」字小篆，中間有一點，顯示《說文》認為「丼」為井字的初形。《說文》對丼的解釋為：「八家為一丼，象構韓形。

---

❶ 由現在看得到的資料判斷，中國古代的幾何進展不如同時期的西方。他們求面積的方法，基本上是長與寬的相乘。對於不整齊圖形面積的估算，慣常的做法是「截長補短」，這就涉及到人為的估計。如果分割為許多小方塊之後再相加，計算者的判斷更會影響結果。這些技術上的不準確性，會給經手官吏上下其手的機會，這應該不是孟子願意看到的。

……古者伯益初作井」，並認為中間那一點「象甕」。然而，在李孝定編纂的
《甲骨文字集釋》（1965 年）內，甲骨文皆作「井」，中間沒有一點。在已知
的卜辭中，此字皆用於「井方」、「帚井」等處，都沒有用來指涉水井。至於
周代的金文，根據周法高編纂的《金文詁林》與《金文詁林補》（1982 年），
就區分為「井」與「丼」兩形。井字在很多地方可以通假作「刑」或「型」，
也用來作為地名或人名。「井」和「丼」兩字截然有別，但都找不到一種用法
是指涉「水井」的。

根據全廣鎮《兩周金文通假字研究》（1989 年，p. 205）與吳其昌《金文
世族譜》（1991 年，卷二，pp. 5-6；卷一，pp. 18-19），中間有一點的「丼」，
皆與姜姓之奠（鄭）丼氏有關，例如智壺之「丼公」、智鼎之「丼叔」。中間
無一點的井字，與「邢」字相通，受封者是周公之後，為姬姓，例如麥鼎之
「井侯」。雖然在甲骨文卜辭與鐘鼎銘文中，都找不到作為水井之用的井字，
但是《說文》也確指「丼」字是「井」字的初形。因此我們還不知道，究竟
是在周代分化為二字，或是水井的「丼」在甲骨文裡本來中間就有一點，只
是因沒有用在地名或人名上，所以才未在卜辭中留下記錄。如果是後者，那
有可能「井」字的原義就是「效法」或「規範」，並由此引申出「阱」、「刑」、
「型」等字。

丼字如果是從井字衍生而來，本來或許是寫作「洴」，從水從井。此字見
於甲骨文，但不見於《說文》，在後來的《集韻》與《玉篇》中，此字解作
「小水」，或假借作「阱」。可能是再由「洴」簡化作「丼」，中間那一點並非
如《說文》所說的是「象甕」。這只是個猜想，目前還沒有直接的證據來證實
或否證。

鐘鼎銘文中有記載田產糾葛細節的文字，居然沒有涉及水井，是有點奇
怪。從甲骨卜辭可以看到，王室生活中的困惑都要卜問；鑿井是否能成功，
照理也應該卜問，可是並沒有看到這類的記載。更奇怪的是，整部《詩經》
裡一個「井」字也沒出現過。《詩經・小雅・白華》有「滮池北流，浸彼稻
田」，這類談到雨水與旱災的文句很多。甲骨文也有大量求雨的卜辭，但都沒
談到水井。

所以我們大概可以確定：在西周之前，沒有用過井水灌溉。我們也可以
猜測，那時大概不會在田中鑿井。百姓住宅之井，照理應該在房屋附近，取

用水才方便，不必遠行到田裡挑。因此大約是要到戰國時，鑿深井的技術較成熟後，井水在灌溉上才逐漸有輔助性的地位，而且是以灌園為主。後儒談論井田時，常設想八家共一水井灌溉，恐怕是從後世的生活習慣，往前作了錯誤的推論。

其實水井很早就存在了。根據宋鎮豪《夏商社會生活史》（1994 年，p. 64）記載，在河北藁城發掘的商代遺址內，就有水井六口。但何以在《詩經》內沒有水井的地位呢？《詩經》中有許多地方寫到泉水，如〈曹風·下泉〉：「洌彼下泉，浸彼苞稂」、〈邶風·泉水〉：「毖彼泉水，亦流于淇」、〈小雅·四月〉：「相彼泉水，載清載濁」；公劉在遷移時：「逝彼百泉，瞻彼溥原」、「觀其流泉，其軍三單」（〈大雅·公劉〉）、文王對密人的警告：「無飲我泉，我泉我池」（〈大雅·皇矣〉）、詩人譏刺周幽王的秕政：「泉之竭矣，不云自中」（〈大雅·召旻〉）。

由此推論，當時貴族的飲用水多是泉水，百姓在有天然流泉可飲時，也不太願意鑿井。據許進雄《中國古代社會》（1995 年，p. 312）載，考古學者在西安的半坡挖掘到一個有四、五十座房基的遺址，因處於泉源區，取水尚稱方便，但並未發現有井。水井的初始功能，大概是用來當作通地下泉源的工具。然而淺井較不易維持水質潔淨，《周易·井卦》初六爻辭「井泥不食」，就顯示經常需要渫井；九五爻辭「井洌寒泉食」，表示寒泉響上品之井水，是最吉的爻象。

### ㈢井字的歷史意義

春秋中期以後人口密度增加，井水的飲用才逐漸普遍。鄭國子產的新政「廬井有伍」，顯然就是在因應這種新的需求。漢末劉熙《釋名·釋宮》第十七說：「井，清也，泉之清潔者也。」那是在掌握深井技術之後才會有的看法。春秋時期的貴族大概都是飲用泉水，用民力開隧道取地下泉水，這種活水比靜態的井水容易控制水質。《左傳·隱公元年》載穎考叔勸鄭莊公：「若闕地及泉，隧而相見，其誰曰不然？」可見隧而及泉並不是很難的事。到了孟子的時代水井已經普遍，因此就有許多與井相關的故事，例如瞽瞍使舜浚井，企圖將他活埋等等。

現在我們瞭解，在西周以前水井並不普及。這也可以幫助我們進一步解釋，何以井田這個名詞要到孟子的時代才被普遍接受。因為即使在過去有類

似井田的做法，也不會用「井」這個字來形容，因為井的觀念是戰國時期才普及的。春秋之前，井這個字完全沒有「經界」，也沒有「井田」的意義。我們要極力澄清的是：「井字田」和「井田制」是兩回事。任何時代為了充分利用耕地，都可以把土地劃成「田」字型或「井」字型，這由甲骨文中各種「田」字的象形寫法就可以明白（古時劃分線的實體是封洫）。但井字型的耕地和傳說中的井田制（一種政治、社會和經濟之間的關係），是不相干的。

㈣《左傳》中的井與泉

　　要看春秋時人民對井水依賴程度的加強趨勢，最好由《左傳》著手。

⑴井

　　《左傳》裡頗有對水井的描述，顯示當時的水井已逐漸普遍。然而也可以看出，當時的水井還相當原始、相當淺。《左傳》提到水井的部分，可按時序歸納出六項如下：

　　⒜〈宣公二年〉傳：「狂狡輅鄭人，鄭人入於井，倒戟而出之，獲狂狡。」那個鄭人大概是車右，他在應戰時跌下車，又踩到井口而落井。顯然那個井並不深，而他也有盔甲保護，所以掉落後還有作戰能力。而宋國的狂狡卻太輕敵（或太仁慈），居然倒握戟柄伸入井內想拉他出來。戟柄的長度不到一丈，可見井的深度大概也差不多。鄭人抓住戟柄出來後，可能趁機奪了戟，反而虜獲了狂狡。這次的戰地在宋，井應在宋國。

　　⒝〈宣公十二年〉傳：「申叔（展）視其井，則茅絰存焉，號而出之。」此事發生在楚滅蕭之役。楚大夫申叔（展）先前對蕭大夫還無社暗示：當楚軍入蕭時，要他藏入眢井以避難。所謂的眢井就是廢井，廢井可以躲人，可見不很深，或甚至是乾井。蕭是宋的附庸，井在宋楚之間，後來屬楚。

　　⒞〈成公十六年〉傳、〈襄公十九年〉傳、〈襄公二十六年〉傳等處都提到：軍隊作戰時若需要空地，可以「塞井夷灶」。所填塞的井，是軍隊為了獲得飲用水所挖的井（野戰井）。春秋中後期戰爭規模漸大，估計每一方包括後勤人員在內不下數萬人，飲用水就不得不靠野戰井，兵過即棄。為了要有平坦的地面供戰車奔馳，以及有足夠的空間讓士兵列陣，棄井隨即用土塞平。能在短時間內塞井，可見挖得不深。

(d)〈襄公二十五〉傳：「（前年冬）陳侯會楚子伐鄭（東門），當陳隧者，井堙木刊。」意思是：鄭國對陳國的舉動恨之切骨，並以之為伐陳的口實。這顯示鄭國民間飲用井水已逐漸普遍，井若為陳兵所堙，當然會懷恨。同樣地，在短時間內即可填塞大量水井，可見那些井並不深。

(e)〈襄公三十年〉傳：「鄭子產為政，使廬井有伍。」可見當時鄭國的水井已多到需要管理。鄭國人口密，地處中原，多丘陵，河溪水量夏冬漲落大，需要井水補充。

(f)〈昭公二十五年〉傳：魯昭公孫於齊，「先至于野井」。此處的「野井」應是地名，但是否因水井而得名，尚不可考。

以上是《左傳》中關於井的記載，時間始於魯宣公二年，已進入春秋中期。到了春秋後期（襄昭之際），民間的井水使用，在人口較密的鄭國已漸普遍。再過幾十年，井在魯國也普及了，所以在《論語·雍也》裡，有宰我設喻向孔子問難之言：「仁者雖告之曰：『井有仁焉』，其從之也？」到了孟子的時代，離襄昭之際又過了兩百多年，水井就更普遍了，因此《孟子·公孫丑上》就用大家聽得懂的話說：「今人乍見孺子，將入於井。」來反襯「人皆有不忍人之心」。或許是井水用得多了，地下水的水位較前降低，所以《孟子·盡心上》才舉這樣的譬喻：「掘井九軔而不及泉，猶為棄井也。」八尺為軔，九軔為七十二尺。孟子雖以此為譬喻，但亦能反映當時人的常識。九軔之深與春秋中期之井深不足一丈，變化甚大。

(2)泉

對春秋時期的貴族而言，泉水在生活中似乎相當重要，《左傳》裡提到「泉」的地方亦不少。

(a)〈隱公元年〉傳：鄭莊公闕地及泉，與母親姜氏相見。

(b)〈文公十六年〉傳：「有蛇自泉宮出，入於國，如先君之數。秋八月辛未，聲姜薨，毀泉臺。」據《公羊傳》解釋，「泉臺」即郎臺，在魯都曲阜的南郊。「泉臺」大概是因泉而築。考其地望，其泉應該就是逵泉（參見下文）。

(c)〈昭公十七年〉傳記載：楚國俘虜吳國之乘舟餘皇，嚴密看守。「環而塹之，及泉。盈其隧炭，陳以代命。」楚軍掘壕溝深可及泉，在隧道中滿置木炭以除溼並在內列陣，顯示掘隧道通泉在當時並非難事。

(d)此外，《左傳》中地名為某泉者，多因泉而得名，姑舉數例：

「達泉」——見〈莊公三十二年〉傳，位於魯國曲阜南郊。據楊伯峻《春秋左傳注》（1982 年，p. 254）引述《清一統志》，謂其泉水中有石，如伏黿怒鼉。

「翟泉」——見〈僖公二十九年〉傳，位於洛陽。《杜注》：「大倉西南池水也」。

「華泉」——見〈成公二年〉傳。齊師敗於晉，齊國之車右丑父假冒齊頃公，令頃公往華泉取飲而逃脫，可見該地以泉為名。華字則可能來自華不注山。

「蚡泉」——見〈昭公五年〉傳，為魯地。《公羊傳》作「濆泉」，而以「涌泉」釋之。顯然由泉水得名。

從這些引述可見春秋時期泉水普遍，以泉為名之地相當多，尤以齊魯與成周附近為甚。泉水應為當時飲用水之上品。當時已知地上之湧泉來自地下，故亦稱地下水為「泉」或「黃泉」。故鄭莊公可以闕地及泉、楚軍掘壕溝其深可以及泉；而掘井只是通達地下泉源的管道，這可從孟子的話得證：「掘井九軔而不及泉，猶為棄井也。」

(3)餘論

《今文尚書》二十八篇內完全沒有「井」字，偽《古文尚書》也只有〈畢命〉篇內有一句「弗率訓典，殊厥井疆。」宋朝蔡沈《書經集傳》解釋為：「其不率訓典者，則殊異其井里疆界，使不得與善者雜處。」偽《古文尚書》出現於晉代，「井疆」的名稱，完全是後代人心中的制度，偽造者不自覺地漏了底。

從這裡也可以推測，在西周至春秋初期之間，統治者所頒的文告與典禮記錄，不會用到井字。此外，在殷商甲骨文與周金文中，「井」字未見作「水井」解的。還有，我們在《詩經》與《尚書》內也都看不到井字。這幾件事共同指出一項事實：在西周之前，水井不像後世那麼重要。從上面的討論得知，要到春秋中期人口密度大增後，水井的重要性才漸顯露。另一方面也因而確知，泉水在西周以前是飲用水的主要來源，尤以貴族為甚[20]。

---

[20]　陳良佐，〈井、井渠、桔槔、轆轤及其對我國古代農業之貢獻〉，1970 年，對井在中國古代農業與生活的應用情況，有很好的解說。

## 七、綜述與結語

### ㈠綜述

孟子與滕國君臣的問答，到底製造了什麼謎團，讓兩千多年來的飽學之士都轉不出來？我們可以歸納出下列五個問題。雖然在正文裡已經嘗試回答，但為了能更清晰地綜述，我們把相關的答案歸納在各個問題之下。

⑴孟子回答滕文公問「為國」的第一段話裡，除了一些原則性的，如「民事不可緩也」、「恭儉禮下，取於民有制」、「設為庠序學校以教」以求「人倫明於上，小民親於下」之外，主要是一段關於三代稅賦制度的傳說。似乎孟子自己也不十分清楚這些制度的細節，還要引用龍子的話與《詩經‧小雅‧大田》的句子來補充。到底他對哪些話較有把握？哪些是僅憑猜想呢？

我們的回答是：孟子對三代稅賦制度的瞭解，也許比同時代的人稍多一些，可是離完整還遠。他較有把握的片段，似乎是「夏后氏五十而貢，殷人七十而助，周人百畝而徹，其實皆什一也」、「惟助為有公田」，以及他對「助」與「徹」的解釋；這些都是他特別提出來講的。另外，他引龍子的議論作為他認同助法的根據，他對議論中的敘述「治地莫善於助，莫不善於貢。貢者，校數歲之中以為常。」顯示他是贊成助法的，這是屬於「較有把握」的部分。他對其他事情的敘述，把握就少一些，尤其是他對〈大田〉詩中「公田」的理解是錯誤的；這使得他對原來所相信的「周人百畝而徹」，也產生了懷疑。然而，他說「雖周亦助也」，只是提出心中的疑問，這並不是他的結論，因為這和他所認同的助法之優點並沒有牴觸。

⑵在同一段內，孟子並未提出「井地」的字眼；而在之後的第二段內，滕文公卻主動派畢戰向孟子問「井地」。是否滕國君臣已先知道井地這個觀念，而僅向孟子請教具體的辦法呢？孟子用「經界不正，井地不均」作為他的回答總綱，這是要傳達什麼訊息呢？畢戰所問的井地，與第一段內的賦稅有什麼關係呢？

我們的回答是：滕文公派畢戰向孟子問的井地，是土地規劃的方針。「井」字在此應作「型」字解。滕國的田地因受戰禍與兼併的破壞，經界不夠規則，導致面積無法準確計算，造成不公平的現象。孟子用「經界不正，井地不均」作為回答的總綱，正是針對此問題，提醒滕國君臣要及早整頓，不要讓「暴君汙吏」去「慢其經界」。當時人口的增加，已造成各家的農田接

壞，破壞了以前的經界；同一時期，因人口外移所造成的農村失血，可以抵消部分人口的增加效應，這正是整頓經界的好時機。

井地與賦稅的關係是間接的，因為孟子認為「經界既正，分田制祿，可坐而定也」。在他心目中，賦稅問題的解決，顯然是以「正經界」為先決條件。

⑶孟子在第二段所描述的「請野九一而助，國中什一使自賦」為何講得那麼籠統？畢戰聽到這段話後，真的就能自行補充細節嗎？他有沒有繼續發問？若有，何以沒有記錄？

我們的回答是：孟子所策劃的「請野九一而助，國中什一使自賦」辦法，是針對滕國地勢平坦而小面積的特性所設計。滕國獨特的情況，當時大家都知道，無須多講。反而是後代的人，在事過境遷之後，沒有考慮到滕國的特殊背景，才會產生誤解。若能把當時的背景考慮進去，就可以發現孟子的話已經相當清晰明白。孟子的方案已經把「野」、「國中」、「圭田」、「餘夫」都照顧到了，其餘的細節已不會造成很大的不公平，可以放心讓滕國君臣自行決定。畢戰有把握在孟子方案的精神下自行補充細節，所以就沒必要多問。

⑷孟子說的「請野九一而助」，何以與他在第一段所認同的「什一」不一致呢？有沒有「託古改制」的成分呢？

我們的回答是：孟子說的「請野九一而助」，是因為「正經界」的井地方案，如圖一所示，是切成九塊，只能「九一」，無法兼顧到「什一」的原則。由此可知，孟子所著重的是「正經界」。在此前提下，能夠實行「莫善於助」的賦稅制度，當然就更理想。

與戰國後期的諸子相比，孟子的井地方案理想中，託古改制的成分不多。他所引的「古」大多有所傳承，就算有錯，也是當時儒家共有的錯。儒家對「古」有相當一致的認識，孟子無須、也無法自己「託古」。他所敘述的三代稅制，在戰國初期流傳過，即使非常不完整，也可能代表當時對此問題的較好資訊。孟子顯然瞭解這些傳說的不完整性，只好加進自己的猜想；如果他真的在託古，為什麼不託得更完整一些？

⑸在《孟子》書中，我們可以發現孟子對所堅持的原則，會向不同的對象一再地推銷。然而，田地與稅賦這麼重要的方案，何以在《孟子》中僅此一見呢？他心目中有沒有一個完整的草案呢？或僅是為了滕國的特殊問題所做的臨時發揮？

我們的回答是:「請野九一而助,國中什一使自賦」,是孟子針對滕國特殊情況所做的個別建議,而非應該堅持的普遍性原則。方案背後的精神,是在「取於民有制」,這才是他所堅持的原則。在規劃方案的同時,他並沒有忘記推銷「民事不可緩也」、「設為庠序學校以教之」、「人倫明於上,小民親於下」、「出入相友,守望相助,疾病相扶持」等配合措施;這些更是他所堅持的原則。孟子是感於滕文公的知遇,才針對滕國的情況作此策劃,可見他心中並沒有一個事先準備的草案。這是個特例,在《孟子》中僅此一見。梁、齊等大國的客觀條件較為複雜,孟子當然不會冒昧地提出同樣的方案。甚至在魯或在宋時,因為得不到君主的信託,他也沒有提過任何方案。由此可見,所謂的井田制,其實是後人企圖將孟子井地方案的外殼,在過度一般化之後,推廣運用到更廣泛的地區,而未必掌握到孟子當初的基本精神。

## (二)結語

現在不妨檢討一下,歷來對上述五個問題的處理方式。戰國時代離孟子最近,他們對當時背景資料的掌握應該沒有問題。可是戰國後期至漢初,正是託古改制風氣最盛行的時候,學者們因而以為孟子也是在託古改制,只是說得不夠詳細而已。於是憑一己的理想,將《孟子》中的記載擴大渲染,誤導後代讀者以為那真是先王的遺制,是孟子所祖述的,此事尤以《周官》為甚。由西漢中後期到魏晉,那些說法的問題就逐漸浮現,儒者花了很大精力,來彌縫前人對井田制的說法,把那時已顯得若有若無的傳說,加上詩書中扯得上關係的一言半句,作為「解經」的根據。結果是越解釋越臃腫,害得唐宋以後的學者,也陷在此漩渦中無法自拔。僅少數學者如宋朝的朱熹,看出孟子此處「制度節文不可復考,而能因略以致詳,推舊而為新,不屑屑於既往之跡。」(見他在《孟子章句》中為此章所寫的按語)朱熹作了較合理的推論,啟發清代乾嘉學者,逐漸扭轉此一積重難返的趨勢。

梁啟超的時代,正處於新舊交接之際。乾嘉學者的努力,已部分澄清了歷來經學家最糾纏不清的問題,而歐美、日本的史跡與學說,也開始讓國人有更寬廣的眼界。梁所涉及的外務太雜,對上述問題的解答並沒有太多貢獻。五四以後,胡適、顧頡剛、季融五等人,繼乾嘉遺風,對以往的經學抱懷疑與批判態度,對井田制的疑點當然不肯放過。上面綜述的五個問題,他們也大致意識到了;對這五個問題個別的解答,也偶爾有說對的。可是,一般而

言，破壞有餘建設不足。例如胡適在《井田制有無之研究》(p. 50) 說:「孟子的文章向來是容易懂得的，但是他只配辯論，不能上條陳。他這幾段論田制的話，實在難懂……」。其實孟子並非在「上條陳」! 他的話也講得夠清楚，畢戰顯然聽得懂，所以才沒再發問; 只是後人沒有考慮孟子與滕國君臣問答的背景 (而這些在當時是不需講明的)，才會覺得難懂。

　　另一方面，朱執信他們多少會感覺到，井田的傳說有助於推介國外某些政經理論 (例如原始共產社會) 進入中國，故傾向於辯護傳統的說法。然而經過這次辯論，疑古的風氣已開，日後對解答井田問題的進展是有幫助的。尤其是日後大部分對井田的辯論，都知道要回歸到《孟子》。

　　錢穆對人口問題與井田的關聯，已經講得很清楚，他對第一個與第五個問題的答案也與我們相近。齊思和對第三與第五個問題的突破，最有貢獻。陳瑞庚已經注意到第二個問題的「井地」名稱，他對第一個問題的處理也算正確; 然而他對第五個問題的答案卻錯了，因而影響他對第三、四個問題的處理。木村正雄比較接近第三個問題的解決。方清河對第一、第三、第五個問題的解答都有心得; 可惜他對井地的意義解釋得不很成功，對孟子所堅持的基本原則，也分析得不夠透澈，有點功虧一簣。我們在前人的成就上提出自己的看法，希望能有效地否證井田說這個重要的公案。

# 第三十四章

## 西雙版納與西周——份地制和井田制能比較嗎?

前言: 本章是對《西雙版納份地制與西周井田制比較研究》(馬曜、繆鸞和著,雲南出版社,2001年修訂版)的書評,與賴建誠教授的書評一齊刊於《當代》第220期(2005年12月),以下是我撰寫的部分。

　　徐中舒的〈初版序〉寫於1984年,固然充斥著意識形態的句子,然而還是有一些批評,如 p. 3,「至於那些把西周社會性質當作奴隸制社會看待的論點,從夏、商、周、秦、漢各代的發展歷程考慮,確有許多扞格難通之處……」而中國另一種「標準」的論調,將秦漢以後行郡縣制的政府的某些限田與稅賦政策,一律稱之為「封建」。徐中舒的心中也不無疑心,由〈序〉p. 3 中的:「不同於秦漢以後中原地區的封建地主經濟形態」,可見徐氏在積習之下仍認「中原地區的封建地主經濟」為「封建」的另一變形。而原書第五章的一些小節的確嘗試突破某些「標準」的論調,這使徐中舒覺得「頗為順理成章」。他進一步用恩格斯評摩爾根的「找到了一把『鑰匙』」隱喻,來表示他對此書的讚賞。

　　這種一方面在積習下認為秦漢以下社會仍為「封建的」,另一方面又想有所突破的心態,在中國恐怕相當普遍,這也是原書獲得共鳴的原故。替再版作序的朱家楨,可能也有這種心態,在〈再版後記〉中所引述朱氏所寫的評論 (p. 426),除了再用「鑰匙」的隱喻外,還將「某些少數民族地區現存的社會形態」比作「活化石」,強化了讀者的印象,「鑰匙」的隱喻比較陳腐,用多了漸失去魅力;「活化石」的隱喻則相當鮮活,會讓讀者傾向於相信,真的有那些社會成分像「化石」一樣,呈現在現代人的面前,而且還保有古時的形象。其實此一隱喻出自生物學的典故,如果知道其來源,就不會亂用。

　　「活化石」在生物學中,專指歷經數百萬年而至今仍存有,且形態少有變更的物種 (species),是一種特例。(一般來說,一個物種不會歷經一百萬年不演化或不滅絕),最為人知的例子是「腔棘魚」(Coelacanth),那是一種肉

鰭魚 (Lobe-finned fish)，在中生代相當普遍，而今日的魚類絕大多數是條鰭魚 (Ray-finned fish)，肉鰭魚只剩下生活於淡水中的肺魚。腔棘魚只留下化石，以前古生物界多以為這種魚類大概已經與恐龍同時滅絕了，然而 1938 年一艘南非的漁船在印度洋深海中捕得一條怪魚，讓當時海洋生物學家傻了眼，因為這就是一般認為在六千五百萬年以前已經滅絕的腔棘魚。「活化石」之名因此不脛而走。十多年後又出兩條。今日科學家已可以用深海潛艇，觀察到這種魚的生活，也研究瞭解剖結構，證實確是一種肉鰭魚，而且形態也與腔棘魚化石相同。

　　生物學家猜測這種魚缺乏演化的理由，其一是深海中的生態區位相對穩定，其二是海水隔絕了宇宙射線 (cosmic ray) 中的高速粒子與有害化學物質，故其 DNA 不易產生突變。無論如何，這是很極端的特例，在生物學中留下佳話，但若作為隱喻來形容社會之少變化，則有誤導之嫌。

　　原書作者暗示雲南西雙版納的人民社會制度維持了數千年，那真是神話。因為那地區曾有戰亂，古事暫不論，原書說：「元代西雙版傣族貴族爭地，內部分裂，互相攻伐的事多見於記載。」(p. 14) 又說：「公元一六二七年，車里宣慰刀韞勐派兵……洞吾即興兵再次侵入西雙版納，……瀾滄江以西廣大地區一片荒蕪，幾乎無人耕種。」(p. 15) 而「十三世紀中葉，……地方糜爛，村舍蕩然……從此景永一帶，遂荒無人居矣。」(p. 16) 且 pp. 18–19 也記載了戰亂。既然「村舍蕩然」，居然會維持原有社會制度，其誰能信？

　　有關《國語·齊語》斷章取義的引用，問題並不簡單。就《國語·齊語》本身來看，「陸、阜、陵、墐、井、田、疇均，則民不憾」是說七件事。其中韋昭所注「九夫為井」顯然受《周官》井田說的影響。就〈齊語〉本身的用辭來說，「井」並不與「田」相連。前面明點出：「處商就市井，處農就田野」。「井」是與「市」相連的。在市集中人口密度較大，民眾（而非貴族）的飲用水不得不靠井水；與其各家自掘淺井，不如數家共用一井，可以掘得較深，濯洗維護的負擔也可以分散。就〈齊語〉解〈齊語〉，這無疑是正解。至於政府主動對這些共用井的編制與管理，是有了需要以後才出現的，各國就其原有的傳統與資源，會有自己的辦法。在春秋時，需求剛開始，不可能各國就有統一的做法。到了戰國，資訊的流通漸多，一國的政府比較會汲納

他國的經驗，才漸演變成比較一致的「建制」。

然而還有一個文本的傳衍問題。〈齊語〉與《管子‧小匡》很像，一般的共識，是戰國威宣時稷下弟子襲取〈齊語〉，整理成〈小匡〉（〈大匡〉與〈中匡〉顯然另有來源）。戰國時期所看到的〈齊語〉文本，當然會比日後的傳本少一些錯誤。當然，《管子》的傳承與抄寫，也會有衍誤，然而用兩種獨立傳承的文本，仍可以相比較，得到比較近真的結果。在現存《管子‧小匡》中，這一句是：「陵陸、丘井、田疇均，則民不惑。」其中六個字描寫三種區域：「陵陸」為高地；「丘井」指都市中的聚集處（齊國的都市為防水災，往往擇於丘陸地上）；「田疇」則為農民生產之場所。較之今存之《國語‧齊語》「陸、阜、陵、墐、井、田、疇」，除了次序不同外，「阜」與「丘」相當，「墐」《韋注》為溝上之道，與其他各項皆不類。相較之下，《管子‧小匡》這一段的文氣似乎較順暢。而且「丘井」連稱，更顯示指涉宅家等眾人聚集之處，與「井田」無關。

此書第三章第一節強調西周「土地王有」的「制度」，在 p. 177 又分辯三種「所有」。其實「王權」的觀念是逐漸形成的。西周初建國時，雖用武力殖民的方式，取得很多土地的支配權，用來分封諸侯，然而「王」並非以「天下」作為私產。正相反，由《詩‧大雅》來看，當時的觀念是「受天命」，而且唯恐日後會失「天命」，「私產」的想法恐怕要到戰國時才會有。書中好幾處用《詩‧大雅‧北山》的「普天之下，莫非王土」，來證成「土地王有」的觀念，其實此詩第二章之全文為：「普天之下，莫非王土；率土之濱，莫非王臣。大夫不均，我從事獨賢。」這是埋怨勞役不均的口氣，重點在最後二句，前四句是用來襯托。《孟子‧萬章上》已經分辨：「是詩也，非是之謂也！」而後人還抓住這段詩句來做自己的文章，奈何！

此書中有好幾處受《周官》的影響，將「爰田」、「自爰其處」及「歲休輪耕」相混。本書作者又將之與後世的一些政策，以及自己的意識形態拉關係，要分疏他們的思路邏輯，很不容易。其實錢穆早已指出：輪休制度耕墾技術之進步，與土地制度無涉。至於解「爰」為「換」，那是日後通假的文法，不可能用到原始的「爰田」。《左傳‧僖公十五年》講「爰田」的一段為：「子金教之言曰：朝國人而以君命賞，且告之曰：『孤雖歸，辱社稷矣，其卜

貳圉也。」眾皆哭，晉於是乎作爰田。呂甥曰：『君亡之不恤，而群臣是憂，惠之至也。將若君何?』眾曰：『何為而可?』對曰：『征繕以輔孺子。諸侯聞之，喪君有君，群臣輯睦，甲兵益多，好我者勸，惡我者懼，庶有益乎!』眾說，晉於是乎作州兵。」那是晉惠公戰敗回國，以田地收買人心，重整軍備的一種手段。試比較金文中「爰」與「受」的寫法，可知「爰」有「賜於」的意思，而且晉惠公只用之為一時的手段，不是創一新「制度」。

# 第三十五章
## 也談「孔誕」問題

　　日前偶然在圖書館翻閱一本舊的《歷史月刊》(1999 年 8 月號)，看到江曉原先生所寫的短文:〈孔子誕辰:公元前五五二年十月九日〉，很驚訝這個老掉牙的問題還被一再提起。其實在考證方面，這個問題可謂早有定論——孔子出生於魯襄公二十一年 (552 BC) 周正的十月庚子日;《穀梁傳》給出這個完整的日期。在原始的文獻上，沒有比它更可靠的記載。一般人據《史記・孔子世家》將孔子出生之年壓後到魯襄公二十二年，又取《穀梁傳》所給的十月庚子，實在講不通。只是在「傳統」的壁障與政治的干預下，「學術」敗下陣來而已。清朝崔述在他的《洙泗考信錄・卷一》中就有如此透澈的議論:

> ……《孔庭纂要》云:「魯襄公二十二年，冬十月，庚子日，先聖生;即今之八月二十七日。」余按:「十月庚子」之文，本之《穀梁傳》，在襄二十一年，非二十二年也。二十一年十月庚子，則今八月之二十一日也。以為二十二年生者，《史記・世家》文耳!〈世家〉未嘗言為十月庚子生也。以《穀梁氏》為不可信乎? 則「十月庚子」之文不必采矣! 以《穀梁氏》為可信乎? 則固二十一年生也! 何得又從〈世家〉改為二十二年? 以〈世家〉之年冠《穀梁》之日月，方底圓蓋，進退皆無所據! 然而世咸信之，余未知其為何說也!

董作賓先生也已為這個題目，由民國 28 年 8 月 27 日至民國 49 年 2 月 28 日共寫了五篇文章:〈孔子誕辰之考定兼論改為國曆問題〉、〈孔子誕辰和八月二十七日〉、〈孔誕的抉擇〉、〈孔子生年考〉與〈孔子誕辰紀念日平議〉。都收集在《平廬文存・卷二》(藝文印書館，1963 年) pp. 159–189。他考訂得是再清楚也沒有了，文章具在，可以復按。其中的第一篇，經過詳細考證，得出下述之結論:

> 孔子生於魯襄公二十一年，即周靈王二十年，己酉;周正的十月二十一日，即夏正的八月二十一日庚子。……準確之對照當為，儒略周日一五

二〇〇八七，則等于西元前五五二年儒曆十月九日，格曆十月三日。

後面的四篇文章，又詳加補充。可是崔述也好，董作賓也好，他們的文章，並沒有突破「傳統」的壁障！錢穆在他的《先秦諸子紀年・卷一》中，就不願意被捲入無謂的糾紛。他借用了《韓非子》「鄭人爭年」的故事表示他的無奈，且說：「若孔子生年，亦將以後息者為勝；余茲姑取後說。」可是問題始終都存在，總會有人舊事重提。董作賓無視於錢穆的「姑取後說」，明知不可為而仍作了嘗試；最後他卻不得不用這樣一段話來解嘲：

> 在九月二十八日，完全照著後世的辦法給孔子做生日，是承認今年孔子是二五〇四歲；老夫子年輕了一歲！這個，似乎他老人家並不在乎！我們這些後生小子，在熱烈的爭辯著八月二十七日、八月二十一、十月三日、九月二十八，面紅耳赤，嚷個不休。他老人家聽了也並不在乎！老夫子只不過莞爾笑曰：「你們紀念我，表示敬意，這是很好的；至於你們所爭論者，我卻完全不懂！」

然而「後息者」卻不斷有挑戰者，前年江曉原先生的文章又出現了。

江文其實沒有多少新的見解。比較特殊的是，他偏重依賴於襄公二十一年的日蝕問題的配合。這事其實也一直為人所注意。《春秋》記載了三十七次日蝕，這對每個時代的曆算家，都構成嘗試去「推步」的引誘。清光緒二十三年馮澂著有《春秋日食集證》，收羅了以往差不多所有傳統曆算家這方面的討論。民國以後當然有更精密的計算，就更不用講了。

可是江文也有缺陷。對「陽曆」的換算，他查表得出儒略日與他所謂「公曆」的對應，卻似乎沒有注意到儒略曆與格列高里曆間的不同。他的結論所提的 10 月 9 日，其實是將儒略曆延伸到孔子時代的結果；可是儒略曆並非現在通行的陽曆！若將現在通行的格列高里曆延伸到孔子時代，則他的結論需要改到 10 月 3 日❶。

---

❶　關於「儒略曆」（董作賓簡稱作「儒曆」）與「格列高里曆」（董作賓簡稱作「格曆」）間的不同，以及四百多年前改曆的經過，可參閱一本很棒的科普書：《我的生日不見了》（A. Shimony 著，楊玉齡譯，天下文化，1999 年）。那本書中還附有丘宏義教授對曆法的生動介紹。

　　格列高里曆的歲實當然比較準確，可是這些曆法對春秋時代的中國人都是陌生的；都適用董作賓模擬孔子的幽默話：「至於你們所爭論者，我卻完全不懂！」只不過為了配合陽曆找一天為孔子的紀念日❷，不得不作一些妥協。固然，以往中國人習慣按照陰曆的月日來做壽，可是，這種習俗到今日也因不方便而逐漸遭到淘汰。更何況，如同董作賓先生所提出的，在孔子的時代，還沒有「做壽」的習俗。《左傳·襄公三十年》記載絳縣老人是用甲子的週期數來定年的；對他來講，在回答晉史詢問以前，他活了四百四十四又三分之一個甲子週期，而不是七十三歲。甲子週期雖然短了一些，可是由古以來一直未斷，也是中國曆法的卓越處。當然，當時晉國的卿大夫，是有紀年的觀念的。晉國的太史逐年用竹簡記下當年的大事，後來成為《竹書紀年》的底本。問題是，置閏的規定，令到「年」的單位無法如甲子那樣成為完整的週期。這對當時政令的推行，並不構成很大的衝擊。而日後民間漸接受用傳統的陰曆年來「做壽」，似乎也沒有碰到太大的阻力。這與今日採用格列高里曆的精準精神，是迥然不同的。然而當時有沒有具較確定週期的「年」的單位呢，答案是有的。中國很早就發展出「節氣」的概念，作農耕的指引。尤其是冬夏兩至，分別代表了白晝最短與最長的一日，更可實測。這也許可提供我們另一種選擇，用冬至作為確定孔子生日的標準點。我用今日較準的歲實：365.242199日❸向前反推，得到春秋魯襄公二十一年 (552 BC) 的冬至日在夏正十一月（或周正次年正月）庚申。比起歷史所記載的孔子出生日期：周正十月庚子，差八十日。似乎將孔子的誕辰定為每年冬至前第八十日，是較合理的做法。

---

❷　所謂「紀念」，並不意味「放一天假」。已經有人將企業的出走，歸罪於放假的天數太多了。

❸　當然可以用更精確的數字。清代「時憲曆」已用 365.24219879 日作為歲實，可是現在僅倒推二千五百餘年，更多的小數點並無意義。

# 第三十六章
## 西周各王年歲估計

| 王號 | 年代 (BC) | 年歲 | 生嗣王時歲 | 大事 |
|---|---|---|---|---|
| 文王 | 1106–1057 | 19–68 | 約 38：武王 | 1105 BC 伐殷，後娶帝乙女。1058 BC 受命。 |
| 武王 | 1056–1043 | 32–45 | 約 30：成王 | 1045 BC 滅殷。《真誥》引《紀年》年 45 歲。 |
| 成王 | 1042–1006 | 17–53 | 約 30：康王 | 1035 BC 親政。 |
| 康王 | 1005–979 | 25–51 | 約 29：昭王 | 1019–979 BC 四十年刑措。 |
| 昭王 | 978–960 | 25–43 | 約 28：穆王 | 960 BC 南征，死於漢水。 |
| 穆王 | 959–916 | 17–59 | 約 28：共王<br>約 44：孝王 | 文王受命至穆王共百年。好遨遊。違祭公謀父之諫而征犬戎，荒服者不至。徐夷僭號。 |
| 共王 | 915–899 | 34–50 | 約 26：懿王 | 滅密。 |
| 懿王 | 898–890 | 26–34 | 約 27：夷王 | 元年，天再旦於鄭。死時子太幼，傳叔。 |
| 孝王 | 889–879 | 44–54 | | 共王之弟。使非子養馬。 |
| 夷王 | 878–845 | 20–53 | 約 26：厲王 | 下堂見諸侯得其心。伐太原戎。烹齊哀公。 |
| 厲王 | 844–842 | 29–31 | 約 25：宣王 | 任榮夷公。使衛巫監謗。842 BC 被流於彘。 |
| 共和 | 841–828 | 厲–45 | | 厲王在彘渡過 32–45 年歲。可能生鄭桓公。 |
| 宣王 | 827–782 | 22–67 | 約 29：幽王 | 中興。與玁狁徐淮荊楚姜戎作戰，損國力。 |
| 幽王 | 781–771 | 40–50 | 約 29：平王 | 驪山之禍亡西周，由滅殷至此共 275 年。 |
| 平王 | 770–720 | 23–73 | | 入東周。 |

以往大家從《史記》說厲王在共和前有三十七年，然此年數是靠不住的。史遷明知共和以前年代不清楚，而厲宣二王（包括共和）父子在位的總年數如此會成為厲王的三十七年，再加上共和的十四年，加宣王的四十六年；合九十七年，是不合理地大（用夏含夷的說法）。《史記·周本紀》在厲王的那一段絕大部分是抄《國語·周語上》，可是又加進一些不知根據何在的年數；結果那裡會可靠？我們可以比較下面兩段記載：「厲王虐。國人謗王，邵公告曰……王不聽，於是國莫敢出言。三年，乃流王於彘」與「宣王即位，不籍千畝。虢文公諫曰……王不聽。三十九年，戰于千畝，王師敗績于姜氏之戎」的語法。此兩段都出自《國語·周語上》，位置亦相近，語法應該一樣。然則「三年，乃流王於彘」的「三年」應指厲王三年。如此，厲王出奔時，大子靖年紀很小，國人較易原諒。即使如傳說：召穆公以己子為代，亦因年紀小，才代得了。

《太平御覽》引《史記》：「周孝王七年，厲王生，冬大雹。」一段不見於今本《史記》，一度被認作出自《紀年》，然實無其他佐證，今不取。然原傳說亦有可能起源於《紀年》之：「夷王七年，冬雨雹，大如礪。」（《初學記》引）的事實與有關厲王出生之傳聞；卻將「夷王」誤為「孝王」。若將厲王之生，安排於夷王七年 (872 BC) 亦很妥順。

孝王元年，由〈旨鼎（舊稱曶鼎）銘文〉之「隹王元年，六月既望乙亥。」定之。以 776 BC 十月初一辛卯為定點，離 889 BC 六月初一約 1401 月、計約 41372 日。得此年六月初一為己未，乙亥為十七日，合乎既望。

懿王元年，由《古本紀年》之「元年，天再旦於鄭。」解釋為臨晨之日蝕，定之。由 776 BC「十月之交」日蝕，按日蝕週期推之：可有 884 BC、898 BC、910 BC 等解。唯前後兩解與其他年代難配合，中間一解最適合。

共王元年，由〈趙曹鼎銘文〉之「隹王十又五年，五月既生霸壬午，龏王在周新宮，王射于射盧。」定之。以 776 BC 十月初一辛卯為定點，離 901 BC 五月初一約 1551 月、計約 45802 日。得此年五月初一為己巳，壬午為十二日，合乎既生霸。元年為 915 BC。

《太平御覽》引《紀年》：「穆王三十七年，起師，至九江，以黿為梁。」按諸書引《紀年》之穆王南征之事甚多；年代稍有差異，而以「三十七年」為多。今從之。「穆王三十七年」為 923 BC，在上表穆王在位之範圍內。

據《穆天子傳・郭注》所引《古本紀年》:「穆王十七年西征昆侖丘,見西王母,其年來見,實於昭宮。」穆王十七年應即是 943 BC,由《穆天子傳》所紀日期推斷,穆王於此年年底出發,942 BC 十二月朔日甲子實於于西王母,941 BC 十一月回至南鄭;在途兩年。《郭注》所稱「其年來見,實於昭宮。」之「其年」費解,疑「其」字可能為「廿又八」三個字連寫之誤。如是則九年後西王母來朝回拜。其然乎!?

《初學記》引《紀年》:「昭王十九年,天大曀,雉兔皆震,喪六師於漢。」用之以定昭王之年。

《呂氏春秋・孝行覽・首時》謂:「(武王)立十二年,而成甲子之事。」然而《新唐書・曆志》引《紀年》謂武王十一年,周始伐商。可能武王十一年底始出兵,至十二年二月甲子,始克商。今從之。武王十二年即 1045 BC。

《通鑑外紀》與《史記集解》皆引《紀年》謂自武王滅殷至幽王凡二百五十七年,然用 776 BC 十月初一辛卯為定點,計算 1027 BC 一月朔日,得壬子。如是則一月無壬辰,與〈武成〉不合。若假設《紀年》本作「二百七十五年」而誤寫為「二百五十七年」,則計算得 1045 BC 一月朔日為丁卯、二月朔日為丁酉、三月朔日為丙寅、四月朔日為丙申,〈武成〉武王出發之日癸巳在一月二十七日、「咸劉商王紂」與《尚書・牧誓》上的「甲子昧爽」在二月二十八日、「武王燎于周廟」的庚戌在四月十五日。似乎都能照顧到。

推測文丁於十一年 (1107 BC) 臨死前殺季歷,1105 BC 文王征殷;帝乙歸妹以攏絡文王。推測各殷王之在位時代大約如下,文丁: 1117–1107 BC、帝乙: 1106–1087 BC、帝辛: 1086–1045 BC。武乙則至少有三十五年。殷周間之恩怨,難言之矣!周在殷武丁之時,可能處於河東汾水一帶,對殷時叛時親。其後周受犬戎之逼,逾梁山走河西。太王居岐,始壯大,有翦商之心。泰伯走吳,可能意欲插入殷商之南方勢力範圍。據傳武乙獵於河渭之間,遇雷震死;事屬曖昧,是否與日後周昭王死於漢水類似,正不易言;然殷人恐認為周有其嫌疑!文丁時周王為季歷,為殷征戎,頗著勞績;且為殷牧師(據《通鑑外紀》引《紀年》),已有功高震主之勢。文丁倍感壓迫,於其臨死前幽死季歷(據《史通》引《紀年》,《呂氏春秋・孝行覽・首時》則作:「王季歷困而死,文王苦之」),圖除後患。然周之武力尚在,帝乙二年,文王伐殷問罪(據《通鑑外紀》引《紀年》)。帝乙不得已,嫁女以安撫之(據《易・

歸妹》）；文王一時亦不為已甚。據《詩經・大明》，文王似頗以與大邦連姻為榮。然帝乙之女後來亦似乎未達到彌補殷周恩怨之目的。疑帝乙之女不久即去世，據《易・歸妹》，文王亦悅其娣，然顯然亦與其他諸侯連姻。各婦之間為爭嫡，恐亦有明爭暗鬥之情事，最後有莘太姒得勝。文王生武王時似乎甚遲；前面似還有它子。伯邑考是否太姒所生，亦有問題（長子維行?）。其他年歲較長之子，因其母非嫡，當然無傳位資格。然殷商一系，在文王家族內，未必無同情者！疑管叔即因此而反抗周公。

# 第三十七章
## 與周昭王有關的金文日期考察

我將周昭王在位的年代暫定為：978-960 BC，政大何樹環教授列出一系列與周昭王有關的鼎彝銘文（〈西周昭王南征史事檢討〉，第一屆「古文字與出土文獻」學術研討會論文），其中與年代有關的有：

靜方鼎：「唯十月甲子，王在宗周，……八月初吉庚申，至，告于成周。月既望丁丑，王在成周大室；……」

員方鼎：「唯征月既望癸酉，王獸于……」

令殷：「隹九月既死霸丁丑，乍冊……」

中齋：「隹十又三月庚寅，王在……」

作冊吳銚：「隹五月，王才庫。戊子，令乍冊吳……。隹王十又九祀，用乍父乙障。……」

趞卣：「隹十又三月辛卯，王才庫；……」

不指方鼎：「隹八月既望戊辰，王才……」

我計算的方法是以 776 BC 十月初一辛卯為定點，先估計昭王後期各年正月朔日的干支，然後再考慮上述各銘文中的日期與月相放在那一月比較合式。先得到下表：

| 西元前 | 昭王年代 | 正月距定點月數 | 正月朔日干支 | 有無閏（十三）月 |
|---|---|---|---|---|
| 968 BC | 十一年 | 2384 | 庚午 | 有 |
| 967 BC | 十二年 | 2371 | 甲午 | 無 |
| 966 BC | 十三年 | 2359 | 戊子 | 無 |
| 965 BC | 十四年 | 2347 | 壬午 | 有 |
| 964 BC | 十五年 | 2334 | 丙午 | 無 |
| 963 BC | 十六年 | 2322 | 辛丑 | 無 |
| 962 BC | 十七年 | 2310 | 乙未 | 有 |
| 961 BC | 十八年 | 2297 | 己未 | 無 |
| 960 BC | 十九年 | 2285 | 癸丑 | 有 |

上述之各器，年代之估計如下：

靜方鼎：968 BC 十月朔為丙申，甲子為二十九日。再講「八月」顯已為
　　　　次年。967 BC 八月朔為庚申，符合初吉月相；丁丑為十八日，
　　　　符合既月望月相。
不指方鼎：966 BC 八月為甲寅，戊辰十五日，符合月既望月相。
中齋：962 BC 十三月朔為己丑，庚寅為二日。
趞卣：962 BC 十三月朔為己丑，辛卯為三日。
員方鼎：961 BC 正月朔為己未，癸酉為十五日，符合月既望月相。
令段：961 BC 九月朔為乙卯，丁丑為二十三日，符合既死霸月相。
作冊疘觥：961 BC 五月朔為己未，戊子為三十日。「隹王十又九祀，用
　　　　乍父乙蹲」之年應在其後；即 960 BC，已在昭王末年。

　　我是由昭王十九年起向前嘗試推算的，因此結果都集中在昭王十一年之
後，當然不一定是唯一的解答。可能有些日期在昭王前期，而且照何樹環教
授的論文所強調的：昭王的南征恐怕不止兩次。因此銘文中與南征有關的記
載，未必有多少指引功能。

# 第三十八章
## 孔子與《春秋經》

　　由戰國到清末，大家都認為《春秋經》為孔子所修或所作。其主要根據大致為：

一、儒家的三傳的傳授者都獨立將《春秋經》傳承下來，其字句差異有限。

二、三傳內都有《春秋經》書法標準的記述或暗示，顯示儒家與《春秋經》
　　關係密切。

三、《孟子》的記載明揭孔子與《春秋經》的關係：

　　《孟子·滕文公下》：

　　世衰道微，邪說暴行有作。臣弒其君者有之，子弒其父者有之。孔子懼，
　　作春秋。春秋，天子之事也。是故孔子曰：「知我者，其惟春秋乎！罪我
　　者，其惟春秋乎！」聖王不作，諸侯放恣；……昔者，禹抑洪水，而天下
　　平。周公兼夷狄，驅猛獸，而百姓寧。孔子成《春秋》，而亂臣賊子懼。
　　……

　　《孟子·離婁下》：

　　王者之迹熄而詩亡，詩亡然後春秋作。晉之乘、楚之檮杌、魯之春秋，
　　一也。其事則齊桓晉文，其文則史，孔子曰：「其義，則丘竊取之矣！」

關於上述之前兩點，原書具在，可以復按。此非本文重點，不再討論。第三點則需要詳加考慮。似乎當孟子的時代，的確有這種傳說，不會完全是空穴來風。孟子在梁、齊、鄒、魯、滕等地遊歷，向當地的執政者君臣宣揚自己的主張，也收了不少學生。這些地方一向是儒家的傳承者的基地，文化水準都很高，很難想像孟子可以在那裡信口胡言而不被拆穿。因此可以推斷，在孔子去世以後一百多年，儒家已有「孔子作《春秋》」的說法：因為距孔子時代近，故可信度不小。至於戰國後期諸子與漢代《史記》的說法，由於學派或時間的差異較大，比起《孟子》，應只有輔證的價值。

　　「孔子懼，作《春秋》」這句話的「作」字的意義，需要先弄清楚。「作」

字的本義為「起」或「創始」；而當為「撰寫」的用法，是由「創始」一義引申而來的，有原創之意。例如《詩·小雅·巷伯》的「寺人孟子，作為此詩」的「作」就是。這個意義用在孔子對《春秋》的關係上，稍有不妥。因為無論如何，孔子是有魯國的太史記錄為藍本的。再說，在《孟子》同一段話內還有「邪說暴行有作」與「聖王不作」兩個地方用到「作」字，都當「起」字解；對照之下，「孔子懼，作《春秋》」的「作」字，似乎也應當作「起」字來解：有標示《春秋》的權威，以為君臣父子間倫理標準的企圖。〈離婁下〉「詩亡然後春秋作」內的「作」字，也具有同樣的意義。當然，由《孟子》下文看來，《春秋》與孔子是脫離不了關係的。尤其是下面一句：「孔子成《春秋》，而亂臣賊子懼」。這個「成」字，意味著孔子完成了一件有關《春秋》的工作。不過，就孟子的話整體來看，所謂「亂臣賊子」，主要著眼在「邪說暴行」環境下弒君弒父者，而尤以弒君者為要。在《論語》中，孔子確有些話可以與〈滕文公下〉上引段落相呼應。例如〈顏淵〉篇有：「齊景公問政於孔子。孔子對曰：『君君、臣臣、父父、子子。』」這還是在講原則。〈先進〉篇有：「季子然問：『仲由、冉求，可謂大臣與？』子對曰：『吾以子為異之問，曾由與求之問！所謂大臣者，以道事君，不可則止。今由與求也，可謂具臣矣！』曰：『然則從之者與？』子曰：『弒父與君，亦不從也。』」同篇還有：「陳成子弒簡公。孔子沐浴而朝，告於哀公曰：『陳恆弒其君。請討之！』……」最後這段話，就很有《春秋》的意味。

孟子的講法其實也有所據，讓我們先追溯其源流：《國語·楚語上》載申叔時講的：「教之《春秋》，而為之聳善而抑惡焉，以戒勸其志。」〈晉語七〉也說「以其善行，以其惡戒」為習《春秋》的功效。可見諸侯國的《春秋》，原有勸善戒惡這個目標。《左傳》中的確有幾個好例子足以顯示上述原則，如：

《左傳·宣公二年》所記：

> 趙穿攻靈公於桃園，宣子未出山而復。大史書曰：「趙盾弒其君」，以示於朝。……宣子曰：「烏呼！我之懷矣！自詒伊戚，其我之謂矣！」

《左傳·襄公二十年》記載：

> 衛甯惠子疾，召悼子，曰：「吾得罪於君，悔而無及也！名藏在諸侯之
> 策，曰：『孫林父、甯殖出其君！』君入則掩之。若能掩之，則吾子也；
> 若不能，猶有鬼神，吾有餒而已。不來食矣！」

還有《左傳・襄公二十五年》的：

> 大史書曰：「崔杼弒其君！」崔子殺之。其弟嗣書，而死者二人；其弟又
> 書，乃舍之。南史氏聞大史盡死，執簡以往。聞既書矣，乃還。

這些例子顯示：各國的太史以他們的犧牲精神換取正義的最後尊嚴，的確建
立了一種神聖的「歷史評判權」。他們極力維護竹簡上的評判字句的「神聖不
可侵犯」性，從而使得某些「亂臣賊子」因心理受威脅而不敢再作惡事。然
而從另一方面來看，這種「歷史評判權」的制衡效益，也是相當有限的。在
《左傳》中「弒君」與「出君」的記載，還是不絕如縷。就上述的三個例子
來看，真正會畏懼「歷史評判」的人，還是並不太差的「亂臣賊子」。趙盾繼
續手握政權，有本錢表示寬容，暫不去講他。甯殖畏懼「出君」的惡名，卻
害他兒子用「弒君」的手段來改「出君」的過失，結果還是「吾有餒而已」，
可謂愚不可及。崔杼固然夠狠，可是殺了兩個人後也手軟了。顯然他手法粗
糙，良知還未全喪。也因為如此，日後他才會中慶封的毒計而自殺。其實，
真正令「亂臣賊子」畏懼的，還是大國的干預。然而，自從晉的伯業失墜以
後，這一點也靠不住了。只要看季平子（意如）一方面逼迫其君昭公與同僚
叔孫昭子（婼），另一方面對盟主晉國施軟功，就可以意會到當時「亂臣賊
子」手法「進步」的情況了。

　　當時的知識份子（主要出身自貴族），也頗有幾個「清議」的代表，足以
喚醒某一些「亂臣賊子」的羞愧心。《左傳・襄公二十九年》載有一個好例
子：

> 吳公子札來聘，……通嗣君也。……自衛如晉，將宿於戚，聞鐘聲焉。
> 曰：「異哉！吾聞之也，辯而不德，必加於戮！夫子獲罪於君，以在此；
> 懼猶不足，而又何樂？夫子之在此也，猶燕之巢于幕上；君又在殯，而
> 可以樂乎？」遂去之。文子聞之，終身不聽琴瑟。

季札的言論是有份量的，可是似乎只對孫林父產生作用。到孔子的時代，像孫林父那樣的人，也快變成「稀有動物」了。

　　孔子一向佩服季札。也一向對政治與歷史很有興趣。後人往往以《春秋》為極褒貶之能事，其實在《論語》中，就可以碰到不少孔子批評歷史人物的言論。由《左傳》與《國語》（姑且不考慮《禮記》與戰國諸子的記載）中，也可以找到更多事例；可以發現孔子對於他評判對象有深刻的瞭解，對其歷史背景，也非常熟悉。若與《春秋經》相比，顯出孔子的評判言論遠較豐富。這顯示《春秋經》在本質上受了嚴重的限制。例如《論語·公冶長》篇中孔子對鄭國子產的讚揚：

> 子謂子產：「有君子之道四焉：其行己也恭、其事上也敬、其養民也惠、其使民也義。」

在〈衛靈公〉篇「如有所譽者，其有所試矣」宣示下，這是非常特出的。在《論語》與《左傳》中還有更多對子產的稱讚。然《春秋經》中，「公孫僑」的人名一次也沒有出現；卻反有其父公子發與其子國參之名。其道理不難瞭解：子產是鄭國人，他的事績，如不直接涉及魯國，或落入循慣例向魯國赴告的範圍，則魯國的太史無從記述；而以魯太史記錄為藍本的《春秋經》，當然也就無從書寫。所以最好將探討的著眼點，放到魯國本身的重要政治人物，例如臧文仲與臧武仲兩祖孫。可是《論語》與《左傳》記載孔子批評他們的話，與《春秋經》還是一樣不能合拍，那就值得認真考慮其原因了。

　　《論語》中孔子批評臧文仲的話，共有兩段。在〈公冶長〉篇為：

> 子曰：「臧文仲：居蔡，山節藻梲。何如其知也？」

在〈衛靈公〉篇為：

> 子曰：「臧文仲：其竊位者與！知柳下惠之賢而不與立也。」

這些都是貶得很厲害的話。有關第二段的柳下惠，可在《論語》中找到兩段補充資料，都在〈微子〉篇：

> 柳下惠為士師，三黜。人曰：「子未可以去乎？」曰：「直道而事人，焉往

而不三黜；枉道而事人，何必去父母之邦？」

逸民：伯夷、……柳下惠、少連。子曰：「……謂柳下惠、少連，降志辱身矣！言中倫，行中慮，其斯而已矣！……」

可知柳下惠在魯國被貶壓，卻一直不改其服務桑梓的本願。在《左傳》中，還有更多關於臧文仲的資料。首先是《左傳・文公二年》孔子責備他的重話：

仲尼曰：「臧文仲：其不仁者三、不智者三。下展禽、廢六關、妾織蒲，三不仁也！作虛器、縱逆祀、祀爰居，三不知也！」

這裡的「作虛器」，就是《論語》批評臧文仲所居的蔡（大龜），這顯示出他的僭越處。這隻大蔡，可能就是日後傳到臧武仲，於襄公二十三年從邾致送臧賈的那一隻。所謂「縱逆祀」，就是《左傳・文公二年》記載的：

秋八月，丁卯，大事于大廟，躋僖公。逆祀也。

在《國語・魯語上》也提到這件事。逆祀的發起者為宗伯夏父弗忌，卻受執政者臧文仲的縱容，當然成了他的罪狀。「祀爰居」的詳情，見《國語・魯語上》：

海鳥曰爰居，止於魯東門之外三日。臧文仲使國人祭之。展禽曰：「越哉！臧孫之為政也。……」文仲聞柳下季之言，曰：「信，吾過也！季子之言不可不法也！」使書以為三筴。

顯出臧文仲對柳下惠學識的佩服。還有《左傳・僖公二十六年》的記載：

夏，齊孝公伐我北鄙。……公使展喜犒師，使受命于展禽。……

如與《國語・魯語上》的一段話：

齊孝公來伐魯。臧文仲欲以辭告，病焉。問於展禽。……展禽使乙喜以膏沐犒師，曰：「寡君不佞，不能事疆場之司。……」齊侯見使者曰：「魯國恐乎？」對曰：「小人恐矣，君子則否。」……對曰：「恃二先君之所職業。……豈其貪壤地而棄先王之命，其何以鎮撫諸侯？持此以不恐。」齊侯乃許為平而還。

合觀，可知臧文仲之能度過這次危機，全是柳下惠的功勞。然而執政者臧文仲卻一直打壓他，使他「焉往而不三黜」！無怪乎孔子在《論語》中罵臧文仲：「其竊位者與！」而在《左傳》中以「下展禽」為「三不仁」之首。由這些資料看來，孔子對臧文仲是十分不滿的。可是《春秋經》中，卻毫無貶責之文。《春秋經・文公二年》中有關「躋僖公」之文全同《左傳》，就少「逆祀也」一句。文公十年簡單記載著：「春王三月，辛卯，臧孫辰卒。」亦無貶辭。可見孔子對臧文仲的不滿，完全沒有表現在《春秋經》中。

在《論語》中，孔子對臧武仲，一方面欣賞他的「知」，另一方面，又指責他的心術不善。前者在〈憲問〉篇：

> 子路問成人，子曰：「若臧武仲之知、公綽之不欲、卞莊子之勇、冉求之藝，文之以禮樂，亦可以為成人矣！」

居然將臧武仲推崇為「知」之模範。這也可以印證《左傳・襄公二十三年》所載孔子的惋惜語：

> 仲尼曰：「知之難也！有臧武仲之知，而不容於魯國，抑有由也！……」

另外，《左傳・襄公十四年》也記有臧武仲「知」之表現：

> 衛侯在郲，臧紇如齊唁衛侯。……子展、子鮮聞之，見臧紇，與之言道。臧孫說，謂其人曰：「衛君必入！夫二子者，或輓之，或推之。欲無入，得乎？」

對於心術的指責，在《論語・憲問》篇：

> 子曰：「臧武仲以防求為後於魯；雖曰不要君，吾不信也！」

《左傳・襄公二十三年》記述此事：

> ……季孫怒，命攻臧氏。乙亥，臧紇斬鹿門之關以出奔邾。……臧武仲自邾使告臧賈，且致大蔡焉。……臧孫如防，使來告曰：「紇非能害也，知不足也。非敢私請。苟守先祀，無廢二勳，敢不辟邑。」乃立臧為，臧紇致防而奔齊。

看樣子，臧武仲據防，的確有「要君」之心。然而在《春秋經‧襄公二十三年》，卻簡單地記下：「臧孫紇出奔邾」一句話，根本沒有提他「入于防」，更不要說「以叛」。這是與孔子《論語》中的指責不同調的。

由上面的討論，可以下兩點結論：第一、諸國太史的記錄，在傳統上是發生過使亂臣賊子畏懼的效用的；可是到孔子的時代，此效用正逐漸消亡。第二、孔子對春秋的史實很熟悉，他對政治人物的褒貶，也非常尖銳。孔子的褒貶，不需要藉《春秋經》來達成；而《春秋經》的對應部分，也往往與孔子自己的評論不合拍。

所以，「孔子成《春秋》，而亂臣賊子懼。」這句話，僅是孔子死後百餘年，儒家的共同信仰；而不是孔子生前，魯國的客觀情況。連帶產生兩個問題：第一、孔子對於《春秋經》的修或作，到底參與了多少？他是在怎樣的情況下與《春秋經》發生關係的？第二、何以日後的儒家會相信《春秋經》對政治倫理，會有這麼大的效用？在原始史料薄弱的情形下，我只能做一個初步的猜想。

上面的第二個問題的答案，很顯然會與第一個問題的答案有關連。讓我們先猜想：孔子是在他生命中那一個階段才會參與《春秋經》的修或作。《論語》中各事件的記載，在時序上相當混亂，除非由記載的內容找到歷史上的定位，不然很難由《論語》獲得時間的線索。可是有一件事相當怪：《論語》中完全沒有關於《春秋經》的直接記載，唯一可信的解釋是：他從事於《春秋經》的時間很短，而且在晚年，那時他的得力的弟子多不在身邊（或已死、或出仕）。即使如此，《論語》中一點《春秋經》的直接痕跡都沒有，還是需要說明。可能戰國時《論語》編纂的宗旨，在蒐集孔子與其弟子的言行逸事。當時《春秋經》的傳承已分學派，對孔子修《春秋》時的言行，各有自己的傳說。既無失墜之虞，故《論語》編者未加意採入。

另一方面，孔子對春秋時代政治人物的批評，有一部分可以確定發生在他的青年與中年時期。例如他的「君君、臣臣、父父、子子」原則，是他三十餘歲在齊回答景公的話。他對子路推崇臧武仲之知，應當在子路未出仕之前，相當於孔子四十餘歲時。我們由《左傳》知道，當昭公二十四年孟僖子死的時候（當時孔子約三十五歲），孔子已有「知禮」的名聲。《論語‧八佾》篇也記載：當孔子看到季氏違禮用八佾時，氣憤得說：「八佾舞於庭，是可忍

也，孰不可忍也！」對三桓以雍徹，孔子也譏刺道：「相維辟公，天子穆穆，奚取於三家之堂？」而在更早的昭公二十年，他已經對琴張批評「齊豹之盜，孟縶之賊」。可以想見當時他的政治思想已經成熟了。他對歷史事件的瞭解與掌握，是與眾人接觸，隨時請問，逐漸累積而來的，並無常師。《論語・八佾》篇記載：「子入大廟，每事問」，還受旁觀者的譏諷。可想而知：他由魯太史那裡會聽到不少關於《魯春秋》竹簡的內容，甚至可能看過部分竹簡的樣本。魯太史對竹簡上的記載，一定記得滾瓜爛熟，對孔子講述時，不需要查看原本；而以孔子「不在其位，不謀其政」（見《論語・泰伯》篇）的素養，也不可能主動去索觀。因此，我們可以相當有把握肯定，在孔子晚年回魯之前，不會有系統地接觸《魯春秋》。

　　孔子很多對現況比較激烈的批判，大概產生於三十至五十歲之間。到他年紀大了，看多了人情世故，對政界比較不會那樣苛求。事實上他連自己的學生也無法改變！例如《論語・先進》所載：回答季子然問仲由與冉求是否為「大臣」的問題，孔子當時只願肯定他這兩個學生為「具臣」，而以「弑父與君，亦不從也。」為勉強的最低標準。這段問答，一定在他年老回魯，冉有已為季氏立功以後。我們還可以拿《論語・季氏》所載另一段話與之相比：

季氏將伐顓臾。冉有季路見於孔子，曰：「季氏將有事於顓臾。」孔子曰：「求！無乃爾是過與？夫顓臾，昔者先王以為東蒙主，且在邦域之中矣！是社稷之臣也，何以伐為？」冉有曰：「夫子欲之。吾二臣者，皆不欲也。」孔子曰：「求！周任有言曰：『陳力就列，不能者止。』危而不持，顛而不扶，則將焉用彼相矣？且爾言過矣。虎兕出於柙、龜玉毀於櫝中：是誰之過與？」冉有曰：「今夫顓臾，固而近於費。今不取，後世必為子孫憂。」孔子曰：「求！君子疾夫，舍曰欲之，而必為之辭。丘也聞有國有家者，不患寡而患不均；不患貧而患不安。蓋均無貧、和無寡、安無傾。夫如是，故遠人不服，則修文德以來之。既來之，則安之。今由與求也，相夫子，遠人不服，而不能來也！邦分崩離析，而不能守也！而謀動干戈於邦內，吾恐季孫之憂，不在顓臾，而在蕭牆之內也！」

孔子顯然對冉求很失望，他的失望從他六十九歲剛回魯，看到冉有替季氏聚斂而推行的「用田賦」政策時，就已經開始了。可是他無可如何。最多，當

冉求做得太過分時，發一頓脾氣，向學生宣稱：「（冉求）非吾徒也，小子鳴鼓而攻之可也！」如是而已。冉求如是。其他學生呢，似乎也不理想。〈先進〉篇載：「柴也愚、參也魯、師也辟、由也喭！」而「好學、不遷怒、不貳過」的顏回，卻又偏偏「不幸短命死矣」！這使他對執政者的期望，也保守了許多。〈子路〉篇載他的感慨：「善人為邦百年，亦可以勝殘去殺矣。誠哉是言也！」「如有王者，必世而後仁」。他甚至願意承認，如衛靈公之無道，只要善用人才，如：「仲叔圉治賓客，祝鮀治宗廟，王孫賈治軍旅。」那樣，則也可以不喪政權。而且對執政者聒耳的結果，不足以使其懼，反而足以使其厭。公伯寮愬子路於季孫，孔子只能以命自解，勸止子服景伯的舉動。事實上，他自己也不止一次被叔孫武叔（州仇）當朝毀謗，已經沒有本錢去改變那批「今之從政者」的「斗筲之人」了。結果，子路無法在魯國待下去，被逼要到衛國投孔悝，最後終於喪命。晚年的孔子，的確是充滿了無力感的。

有沒有可能，在這種無力感的壓迫下，孔子企圖用「修《春秋》」作為工具，來倡導他的政治理念呢？這個可能性不能完全排除；而且這也可以對應孟子所講「孔子懼」的心態。可是有兩個疑點必須澄清。首先、孔子並不需要借用《春秋》才能達到批判政治人物的目的。他以前已經批判得夠多了，並未達到效果。如果嫌以往不夠系統化，則他大可以利用他的歷史知識，對弟子作一個整體的評述。《春秋》的體制太綁手綁腳，本來不是一件適用的工具。其次、如果一定要用《魯春秋》作藍本，則沒有原文在旁邊對照，是否有把握沒有錯漏？如果有原文對照，則魯太史怎麼會將他們傳統上視為神聖的簡冊出借？若是被人趁機竄改了，那又怎麼辦？孔子是否也擔負了不必要的責任？若太史也是合作人之一，那是否構成對本身職務的虧瀆？這兩個疑點似乎都不容易解答。為了躲避上述的困難，我嘗試考慮，是否可能魯國執政當局主動要求孔子進行《春秋》的修補工作？這個假設當然也有困難。畢竟，孔子並非太史。除非，有甚麼必不得已的理由，逼得孔子非參與不可。

發生了甚麼必不得已的事件呢？我從《左傳‧哀公三年》的記述，找到一件很可能與此有關的事：

夏五月，辛卯，司鐸火；火踰公宮，桓僖災。救火者皆曰：「顧府！」南宮敬叔至，命周人出御書，俟於宮。曰：「庀女而不在，死！」子服景伯

至，命：「宰人出禮書，以待命；命不共，有常刑。校人乘馬，巾車脂
轄，百宮官備，府庫慎守，官人肅給。濟濡帷幕，鬱攸從之，蒙葺公屋，
自大廟始。外內以悛，助所不給；有不用命，則有常刑，無赦。」公父文
伯至，命校人駕乘車。季桓子至，御公立于象魏之外，命：「救火者，傷
人則止。財可為也！」命藏象魏，曰：「舊章不可亡也！」富父槐至曰：
「無備而官辦者，猶拾瀋也！」於是乎去表之槁，道還公宮。孔子在陳，
聞火曰：「其桓僖乎！」

　　這次火災延燒的範圍相當廣。火從司鐸宮燒起，卻跨越了魯哀公的寢宮，
而燒毀了桓宮與僖宮。可見當時風很大，火苗隨時有可能掉落到別的地方，
而申燒開來。救火的人七手八腳，企圖救出府庫的財物。有幾個重要的卿大
夫趕到，指揮救火。一方面盡力搬出各種典籍（御書、禮書）與象魏所懸舊
章，移藏較安全之處；另一方面，為了要避免未燒到的房屋受到波及，到處
（包括太廟）灑水或以濕幕覆蓋，還拆掉部分房屋，以開火路。由《左傳》
這段話看來，似無太大的損失。可是有些損害可能就由這救火的過程所導致，
而且不是馬上看得出來的。所搶救的典籍，可能都是簡牘，性質相當龐雜。
《杜注》謂「御書」是進於國君的文件。「禮書」按照字面可能包括記載禮儀
與制度的篇章。然《左傳·昭公二年》載韓宣子「觀書於大史氏，見《易象》
與《魯春秋》曰：『周禮盡在魯矣！……』」。則《魯春秋》簡冊（也許藏於太
廟）應也包括在內。那些常用的典籍雖然重要，可是熟悉的人多，不像《魯
春秋》那樣經不起損失。竹簡平日定要保存在乾燥的處所，才可耐久。可是
在救火的慌亂場合，搬動不免會磨損編簡的絲索。而竹材沾上水氣，也容易
招惹蠹蟲。火災發生時，是在夏五月辛卯。《春秋經》在此之前，還有一句無
傳的記載：「夏四月甲午，地震」。甲午與辛卯差五十七日，因此五月辛卯一
定在五月底。按周正估算，大致在立夏前後，正是蠹蟲蕃衍的時機。如果火
災後的復原工作疏忽，沒有徹底乾燥與除蟲，則數年後一定會有部分竹簡受
到蛀蝕。如果負責保管的太史再沒有及時換補，其記錄就會受到不可挽救的
損傷。

　　魯國太史見於《左傳》的共有兩人。其一是文公十八年的大史克，那是
太早了。另一位是哀公十一年的大史固，很有可能當哀公三年時已為太史。

《左傳》所記大史固的事，與太史本職無關：「公使大史固歸國子之元，寘之新篋；襲之以玄纁，加組帶焉。寘書于其上曰：『天若不識不衷，何以使下國？』」魯哀公得到吳王夫差之助敗齊，吳王獲齊中軍帥國書，將他的腦袋送給魯哀公。哀公雖然得勝，還是不敢得罪強齊；只好用最尊貴的禮節，把國書的首級送還齊國下葬。本來這種國與國間的行人差使，照往例應該派遣子服景伯或端木子貢，可是哀公卻派一位太史。是否可能當時太史固年高望重，差遣他顯得更莊重呢？這個可能性似乎是存在的。又，哀公三年火災時，並沒有太史到現場指揮搶救簡冊。如果太史固當時已在太史之位，會不會因為他年歲已大，故將這種耗費體力的事推給年輕人呢？這些考慮，提示我形成一個假設，也許可以解答孔子被動參與《春秋》修補工作的原因。

　　我的假設是：當孔子於哀公十一年以「國老」的身分回魯後不久，太史固就因年高而去世。新的（年輕的）太史，發現記錄《春秋》的竹簡被蠹蟲蛀蝕了一部分，也有一些絲索因朽爛而斷裂，使簡策間的次序亂了。可能太史固太老邁了，當他有生之年，沒有發現這些缺陷而及早補救。新太史知道他無法自己把那批竹簡整理回來，而當時魯國的卿大夫，正處在一個空窗期，年老的已大多凋零，只有七十歲的孔子還健在；也只有他，因為以往在太廟「每事問」的原故，對《春秋》的內容夠熟悉，有把握將部分殘缺的文句補回來。因此，這件差使，只有麻煩孔子了。

　　關於當時魯國年老卿大夫凋零的情形，我們可以考察一下，哀公三年(492 BC)趕赴火災現場的幾個人的年齡。《左傳》載孟懿子與南宮敬叔（說）為泉丘人之子，生於昭公十一年，《杜注》疑為雙生。到哀公三年，剛好四十歲，子服景伯的年齡，只能從他父祖（昭伯與惠伯）活躍於歷史的時間估計，當哀公三年，大約為三十三、四歲。公父文伯則大約二十六、七歲。季桓子大致較子服景伯大幾歲（以昭公七年至九年季武子、悼子父子皆卒為估計之依據，不詳表。）哀公又比季桓子大一、二歲（以昭公禂為娣之子，立時僅十九歲為估計之依據）。只富父槐無考，不過他也不是重要人物。到了哀公十二年，公父文伯與季桓子已死。季康子當年不會超過二十七歲。這些都是魯國最重要的上層人物。另外還有一位叔孫武叔（州仇），當年該不會超過四十歲。（武叔懿子為昭子婼之孫，由昭公四年昭子始立作估計的根據。）其他的東門氏、郈孫氏、臧孫氏、叔仲氏、子家氏等等，在歷次的政治鬥爭中，或

是被逐，或是淪為外圍人物。由此可見當代魯國老成人物的凋零情況。

上面所提的假設，沒有直接的證據。可是《論語・衛靈公》篇有一段很怪的記載：

　　子曰：「吾猶及史之闕文也。有馬者，借人乘之。今亡已夫！」

這段話一直有人懷疑：將馬借給別人乘，到底與「史之闕文」會有何關係？朱子在他的《論語集注》中，為之強解曰：「此必有為而言；蓋雖細故，而時變之大者可知矣。」對瞭解毫無助益。我認為這裡的「史」字，應當是指太史記錄而言，「史之闕文」當為《春秋》竹簡的闕文。若在往日，瞭解太史記錄的人多，遇到災禍使簡策殘缺，任何一人都可以幫忙修補；正像若有馬之人多，一人偶失其馬，可向其他任何人借用，一點困難也沒有。可是現在只有孔子還「猶及史之闕文」，正如僅一人有馬可借，一點推託的餘地也沒有。作這樣的解釋，是否比較順暢呢？

如果這個假設成立，孔子受託修補《春秋》，為工作方便起見，他可能命弟子將殘缺的竹簡錄一副本。這給孔子機會觀看自隱公以來全部《魯春秋》；也才可以研究其他邦國的赴告內容，並與本國太史記錄，作有系統的比較。他的修補，當然不會違背以前太史所遵守的慣例；該避諱的地方，還是得避諱。原來失記的，也無從補救。老年的孔子已喪失其年輕時的評判銳氣。可是看到他國遇到「出君」或「弒君」的事件，都從實向諸侯赴告，不像魯太史總是為本國的「弒君」（例如隱公與閔公）遮掩！孔子可能想到，讓這些記錄傳之後世，也許可令企圖「出君」或「弒君」的「亂臣賊子」有所顧忌。這是他屢受挫折後最起碼的期望。孔子抱著這個期望，可能徵得魯君同意，將簡冊副本留下傳授弟子，以擴大「使亂臣賊子懼」的功效。他謙稱為「竊取其義」。就這樣，天性拘謹的他，非但不會張揚修補之功（因此未留正式記錄），還覺得以非太史身分傳播《春秋》，有僭越之嫌，因此留下「知我者，其惟春秋乎！罪我者，其惟春秋乎！」的感慨之言。至於「春秋，天子之事也。」這句話，則是孟子自己的解釋。由流傳到後代的文獻來看，十足是：「春秋，諸侯之事也。」不過孟子也許另有根據，認為春秋時諸侯的太史記錄，是傳承西周天子朝廷的做法。由現代看到的零碎資料，以及晉代出土的《竹書紀年》來推想，「春秋，天子之事也。」的解釋，也可能是合理的。

當孔子的修補工作接近完成時，由齊國傳來了消息：陳恆廢了齊簡公，拘禁在舒州；七十四天之後，又弒了簡公。這使孔子最起碼的期望也落空了。他瞭解到，空言還得有實力為基礎。他還是沒有放棄最後的嘗試。《論語‧先進》篇載：

> 陳成子弒簡公。孔子沐浴而朝，告於哀公曰：「陳恆弒其君。請討之！」公曰：「告夫三子。」孔子曰：「以吾從大夫之後，不敢不告也！君曰：『告夫三子』者！」之三子告，不可。孔子曰：「以吾從大夫之後，不敢不告也！」

孔子的伐齊建議，也不是完全空談。由莊公十年的長勺之戰到哀公十一年的郊之戰，魯對齊頗有幾次漂亮的勝仗。就算魯的國力不如，《左傳‧哀公十四年》所記孔子的話：「陳恆弒其君，民之不與者半。以魯之眾，加齊之半，可克也！」也有其道理。何況，還可以用外交手段爭取其他國家的協助。如果哀公肯支持，冉求、仲由的政治軍事才能與端木賜的外交才能大概都派得上用場。可是哀公以三桓為藉口，不肯支持。這令孔子完全絕望。忙了幾年，到頭來只有「孔子懼」，而沒有「亂臣賊子懼」！子路本來已受公伯寮的讒毀；這年初，他又拒絕了對小邾大夫射作保證。到現在孔子自己也碰了釘子，子路在魯國已全無被用的機會，不得已離魯赴衛。而孔子自己，修補《春秋》的工作，也做不下去了。只得藉口為這年初的「西狩獲麟」一事感傷而停筆。這正像他於定公十二年，藉口「從而祭，燔肉不至」的微罪而離魯，是同一心態。

不久孔子在絕望中逝世，整件事對他的弟子造成很大的衝擊。在臣下離心離德的情況（孟懿子已於十四年去世）下，魯哀公將他的孤獨感表現於誄辭：「旻天不弔，不憗遺一老！俾屏余一人以在位，煢煢余在疚。嗚呼！哀哉尼父！無自律！」顯出十足可憐相，卻惹起了反感。子貢就批評魯哀公：「君其不沒於魯乎！夫子之言曰：『禮失則昏，名失則愆。』失志為昏，失所為愆。生不能用，死而誄之，非禮也！稱一人，非名也。君兩失之。」所謂「生不能用」，指的當然是拒絕支持孔子討伐陳恆一事。弟子們將老夫子的這一份心血神聖化了。日後弟子四散，在政治或學術上各有地位；「《春秋》使亂臣賊子懼」的說法，漸演變為一種堅強的信念，傳到孟子，供他以發揮的題材。

## 章後: 有關孔子與《春秋經》的三個問題

### (一)「知我、罪我」的意義

以往大家談到《春秋經》,都不忘提起孟子引述孔子的話:「知我者,其惟春秋乎! 罪我者,其惟春秋乎!」可是對這句話的瞭解,似乎都不得要領。孟子所引「知我」的「知」字,可以與《孟子》的兩段話相比。〈告子下〉:

> 「孔子為魯司寇,不用;從而祭,燔肉不至,不稅冕而行。不知者以為為肉也,其知者以為為無禮也;乃孔子則欲以微罪行,不欲為苟去。君子之所為,眾人固不識也。」

〈公孫丑下〉:

> 「夫尹士惡知予哉! ……不遇故去,豈予所欲哉! 予不得已也。」

由《孟子》解孟子,可以下判斷:「知」應作「瞭解當事人的特殊苦衷」解。換言之,「罪我」是浮面觀察的結果;在未瞭解當事人的特殊苦衷之前,「罪我」是難免的,而在瞭解以後,則應無「罪」之可言。以往很多學者以為孔子作春秋的目標,在假借天子對臣下黜陟之權責,褒貶政治人物,並藉以立下政治倫理的準則。「知我」與「罪我」,都是指此而言。例如宋胡安國說:「仲尼作春秋以寓王法、惇典庸禮、命德討罪,其大要皆天子之事也。知孔子者,謂此書之作,遏人欲於橫流,存天理於既滅。罪孔子者以為: 無其位而託二百四十二年南面之權,使亂臣賊子禁其欲而不得肆,則戚矣。」這是有問題的。《論語·泰伯》記載孔子主張:「不在其位,不謀其政」。無其位而「託二百四十二年南面之權」,顯然是有違孔子自己的主張的;而且引述者孟子也不見得會贊成。《孟子·公孫丑下》的一段話,可供參考:

> 「沈同問:『燕可伐與?』吾應之曰:『可!』彼然而伐之也。彼如曰:『孰可以伐之?』則將應之曰:『為天吏,則可以伐之!』今有殺人者,或問之曰:『人可殺與?』則將應之曰:『可!』彼如曰:『孰可以殺之?』則將應之曰:『為士師,則可以殺之。』」

孟子顯然並不像漢人那樣,以為孔子有像「天吏」般的「素王」地位。(《論

語‧八佾》有儀封人的贊語:「天將以夫子為木鐸」,然而其用意不過如《孟子‧萬章下》:「天之生斯民也,使先知覺後知,使先覺覺後覺」而已。)在崔述《洙泗考信錄‧卷之四》中,有非常入骨的批評:「胡氏安國云:『仲尼作春秋……則戚矣。』余按:孔子以東周之世,禮樂征伐自諸侯出,故修《春秋》以尊王室。故曰:『自諸侯出,十世希不失矣!自大夫出,五世希不失矣!陪臣執國命,三世希不失矣。』蓋位愈卑,則愈不可偕,況以布衣尚專黜陟之大權乎?……『天子之事』云者,猶所謂『王者之迹』也。《書》:天子之事也。《詩》:天子之事也。《乘》、《檮杌》、《春秋》則諸侯之史,而非天子之事也。孔子據周禮以書列國之事,所關者,天下之治亂、所正者,天下之名分,則不可更以諸侯之史目之,故曰天子之事耳!言其與《詩》、《書》同,而非《乘》、《檮杌》之比也。豈謂其專黜陟之大權哉?若偕其黜陟即可以為天子之事,則吳楚之僭王者,皆可以為天子之事乎?」然而崔述的解釋亦不盡合理,若孔子的目標僅在:「據周禮以書列國之事:所關者,天下之治亂、所正者,天下之名分。」則又有何難「知」?又有何可「罪」?《論語》記述孔子平日對政治人物的批評,比《春秋經》顯豁的多。如崔述所猜的意圖,顯然不藉《春秋》更易達成。我在〈孔子與《春秋經》〉一文中,嘗試提出一個假設,以解決此兩難問題,所提的假設有臆斷的成份,則是無可如何的事。我希望此假設至少不會與已知的史實衝突。

### ㈡《春秋經》的隱諱問題

　　魯國的太史對他本國的政治醜聞隱諱,是有目共睹的。他們為本國的「弒君」事件(例如隱公與閔公)遮掩,對昭公孫齊,也沒有記載季平子的逼迫!可是當其他國遇到「出君」或「弒君」的事件,只要當事國的太史從實向諸侯赴告,魯太史也無須隱諱,因為張揚他國的惡事反對本國的民心有穩定作用。這些他國「弒君」的記錄,可能引起孔子用它們為教材的動機。當然,他國的赴告,也不是完全正確的;有時,國際間政治的不穩定,或是他國史官的隱諱,都會影響到赴告內容的歪曲。魯太史並無調查的能力,這筆帳當然不能記在他身上。好在避諱的傳統似乎只在魯國太史與卿大夫身上特別顯著,別國似好得多,至少有尊重事實的例子。《左傳‧文公十五年》有一個非常顯眼的記載:「三月宋華耦來盟。……公與之宴,辭曰:『君之先臣督,得罪於宋殤公,名在諸侯之策。臣承其祀,其敢辱君!請承命於亞旅。』」魯人以

為敏。」魯人以華耦為敏而並不以為怪，可見魯國的卿大夫也知道「避諱」並
非普遍的倫理觀念。《杜注》卻寫道：「無故揚其先祖之罪，是不敏。」這是杜
預受後代一統期「避諱」成為「天經地義」信念影響的結果。到宋代呂祖謙
的《東萊博議》，對此事更是大驚小怪，甚至責怪左氏記錄此事。

像齊國與晉國太史那樣抗拒權勢的精神，在魯國太史的身上似乎找不到。
正相反，有跡象顯示魯太史傾向魯國臣室季孫一邊，為他們作政治服務。《左
傳·文公十八年》有一段記載值得深思：

> 「莒紀公……愛季佗而黜僕，且多行無禮於國。僕因國人以弒紀公，以
> 其寶玉來奔，納諸宣公。公命與之邑，曰：『今日必授。』季文子使司寇
> 出諸竟，曰：『今日必達。』公問其故，季文子使大史克對曰：『……昔高
> 陽氏有才子八人，……天下之民謂之八愷。高辛氏有才子八人，……天
> 下之民謂之八元。……舜臣堯，舉八愷……；地平天成。舉八元……，
> 內平外成。昔帝鴻氏有不才子，……謂之渾敦。少皞氏有不才子，……
> 謂之窮奇。顓頊氏有不才子，……謂之檮杌。縉雲氏有不才子，……謂
> 之饕餮。舜臣堯，……投諸四裔，以禦螭魅，……今行父雖未獲一吉人，
> 去一凶矣！於舜之功，二十之一也！庶幾免於戾乎！』」

莒僕奔魯，是否應該授邑，是另一件事。（《左傳》僅說僕「因」國人以弒紀
公，因而趁機攜寶逃亡；他自己並未從此政變中得利，否則也不會出奔了。）
季文子既不以魯宣公之決定為然，他自己就應該力諫。在這件事中，他顯然
在利用太史克對初篡位的宣公施以「學問」的轟炸，且不無指桑罵槐之意；
太史克的一大串典故把魯宣公唬得一愣一愣地！然而他對襄仲弒嗣君的史實
隱諱，且甘心阿附季孫，也顯示他沒有晉齊同行那樣骨頭硬。

### ㈢《魯春秋》的保守性格問題

我們今天看《春秋經》，總會覺得部分「書法」保守得不太合理。其中
「避諱」的問題上面已經討論過了；避諱的源頭，顯然來自魯太史。當然，
魯國文化包含有避諱的因子。受了這種文化的薰陶，孔子的思想當然也會受
影響。《論語·子路》篇記載他對父子倫理關係的主張：「父為子隱，子為父
隱，直在其中矣。」然而對歷史記述，他是主張直書的。《左傳·宣公二年》
記孔子的評語：「董狐，古之良史也，書法無隱！」在《論語》中也不乏他認

同「直道」的意見。例如在〈衛靈公〉篇他讚揚:「直哉史魚,邦有道如矢,邦無道如矢。」在〈公冶長〉篇中,他譏諷:「孰謂微生高直?或乞醯焉,乞諸其鄰而與之。」可見孔子並不贊成魯太史的避諱傳統,只是他無可如何而已。說他在避諱的書法中寓有多少「微言大義」,一定會把孔子的性格講得很奇怪。另外,《春秋》堅持把楚、吳等國君稱作:「楚子」、「吳子」,很可能也是魯太史的慣例,甚至可能源自魯國卿大夫的習氣;不大可能是孔子在《春秋經》留下的「修改」痕跡。我們還可以從《左傳》追循到魯國卿大夫的這種習氣的表現。《左傳‧昭公十三年》記載:「邾人莒人愬于晉曰:『魯朝夕伐我,幾亡矣!我之不共,魯以之故。』晉侯不見公,使叔向來辭曰:『諸侯將以甲戌盟,寡君之不得事君矣!請君無勤。』子服惠伯對曰:『君信蠻夷之訴,以絕兄弟之國,棄周公之後,亦唯君!寡君聞命矣。』」魯只有欺侮邾、莒等小國的本事;還要看不起人家,堅持稱人家為「蠻夷」;用「兄弟之國」的藉口認為晉應該偏向他們一些。其實晉作為「盟主」,對這種國與國間的訴訟事件,也會有「公平處理」的壓力。以往,晉也曾經幫過魯國。《左傳‧襄公十九年》記載:「(晉)執邾悼公,以其伐我故;遂次于泗上,疆我田,取邾田自漷水,歸之于我。」那次是魯國理直。可是這次魯國顯然理屈,子服惠伯還口口聲聲說:「君信蠻夷之訴」,難怪叔向也忍不住要發怒。類似的情形,也出現於《左傳‧昭公二十三年》的記載:「邾人城翼……邾師過之,乃推而蹶之,遂取邾師,獲鉏弱地。邾人愬于晉。晉人來討,叔孫婼如晉,晉人執之。……晉人使與邾大夫坐。叔孫曰:『列國之卿當小國之君,固周制也。邾又夷也。寡君之命介子服回在,請使當之,不敢廢周制故也。』乃不果坐。」叔孫婼用這種保守呆板的手法辦外交,又使出「邾又夷也」這一招,而不去檢討,其實吃虧的,還是魯國自己!不過也可以看出他們保守習氣之深,當然會反映在《魯春秋》的「書法」慣例上。

# 參考文獻　　　　　　　　　　　　　　　　　　　　　　　　　*Reference*

- 《十三經注疏》，臺灣宏業書局影印清嘉慶重刊宋本，1971 年。這套書包含本書所使用的《詩經》、《尚書》、《左傳》、《禮記》、《論語》、《孟子》、《公羊傳》、《穀梁傳》，連同其中附刊的標準《注》和《疏》。下面的條列不再重複。
- 《史記》、《漢書》、《後漢書》，皆殿版影印。
- 《國語韋昭注》，清嘉慶重雕天聖明道本，臺灣藝文印書館，1969 年。
- 《新編諸子集成》，臺灣世界書局，1972 年。含《莊子》、《列子》、《淮南子》。
- 《穆天子傳》（四部備要本），臺灣中華書局，1969 年。
- 酈道元著，《水經注》，四部刊要本，臺灣世界書局，1970 年。
- 歐陽詢編《藝文類聚》，上海古籍出版社，1999 年。
- 徐堅編《初學記》，中華書局，2004 年。
- 李昉等編《太平御覽》，平平出版社，1975 年。
- 趙彥衛著《雲麓漫抄》，中華書局，2002 年。
- 朱右曾著《逸周書集訓校釋》「皇清經解續編」版，臺灣世界書局，1957 年。
- 胡渭著《禹貢錐指》、《易圖明辨》，皆臺灣商務印書館影印文淵閣《四庫全書》版。
- 蔣驥著《山帶閣注楚辭》，長安出版社，1984 年。
- 郝懿行著《山海經箋疏》，臺灣中華書局，1975 年。
- 俞正燮著《癸巳類稿》，臺灣世界書局，1980 年。
- 徐松著《西域水道記》，中華書局，2005 年。
- 王國維著《觀堂集林》，河洛圖書出版社，1975 年。
- 顧實編著《穆天子傳西征講疏》，上海商務印書館，1934 年。
- 楊守敬著《水經注疏》，江蘇古籍出版社，1989 年。
- 顧頡剛著《史林雜識初編》，中華書局，1963 年。
- 程發軔著《春秋左氏傳地名圖考》，臺北廣文書局，1969 年。
- 錢穆著《史記地名考》，商務印書館，2001 年。
- 許倬雲著《西周史》，臺北聯經出版事業公司，1984 年。
- 屈萬里著《尚書集釋》，聯經出版事業，1983 年。

- 顧頡剛、劉起釪著《尚書校釋譯論》，中華書局，2005 年。
- 方詩銘、王修齡著《古本竹書紀年輯證》（修訂本），上海文物出版社，2005 年。
- 江俠菴編譯《先秦經籍考》，臺北新欣出版社，1970 年。
- 馬承源《商周青銅器銘文選注》，上海文物出版社，1986 年。
- 李學勤主編，《清華大學藏戰國竹簡（壹）》，上海中西書局，2010 年。
- 賀次君輯校《括地志輯校》，中華書局，2002 年。
- 袁珂著《山海經校注》，里仁書局，1982 年。
- 袁珂著《中國神話史》，上海文藝出版社，1988 年。
- 李珍華、周長楫編撰《漢字古今音表》（修訂本），中華書局，1999 年。
- 竺家寧著《聲韻學》，五南圖書出版股份有限公司，2005 年。
- 汪受寬著《謚法研究》，上海古籍出版社，1995 年。
- 李守中著《長城往事》，遠流出版事業公司，2010 年。
- 譚其驤編《簡明中國歷史地圖集》，中國地圖出版社，1991 年。
- 常家傳、馬金生、魯長虎著《鳥類學》，臺中市中台科學技術出版社，1995 年。
- 劉昭民著《中國歷史上氣候之變遷》修訂版，臺灣商務印書館，1992 年。
- 劉昭民著《中華氣象學史》增修本，臺灣商務印書館，2011 年。
- 滿志敏著《中國歷史時期氣候變化研究》，山東教育出版社，2009 年。
- 藤田豐八著，楊鍊譯《西域研究》，臺灣商務印書館，1971 年。
- 李福清著，馬昌儀編《中國神話故事論集》，臺灣學生書局，1991 年。
- 韓汝玢、柯俊主編《中國科學技術史・礦冶卷》，科學出版社，2007 年。
- 《筆記小說大觀十三編》，臺北新興書局，1976 年。
- 《文史哲雙月刊》第一卷，山東大學文史哲出版社，1951 年。
- 《文物》總二四三期，文物出版社，1976 年。
- 楊伯峻著，《春秋左傳注》，源流出版社，1982 年。
- 竹添光鴻《左傳會箋》，廣文書局，1967 年。
- 李宗侗註譯，《春秋左傳今註今譯》，臺灣商務印書館，1971 年。
- 《左傳逐字索引》，香港中文大學。
- 司馬遷：《史記》、班固：《漢書》，二書皆臺灣新陸書局，1964 年。
- 《詩經要籍集成》共有四十二大冊，學苑出版社，2002 年。其中包含有《韓詩外傳》、《毛詩注疏》（亦包含在《十三經注疏》版的《詩經》中）、歐陽修的《詩

本義》、朱熹的《詩集傳》與《詩序辨》、鄭樵的《詩辨妄》、姚際恆的《詩經通論》、崔述的《讀風偶識》、方玉潤的《詩經原始》、陳喬樅等的《三家詩遺說考》、與王先謙的《詩三家義集疏》等我參考過的各書。下面的條列不再重複。

- 《毛詩李黃集解》。此書為李樗之《毛詩詳解》與黃櫄之《詩解》二書經書賈合刊，後收入《欽定四庫全書‧經部三‧詩類》。

- 屈萬里著，《詩經詮釋》，聯經出版事業公司，1983 年。

- 馬持盈註譯，《詩經今註今譯》，臺灣商務印書館，1971 年。

- 呂不韋著，高誘注，《呂氏春秋》，藝文印書館，1969 年。

- 劉向編，《新序、說苑》，臺灣世界書局，1958 年。

- 劉向編，《列女傳》，臺灣中華書局，1970 年。

- 《孔叢子》，題漢孔鮒撰，收入《續修四庫全書‧子部‧儒家類》，據上海圖書館藏宋刻本影印。

- 《中文大辭典》，臺灣中華學術院，1973 年。

- 廖文英，《正字通》，中國工人出版社，1996 年影印清康熙九年弘文書院版。

- 段玉裁，《說文解字注》，臺灣世界書局，1971 年。

- 《俞平伯全集》，花山文藝出版社，1997 年。

- 王國維，《觀堂集林》，河洛圖書出版社，1975 年。

- 馮澂，《春秋日食集證》，臺灣商務印書館，1968 年。

- 陳遵媯，《中國天文學史‧第三冊‧天象紀事編》，明文書局，1987 年。

- Bao-Lin Liu and Alan D. Fiala, *Canon of Lunar Eclipses 1500 BC–AD 3000*, Willmann-Bell, Inc., 1992.

- 渡邊敏夫，《日本‧朝鮮‧中國——日食月食寶典》，雄山閣出版。

- 李宗侗，《中國古代社會史》，華岡出版有限公司，1977 年。

- 王國維，〈釋幣〉，《海寧王靜安先生遺書》，臺北商務印書館，1940 年，pp. 3215–3323。

- 王毓銓，《中國古代貨幣的起源和發展》，中國社會科學院出版社，1990 年。

- 高婉瑜，〈原始布的起源〉，《大陸雜誌》，2002 年，104(5):12–20。

- 許進雄，《中國古代社會》（修正版），臺北商務印書館，1995 年。

- 彭信威，《中國貨幣史》，上海人民出版社，1965 年。

- 楊寬，《西周史》，臺灣商務印書館，1999 年。

· 蕭清，《中國古代貨幣史》，北京人民出版社，1984 年。

· 方清河，〈孟子的井地說〉，國立臺灣大學歷史學研究所碩士論文，1978 年。

· 木村正雄，〈孟子の井地說：その歷史的意義〉，《山崎先生退官紀念東洋史學論集》，東京教育大學東洋史研究室，1967 年，pp. 163–173。

· 全廣鎮，《兩周金文通假字研究》，臺灣學生書局，1989 年。

· 朱右曾，《逸周書集訓校釋》，臺北世界書局影印，1971 年。

· 朱芳圃，《甲骨學商史編》，香港書店影印，1972 年。

· 佐竹靖彥，〈日本學界井田制研究狀況〉，《北大史學》，1999a，第 4 期，pp. 240–252。

· 佐竹靖彥，〈從農道體系看井田制〉，《古今論衡》，1999b，第 3 期，pp. 126–146。

· 吳其昌，《金文世族譜》，臺北中央研究院歷史語言研究所專刊，1991 年。

· 吳慧，《井田制考索》，北京農業出版社，1985 年。

· 宋鎮豪，《夏商社會生活史》，北京中國社會科學出版社，1994 年。

· 李孝定，《甲骨文字集釋》，臺北中央研究院歷史語言研究所，1965 年。

· 杜正勝，《古代社會與國家》，臺北允晨文化出版公司，1992 年。

· 周法高，《金文詁林》，香港中文大學出版社，1981 年。

· 周法高，《金文詁林補》，臺北中央研究院歷史語言研究所專刊，1982 年。

· 金景芳，《論井田制度》，濟南齊魯書社，1982 年。

· 胡適等著，《井田制度有無之研究》，臺北中國文獻出版社，1965 年。

· 徐喜辰，《井田制研究》，吉林人民出版社，1982 年。

· 張以仁，《國語斠證》，臺灣商務印書館，1969 年。

· 許進雄，《中國古代社會》（修訂版），臺灣商務印書館，1995 年。

· 陳良佐，〈井、井渠、桔槔、轆轤及其對我國古代農業之貢獻〉，《思與言》，1970 年，第 8 卷第 1 期，pp. 5–13。

· 陳瑞庚，〈井田問題重探〉，國立臺灣大學中國文學研究所博士論文，1974 年。

· 楊寬，《戰國史》（增訂本），臺灣商務印書館，1997 年。

· 齊思和，〈孟子井田說辨〉，《燕京學報》，1948 年，第 35 期，pp. 101–127。

· 錢穆，〈《周官》著作時代考〉，《燕京學報》，1932 年，第 11 期；收入《錢賓四先生全集》，第 8 冊，臺北聯經出版事業公司，1998 年。

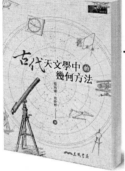